普通高等教育土建学科专业"十一五"规划教材
全国高职高专教育土建类专业教学指导委员会规划推荐教材

建筑施工组织与造价管理实训

（土建类专业适用）

本教材编审委员会组织编写

危道军　主编

王春宁　主审

中国建筑工业出版社

图书在版编目(CIP)数据

建筑施工组织与造价管理实训/危道军主编. —北京：中国建筑工业出版社，2007

普通高等教育土建学科专业"十一五"规划教材. 全国高职高专教育土建类专业教学指导委员会规划推荐教材. 土建类专业适用

ISBN 978-7-112-08938-3

Ⅰ.建… Ⅱ.危… Ⅲ.①建筑工程—施工组织—高等学校：技术学校—教材②建筑工程—工程造价—高等学校：技术学校—教材 Ⅳ.TU7

中国版本图书馆 CIP 数据核字(2007)第 024645 号

普通高等教育土建学科专业"十一五"规划教材
全国高职高专教育土建类专业教学指导委员会规划推荐教材

建筑施工组织与造价管理实训

（土建类专业适用）

本教材编审委员会组织编写

危道军　主编
王春宁　主审

*

中国建筑工业出版社出版、发行（北京西郊百万庄）
各地新华书店、建筑书店经销
北京天成排版公司制版
廊坊市海涛印刷有限公司印刷

*

开本：787×1092 毫米　1/16　印张：25¾　插页：3　字数：633 千字
2007 年 5 月第一版　2014 年 11 月第三次印刷
定价：**36.00 元**
ISBN 978-7-112-08938-3
(15602)

版权所有　翻印必究
如有印装质量问题，可寄本社退换
（邮政编码 100037）

本社网址：http：//www.cabp.com.cn
网上书店：http：//www.china-building.com.cn

本教材是土建类专业实训教材之一。突出了"以能力为本位"的指导思想,以建筑施工企业技术员、造价员为培养目标。系统介绍了建筑工程招投标与合同的签定、施工准备工作、施工方案的选定、施工进度计划的编制、单位工程施工平面图的设计、技术组织措施、单位工程施工组织设计的编制、建筑工程施工图预算、工程量清单计价、建筑工程投标与合同价格的确定、建筑工程项目进度控制、建筑工程施工造价控制、施工合同管理等内容。

本教材既可作为高职高专土建类专业学生完成校内理论学习后的工程实践指导用书,也可作为建筑施工企业建造师助理、技术员、造价员的参考学习用书。

* * *

责任编辑:朱首明 李 明
责任设计:郑秋菊
责任校对:王雪竹 张 虹

本教材编审委员会名单

主　任：杜国城

副主任：杨力彬　赵　研

委　员：（按姓氏笔画排序）

　　　　　王春宁　白　峰　危道军　李　光　张若美

　　　　　张瑞生　季　翔　赵兴仁　姚谨英

序

  2004年12月,在"原高等学校土建学科教学指导委员会高等职业教育专业委员会"(以下简称"原土建学科高职委")的基础上重新组建了全国统一名称的"高职高专教育土建类专业教学指导委员会"(以下简称"土建类专业教指委"),继续承担在教育部、建设部的领导下对全国土建类高等职业教育进行"研究、咨询、指导、服务"的责任。组织全国的优秀编者编写土建类高职高专教材推荐给全国各院校使用是教学指导委员会的一项重要工作。2003年"原土建学科高职委"精心组织编写的"建筑工程技术"专业12门主干课程教材《建筑识图与构造》、《建筑力学》、《建筑结构》(第二版)、《地基与基础》、《建筑材料》、《建筑施工技术》(第二版)、《建筑施工组织》、《建筑工程计量与计价》、《建筑工程测量》、《高层建筑施工》、《工程项目招投标与合同管理》、《建筑法规概论》,较好地体现了土建类高等职业教育的特色,以其权威性、先进性、实用性受到全国同行的普遍赞誉,于2006年全部被教育部和建设部评为国家级和部级"十一五"规划教材。总结这套教材使用中发现的一些不尽如人意的地方,考虑近年来出现的新材料、新设备、新工艺、新技术、新规范急需编入教材,土建类专业教指委土建施工类专业指导分委员会于2006年5月在南昌召开专门会议,对这套教材的修订进行了认真充分的研讨,形成共识后才正式着手教材的修订。修订版教材将于2007年由中国建筑工业出版社陆续出版、发行。

  现行的"建筑工程技术"专业的指导性培养方案是由"原土建学科高职委"于2002年组织编制的,该方案贯彻了培养"施工型"、"能力型"、"成品型"人才的指导思想,实践教学明显加强,实践时数占总教学时数的50%,但大量实践教学的内容还停留在由实践教学大纲和实习指导书来规定的水平,由实践教学承担的培养岗位职业能力的内容、方法、手段缺乏科学性和系统性,这种粗放、单薄的关于实践教学内容的规定,与以能力为本位的培养目标存在很大的差距。土建类专业教指委的专家们敏感地意识到了这个差距,于2004年开始在西宁召开会议正式启动了实践教学内容体系建设工作,通过全国各院校专家的共同努力,很快取得了共识,以毕业生必备的岗位职业能力为总目标,以培养目标能力分解的各项综合能力为子目标,把相近的子目标整合为一门门实训课程,以这一门门实训课程为主,以理论教学中的一项项实践性环节为辅,构建一个与理论教学内容体系相对独立、相互渗透、互相支撑的实践教学内容新体系。为了编好实训教材,2005年间土建类专业教指委土建施工类专业指导分委员会多次召开会议,研讨有关问题,最终确定编写《建筑工程识图实训》、《建筑施工技术管理实训》、《建筑施工组织与造价管理实训》、《建筑工程质量与安全管理实训》、《建筑工程资料管理实训》5本实训教材,并聘请工程经历丰富的10位专家担任主编和主审，对各位主编提出的编写大纲也进行了认真研讨，随后编写工作才正式展开。

实训教材计划2007年由中国建筑工业出版社陆续出版、发行，届时土建类专业就会有12门主干课程教材和5本与其配套的实训教材供各院校使用。编写实训教材是一项原创性的工作，困难多，难度大，在此向参与5门实训教材编审工作的专家们表示深深的谢意。

教学改革是一个在艰苦探索中不断深化的过程，我们又向前艰难地迈出了一大步，我们坚信方向是正确的，我们还要一如既往地走下去。相信这5本实训教材的面世和使用，一定会使土建类高等职业教育走进"以就业为导向、以能力为本位"的新境界。

高职高专教育土建类专业教学指导委员会
2006年11月

前 言

"建筑施工组织与造价管理实训"是土建类专业实训教材之一，是本专业学生完成所有理论教学和单项实训后的综合训练。根据专业教学计划和国家职业标准对技能的要求，突出"以能力为本位"的指导思想，主要以建筑施工企业技术员、造价员为培养目标，介绍了建筑施工组织与造价管理的基本方法。重点培养学生综合运用理论知识解决实际问题的能力，提高实际工作技能，满足企业用人的需要。

本书在编写过程中，坚持理论与实践相结合、目前与将来相结合的原则，融建筑领域的新技术、新工艺、新规范、新成果于一体，案例丰富、图文并茂、结构新颖，具有可操作性强、适用面广的特点。力求为准备从事招标投标的技术标和商务标编制、招投标及合同管理工作的人员作好引路工作，为他们找到一条捷径。

本书可作为大中专院校建筑工程技术、工程管理专业的实训教材，同时亦可作为建筑企业有关人员的自学用书，尤其是刚刚走上工作岗位的大中专学生的参考用书。

全书由湖北城市建设职业技术学院危道军主编。项目1、项目2、项目13由黑龙江建筑职业技术学院郭宏伟编写，项目3由湖北城市建设职业技术学院程红艳编写，项目4、项目5、项目6、项目7由齐齐哈尔铁路工程学校曹忠平编写，项目8、项目9由湖北城市建设职业技术学院赵惠珍编写，项目10、项目11、项目12由危道军编写。全书由王春宁审阅。

本书在编写过程中，得到了高职高专教育土建类专业教学指导委员会和中国建筑工业出版社的大力支持和协助，参考了有关专家、学者的论著，吸取了一些最新科研成果，谨在此一并表示诚恳的感谢。

由于编写时间及编者水平有限，错误之处在所难免，恳请读者批评指正。

目 录

项目1 建筑工程招投标与合同的签订 1
 训练1 招投标程序 1
 训练2 投标人资格审查 5
 训练3 招投标文件 8
 训练4 施工合同的签订 12
项目2 施工准备工作 26
 训练1 收集施工资料 26
 训练2 技术准备 26
 训练3 现场准备 29
 训练4 资源准备 33
项目3 施工方案的选定 38
 训练1 基础工程施工方案 43
 训练2 主体工程施工方案 53
 训练3 屋面防水工程施工方案 69
 训练4 装饰工程施工方案 74
项目4 施工进度计划的编制 83
 训练1 分部工程进度计划的编制 83
 训练2 单位工程进度计划的编制 100
项目5 单位工程施工现场平面图设计 114
项目6 技术组织措施 130
 训练1 工期措施 130
 训练2 质量措施 134
 训练3 安全措施 143
 训练4 成本措施 156
 训练5 文明施工措施 160
项目7 单位工程施工组织设计的编制 168
 训练1 单位工程施工组织设计的编制 168
项目8 建筑工程施工图预算 212
 训练1 工程量计算 212
 训练2 施工图预算的编制 247
 训练3 工料分析和材料价差计算 254
 训练4 建筑工程费用计算 257

训练5　施工图预算实例 ……………………………………………… 263
项目9　工程量清单计价 …………………………………………………… 281
　　训练1　工程量清单的编制 ……………………………………………… 281
　　训练2　工程量清单计价 ………………………………………………… 308
项目10　建筑工程投标与合同价格的确定 ……………………………… 334
　　训练1　建筑工程投标报价 ……………………………………………… 334
　　训练2　建设工程承包合同价 …………………………………………… 349
项目11　建筑工程项目进度控制 ………………………………………… 355
　　训练1　工程项目进度控制的任务和作用 ……………………………… 355
　　训练2　施工进度计划的实施 …………………………………………… 357
　　训练3　施工进度计划的调整与控制 …………………………………… 364
项目12　建筑工程施工造价控制 ………………………………………… 369
　　训练1　施工价款管理 …………………………………………………… 369
　　训练2　工程变更价款和施工索赔款 …………………………………… 379
项目13　施工合同管理 …………………………………………………… 387
　　训练1　不可抗力、保险和担保的管理 ………………………………… 387
　　训练2　转包与分包管理 ………………………………………………… 393
　　训练3　合同解除与违约责任 …………………………………………… 394
主要参考文献 ……………………………………………………………… 399

项目1 建筑工程招投标与合同的签订

训练1 招投标程序

[训练目的与要求] 掌握招投标的运作程序,培养学生综合运用理论知识解决招投标问题的能力。

1.1 招标范围及方式

1.1.1 招标范围

对于建设工程施工中哪些必须进行招标,哪些可以直接发包,有关的法律、法规和部门规章中都有明确的规定。

1.《招标投标法》的有关规定

(1) 必须进行招标的项目

1) 大型基础设施、公用事业等关系社会公共利益、公众安全的项目;

2) 全部或者部分使用国有资金投资或者国家融资的项目;

3) 使用国际组织或者外国政府贷款、援助资金的项目。

大型基础设施、公用事业等关系社会公共利益、公众安全的项目,是针对项目性质做出的规定。通常来说,所谓基础设施,是指为国民经济生产过程提供的基本条件,可分为生产性基础设施和社会性基础设施。前者指直接为国民经济生产过程提供的设施,后者指间接为国民经济生产过程提供的设施。基础设施通常包括能源、交通运输、邮电通信、水利、城市设施、环境与资源保护设施等。所谓公用事业,是指为适应生产和生活需要而提供的具有公共用途的服务,如供水、供电、供热、供气、科技、教育、文化、体育、卫生、社会福利等。

全部或部分使用国有资金投资或者国家融资的项目,是针对资金来源做出的规定。国有资金,是指国家财政性资金(包括预算内资金和预算外资金),国家机关、国有企事业单位和社会团体的自有资金及借贷资金。

使用国际基金组织或者外国政府贷款、援助资金的项目必须招标,这是世行等国际金融组织和外国政府所普遍要求的。我国在与这些国际组织或外国政府签订的双边协议中,也对这一要求予以了认可。另外,这些贷款大多属于国家的主权债务,由政府统借统还,在性质上应视同国有资产投资。

(2)《招标投标法》其他规定

1) 任何单位和个人不得将依法必须进行招标的项目化整为零或者以其他任何方式规避招标。所谓化整为零,即把达到法定强制招标限额的项目切割为几个小项目,每个小项目的金额均在法定招标限额以下,以此来达到逃避招标的目的。

2）依法必须进行招标的项目，其招标投标活动不受地区或者部门的限制。任何单位和个人不得违法限制或者排斥本地区、本系统以外的法人或者其他组织参加投标，不得以任何方式非法干涉招标投标活动。

2.《工程建设项目招标范围和规模标准规定》的有关规定

国务院批准的《工程建设项目招标范围和规模标准规定》，对《招标投标法》的项目范围做了具体规定：

(1) 关系社会公共利益、公众安全的基础设施项目的范围：

1）煤炭、石油、天然气、电力、新能源等能源项目；

2）铁路、公路、管道、水运、航空以及其他交通运输业等交通运输项目；

3）邮政、电信枢纽、通信、信息网络等邮电通信项目；

4）防洪、灌溉、排涝、引（供）水、滩涂治理、水土保持、水利枢纽等水利项目；

5）道路、桥梁、地铁和轻轨交通、污水排放及处理、垃圾处理、地下管道、公共停车场等城市设施项目；

6）生态环境保护项目；

7）其他基础设施项目。

(2) 关系社会公共利益、公众安全的公用事业项目的范围：

1）供水、供电、供气、供热等市政工程项目；

2）科技、教育、文化等项目；

3）体育、旅游等项目；

4）卫生、社会福利等项目；

5）商品住宅，包括经济适用住房；

6）其他公用事业项目。

(3) 使用国有资金投资项目的范围：

1）使用各级财政预算资金的项目；

2）使用纳入财政管理的各种政府性专项建设基金的项目；

3）使用国有企业、事业单位自有资金，并且国有资产投资者实际拥有控制权的项目。

(4) 国家融资项目的范围：

1）使用国家发行债券所筹资金的项目；

2）使用国家对外借款或者担保所筹资金的项目；

3）使用国家政策性贷款的项目；

4）国家授权投资主体融资的项目；

5）国家特许的融资项目。

(5) 使用国际组织或者外国政府资金的项目范围：

1）使用世界银行、亚洲开发银行等国际组织贷款资金的项目；

2）使用外国政府及其机构贷款资金的项目；

3）使用国际组织或者外国政府援助资金的项目。

(6) 上述各项规定范围内的各类工程建设项目，包括项目的勘察、设计、施工、监理以及与工程建设有关的重要设备、材料等的采购，达到下列标准之一的，必须进行招标：

1）施工单项合同估算价在 200 万元人民币以上的；

2）重要设备、材料等货物的采购，单项合同估算价在 100 万元人民币以上的；

3）勘察、设计、监理等服务的采购，单项合同估算价在 50 万元人民币以上的；

4）单项合同估算价低于上述单项规定的标准，但项目总投资额在 3000 万元人民币以上的。

（7）省、自治区、直辖市人民政府根据实际情况，可以规定本地区必须进行招标的具体范围和规模标准，但不得缩小本规定确定的必须进行招标的范围。

（8）国家发展计划委员会可以根据实际需要，会同国务院有关部门对本规定确定的必须进行招标的具体范围和规模标准进行部分调整。

3.《施工招标投标管理办法》的有关规定

建设部发布的《房屋建筑和市政基础设施工程施工招标投标管理办法》对必须进行招标的工程范围和规模标准也做了明确的规定。

（1）房屋建筑工程必须招标的范围：各类房屋建筑及其附属设施和与其配套的线路、管道、设备安装工程及室内外装修工程。

（2）市政基础设施工程：城市道路、公共交通、供水、排水、燃气、热力、园林、环卫、污水处理、垃圾处理、防洪、地下公共设施及附属设施的土建、管道、设备安装工程。

（3）房屋建筑和市政基础设施工程（以下简称工程）的施工单项合同估算价在 200 万元人民币以上，或者项目总投资在 3000 万元人民币以上的，必须进行招标。

（4）省、自治区、直辖市人民政府建设行政主管部门报经同级人民政府批准，可以根据实际情况，规定本地区必须进行工程施工招标的具体范围和规模标准，但不得缩小本办法确定的必须进行施工招标的范围。

（5）工程有下列情形之一的，可以不进行施工招标：

1）停建或者缓建后恢复建设的单位工程，且承包人未发生变更的；

2）施工企业自建自用的工程，且该施工企业资质等级符合工程要求的；

3）在建工程追加的附属小型工程或者主体加层工程，且承包人未发生变更的；

4）法律、法规、规章规定的其他情形。

1.1.2 招标方式

建设工程施工招标的招标方式分为公开招标和邀请招标两种方式。

1. 公开招标

公开招标，是招标人在指定的报刊、电子网络或其他媒体上发布招标公告，邀请不特定的、具备资格的投标申请人参加投标，并按《招标投标法》、《施工招标投标管理办法》和有关招标投标法律、法规、规章的规定，择优选定中标人的招标方式。发布招标公告是公开招标最显著的特征之一,也是公开招标的第一个环节。招标公告在何种媒介上发布,直接决定了招标信息的传播范围,进而影响到招标的竞争程度和招标效果。

全部使用国有资金投资或者国有资金投资占控股或者主导地位的,应当公开招标,但经国家计委或者省、自治区、直辖市人民政府依法批准可以进行邀请招标的重点建设项目除外;其他工程可以实行邀请招标。

2. 邀请招标

邀请招标,也称选择性招标。由招标人根据供应商或承包商的资信和业绩,选择特定的、具备资格的法人或其他组织(不能少于3家),向其发出投标邀请书,邀请其参加投标,并按《招标投标法》、《施工招标投标管理办法》和有关招标投标法律、法规、规章的规定,择优选定中标人的招标方式。

采用邀请招标方式的前提条件,是对市场供给情况比较了解,对供应商或承包商的情况比较了解。在此基础上,还要考虑招标项目的具体情况:一是招标项目的技术新而且复杂或专业性很强,只能从有限范围的供应商或承包商中选择;二是招标项目本身的价值低,招标人只能通过限制投标申请人数来达到节约和提高效率的目的。

3. 公开招标与邀请招标的区别

公开招标与邀请招标的区别主要在于:

(1)发布信息的方式不同。公开招标采用公告的形式发布,邀请招标采用投标邀请书的形式发布。

(2)选择的范围不同。公开招标因使用招标公告的形式,针对的是一切潜在的对招标项目感兴趣的法人或其他组织,招标人事先不知道投标申请人的数量;邀请招标针对已经了解的法人或其他组织,而且事先已经知道投标申请人的数量。

(3)竞争的范围不同。由于公开招标使所有符合条件的法人或其他组织都有机会参加投标,竞争的范围较广,竞争性体现得也比较充分,招标人拥有绝对的选择余地,容易获得最佳招标效果;邀请招标中投标申请人的数目有限,竞争的范围有限,招标人拥有的选择余地相对较小,有可能提高中标的合同价,也有可能将某些在技术上或报价上更有竞争力的供应商或承包商遗漏。

(4)公开的程度不同。公开招标中,所有的活动都必须严格按照预先指定并为大家所知的程序和标准公开进行,大大减少了作弊的可能;相对而言,邀请招标的公开程度逊色一些,产生不法行为的机会也就多一些。

(5)时间和费用不同。由于邀请招标不发公告,招标文件只送几家,使整个招投标的时间大大缩短,招标费用也相应减少。公开招标的程序比较复杂,从发布公告到资格审查,有许多时间上的要求,要准备较多的招标文件,因而耗时较长,费用也比较高。

由此可见,两种招标方式各有千秋,从不同角度比较,会得出不同的结论。在实际中,各国或国际组织的做法也不尽一致。并未给出倾向性的意见,而是把选择权交给了招标人,由招标人根据项目的特点,自主决定采用公开或邀请方式,只要不违反法律规定,最大限度体现"公开、公平、公正"的招标原则即可。

1.2 招标投标程序

工程施工招标投标活动主要包括下列程序:
(1) 招标资格与备案。
(2) 确定招标方式。
(3) 发布(送)招标公告或投标邀请书。
(4) 编制、发放资格预审文件和递交资格预审申请书。
(5) 资格预审,确定合格的投标申请人。
(6) 编制招标文件。
(7) 编制工程标底(如有时)。
(8) 发出招标文件。
(9) 踏勘现场。
(10) 答疑。
(11) 编制、送达与签收投标文件。
(12) 开标。
(13) 组建评标委员会。
(14) 评标。
(15) 招标投标情况书面报告及备案。
(16) 发出中标通知书。
(17) 签署合同。

训练 2 投标人资格审查

[训练目的与要求] 掌握投标人资格审查方式和审查内容,提高实际工作技能。

2.1 资格审查方式和审查内容

2.1.1 资格审查方式

一般来说,资格审查方式可分为资格预审和资格后审。资格预审是在投标前对投标申请人进行的资格审查;资格后审是在评标时对投标申请人进行的资格审查。招标人应根据工程规模、结构复杂程度或技术难度等具体情况,选择对投标申请人采取资格预审方式或资格后审方式。

2.1.2 资格审查内容

无论是资格预审还是后审,都是主要审查投标申请人是否符合下列条件:
(1) 具有独立签订合同的权力;
(2) 具有圆满履行合同的能力,包括专业、技术资格和能力,资金、设备和其他物质设施状况,管理能力,经验、信誉和相应的工作人员;

(3) 以往承担类似项目的业绩情况；

(4) 没有处于被责令停业，财产被接管、冻结、破产状态；

(5) 在最近几年内（如最近三年内）没有与合同有关的犯罪或严重违约、违法行为。

此外，如果国家对投标申请人的资格条件另有规定的，招标人必须依照其规定，不得与这些规定相冲突或低于这些规定的要求。在不损害商业秘密的前提下，投标申请人应向招标人提交能证明上述有关资质和业绩情况的法定证明文件或其他资料。

是否进行资格审查及资格审查的要求和标准，招标人应在招标公告或投标邀请书中载明。这些要求和标准应平等地适用于所有的投标申请人。招标人不得规定任何非客观合理的标准、要求或程序，限制或排斥投标申请人，招标人也不得规定歧视某一投标申请人的标准、要求和程序。

招标人应按照招标公告或投标邀请书中载明的资格审查方式、要求和标准，对提交资格审查证明文件和资料的投标申请人的资格做出审查决定。招标人应告知投标申请人资格审查是否合格。

2.2 资格预审

2.2.1 资格预审的优点

(1) 实行资格预审，将那些审查不合格的投标者先行排除，就可以减少这些多余的投标。

(2) 通过对投标人进行资格预审，可以对申请预审的众多投标人的技术水平、财务实力、施工经验和业绩进行调查，从而选择在技术、财务和管理各方面都能满足招标工程需要的投标人参加投标。

(3) 通过对投标人进行资格预审，筛选出确实有实力和信誉的少量投标人，不仅可以减少招标人印制招标文件的数量，而且可以减轻评标的工作量，缩短招标工作周期，同时那些可能不具备承担工程任务的投标人，也节省因投标而投入的人力、财力等投标费用。

2.2.2 资格预审的适用范围

资格预审适用于公开招标或部分邀请招标的土建工程、交钥匙工程、技术复杂的成套设备安装工程、装饰装修工程。

2.2.3 资格预审的程序

资格预审的程序为：招标人（或招标代理人）编制资格预审文件、发售资格预审文件、制定资格预审的评审标准、接收投标申请人提交的资格预审申请书、对资格预审申请书进行评审并撰写评审报告、将评审结果通知相关申请人。

采取资格预审的工程项目，招标人需编制资格预审文件，向投标申请人发放资格预审文件。投标申请人应按资格预审文件的要求，如实编制资格预审申请书；招标人通过对投标申请人递交的资格预审申请书的内容进行评审，确定符合资质条件、具有能力的投标申请人。

经资格预审后，招标人应当向资格预审合格的投标申请人发出资格预审合通知书，告知获取招标文件的时间、地点和方法，并同时向资格预审不合格的投标申请人告知资格预审结果。

投标申请人隐瞒事实、弄虚作假、伪造相关资料的，招标人应当拒绝其参加投标。在资格预审合格的投标申请人过多时，可以由招标人从中选择不少于7家资格预审合格的投标申请人参加投标。

2.3 资格预审文件的编制

2.3.1 资格预审文件的内容

资格预审文件一般应当包括资格预审申请书格式、申请人须知以及需要投标申请人提供的企业资质、业绩、技术装备、财务状况和拟派出的项目经理与主要技术人员的简历、业绩等证明材料。

1. 投标申请人资格预审须知
（1）总则。
（2）资格预审申请。
（3）资格预审评审标准。
（4）联合体。
（5）利益冲突。
（6）申请书的提交。
（7）资格预审申请书材料的更新。
（8）通知与确认。
（9）附件：
1）资格预审必要合格条件标准；
2）资格预审附加合格条件标准；
3）招标工程项目概况。

2. 投标申请人资格预审申请书
（1）资格预审申请书。
（2）资格预审申请书附表：
1）投标申请人一般情况；
2）年营业额数据表；
3）近三年已完工程及目前在建工程一览表；
4）财务状况表；
5）联合体情况；
6）类似工程经验；
7）公司人员及拟派往本招标工程项目的人员情况；
8）拟派往本招标工程项目负责人与主要技术人员；
9）拟派往本招标工程项目负责人与项目技术负责人简历；
10）拟用于本招标工程项目的主要施工设备情况；
11）现场组织机构情况；
12）拟分包企业情况；

13）其他资料。

3. 投标申请人资格预审合格通知书

2.3.2 资格预审文件的评审

《施工招标投标管理办法》规定：经资格预审后，招标人应当向资格预审合格的投标申请人发出资格预审合格通知书，告知获取招标文件的时间、地点和方法，并同时向资格预审不合格的投标申请人告知资格预审结果。

在资格预审合格的投标申请人过多时，可以由招标人从中选择不少于7家资格预审合格的投标申请人。

根据上述规定，招标人在收到投标申请人的资格预审申请书后，要对资格预审申请书进行评审，并撰写评审报告，最后向合格的投标申请人发出资格预审合格通知书，并同时将评审结果通知不合格的投标申请人。

资格预审文件的评审一般分初步评审和详细评审。

训练 3　招 投 标 文 件

［训练目的与要求］　掌握招标文件的编制内容；掌握投标文件的编制内容。

3.1　招标文件的编制

3.1.1　招标文件的编制应遵循的原则

招标文件的编制，应遵循下列原则：

（1）招标文件的编制必须遵守国家有关招标投标的法律、法规和部门规章的规定；

（2）招标文件必须遵循公开、公平、公正的原则，不得以不合理的条件限制或者排斥潜在投标人，不得对潜在投标人实行歧视待遇；

（3）招标文件必须遵循诚实信用的原则，招标人向投标人提供的工程情况，特别是工程项目的审批、资金来源和落实等情况，都要确保真实和可靠；

（4）招标文件介绍的工程情况和提出的要求，必须与资格预审文件的内容相一致；

（5）招标文件的内容要能清楚地反映工程的规模、性质、商务和技术要求等内容，设计图纸应与技术规范或技术要求相一致，使招标文件系统、完整、准确；

（6）招标文件不得要求或者标明特定的建筑材料、构配件等生产供应者以及含有倾向或者排斥投标申请人的其他内容。

3.1.2　招标文件的内容

（1）投标须知及投标须知前附表。

（2）合同条款。

（3）合同文件格式。

（4）工程规范。

（5）图纸。

(6) 工程量清单。
(7) 投标函格式。
(8) 投标文件商务部分格式。
(9) 投标文件技术部分格式。
(10) 资格审查审查书格式(用于后审)。

3.1.3 招标文件的备案

《施工招标投标管理办法》规定：依法必须进行施工招标的工程，招标人应当在招标文件发出的同时，将招标文件报工程所在地的县级以上地方人民政府建设行政主管部门备案。建设行政主管部门发现招标文件有违反法律、法规内容的，应当责令招标人改正。

3.2 投标文件的编制

3.2.1 投标文件的内容

《施工招标投标管理办法》规定，投标文件应当包括下列内容：
(1) 投标函。
(2) 施工组织设计或者施工方案。
(3) 投标报价。
(4) 招标文件要求提供的其他材料。

3.2.2 投标文件投标函部分的编制

投标函部分是招标人提出要求，由投标人表示参与该招标工程投标的意愿表达的文件，由投标人按照招标人提出的格式，无条件地填写。投标函格式包括下列内容：
(1) 法定代表人(或负责人)身份证明书。
(2) 投标文件签署授权委托书。
(3) 投标函。
(4) 投标函附录。
(5) 投标保证金银行保函格式(具体格式由担保银行提供)。
(6) 招标文件要求投标人提交的其他投标资料(本项无格式，需要时由招标人用文字提出)。

1. 法定代表人身份证明书

法定代表人身份证明书是招标人要求投标人提供其证明法定代表人身份的文件。

在法定代表人身份证明书中的单位名称、性质、成立时间、经营期限等内容应按照在工商行政管理部门领取的法人营业执照中的相关内容填写。投标申请人在工商行政管理部门领取的法人营业执照和在建设行政主管部门领取的资质等级证书上登记的法定代表人的姓名必须一致。若是联合体投标，则联合体各方都要提供其法定代表人的身份证明书。

投标人必须严格按照招标人提供的法定代表人的身份证明书填写，不得有任何疏忽或错误。更不能对法定代表人的身份证明书进行任何修改。

法定代表人身份证明书编写完成后，必须加盖公章，并填写出具日期。

2. 投标文件签署授权委托书

投标文件签署授权委托书是投标人的法定代表人授权委托他人代表自己签署投标文件的委托证明。根据有关规定，投标申请人的法定代表人可以委托代理人签署投标文件。由委托代理人签字或盖章的投标文件，在投标申请人向招标人提交投标文件时，必须同时提交投标文件签署授权委托书。投标文件签署授权委托书格式由招标人在招标文件中提供。投标人在填写投标文件签署授权委托书时，必须严格按规定的格式内容填写，签字、盖章必须符合要求，否则投标文件签署授权委托书无效。其内容仅需如实填写清楚投标人的法定代表人姓名和拟授权委托的代表的姓名，承认该委托人全权代表自己所签署的本工程的投标文件的内容，并申明该委托人无委托权内容，最后投标人的法定代表人和授权委托人分别签字、盖章即可。

法定代表人的姓名、性别、年龄应与法定代表人身份证明书中填写的内容一致。

3. 投标函

投标函是投标文件的重要组成部分，是投标人向招标人发出投标的意愿表达，即投标人对招标人招标文件的响应。投标人在研究招标文件的投标须知（含前附表）、合同条款、技术规范、图纸、工程量清单及其他有关文件，并踏勘现场后，向招标人提出的愿意承担招标工程的意愿表达的文件。投标函的主要内容包括：投标报价、质量保证、工期保证、履约担保、投标担保等。

投标函格式由招标人在招标文件中提供，由投标申请人填写。在提交投标文件时一并提交，投标函是投标文件的核心文件。投标函包括以下内容：

（1）投标人对招标工程提出投标，承诺按招标文件的图纸、合同条款、工程建设标准和工程量清单的条件要求承包招标工程的施工、竣工，并承担任何质量缺陷保修责任，并提出投标报价。需要注意的是在填写投标报价时，应按照招标文件规定的币种，将报价金额的大、小写填写清楚。

（2）投标人承认已经对全部招标文件进行了审核。

（3）投标人承认投标函附录是投标函组成部分。

（4）投标人对施工工期的承诺。

（5）投标人对提供履约担保的承诺。履约担保分银行保函和担保机构担保书两种形式。具体工程只选择一种。该条需要注意的是担保金额需填写清楚。

（6）投标人对其投标文件在招标文件规定的投标有效期内有效。

（7）投标人承认中标通知书和投标文件是合同文件组成部分。

（8）投标人对提供投标担保的承诺。需要注意的是担保金额需按照招标文件规定的币种填写清楚。

在投标函的最后，需将投标人的名称、单位地址、法定代表人或委托代理人姓名、投标人开户银行、账号等内容如实填写，并加盖公章。

在投标函里填写的拟招标工程的名称、编号等应与招标公告或投标邀请书中的内容一致，投标报价金额的大写与小写应一致，施工工期应与合同协议书工期一致,履约担保和投标担保的金额应明确。

4. 投标函附录

投标函附录是投标人以表格的形式对投标函中的有关内容和合同条款的实质性内容做出的承诺具体化的意愿表示。主要项目内容说明如下:

(1) 履约保证金。是投标人根据投标函中有关担保的内容和合同条款内的"担保条款",向招标人提出的担保方式。要明确究竟是采用银行保函方式,还是采用履约担保书方式,以及保证金金额占合同价款的比例。

(2) 施工准备时间。是投标人向招标人提出签订合同协议书后,需要施工准备的天数。

(3) 误期违约金额。是投标人根据投标函中有关"工期保证"的内容和合同条款内"工程竣工"的条款,以及"违约"条款中向招标人提出的由于投标人在中标后,履行合同过程中,属于中标人(合同承包人)自身原因,不能按照合同协议书约定的竣工日期或招标人(合同发包人)同意顺延的工期竣工,应当承担违约责任的具体违约金额。其计算方法为每延误一天支付违约金多少元。

(4) 误期赔偿费限额。是投标人向招标人提出超误工期赔偿金最高支付的限额。计算方法可以按合同价款的一定比率计算。

(5) 提前工期奖。是投标人对招标人提出,如果投标人中标后在履行施工合同过程中,经过采取措施,在保证工程质量的前提下,比合同约定的竣工日期提前竣工,向招标人提出的奖励要求。计算方法可以参照误期违约金的方法。

(6) 施工总工期。是投标人对招标文件中的投标须知前附表内招标人提出的施工总工期的承诺。施工总工期是属于施工合同的实质性条款,投标人必须慎重对待。

(7) 质量标准。是投标人对招标文件中的投标须知前附表内招标人提出的质量标准的承诺。质量标准也就是质量等级,也是属于施工合同的实质性条款,投标人必须做出郑重的承诺。

(8) 工程质量违约金最高限额。是指招标人在招标文件内要求工程质量达到的标准,投标人也按此标准报价,中标后在履行合同过程中,投标人(承包人)不能按合同的约定达到规定的质量标准,投标人(承包人)应向招标人(发包人)支付违约金的最高限额。计算方法可以按绝对值或按合同价款的一定比例计算。

(9) 预付款金额。本栏按合同条款内,招标人向投标人提出的预付款占合同价款的百分比填写。

(10) 预付款保函金额。招标人依据合同规定向投标人支付预付款时,投标人应向招标人提交同等数额的预付款保函。本栏金额应按招标人在合同条款内提出的预付款占合同价款的百分比填写。

(11) 工程进度款付款时间。本栏投标人可填写按合同条款约定的时间付款。

(12) 竣工结算款付款时间。本栏投标人可填写按合同条款约定的时间付款。

(13) 保修期。本栏投标人可填写按工程质量保修书约定的保修期履行。

5. 投标担保银行保函

(1) 投标担保银行保函格式

投标担保银行保函是投标人向招标人提供在投标有效期内投标文件有效的保证。投标担保银行保函格式应由担保银行提供。

(2) 投标担保银行保函编写指南

投标担保银行保函由提供担保的银行编写，并加盖公章，由投标人连同投标文件一并送交招标人。保函中的招标人、投标人以及担保银行的名称填写必须与营业执照的名称一致，招标工程项目名称和编号必须与招标公告或投标邀请书上的一致，担保金额的币种、金额、单位要明确，担保银行的法定代表人或负责人的名称、地址、邮政编码以及签署保函的日期等均应一一填写清楚。

投标人在提交投标担保银行保函后，在整个投标有效期内要特别注意保函内的责任条件和投标须知中没收投标担保的条件。

6. 投标担保书

投标担保书与投标担保银行保函一样，是投标申请人向招标人提供在投标有效期内投标文件有效的保证。所不同的是投标担保银行保函格式应由担保银行提供，投标担保书是由有资格的担保机构出具，由投标申请人连同投标文件一并送交招标人。

与银行保函相同，担保书中的招标人、投标人以及担保机构的名称填写必须和营业执照的名称一致，招标工程名称和编号必须与招标公告或投标邀请书上的一致；担保金额的币种、金额、单位要明确，担保机构的法定代表人或负责人的名称地址、邮政编码以及签署担保书的日期等均应一一填写清楚。

7. 招标文件要求投标人提交的其他投标资料

根据具体招标工程情况的不同，招标人会在招标文件中要求投标人提供一些其他资料。本项无格式要求，需要时由招标人用文字形式提出，投标人根据要求提供即可。

训练 4　施工合同的签订

［训练目的与要求］　熟悉各类施工合同的内容，培养解决合同问题的能力。

4.1　施工合同的内容

4.1.1　建设工程总承包合同的主要内容

1. 建设工程总承包合同的主要条款

(1) 词语涵义及合同文件

建设工程总承包合同双方当事人应对合同中常用的或容易引起歧义的词语进行解释，赋予它们明确的涵义。对合同文件的组成、顺序、合同使用的标准也应作出明确的规定。

(2) 总承包的内容

建设工程总承包合同双方当事人应对总承包的内容作出明确规定，一般包括从工程立项到交付使用的工程建设全过程，具体应包括：勘察设计、设备采购、施工管理、试车考核(或交付使用)等内容。具体的承包内容由当事人约定，如约定设计—施工的总承包，投资—设计—施工的总承包等。

(3) 双方当事人的权利义务

发包人一般应当承担以下义务：按照约定向承包人支付工程款；向承包人提供现场；协助承包人申请有关许可、执照和批准；如果发包人单方要求终止合同后，没有承包人的同意，在一定时期内不得重新开始实施该工程。

承包人一般应当承担以下义务：完成满足发包人要求的工程以及相关的工作；提供履约保证；负责工程的协调与恰当实施；按照发包人的要求终止合同。

(4) 合同履行期限

合同应当明确规定交工的时间，同时也应对各阶段的工作期限作出明确规定。

(5) 合同价款

这一部分内容应规定合同价款的计算方式、结算方式，以及价款的支付期限等。

(6) 工程质量与验收

合同应当明确规定对工程质量的要求，对工程质量的验收方法、验收时间及确认方式。工程质量检验的重点应当是竣工验收，通过竣工验收后发包人可以接收工程。

(7) 合同的变更

工程建设的特点决定了建设工程总承包合同在履行中往往会出现一些事先没有估计到的情况。一般在合同期限内的任何时间，发包人代表可以通过发布指示或者要求承包人以递交建议书的方式提出变更。如果承包人认为这种变更是有价值的，也可以在任何时候向发包人代表提交此类建议书。当然，最后的批准权在发包人。

(8) 风险、责任和保险

承包人应当保障和保护发包人、发包人代表以及雇员免遭由工程导致的一切索赔、损害和开支。应由发包人承担的风险也应作明确的规定。合同对保险的办理、保险事故的处理等都应作明确的规定。

(9) 工程保修

合同应按国家的规定写明保修项目、内容、范围、期限及保修金额和支付办法。

(10) 对设计分包人的规定

承包人进行并负责工程的设计，设计应当由合格的设计人员进行。承包人还应当编制足够详细的施工文件，编制和提交竣工图、操作和维修手册。承包人应对所有分包方遵守合同的全部规定负责，任何分包方、分包方的代理人或者雇员的行为或者违约，完全视为承包人自己的行为或者违约，并负全部责任。

(11) 索赔和争议的处理

合同应明确索赔的程序和争议的处理方式。对争议的处理，一般应以仲裁作为解决的最终方式。

(12) 违约责任

合同应明确双方的违约责任。包括发包人不按时支付合同价款的责任、超越合同规定干预承包人工作的责任等;也包括承包人不能按合同约定的期限和质量完成工作的责任等。

2. 建设工程总承包合同的签订和履行

(1) 建设工程总承包合同的签订

建设工程总承包合同通过招标投标方式签订。承包人一般应当根据发包人对项目的要求编制投标文件,可包括设计方案、施工方案、设备采购方案、报价等。双方在合同上签字盖章后合同即告成立。

(2) 建设工程总承包合同的履行

建设工程总承包合同订立后,双方都应按合同的规定严格履行。总承包单位可以按合同规定对工程项目进行分包,但不得倒手转包。建筑工程总承包单位可以将承包工程中的部分工程发包给具有相应资质条件的分包单位,但是除总承包合同中约定的工程分包外,必须经发包人认可。

4.1.2 施工总承包合同的主要内容

建设部和国家工商行政管理总局于1999年发布了《建设工程施工合同(示范文本)》(GF—1999—0201)(以下简称《示范文本》),这是一种主要适用于施工总承包的合同。该《示范文本》由《协议书》、《通用条款》和《专用条款》三部分组成。

1. 《协议书》内容

(1) 工程概况

工程名称;工程地点;工程内容;工程立项批准文号;资金来源。

(2) 工程承包范围

承包人承包的工作范围和内容。

(3) 合同工期

开工日期;竣工日期。合同工期应填写总日历天数。

(4) 质量标准

工程质量必须达到国家标准规定的合格标准,双方也可以约定达到国家标准规定的优良标准。

(5) 合同价款

合同价款应填写双方确定的合同金额。

(6) 组成合同的文件应能相互解释,互为说明。除专用条款另有约定外,组成合同的文件及优先解释顺序如下:

1) 本合同协议书;

2) 中标通知书;

3) 投标书及其附件;

4) 本合同专用条款;

5) 本合同通用条款;

6) 标准、规范及有关技术文件;

7) 图纸;

8) 工程量清单；

9) 工程报价单或预算书。

(7) 本协议书中有关词语涵义与本合同第二部分《通用条款》中分别赋予它们的定义相同。

(8) 承包人向发包人承诺按照合同约定进行施工、竣工并在质量保修期内承担工程质量保修责任。

(9) 发包人向承包人承诺按照合同约定的期限和方式支付合同价款及其他应当支付的款项。

(10) 合同的生效。

2.《通用条款》内容

(1) 词语定义及合同文件。

词语定义：通用条款；专用条款；发包人；项目经理；设计单位；监理单位；工程师；工程造价管理部门；工程；合同价款；追加合同价款；费用；工期；开工日期；竣工日期；图纸；施工场地；书面形式；违约责任；索赔；不可抗力；小时或天。

合同文件及解释顺序：同本条前文《协议书》内容中的有关说明。

(2) 双方一般权利和义务。

(3) 施工组织设计和工期。

(4) 质量与检验。

(5) 安全施工。

(6) 合同价款与支付。

(7) 材料设备供应。

(8) 工程变更。

(9) 竣工验收与结算。

(10) 违约、索赔和争议。

(11) 其他。

3.《专用条款》

(1)《专用条款》谈判依据及注意事项。

(2)《专用条款》与《通用条款》是相对应的。

(3)《专用条款》具体内容是发包人与承包人协商将工程的具体要求填写在合同文本中。

(4) 建设工程合同《专用条款》的解释优先于《通用条款》。

4.1.3 工程分包合同的主要内容

1. 工程分包的概念

工程分包，是相对总承包而言的。所谓工程分包，是指施工总承包企业将所承包建设工程中的专业工程或劳务作业发包给其他建筑企业完成的活动。分包分为专业工程分包和劳务作业分包。

2. 分包资质管理

《建筑法》第29条和《合同法》第272条同时规定，禁止(总)承包人将工程分包给不具备相应资质条件的单位,这是维护建设市场秩序和保证建设工程质量的需要。

(1) 专业承包资质 专业承包序列企业资质设2~3个等级,60个资质类别,其中常用类别有:地基与基础、建筑装饰装修、建筑幕墙、钢结构、机电设备安装、电梯安装、消防设施、建筑防水、防腐保温、园林古建筑、爆破与拆除、电信工程、管道工程等。

(2) 劳务分包资质 劳务分包序列企业资质设1~2个等级,13个资质类别,其中常用类别有:木工作业、砌筑作业、抹灰作业、油漆作业、钢筋作业、混凝土作业、脚手架作业、模板作业、焊接作业、水暖电安装作业等。如同时发生多类作业可划分为结构劳务作业、装修劳务作业、综合劳务作业。

3. 总、分包的连带责任

《建筑法》第29条规定,建筑工程总承包单位按照总承包合同的约定对建设单位负责;分包单位按照分包合同的约定对总承包单位负责。总承包单位和分包单位就分包工程对建设单位承担连带责任。

4. 关于分包的法律禁止性规定

《建设工程质量管理条例》第25条明确规定,施工单位不得转包或违法分包工程。

(1) 违法分包

根据《建设工程质量管理条例》的规定,违法分包指下列行为:

总承包单位将建设工程分包给不具备相应资质条件的单位,这里包括不具备资质条件和超越自身资质等级承揽业务两类情况;

建设工程总承包合同中未有约定,又未经建设单位认可,承包单位将其承包的部分建设工程交由其他单位完成的;

施工总承包单位将建设工程主体结构的施工分包给其他单位的;

分包单位将其承包的建设工程再分包的。

(2) 转包

转包是指承包单位承包建设工程后,不履行合同约定的责任和义务,将其承包的全部建设工程转给他人或者将其承包的全部工程肢解后以分包的名义分别转给他人承包的行为。

(3) 挂靠

挂靠是与违法分包和转包密切相关的另一种违法行为。包括:

转让、出借资质证书或者以其他方式允许他人以本企业名义承揽工程的;

项目管理机构的项目经理、技术负责人、项目核算负责人、质量管理人员、安全管理人员等不是本单位人员,与本单位无合法的人事或者劳动合同、工资福利以及社会保险关系的;

建设单位的工程款直接进入项目管理机构财务的。

5. 建设工程施工专业分包合同示范文本的主要内容

建设部和国家工商行政管理总局于2003年发布了《建设工程施工专业分包合同(示范文本)》(GF—2003—0213)。该文本由《协议书》、《通用条款》、《专用条款》三部分组成。

(1)《协议书》内容

1) 分包工程概况：分包工程名称；分包工程地点；分包工程承包范围；

2) 分包合同价款；

3) 工期：开工日期；竣工日期；合同工期总日历天数；

4) 工程质量标准；

5) 组成合同的文件包括：本合同协议书；中标通知书（如有时）；分包人的报价书；除总包合同工程价款之外的总包合同文件；本合同专用条款；本合同通用条款；本合同工程建设标准、图纸及有关技术文件；合同履行过程中，承包人和分包人协商一致的其他书面文件；

6) 本协议书中有关词语涵义与本合同第二部分《通用条款》中分别赋予它们的定义相同；

7) 分包人向承包人承诺，按照合同约定的工期和质量标准，完成本协议书第一条约定的工程，并在质量保修期内承担保修责任；

8) 承包人向分包人承诺，按照合同约定的期限和方式，支付本协议书第二条约定的合同价款，及其他应当支付的款项；

9) 分包人向承包人承诺，履行总包合同中与分包工程有关的承包人的所有义务，并与承包人承担履行分包工程合同以及确保分包工程质量的连带责任；

10) 合同的生效。

(2)《通用条款》内容

1) 词语定义及合同文件，包括词语定义，合同文件及解释顺序，语言文字和适用法律、行政法规及工程建设标准，图纸；

2) 双方一般权利和义务，包括承包人的工作和分包人的工作；

3) 工期；

4) 质量与安全，包括质量检查与验收和安全施工；

5) 合同价款与支付，包括合同价款及调整、工程量的确认和合同价款的支付；

6) 工程变更；

7) 竣工验收与结算；

8) 违约、索赔及争议；

9) 保障、保险及担保；

10) 其他，包括材料设备供应、文件、不可抗力、分包合同解除、合同生效与终止、合同价款和补充条款等规定。

(3)《专用条款》内容

1) 词语定义及合同文件；

2) 双方一般权利和义务；

3) 工期；

4) 质量与安全；

5) 合同价款与支付；

6）工程变更；

7）竣工验收与结算；

8）违约、索赔及争议；

9）保障、保险及担保；

10）其他。

《专用条款》与《通用条款》是相对应的，《专用条款》具体内容是承包人与分包人协商将工程的具体要求填写在合同文本中，建设工程专业分包合同《专用条款》的解释优先于《通用条款》。

4.1.4 劳务分包合同的主要内容

建设部和国家工商行政管理总局于2003年发布了《建设工程施工劳务分包合同(示范文本)》(GF—2003—0214)，其规定了劳务分包合同的主要内容。

1. 劳务分包合同主要条款

劳务分包合同主要包括：劳务分包人资质情况；劳务分包工作对象及提供劳务内容；分包工作期限；质量标准；合同文件及解释顺序；标准规范；总(分)包合同；图纸；项目经理；工程承包人义务；劳务分包人义务；安全施工与检查；安全防护；事故处理；保险；材料、设备供应；劳务报酬；工量及工程量的确认；劳务报酬的中间支付；施工机具、周转材料供应；施工变更；施工验收；施工配合；劳务报酬最终支付；违约责任；索赔；争议；禁止转包或再分包；不可抗力；文物和地下障碍物；合同解除；合同终止；合同价款；补充条款；合同生效。

2. 工程承包人与劳务分包人的义务

（1）工程承包人的义务

1）组建与工程相适应的项目管理班子，全面履行总(分)包合同，组织实施施工管理的各项工作，对工程的工期和质量向发包人负责。

2）除非本合同另有约定，工程承包人完成劳务分包人施工前期的下列工作并承担相应费用：向劳务分包人交付具备本合同项下劳务作业开工条件的施工场地；完成水、电、热、电信等施工管线和施工道路，并满足完成本合同劳务作业所需的能源供应、通信及施工道路畅通的时间和质量要求；向劳务分包人提供相应的工程地质和地下管网线路资料；办理下列工作手续：各种证件、批件、规费，但涉及劳务分包人自身的手续除外；向劳务分包人提供相应的水准点与坐标控制点位置；向劳务分包人提供生产、生活临时设施。

3）负责编制施工组织设计，统一制定各项管理目标，组织编制年、季、月施工计划、物资需用量计划表，实施对工程质量、工期、安全生产、文明施工、计量分析、试验化验的控制、监督、检查和验收。

4）负责工程测量定位、沉降观测、技术交底，组织图纸会审，统一安排技术档案资料的收集整理及交工验收。

5）统筹安排、协调解决非劳务分包人独立使用的生产、生活临时设施，工程用水、用电及施工场地。

6）按时提供图纸，及时交付应供材料、设备，所提供的施工机械设备、周转材料、安全设施应保证施工需要。

7) 按本合同约定，向劳务分包人支付劳动报酬。

8) 负责与发包人、监理、设计及有关部门联系，协调现场工作关系。

(2) 劳务分包人义务

1) 对本合同劳务分包范围内的工程质量向工程承包人负责，组织具有相应资格证书的熟练工人投入工作；未经工程承包人授权或允许，不得擅自与发包人及有关部门建立工作联系；自觉遵守法律法规及有关规章制度。

2) 劳务分包人根据施工组织设计总进度计划的要求按约定的日期(一般为每月底前若干天)提交下月施工计划，有阶段工期要求的提交阶段施工计划，必要时按工程承包人要求提交旬、周施工计划，以及与完成上述阶段、时段施工计划相应的劳动力安排计划，经工程承包人批准后严格实施。

3) 严格按照设计图纸、施工验收规范、有关技术要求及施工组织设计精心组织施工，确保工程质量达到约定的标准；科学安排作业计划，投入足够的人力、物力，保证工期；加强安全教育，认真执行安全技术规范，严格遵守安全制度，落实安全措施，确保施工安全；加强现场管理，严格执行建设主管部门及环保、消防、环卫等有关部门对施工现场的管理规定，做到文明施工；承担由于自身责任造成的质量修改、返工、工期拖延、安全事故、现场脏乱造成的损失及各种罚款。

4) 自觉接受工程承包人及有关部门的管理、监督和检查；接受工程承包人随时检查其设备、材料保管、使用情况，及其操作人员的有效证件、持证上岗情况；与现场其他单位协调配合，照顾全局。

5) 按工程承包人统一规划堆放材料、机具，按工程承包人标准化工地要求设置标牌，搞好生活区的管理，做好自身责任区的治安保卫工作。

6) 按时提交报表、完整的原始技术经济资料，配合工程承包人办理交工验收。

7) 做好施工场地周围建筑物、构筑物、地下管线和已完工程部分的成品保护工作，因劳务分包人责任发生损坏，劳务分包人自行承担由此引起的一切经济损失及各种罚款。

8) 妥善保管、合理使用工程承包人提供或租赁给劳务分包人使用的机具、周转材料及其他设施。

9) 劳务分包人须服从工程承包人转发的发包人及工程师的指令。

10) 除非本合同另有约定，劳务分包人应对其作业内容的实施、完工负责，劳务分包人应承担并履行总(分)包合同约定的与劳务作业有关的所有义务及工作程序。

3. 安全防护及保险

(1) 安全防护

1) 劳务分包人在动力设备、输电线路、地下管道、密封防振车间、易燃易爆地段以及临街交通要道附近施工时，施工开始前应向工程承包人提出安全防护措施，经工程承包人认可后实施，防护措施费用由工程承包人承担。

2) 实施爆破作业，在放射、毒害性环境中工作（含储存、运输、使用）及使用毒害性、腐蚀性物品施工时，劳务分包人应在施工前 10 天以书面形式通知工程承包人，并提出相应的安全防护措施，经工程承包人认可后实施，由工程承包人承担安全防护措施费用。

3) 劳务分包人在施工现场内使用的安全保护用品（如安全帽、安全带及其他保护用品），由劳务分包人提供使用计划，经工程承包人批准后，由工程承包人负责供应。

(2) 保险

1) 劳务分包人施工开始前，工程承包人应获得发包人为施工场地内的自有人员及第三方人员生命财产办理的保险，且不需劳务分包人支付保险费用。

2) 运至施工场地用于劳务施工的材料和待安装设备，由工程承包人办理或获得保险，且不需劳务分包人支付保险费用。

3) 工程承包人必须为租赁或提供给劳务分包人使用的施工机械设备办理保险，并支付保险费用。

4) 劳务分包人必须为从事危险作业的职工办理意外伤害保险，并为施工场地内自有人员生命财产和施工机械设备办理保险，支付保险费用。

5) 保险事故发生时，劳务分包人和工程承包人有责任采取必要的措施，防止或减少损失。

4. 劳务报酬

(1) 劳务报酬方式

1) 固定劳务报酬（含管理费）；

2) 约定不同工种劳务的计时单价（含管理费），按确认的工时计算；

3) 约定不同工作成果的计件单价（含管理费），按确认的工程量计算。

劳务报酬，除本合同约定或法律政策变化导致劳务价格变化的，均为一次包死，不再调整。

(2) 劳务报酬最终支付

1) 全部工作完成，经工程承包人认可后 14 天内，劳务分包人向工程承包人递交完整的结算资料，双方按照合同约定的计价方式，进行劳务报酬的最终支付。

2) 工程承包人收到劳务分包人递交的结算资料后 14 天内进行核实，给予确认或者提出修改意见。工程承包人确认结算资料后 14 天内向劳务分包人支付劳务报酬尾款。

3) 劳务分包人和工程承包人对劳务报酬结算价款发生争议时，按本合同关于争议的约定处理。

5. 违约责任

(1) 当发生下列情况之一时，工程承包人应承担违约责任：

1) 工程承包人违反合同的约定，不按时向劳务分包人支付劳务报酬；

2) 工程承包人不履行或不按约定履行合同义务的其他情况。

(2) 工程承包人不按约定核实劳务分包人完成的工程量或不按约定支付劳务

报酬或劳务报酬尾款时，应按劳务分包人同期向银行贷款利率向劳务分包人支付拖欠劳务报酬的利息，并按拖欠金额向劳务分包人支付违约金。

（3）工程承包人不履行或不按约定履行合同的其他义务时，应向劳务分包人支付违约金，工程承包人尚应赔偿因其违约给劳务分包人造成的经济损失，顺延延误的劳务分包人工作时间。

（4）当发生下列情况之一时，劳务分包人应承担违约责任：

1）劳务分包人因自身原因延期交工的；

2）劳务分包人施工质量不符合本合同约定的质量标准，但能够达到国家规定的最低标准时；

3）劳务分包人不履行或不按约定履行合同的其他义务时，劳务分包人尚应赔偿因其违约给工程承包人造成的经济损失，延误的劳务分包人工作时间不予顺延。

（5）一方违约后，另一方要求违约方继续履行合同时，违约方承担上述违约责任后仍应继续履行合同。

4.2 施工合同谈判与签约

4.2.1 合同谈判的主要内容

1. 工程内容和范围的确认

合同的"标的"是合同最基本的要素，建设工程合同的标的量化就是工程承包内容和范围。对于在谈判讨论中经双方确认的内容及范围方面的修改或调整，应和其他所有在谈判中双方达成一致的内容一样，以文字方式确定下来，并以"合同补遗"或"会议纪要"方式作为合同附件并说明它构成合同的一部分。

对于为监理工程师提供的建筑物、家具、车辆以及各项服务，也应逐项详细地予以明确。

对于一般的单价合同，如发包人在原招标文件中未明确工程量变更部分的限度，则谈判时应要求与发包人共同确定一个"增减量幅度"，当超过该幅度时，承包人有权要求对工程单价进行调整。

2. 技术要求、技术规范和施工技术方案

与施工技术相关的要求，国家施工技术规范、规程，以及工程施工技术方案等内容。

3. 合同价格条款

合同依据计价方式的不同主要有总价合同、单价合同和成本加酬金合同，在谈判中根据工程项目的特点加以确定。

4. 价格调整条款

一般建设工程工期较长，遭受货币贬值或通货膨胀等因素的影响，可能给承包人造成较大损失。价格调整条款可以比较公正地解决这一非承包人可控的风险损失。

可以说，价格调整和合同单价（对"单价合同"）及合同总价共同确定了工程承包合同的实际价格，直接影响着承包人的经济利益。在建设工程实践中，价格向上调整的机会远远大于价格下调，有时最终价格调整金额会高达合同总价的10％甚至15％以上，因此承包人在投标过程中，尤其是在合同谈判阶段务必对合同的价格调整条款予以充分的重视。

5. 合同款支付方式条款

工程合同的付款分四个阶段进行，即预付款、工程进度款、最终付款和退还保留金。

6. 工期和维修期

被授标的承包人首先应根据投标文件中自己填报的工期及考虑工程量的变动而产生的影响，与发包人最后确定工期。关于开工日期，如可能时应根据承包人的项目准备情况、季节和施工环境因素等洽商一个适当的时间。

对于单项工程较多的项目，应当争取（如原投标书中未明确规定时）在合同中明确允许分部位或分批提交发包人验收（例如成批的房建工程应允许分栋验收），分多段的公路维修工程应允许分段验收；分多片的大型灌溉工程应允许分片验收等，并从该批验收时起开始算该部分的维修期，应规定在发包人验收并接收前，承包人有权不让发包人随意使用等条款，以缩短自己责任期限，最大限度保障自己的利益。

承包人应通过谈判（如原投标书中未明确规定时）使发包人接受并在合同文本中明确承包人保留由于工程变更（发包人在工程实施中增减工程或改变设计）、恶劣的气候影响，以及种种"作为一个有经验的承包人也无法预料的工程施工过程中条件（如地质条件、超标准的洪水等）的变化"等原因对工期产生不利影响时要求合理地延长工期的权利。

合同文本中应当对保修工程的范围和保修责任及保修期的开始和结束时间有明确的说明，承包人应该只承担由于材料和施工方法及操作工艺等不符合合同规定而产生的缺陷。如承包人认为发包人提供的投标文件（事实上将构成为合同文件）中对它们说明得不满意时，应该与发包人谈判清楚，并落实在"合同补遗"上。

承包人应力争以维修保函来代替发包人扣留的保留金，维修保函对承包人有利，主要是因为可提前取回被扣留的现金，而且保函是有时效的，期满将自动作废。同时，它对发包人并无风险，真正发生维修费用，发包人可凭保函向银行索回款项。

因此，这一做法是比较公平的。维修期满后应及时从发包人处撤回保函。

7. 完善合同条件的问题

主要包括：关于合同图纸；关于合同的某些措辞；关于违约罚金和工期提前奖金；工程量验收以及衔接工序和隐蔽工程施工的验收程序；关于施工占地；关于开工和工期；关于向承包人移交施工现场和基础资料；关于工程交付；预付款保函的自动减额条款。

4.2.2 建设工程合同最后文本的确定和合同签订

1. 合同文件内容

建设工程合同文件构成：合同协议书；工程量及价格单；合同条件，一般由合同一般条件和合同特殊条件两部分构成；投标人须知；合同技术条件（附投标图纸）；发包人授标通知；双方代表共同签署的合同补遗（有时也以合同谈判会议纪要形式表示）；中标人投标时所递交的主要技术和商务文件（包括原投标书的图纸，承包人提交的技术建议书和投标文件的附图）；其他双方认为应该作为合同的一部分文件，如投标阶段发包人发出的变动和补遗，发包人要求投标人澄清问题的函件和承包人所做的文字答复，双方往来函件，以及投标时的降价信等。

对所有在招标投标及谈判前后各方发出的文件、文字说明、解释性资料进行清理。对凡是与上述合同构成相矛盾的文件，应宣布作废。可以在双方签署的合同补遗中，对此做出排除性质的声明。

2. 关于合同协议的补遗

在合同谈判阶段双方谈判的结果一般以合同补遗的形式，有时也可以以合同谈判纪要形式，形成书面文件。这一文件将成为合同文件中极为重要的组成部分，因为它最终确认了合同签订人之间的意志，所以它在合同解释中优先于其他文件。为此不仅承包人对它重视，发包人也极为重视，它一般是由发包人或其监理工程师起草。因合同补遗或合同谈判纪要会涉及合同的技术、经济、法律等所有方面，作为承包人主要是核实其是否忠实于合同谈判过程中双方达成的一致意见及其文字的准确性。对于经过谈判更改了招标文件中条款的部分，应说明已就某某条款进行修正，合同实施按照合同补遗某某条款执行。

同时应该注意的是，建设工程承包合同必须遵守法律。对于违反法律的条款，即使由合同双方达成协议并签了字，也不受法律保障。因此，为了确保协议的合法性，应由律师核实，才可对外确认。

3. 签订合同

发包人或监理工程师在合同谈判结束后，应按上述内容和形式完成一个完整的合同文本草案，并经承包人授权代表认可后正式形成文件，承包人代表应认真审核合同草案的全部内容。当双方认为满意并核对无误后由双方代表草签，至此合同谈判阶段即告结束。此时，承包人应及时准备和递交履约保函，准备正式签署承包合同。

4.3 施工合同案例

【背景】

某住宅楼工程在施工图设计完成一部分后，业主通过招投标选择了一家总承包单位承包该工程的施工任务。合同的部分条款摘要如下。

1. 协议书中的部分条款

（1）工程概况

工程名称：某住宅楼。

工程地点：某市。

工程内容：建筑面积为 $4000m^2$ 的砖混结构住宅楼。

（2）工程承包范围

承包范围：某建筑设计院设计的施工图所包括的土建、装饰、水暖电工程。

(3) 合同工期

开工日期：2000年2月21日。

竣工日期：2000年9月30日。

合同工期总日历天数：220d（扣除5月1～3日）。

(4) 质量标准

工程质量标准：达到甲方规定的质量标准。

(5) 合同价款

合同总价为：壹佰玖拾陆万肆仟元人民币（￥196.4万元）。

……

(8) 乙方承诺的质量保修

在该项目设计规定的使用年限（50年）内，乙方承担全部保修责任。

(9) 甲方承诺的合同价款支付期限与方式

1) 工程预付款：于开工之日起支付合同总价的10%作为预付款。预付款不予扣回，直接抵作工程进度款。

2) 工程进度款：基础工程完工后，支付合同总价的10%；主体结构三层完成后，支付合同总价的20%；主体结构全部封顶后，支付合同总价的20%；工程基本竣工时，支付合同总价的30%。为确保工程如期竣工，乙方不得因甲方资金的暂时不到位而停工和拖延工期。

2. 补充协议条款

(1) 乙方按业主代表批准的施工组织设计（或施工方案）组织施工，乙方不应承担因此引起的工期延误和费用增加的责任。

(2) 甲方向乙方提供施工场地的工程地质和地下主要管网线路资料，供乙方参考使用。

(3) 乙方不能将工程转包，但允许分包，也允许分包单位将分包的工程再次分包给其他施工单位。

【问题】

(1) 假如在施工招标文件中，按工期定额计算，该工程工期为200d。那么你认为该工程合同的合同工期应为多少天？

(2) 该合同拟订的条款有哪些不妥当之处？应如何修改？

(3) 合同价款变更的原则与程序包括哪些内容？合同争议如何解决？

【分析与答案】

(1) 根据合同文件的解释顺序，协议条款与招标文件在内容上有矛盾时，应以协议条款为准，应认定工期目标为220d。

(2) 该合同条款存在的不妥之处及其修改：

1) 合同工期总日历天数不应扣除节假日，可以将该节假日时间加到总日历天数中。

2) 不应以甲方规定的质量标准作为该工程的质量标准，而应以《建筑工程施工质量验收统一标准》中规定的质量标准作为该工程的质量标准。

3) 质量保修条款不妥，应按《建设工程质量管理条例》的有关规定进行修改。

4）工程价款支付条款中的"基本竣工时间"不明确，应修订为具体明确的时间；"乙方不得因甲方资金的暂时不到位而停工和拖延工期"条款显失公平，应说明甲方资金不到位在什么期限内乙方不得停工和拖延工期，且应规定逾期支付的利息如何计算。

5）补充条款第2条中，"供乙方参考使用"提法不当，应修订为保证资料（数据）真实、准确，作为乙方现场施工的依据。

6）补充条款第3条不妥，不允许分包单位再次分包。

(3) 变更合同价款的调整应按下列原则和方法进行：

1）合同中已有适用于变更工程单价的，按合同已有的单价计算和变更合同价款；

2）合同中只有类似于变更工程的单价，可参照它来确定变更价格和变更合同价款；

3）合同中没有上述单价时，由承包方提出相应价格，经监理工程师确认后执行。

确定变更价款的程序是：

1）变更发生后的14d内，承包方提出变更价款报告，经监理工程师确认后调整合同价；

2）若变更发生后14d内，承包方不提出变更价款报告，则视为该变更不涉及价款变更；

3）监理工程师收到变更价款报告日起14d内应对其予以确认；若无正当理由不确认时，自收到报告时算起14d后该报告自动生效。

合同双方发生争议可通过下列途径寻求解决：

1）协商和解；

2）有关部门调解；

3）按合同约定的仲裁条款申请仲裁；

4）向有管辖权的法院起诉。

项目2 施工准备工作

训练1 收集施工资料

[训练目的与要求] 掌握施工资料调查研究和收集的方法,培养综合运用理论知识解决实际问题的能力。

1.1 调查研究

为了做好施工准备工作应该进行拟建工程的实地勘测和调查,获得有关数据的第一手资料,这对于拟定一个先进合理、切合实际的施工组织设计是非常必要的,因此应该做好以下几个方面的调查分析:

(1) 自然条件的调查分析

建设地区自然条件的调查分析的主要内容有地区水准点和绝对标高等情况;地质构造、土的性质和类别、地基土的承载力、地震级别和裂度等情况;河流流量和水质、最高洪水和枯水期的水位等情况;地下水位的高低变化情况,含水层的厚度、流向、流量和水质等情况;气温、雨、雪、风和雷电等情况;土的冻结深度和冬雨期的期限等情况。

(2) 技术经济条件的调查分析

建设地区技术经济条件的调查分析的主要内容有:地方建筑施工企业的状况;施工现场的动迁状况;当地可利用的地方材料状况;材料供应状况;地方能源和交通运输状况;地方劳动力和技术水平状况;当地生活供应、教育和医疗卫生状况;当地消防、治安状况和参加施工单位的力量状况。

1.2 收集资料

在编制施工组织设计时,为弥补原始资料的不足,有时还可借助一些相关的参考资料来作为编制依据。这些参考资料可利用现有的施工定额、施工手册、施工组织设计实例或通过平时施工实践活动来获得。

训练2 技术准备

[训练目的与要求] 掌握技术准备的方法和内容,培养综合运用理论知识解决实际问题的能力。

2.1 图纸审查

技术准备是施工准备的核心。由于任何技术的差错或隐患都可能引起人身安

全和质量事故,造成生命、财产和经济的巨大损失。因此必须认真地做好技术准备工作。具体有如下内容:

(1) 熟悉、审查施工图纸的依据

1) 建设单位和设计单位提供的初步设计或扩大初步设计(技术设计)、施工图设计、建筑总平面、土方竖向设计和城市规划等资料文件;

2) 调查、搜集的原始资料;

3) 设计、施工验收规范和有关技术规定。

(2) 熟悉、审查设计图纸的目的

1) 为了能够按照设计图纸的要求顺利地进行施工,生产出符合设计要求的最终建筑产品(建筑物或构筑物);

2) 为了能够在拟建工程开工之前,便于从事建筑施工技术和经营管理的工程技术人员充分地了解和掌握设计图纸的设计意图、结构与构造特点和技术要求;

3) 通过审查发现设计图纸中存在的问题和错误,使其在施工开始之前改正,为拟建工程的施工提供一份准确、齐全的设计图纸。

(3) 熟悉、审查设计图纸的内容

1) 审查拟建工程的地点、建筑总平面图同国家、城市或地区规划是否一致,以及建筑物或构筑物的设计功能和使用要求是否符合卫生、防火及美化城市等方面的要求;

2) 审查设计图纸是否完整、齐全,以及设计图纸和资料是否符合国家有关工程建设的设计、施工方面的方针和政策;

3) 审查设计图纸与说明书在内容上是否一致,以及设计图纸与其各组成部分之间有无矛盾和错误;

4) 审查建筑总平面图与其他结构图在几何尺寸、坐标、标高、说明等方面是否一致,技术要求是否正确;

5) 审查工业项目的生产工艺流程和技术要求,掌握配套投产的先后次序和相互关系,以及设备安装图纸与其相配合的土建施工图纸在坐标、标高上是否一致,掌握土建施工质量是否满足设备安装的要求;

6) 审查地基处理与基础设计同拟建工程地点的工程水文、地质等条件是否一致,以及建筑物或构筑物与地下建筑物或构筑物、管线之间的关系;

7) 明确拟建工程的结构形式和特点,复核主要承重结构的强度、刚度和稳定性是否满足要求,审查设计图纸中的工程复杂、施工难度大和技术要求高的分部分项工程或新结构、新材料、新工艺,检查现有施工技术水平和管理水平能否满足工期和质量要求并采取可行的技术措施加以保证;

8) 明确建设期限、分期分批投产或交付使用的顺序和时间,以及工程所用的主要材料、设备的数量、规格、来源和供货日期;明确建设、设计和施工等单位之间的协作、配合关系,以及建设单位可以提供的施工条件。

(4) 熟悉、审查设计图纸的程序

熟悉、审查设计图纸的程序通常分为自审阶段、会审阶段和现场签证等三个阶段。

1) 设计图纸的自审阶段

施工单位收到拟建工程的设计图纸和有关技术文件后,应尽快地组织有关的工程技术人员熟悉和自审图纸,写出自审图纸的记录。自审图纸的记录应包括对设计图纸的疑问和对设计图纸的有关建议。

2) 设计图纸的会审阶段

一般由建设单位主持,由设计单位和施工单位及监理单位参加,四方进行设计图纸的会审。图纸会审时,首先由设计单位的工程主要设计人向与会者说明拟建工程的设计依据、意图和功能要求,并对特殊结构、新材料、新工艺和新技术提出设计要求;然后施工单位根据自审记录以及对设计意图的了解,提出对设计图纸的疑问和建议;最后在统一认识的基础上,对所探讨的问题逐一地做好记录,形成"图纸会审纪要",由建设单位正式行文,参加单位共同会签、盖章,作为与设计文件同时使用的技术文件和指导施工的依据,以及建设单位与施工单位进行工程结算的依据。

3) 设计图纸的现场签证阶段

在拟建工程施工的过程中,如果发现施工的条件与设计图纸的条件不符,或者发现图纸中仍然有错误,或者因为材料的规格、质量不能满足设计要求,或者因为施工单位提出了合理化建议,需要对设计图纸进行及时修订时,应遵循技术核定和设计变更的签证制度,进行图纸的施工现场签证。如果设计变更的内容对拟建工程的规模、投资影响较大时,要报请项目的原批准单位批准。在施工现场的图纸修改、技术核定和设计变更资料,都要有正式的文字记录,归入拟建工程施工档案,作为指导施工、竣工验收和工程结算的依据。

2.2 技术交底

技术交底的目的是使参与施工的人员熟悉和了解所担负的工程的特点、设计意图、技术要求、施工工艺和应注意的问题。应建立技术交底责任制,并加强施工质量检验、监督和管理,从而提高质量。

2.2.1 技术交底的要求

技术交底是一项技术性很强的工作,对保证质量至关重要,不但要领会设计意图,还要贯彻上一级技术领导的意图和要求。技术交底必须满足施工规范、规程、工艺标准、质量检验评定标准和建设单位的合理要求。所有的技术交底资料,都是施工中的技术资料,要列入工程技术档案。技术交底必须以书面形式进行,经过检查与审核,有签发人、审核人、接受人的签字。整个工程施工、各分部分项工程,均须作技术交底。特殊和隐蔽工程,更应认真作技术交底。在交底时应着重强调易发生质量事故与工伤事故的工程部位,防止各种事故的发生。

2.2.2 设计交底

由设计单位的设计人员向施工单位交底,内容包括:

(1) 设计文件依据:上级批文、规划准备条件、人防要求、建设单位的具体要求及合同;

(2) 建设项目所处规划位置、地形、地貌、气象、水文地质、工程地质、地震设防烈度；

(3) 施工图设计依据：包括初步设计文件、市政部门要求、规划部门要求、公用部门要求、其他有关部门（如绿化、环卫、环保等）的要求、主要设计规范、甲方供应及市场上供应的建筑材料情况等；

(4) 设计意图：包括设计思想，设计方案比较情况，建筑、结构和水、暖、电、通风、煤气等的设计意图；

(5) 施工时应注意事项：包括建筑材料方面的特殊要求，建筑装饰施工要求，广播音响与声学要求，基础施工要求，主体结构设计采用新结构、新工艺对施工提出的要求。

2.2.3 施工单位技术负责人向下级技术负责人交底的内容

(1) 工程概况一般性交底；
(2) 工程特点及设计意图；
(3) 施工方案；
(4) 施工准备要求；
(5) 施工注意事项，包括地基处理、主体施工、装饰工程的注意事项及工期、质量、安全等。

2.2.4 施工项目技术负责人对工长、班组长进行技术交底

应按工程分部、分项进行交底，内容包括：设计图纸具体要求；施工方案实施的具体技术措施及施工方法；土建与其他专业交叉作业的协作关系及注意事项；各工种之间协作与工序交接质量检查；设计要求；规范、规程、工艺标准；施工质量标准及检验方法；隐蔽工程记录、验收时间及标准；成品保护项目、办法与制度；施工安全技术措施。

2.2.5 工长向班组长交底

主要利用下达施工任务书的时候进行分项工程操作交底。

训练 3 现 场 准 备

[训练目的与要求] 掌握现场准备的方法和内容，培养学生综合运用理论知识解决实际问题的能力。

3.1 测量工作

按照设计单位提供的建筑总平面图及给定的永久性经纬坐标控制网和水准控制基桩进行场区施工测量，设置场区的永久性经纬坐标桩、水准基桩和建立场区工程测量控制网。

3.2 三通一平

"三通一平"是指路通、水通、电通和平整场地。

1. 路通

施工现场的道路是组织物资运输的动脉。拟建工程开工前，必须按照施工总

平面图的要求，修好施工现场的永久性道路（包括场区铁路、场区公路）以及必要的临时性道路，形成完整畅通的运输网络，为建筑材料进场、堆放创造有利条件。

2. 水通

水是施工现场的生产和生活不可缺少的。拟建工程开工之前，必须按照施工总平面图的要求，接通施工用水和生活用水的管线，使其尽可能与永久性的给水系统结合起来，做好地面排水系统，为施工创造良好的环境。

3. 电通

电是施工现场的主要动力来源。拟建工程开工前，要按照施工组织设计的要求，接通电力和电信设施，做好其他能源（如蒸汽、压缩空气）的供应，确保施工现场动力设备和通信设备的正常运行。

4. 平整场地

按照建筑施工总平面图的要求，首先拆除场地上妨碍施工的建筑物或构筑物，然后根据建筑总平面图规定的标高和土方竖向设计图纸，进行挖（填）土方的工程量计算，确定平整场地的施工方案，进行平整场地的工作。

3.3 临时设施的搭建

3.3.1 临时设施

施工现场的临时设施较多，这里主要指施工期间临时搭建、租赁的各种房屋临时设施。临时设施必须合理选址、正确用材，确保满足使用功能和安全、卫生、环保、消防要求。

1. 临时设施的种类

（1）办公设施。包括办公室、会议室、保卫传达室；

（2）生活设施。包括宿舍、食堂、厕所、淋浴室、阅览娱乐室、卫生保健室；

（3）生产设施。包括材料仓库、防护棚、加工棚（站、厂，如混凝土搅拌站、砂浆搅拌站、木材加工厂、钢筋加工厂、金属加工厂和机械维修厂）、操作棚；

（4）辅助设施。包括道路、现场排水设施、围墙、大门、供水处、吸烟处。

2. 临时设施的设计

施工现场搭建的生活设施、办公设施、两层以上或大跨度及其他临时房屋建筑物应当进行结构计算，绘制简单施工图纸，并经企业技术负责人审批方可搭建。临时建筑物设计应符合《建筑结构可靠度设计统一标准》（GB 50068）、《建筑结构荷载规范》（GB 50009）的规定。临时建筑物使用年限定为5年，临时办公用房、宿舍、食堂、厕所等建筑物结构重要性系数为1.0。工地非危险品仓库等建筑物结构重要性系数为0.9，工地危险品仓库按相关规定设计。临时建筑及设施设计可不考虑地震作用。

3. 临时设施的选址

办公生活临时设施的选址首先应考虑与作业区相隔离，保持安全距离，其次位置的周边环境必须具有安全性，例如不得设置在高压线下，也不得设置在沟边、崖边、河流边、强风口处、高墙下以及滑坡泥石流等灾害地质带上和山洪可能冲击到的区域。

安全距离是指，在施工坠落半径和高压线防电距离之外。建筑物高度2~5m，坠落半径为2m；高度30m，坠落半径为5m（如因为条件限制，办公和生活区设置在坠落半径区域内，必须有防护措施）。1kV以下裸露输电线，安全距离为4m；330~550kV，安全距离为15m（最外线的投影距离）。

4. 临时设施的布置原则
(1) 合理布局，协调紧凑，充分利用地形，节约用地；
(2) 尽量利用建设单位在施工现场或附近能提供的现有房屋和设施；
(3) 临时房屋应本着节约、减少浪费的精神，充分利用当地材料，尽量采用活动式或容易拆装的房屋；
(4) 临时房屋布置应方便生产和生活；
(5) 临时房屋的布置应符合安全、消防和环境卫生的要求。

5. 临时设施的布置方式
(1) 生活性临时房屋布置在工地现场以外，生产性临时设施按照生产的需要在工地选择适当的位置，行政管理的办公室等应靠近工地或是工地现场出入口；
(2) 生活性临时房屋设在工地现场以内时，一般布置在现场的四周或集中于一侧；
(3) 生产性临时房屋，如混凝土搅拌站、钢筋加工厂、木材加工厂等，应全面分析比较确定位置。

6. 临时房屋的结构类型
(1) 活动式临时房屋。如钢骨架活动房屋、彩钢板房。
(2) 固定式临时房屋。主要为砖木结构、砖石结构和砖混结构。
临时房屋应优先选用钢骨架彩钢板房，生活办公设施不宜选用菱苦土板房。

3.3.2 临时设施的搭设与使用管理

1. 办公室
施工现场应设置办公室，办公室内布局应合理，文件资料宜归类存放，并应保持室内清洁卫生。

2. 职工宿舍
(1) 宿舍应当选择在通风、干燥的位置，防止雨水、污水流入；
(2) 不得在尚未竣工建筑物内设置员工集体宿舍；
(3) 宿舍必须设置可开启式窗户，设置外开门；
(4) 宿舍内应保证有必要的生活空间，室内净高不得小于2.4m，通道宽度不得小于0.9m，每间宿舍居住人员不应超过16人；
(5) 宿舍内的单人铺不得超过2层，严禁使用通铺，床铺应高于地面0.3m，人均床铺面积不得小于1.9m×0.9m，床铺间距不得小于0.3m；
(6) 宿舍内应设置生活用品专柜，有条件的宿舍宜设置生活用品储藏室；宿舍内严禁存放施工材料、施工机具和其他杂物；
(7) 宿舍周围应当搞好环境卫生，应设置垃圾桶、鞋柜或鞋架，生活区内应为作业人员提供晾晒衣物的场地，房屋外道路应平整，晚间有充足的照明；

(8) 寒冷地区冬季宿舍应有保暖措施、防煤气中毒措施，火炉应当统一设置、管理，炎热季节应有消暑和防蚊虫叮咬措施；
(9) 应当制定宿舍管理使用责任制，轮流负责卫生和使用管理或安排专人管理。

3. 食堂
(1) 食堂应当选择在通风、干燥的位置，防止雨水、污水流入，应当保持环境卫生，远离厕所、垃圾站、有毒有害场所等污染源的地方，装修材料必须符合环保、消防要求；
(2) 食堂应设置独立的制作间、储藏间；
(3) 食堂应配备必要的排风设施和冷藏设施，安装纱门纱窗，室内不得有蚊蝇，门下方应设不低于0.2m的防鼠挡板；
(4) 食堂的燃气罐应单独设置存放间，存放间应通风良好并严禁存放其他物品；
(5) 食堂制作间灶台及其周边应贴瓷砖，瓷砖的高度不宜小于1.5m；地面应做硬化和防滑处理，按规定设置污水排放设施；
(6) 食堂制作间的刀、盆、案板等炊具必须生熟分开，食品必须有遮盖，遮盖物品应有正反面标识，炊具宜存放在封闭的橱柜内；
(7) 食堂内应有存放各种作料和副食的密闭器皿，并应有标识，粮食存放台距墙和地面应大于0.2m；
(8) 食堂外应设置密闭式泔水桶，并应及时清运，保持清洁；
(9) 应当制定并在食堂张挂食堂卫生责任制，责任落实到人，加强管理。

4. 厕所
(1) 厕所大小应根据施工现场作业人员的数量设置；
(2) 高层建筑施工超过8层以后，每隔四层宜设置临时厕所；
(3) 施工现场应设置水冲式或移动式厕所，厕所地面应硬化，门窗齐全。蹲坑间宜设置隔板，隔板高度不宜低于0.9m；
(4) 厕所应设专人负责，定时进行清扫、冲洗、消毒，防止蚊蝇孳生，化粪池应及时清掏。

5. 防护棚
施工现场的防护棚较多，如加工站厂棚、机械操作棚、通道防护棚等。
大型防护棚可用砖混、砖木结构，应当进行结构计算，保证结构安全。小型防护棚一般用钢管扣件脚手架搭设，应当严格按照《建筑施工扣件式钢管脚手架安全技术规范》要求搭设。
防护棚顶应当满足承重、防雨要求，在施工坠落半径之内的，棚顶应当具有抗砸能力。可采用多层结构。最上层材料强度应能承受10kPa的均布静荷载，也可采用50mm厚木板架设或采用两层竹笆，上下竹笆层间距应不小于600mm。

6. 搅拌站
(1) 搅拌站应有后上料场地，应当综合考虑砂石堆场、水泥库的设置位置，既要相互靠近，又要便于材料的运输和装卸。

(2) 搅拌站应当尽可能设置在竖直运输机械附近,在塔式起重机吊运半径内,尽可能减少混凝土、砂浆水平运输距离。采用塔式起重机吊运时,应当留有起吊空间,使吊斗能方便地从出料口直接挂钩起吊和放下;采用小车、翻斗车运输时,应当设置在大路旁,以方便运输。

(3) 搅拌站场地四周应当设置沉淀池、排水沟:
1) 避免清洗机械时,造成场地积水;
2) 沉淀后循环使用,节约用水;
3) 避免将未沉淀的污水直接排入城市排水设施和河流。

(4) 搅拌站应当搭设搅拌棚,挂设搅拌安全操作规程和相应的警示标志、混凝土配合比牌,采取防止扬尘措施,冬期施工还应考虑保温、供热等。

7. 仓库

(1) 仓库的面积应通过计算确定,根据各个施工阶段的需要的先后进行布置;
(2) 水泥仓库应当选择地势较高、排水方便、靠近搅拌机的地方;
(3) 易燃易爆品仓库的布置应当符合防火、防爆安全距离要求;
(4) 仓库内各种工具器件物品应分类集中放置,设置标牌,标明规格型号;
(5) 易燃、易爆和剧毒物品不得与其他物品混放,并建立严格的进出库制度,由专人管理。

训练 4 资 源 准 备

[训练目的与要求] 掌握资源准备的方法和内容,培养综合运用理论知识解决实际问题的能力。

4.1 项目经理部设置

1. 项目经理责任制及其作用

项目经理责任制是以项目经理为责任主体的施工项目管理目标责任制度。它是施工项目管理的基本制度之一,是成功进行施工项目管理的前提和基本保证。其作用如下:

(1) 项目经理责任制确定了项目经理在企业中的地位。项目经理是企业法定代表人在承包的建设工程项目上的委托代理人。

(2) 项目经理责任制确定了企业的层次及其相互关系。

企业分为企业管理层、项目管理层和劳务作业层。企业管理层应制定和健全施工项目管理制度,规范项目管理;加强计划管理,保证资源的合理分布和有序流动,为项目生产要素的优化配置和动态管理服务;对项目管理层的工作进行全过程的指导、监督和检查。项目管理层应做好资源的优化配置和动态管理,执行和服从企业管理层对项目管理工作的监督、检查和宏观调控。企业管理层与劳务作业层应签订劳务分包合同;项目管理层与劳务作业层应建立共同履行劳务分包合同的关系。

(3) 项目经理责任制确定了项目经理在项目管理中的地位。项目经理应根据企业法定代表人的授权范围、时间和内容对施工项目自开工准备至竣工验收实施全过程、全面管理。因此，项目经理是项目管理的核心人物，是项目管理目标的承担者和实现者，对项目的实施进行控制，既要对项目的成果性目标向建设单位负责，又要对承担的效益性目标向企业负责。

（4）项目经理责任制用制度确定了项目经理的基本责任、权限和利益。项目经理的具体责任、权限和利益由企业法定代表人通过"项目管理目标责任书"确定。

2. 项目经理责任制的内容

项目经理责任制的内容包括：企业各层之间的关系；项目经理的地位和素质要求；项目经理目标责任书的制定和实施；项目经理的责、权、利；项目管理的目标责任体系：有项目经理的目标责任制、项目经理部内各职能部门的目标责任制、项目经理部各成员的目标责任制；可建立以施工项目为对象的三种类型目标责任制：项目的目标责任制、子项目的目标责任制、班组的目标责任制。

3. 施工项目经理进行项目管理的基本要求

施工项目经理进行项目管理的基本要求是：第一，根据企业法定代表人的授权范围、时间和内容；第二，项目经理负责管理的过程是开工准备到竣工验收阶段；第三，项目经理的管理活动应是全过程的，也是全面的，所谓"全面"，指管理内容是全局性的，包含各个方面。

4. 项目管理目标责任书

项目管理目标责任书是企业法定代表人根据施工合同和经营管理目标要求明确规定项目经理部应达到的成本、质量、进度和安全等控制目标的文件。其特点是：第一，项目管理目标责任书是企业法定代表人确定的。第二，项目管理目标责任书的确定从企业的全局利益出发。第三，项目管理目标责任书的主要内容是项目经理部应达到的目标，包括进度、质量、安全和成本。组织实现各项目标就是项目经理的责任。

项目管理目标责任书的内容包括：第一，企业各业务部门与项目经理部之间的关系。第二，项目经理部所需作业队伍、材料、机械设备等的供应方式。第三，应达到的项目进度、质量、安全和成本目标。第四，在企业制度规定以外的、由法定代表人向项目经理委托的事项。第五，企业对项目经理部人员进行奖惩的依据、标准、办法及应承担的风险。第六，项目经理解职和项目经理部解体的条件及方法。

5. 项目经理的责、权、利

（1）项目经理的职责

代表企业实施施工项目管理；履行项目管理目标责任书规定的任务；组织编制项目管理实施规划，这就要发挥项目经理在项目管理中的领导作用；对进入现场的生产要素进行优化配置和动态管理；建立质量管理体系和安全管理体系并组织实施；搞好组织协调，解决项目管理中出现的问题；搞好利益分配；进行现场文明施工管理，发现和处理突发事件；参与工程竣工验收，准备结算资料，分析总结，接受审计；处理项目经理部的善后工作；协助企业进行项目的检查、鉴定和评奖申报。

(2) 项目经理的权限

参与投标和签订施工合同权；授权组建项目经理部和用人权；资金投入、使用和计酬决策权；授权采购权；授权使用作业队伍权；主持工作和组织制定管理制度权；组织协调权。

(3) 项目经理的利益

项目经理可获得基本工资、岗位工资和绩效工资；可获得物质奖和精神奖；未完成"项目管理目标责任书"确定的责任目标并造成亏损的，应接受处罚。

6. 项目经理部

(1) 项目经理部的地位

项目经理部是由项目经理在企业的支持下组建、领导、进行项目管理的组织机构，是企业在项目上的管理层，是项目经理的办事机构，凝聚管理人员，形成项目管理责任制和信息沟通系统，使项目经理部成为项目管理的载体，为实现项目目标而进行有效运转。

(2) 项目经理部的设立

1) 设立项目经理部的原则：根据项目管理规划大纲确定的组织形式设立项目经理部；根据施工项目的规模、复杂程度和专业特点设立项目经理部；应使项目经理部成为弹性组织，随工程任务的变化而调整，不成为固化的组织；项目经理部的部门和人员设置应面向现场，满足目标控制的需要；项目经理部组建以后，应建立有益于组织运转的规章制度。

2) 设立项目经理部的步骤：确定项目经理部的管理任务和组织形式——确定项目经理部的层次、职能部门和工作岗位——确定人员、职责、权限——对项目管理目标责任书确定的目标进行分解——制定规章制度和目标责任考核与奖惩制度。

3) 项目经理部的组织形式：组织形式应根据施工项目的规模、结构复杂程度、专业特点、人员素质和地域范围确定。大中型项目宜按矩阵式项目管理组织设置项目经理部。远离企业管理层的大中型项目，宜按项目式或事业部式组织形式设置项目经理部。

4) 项目经理部的职能部门设置和人员配置。项目经理部职能部门的设置应紧紧围绕项目管理内容的需要。可以按专业设置计划、技术、质量、安全、物资、劳务、核算、合同、调度等部门，也可按项目管理任务设置进度、质量、安全、成本、生产要素、合同、信息、现场、协调等部门。项目经理部人员的配置要求有两条：一是"大型项目的项目经理必须有一级项目经理资质"，二是大型项目"管理人员中的高级职称人员不应低于10%"。建立规章制度是组织为保证其任务的完成和目标的实现，对例行性活动应遵循的方法、程序、要求及标准所做的规定，是组织的内部法规；有的制度是企业制定的，项目经理部应无条件遵守；当企业现有的规章制度不能满足项目管理需要时，项目经理部可以自行制定规章制度，但是应报企业或其授权的职能部门批准。

(3) 项目经理部的运行和解体

1) 项目经理部应按规章制度的规定运行,并根据运行状况的检查信息控制运行,以实现项目管理目标;项目经理部应按责任制度运行,控制管理人员的管理行为,以实现项目管理目标;项目经理部应按合同运行,通过加强组织协调以控制作业队伍和分包人的行为。

2) 项目经理部的解体:由于项目经理部是一次性组织,故应在其管理任务完成、具备解体条件后解体。项目经理部解体有6项条件,包括:已竣工验收、已结算完毕、已签发质量保修书、已完成项目管理目标责任书、已与企业管理层办完有关手续、现场最后清理完毕。做好解体前的各项工作是项目经理部的重要任务。

4.2 劳动力安排计划

1. 建立精干的施工队组

施工队组的建立要认真考虑专业、工种的合理配合,技工、普工的比例要满足合理的劳动组织,要符合流水施工组织方式的要求,确定建立施工队组(是专业施工队组或是混合施工队组),要坚持合理、精干的原则;同时制定出该工程的劳动力需要量计划。

2. 集结施工力量、组织劳动力进场

工地的领导机构确定之后,按照开工日期和劳动力需要量计划,组织劳动力进场。同时要进行安全、防火和文明施工等方面的教育,并安排好职工的生活。

3. 向施工队组、工人进行施工组织设计、计划和技术交底

施工组织设计、计划和技术交底的目的是把拟建工程的设计内容、施工计划和施工技术等要求,详尽地向施工队组和工人讲解交待。这是落实计划和技术责任制的好办法。

施工组织设计、计划和技术交底的时间在单位工程或分部分项工程开工前及时进行,以保证工程严格地按照设计图纸,施工组织设计、安全操作规程和施工验收规范等要求进行施工。

施工组织设计、计划和技术交底的内容有工程的施工进度计划、月(旬)作业计划;施工组织设计,尤其是施工工艺;质量标准、安全技术措施、降低成本措施和施工验收规范的要求;新结构、新材料、新技术和新工艺的实施方案和保证措施;图纸会审中所确定的有关部位的设计变更和技术核定等事项。交底工作应该按照管理系统逐级进行,由上而下直到工人队组。交底的方式有书面形式、口头形式和现场示范形式等。

队组、工人接受施工组织设计、计划和技术交底后,要组织其成员进行认真地分析研究,弄清关键部位、质量标准、安全措施和操作要领。必要时应该进行示范,并明确任务及做好分工协作,同时建立健全岗位责任制和保证措施。

4. 建立健全各项管理制度

工地的各项管理制度是否建立、健全,直接影响其各项施工活动的顺利进行。有章不循其后果是严重的,而无章可循更是危险的。为此必须建立、健全工地的各项管理制度。

通常内容如下：工程质量检查与验收制度；工程技术档案管理制度；建筑材料(构件、配件、制品)的检查验收制度；技术责任制度；施工图纸学习与会审制度；技术交底制度；职工考勤、考核制度；工地及班组经济核算制度；材料出入库制度；安全操作制度；机具使用保养制度。

4.3 主要物资计划

材料、构(配)件、制品、机具和设备是保证施工顺利进行的物资基础，这些物资的准备工作必须在工程开工之前完成。根据各种物资的需要量计划，分别落实货源，安排运输和储备，使其满足连续施工的要求。

1. 物资准备工作的内容

物资准备工作主要包括建筑材料的准备、构(配)件和制品的加工准备、建筑安装机具的准备和生产工艺设备的准备。

（1）建筑材料的准备

建筑材料的准备主要是根据施工预算进行分析，按照施工进度计划要求和材料名称、规格、使用时间、材料储备定额和消耗定额进行汇总，编制出材料需要量计划，为组织备料和确定仓库、场地堆放所需的面积及组织运输等提供依据。

（2）构(配)件、制品的加工准备

根据施工预算提供的构(配)件、制品的名称、规格、质量和消耗量，确定加工方案和供应渠道以及进场后的储存地点和方式，编制出其需要量计划，为组织运输、确定堆场面积等提供依据。

（3）建筑安装机具的准备

根据采用的施工方案，安排施工进度，确定施工机械的类型、数量和进场时间，确定施工机具的供应办法和进场后的存放地点和方式，编制建筑安装机具的需要量计划，为组织运输、确定堆场面积等提供依据。

（4）生产工艺设备的准备。按照拟建工程生产工艺流程及工艺设备的布置图提出工艺设备的名称、型号、生产能力和需要量，确定分期分批进场时间和保管方式，编制工艺设备需要量计划，为组织运输、确定堆场面积提供依据。

2. 物资准备工作的程序

物资准备工作的程序是搞好物资准备的重要手段。通常按如下程序进行：

（1）根据施工预算、分部(项)工程施工方法和施工进度的安排，拟定国拨材料、统配材料、地方材料、构(配)件及制品、施工机具和工艺设备等物资的需要量计划；

（2）根据各种物资需要量计划，组织货源，确定加工、供应地点和供应方式，签订物资供应合同；

（3）根据各种物资的需要量计划和合同，拟运输计划和运输方案；

（4）按照施工总平面图的要求，组织物资按计划时间进场，在指定地点，按规定方式进行储存或堆放。

项目3　施工方案的选定

施工方案的选定应包括确定施工程序、施工起点和流向、施工顺序，划分施工段，选择主要分部分项工程的施工方法和施工机械，拟定技术组织措施等。施工方案选择是一个全面的、综合的问题，现以单位工程为例介绍施工方案选定的步骤。

1. 确定施工程序

单位工程施工程序是指单位工程施工中，各分部分项工程或施工阶段的先后次序及其相互制约关系。建筑工程施工受到自然条件和物质条件的制约，它在不同施工阶段的不同工作内容，按其固有的不可违背的先后次序，循序渐进向前开展，它们之间有着不可分割的联系，既不能相互代替，也不允许颠倒和跨越。单位工程施工中应遵循的程序一般如下：

(1) 先地下后地上

指首先完成管道、管线等地下设施、土方工程和基础工程，然后开始地上工程施工；对于地下工程也应按先深后浅的程序进行，以免造成返工或对上部工程的干扰，使施工不便，影响质量，造成浪费。但"逆作法"施工除外。

(2) 先主体后围护

指在框架结构或排架结构的建筑物中，应首先施工主体结构，再进行围护结构的施工。对于高层建筑应组织主体与围护结构平行搭接施工，以有效地节约时间，缩短工期。

(3) 先结构后装修

指首先进行主体结构施工，然后进行装饰装修工程的施工。但是，必须指出，有时为了缩短工期，也有结构工程先施工一段时间之后，装饰工程随后搭接进行施工。如有些商业建筑，在上部主体工程施工的同时，下部一层或数层即进行装修，使其尽早开门营业。另外，随着新型建筑体系的不断涌现和建筑工业化水平的提高，某些装饰与结构构件均在工厂完成，此时结构与装饰同时完成。

(4) 先土建后设备

指一般的土建工程与水暖电卫等工程的总体施工程序，是先进行土建工程施工，然后再进行水、暖、电、卫等建筑设备的施工。至于设备安装的某一工序要穿插在土建的某一工序之前，实际应属于施工顺序问题。工业建筑的土建工程与设备安装工程之间的程序，主要取决于工业建筑的种类，如对于精密仪器厂房，一般要求土建、装饰工程完成后安装工艺设备；重型工业厂房，一般先安装工艺设备，后建设厂房或设备安装与土建施工同时进行，如冶金车间、发电厂的主厂房、水泥厂的主车间等。

在编制施工方案时，应按照施工程序的要求，结合工程的具体情况，明确各施工阶段的主要工作内容及顺序。

2. 确定施工起点和流向

指单位工程在平面和空间上开始施工的部位及其流动的方向,这主要取决于生产需要、缩短工期和保证质量等要求。一般来说,对单层建筑物,只要按其跨间分区分段地确定平面上的施工流向;对多层建筑物,除了确定每层平面上的施工流向外,还要确定其层间或单元空间上的施工流向。施工流向的确定,牵涉一系列施工过程的开展和进程,是组织施工的重要环节,为此,一般应考虑下列主要问题:

（1）车间的生产工艺流程,往往是确定施工流向的关键因素。应从生产工艺上考虑,工艺流程上要先期投入生产或需先期投入使用者,应先施工。

（2）根据建设单位对生产和使用的要求,生产上或使用上要求急的工段或部位应先施工。

（3）平面上各部分施工繁简程度。对技术复杂,工期较长的分部分项工程应先施工,如地下工程等。

（4）当有高低跨并列时,应从并列跨处开始吊装。如柱子的吊装应从高低跨并列处开始；屋面防水层施工应按先高后低的方向施工；基础有深浅时,应按先深后浅的顺序施工。

（5）工程现场条件和施工方案。施工场地的大小,道路布置和施工方案中采用的施工方法和机械是确定施工起点和流向的主要因素。如土方工程边开挖边余土外运,则施工起点应确定在离道路远的部位及由远而近的进展方向。

（6）分部分项工程的特点及其相互关系。如多层建筑的室内装饰工程除了应确定平面上的起点和流向以外,在竖向上也要确定其流向,而且竖向流向的确定更显得重要。密切相关的分部分项工程的流向,如果前导施工过程的起点流向确定,则后续施工过程也便随其而定了。如单层工业厂房的挖土工程的起点流向决定柱基础施工过程和某些预制、吊装施工过程的起点流向。

（7）考虑主导施工机械的工作效益,考虑主导施工过程的分段情况。

（8）保证施工现场内施工和运输的畅通。如单层工业厂房预制构件,宜从离混凝土搅拌机最远处开始施工,吊装时应考虑起重机退场等。

（9）划分施工层、施工段的部位,如伸缩缝、沉降缝、施工缝等也可决定施工起点流向。

在流水施工中,施工起点流向决定了各施工段的施工顺序。因此确定施工起点流向的同时,应当将施工段的划分和编号也确定下来。在确定施工流向时除了要考虑上述因素外,组织施工的方式、施工工期等因素也对确定施工流向有影响。

3. 确定施工顺序

指施工过程或分项工程之间施工的先后次序。施工顺序的确定既是为了按照客观的施工规律组织施工,也是为了解决工种之间在时间上的搭接问题,从而在保证质量与安全施工的前提下,以期达到充分利用空间、争取时间、缩短工期的目的,取得较好的经济效益。组织单位工程施工时,应将其划分为若干个分部工程或施工阶段，每一分部工程又划分为若干个分项工程(施工过程)，并对各个分部分项工程的施工顺序作出合理安排。

(1) 确定施工顺序的基本要求

1) 施工顺序应满足施工工艺的要求。各施工过程之间存在着一定的工艺顺序，这是由客观规律所决定的。当然工艺顺序会因施工对象、结构部位、构造特点、使用功能及施工方法不同而变化。即在确定施工顺序时，应着重分析该施工对象各施工过程的工艺关系。工艺关系是指施工过程与施工过程之间存在的相互依赖、相互制约关系。

2) 应与所采用的施工方法和施工机械一致。如基坑(槽)开挖对地下水的处理可采用明排水，其施工顺序应是在挖土过程中排水；而当可能出现流砂时，常采用轻型井点降低地下水，其施工顺序则应是在挖土之前先降低地下水位。又如采用分件吊装法，其施工顺序是先吊柱、再吊吊车梁及连系梁、最后吊屋架和屋面板；若采用综合吊装法，则施工顺序为一个节间全部构件吊装完后，再依次吊装下一个节间，直至全部吊完。

3) 考虑施工工期的要求。合理的施工顺序与施工工期有较密切的关系，施工工期影响到施工顺序的确定。有些建筑物由于工期要求紧，采用逆作法施工，这样便导致施工顺序的较大变化。一般情况下，满足施工工艺条件的施工方案可能有多个，因此，通过对方案的分析、对比，选择经济合理的施工顺序。

4) 应考虑施工组织顺序的安排。施工组织顺序是在劳动组织条件下确定同一工作的开展顺序，例如，有地下室的高层建筑，其地下室地面工程可以安排在地下室顶板施工前进行，也可以在顶板铺设后施工。从施工组织方面考虑，前者施工较方便，上部空间宽敞，可利用吊装机械直接将地面施工用的材料吊到地下室。而后者，地面材料运输和施工就比较困难。又如某些重型工业厂房的基础工程，由于设备基础埋深较深，若先建厂房、后施工设备基础，则可能在设备基础施工时，影响厂房柱基安全。在这种情况下，宜先施工设备基础，再进行厂房柱基础施工，即开敞式施工方法。

5) 应考虑施工质量的要求。考虑施工质量要求确定施工顺序时，应以充分保证工程质量为前提。当有可能出现影响工程质量的情况时，应重新安排施工顺序或采取必要的技术措施。如基坑回填土，特别是从一侧进行室内回填土，必须在砌体达到必要的强度或完成一层结构层的施工后才能开始，否则砌体的质量会受到影响。在安排施工顺序时，应以确保工程质量为前提。为了加快施工进度，必须有相应保证质量的措施，不能因为加快施工进度，而采用影响工程质量的施工顺序。为了缩短工期、加快进度，尽早投入装修工程，装修工程可以在结构封顶之前进行。如高层建筑主体结构施工进行了几层以后，可先对这部分工程进行结构验收，然后自下而上进行室内装修。但上部结构施工用水会影响下面的装修工程，因此必须采取严格的防水措施，并对装修后的成品加强保护，否则装饰工程应在屋面防水结构施工完成后再进行。

6) 应考虑自然条件的影响。安排施工顺序时应考虑自然条件对施工顺序的影响，南方地区应多考虑夏季多雨及热带风暴对施工的影响，北方地区应多考虑寒冷天气对施工的影响。受自然条件影响较大的分部分项工程如土方工程、防水工程、装饰工程中湿作业部分，要尽量地安排在冬期来临之前完成，而一些基本不受自然条件影响的项目要尽可能推后，以保持施工活动的连续均衡。如雨期和冬期来临之前，应先做完室外各项施工过程，为室内施工创造条件。冬期施工时，可先安装门窗玻璃，再做室内地面及墙面抹灰，这样有利于保温和养护。

7）应考虑施工安全的要求。确定施工顺序时，应确保施工安全，不能因抢工程进度而导致安全事故，对于高层建筑工程施工，不宜进行交叉作业。当不可避免地进行交叉作业时，应有严格的安全防护措施。在安排施工顺序时，应力求各施工过程的搭接不致产生不安全因素，以避免安全事故的发生。如多层砖混结构，只有在完成两个楼层板的铺设后，才允许在底层进行其他施工过程的操作。

（2）确定总的施工顺序

一般工业和民用建筑总的施工顺序为：基础工程→主体工程→屋面防水工程→装饰工程。

4. 划分施工段

划分施工段的目的是为了适应流水施工的需要，单位工程划分施工段时，还应注意以下几点要求：

（1）要有利于结构的整体性，尽量利用伸缩缝或沉降缝、平面上有变化处、留槎不影响质量处以及可留施工缝处等作为施工段的分界线。住宅可按单元、楼层划分；厂房可按跨、按生产线划分；建筑群还可按区、栋分段。

（2）要使各段工程量大致相等，以便组织有节奏的流水施工，使劳动组织相对稳定、各班组能连续均衡施工，减少停歇和窝工。

（3）施工段数应与施工过程数相协调，尤其在组织楼层结构流水施工时，每层的施工段数应大于或等于施工过程数。段数过多可能延长工期或使工作面过窄，段数过少则无法流水，使劳动力窝工或机械设备停歇。

（4）分段施工的大小应与劳动组织（或机械设备）及其生产能力相适应，保证足够的工作面，以便于操作，发挥生产效率。

实际施工时，基础工程和主体工程一般进行分段流水作业，施工段的划分可相同也可不同，为了便于组织施工，基础和主体工程施工段的数目和位置基本一致。屋面工程施工时若没有高低层，或没有设置变形缝，一般不分段施工，而是采用依次施工的方式组织施工。装饰工程平面上一般不分段，立面上分层施工，一个结构层可作为一个施工层。

5. 主要分部分项工程的施工方法及施工机械的选择

施工方法和施工机械的选择是施工方案设计的核心内容，它直接影响到施工进度、施工质量成本和安全等，它是组织施工的关键，是组织施工时首先应予以解决的问题。施工方法和施工机械的选择在很大程度上受结构形式、建筑特征、工期长短、资源供应情况、施工现场情况等条件制约。因此，编制施工组织设计时，必须注意施工方法的技术先进性与经济合理性的统一，兼顾施工机械的适用性和多用性，尽可能充分发挥施工机械的使用效率，充分考虑工程的建筑及结构特点、工期要求、资源供应情况、施工现场条件和施工单位的技术特点、技术水平、劳动组织形式、施工习惯等。

(1) 施工方法主要内容

拟订主要的操作过程和方法,包括施工机械的选择、提出质量要求和达到质量要求的技术措施、指出可能产生的问题及防治措施、提出季节性施工和降低成本措施、制定切实可行的安全施工措施等。

(2) 确定施工方法的重点

确定施工方法时应着重考虑影响整个单位工程施工的分部分项工程的施工方法。如在单位工程中占重要地位的分部分项工程,施工技术复杂或采用新工艺、新材料、新技术对工程质量起关键作用的分部分项工程,不熟悉的特殊结构工程或由专业施工单位施工的特殊专业工程等的施工方法。而对于按照常规做法和工人熟悉的分项工程,只要提出应注意的特殊问题,即可不必详细拟定施工方法。对于下列一些项目的施工方法则应详细、具体。

1) 工程量大,在单位工程中占重要地位,对工程质量起关键作用的分部分项工程。如基础工程、钢筋混凝土工程等隐蔽工程。

2) 施工技术复杂、施工难度大,或采用新技术、新工艺、新结构、新材料的分部分项工程。如大体积混凝土结构施工、模板早拆体系、无粘结预应力混凝土等。

3) 施工人员不太熟悉的特殊结构,专业性很强、技术要求很高的工程。如仿古建筑、大跨度空间结构、大型玻璃幕墙、薄壳、悬索结构等。

(3) 施工机械的选择

施工机械对施工工艺、施工方法有直接的影响,施工机械化是现代化大生产的显著标志,对加快建设速度,提高工程质量,保证施工安全,节约工程成本起着至关重要的作用。因此,选择施工机械成为确定施工方案的一个重要内容,应主要考虑下述问题。

1) 选择施工机械应首先根据工程特点,选择适宜主导工程的施工机械。例如,在选择装配式单层工业厂房结构安装用的起重机械时,若工程量大而集中,可选用生产效率较高的塔式起重机或桅杆式起重机,若工程量较小或虽然较大但却较分散时,则采用无轨自行式起重机械;在选择起重机型号时,应使起重机性能满足起重量、起重高度、起重半径和起重臂长等的要求。

2) 施工机械之间的生产能力应协调一致,以充分发挥主导施工机械的效率,在选择与之配套的各种辅助机械和运输工具时,应注意它们之间的协调。如挖土机与运土汽车的配套协调,使挖土机能充分发挥其生产效率。

3) 在同一建筑工地上的施工机械的种类和型号应尽可能少。为了便于现场施工机械的管理及减少转移,对于工程量大的工程应采用专用机械;对于工程量小而分散的工程,则应尽量采用多用途的施工机械。如挖土机既可用于挖土也可用于装卸、起重和打桩。

4) 在选用施工机械时,应尽量选用施工单位现有的机械,以减少资金的投入,充分发挥现有机械效率。若施工单位现有机械不能满足工程需要,则可考虑租赁或购买。

5) 对于高层建筑或结构复杂的建筑物(构筑物),其主体结构施工的垂直运输机械最佳方案往往是多种机械的组合,例如:塔式起重机和施工电梯;塔式起重机、施工电梯和混凝土泵;塔式起重机、施工电梯和井架;井架、快速提升机和施工电梯等。

6. 拟订技术组织措施

见项目6。

训练1 基础工程施工方案

[训练目的与要求] 掌握基础工程的相关知识并融会贯通。能够结合实际工程,独立完成基础工程施工方案的编制。

1.1 施工顺序的确定

基础工程施工是指室内地坪(±0.000)以下所有工程的施工阶段。基础的类型有很多,基础的类型不同,施工顺序也不一样。

1.1.1 砖基础

砖基础的施工顺序一般为:挖土→做垫层→砌砖基础→铺设防潮层→回填土。当在挖槽和勘探过程中发现地下有障碍物,如洞穴、防空洞、枯井、软弱地基等,还应进行地基局部加固处理。

因基础工程受自然条件影响较大,各施工过程安排尽量紧凑。挖土与垫层施工之间间隔时间不宜太长,以防基坑(槽)暴露时间太长,下雨后基坑(槽)内积水,影响其承载力。而且,垫层施工完成后,一定要留有技术间歇时间,使其具有一定强度之后,再进行下一道工序施工。回填土应在基础完成后一次分层回填压实,这样既可保证基础不受雨水浸泡,又可为后续工作提供场地条件,使场地作业面积增大,并为搭设外脚手架以及建筑物四周运输道路的畅通创造条件。对(±0.000)以下室内回填土,最好与基槽(坑)回填土同时进行,如不能同时回填,也可留在装饰工程之前,与主体结构施工同时交叉进行。

各种管道沟挖土和管道铺设等工程,应尽可能与基础工程配合平行搭接施工,合理安排施工顺序,尽可能避免土方重复开挖,造成不必要的浪费。

铺设防潮层等零星工作的工程量比较小,也可不必单独列为一个施工过程项目,可以合并在砌砖基础施工中。砖基础的施工顺序也可为:挖土→做垫层→砌砖基础→回填土。

1.1.2 混凝土基础

混凝土基础的类型较多,有柱下独立基础、墙下(柱下)钢筋混凝土条形基础、杯口基础、筏形基础、箱形基础等,但其施工顺序基本相同。

钢筋混凝土基础的施工顺序为:基坑(槽)挖土→基础垫层→绑扎基础钢筋→基础支模板→浇筑混凝土→养护→拆模→回填土。如果开挖深度较大,地下水位较高,则在挖土前应进行土壁支护和施工降水等工作。

箱形基础工程的施工顺序也可列为:支护结构→土方开挖→垫层→地下室底

板→地下室柱、墙施工及做防水→地下室顶板→回填土。

含有地下室工程的高层建筑的基础均为深基础，在工期要求很紧的情况下也可采用逆作法施工，通常施工顺序会发生变化。逆作法施工的内容，包括地下连续墙、中间支承柱和地下室结构的施工。逆作法的施工顺序是：地下连续墙的施工→中间支承柱施工→地下室－1层挖土和浇筑其顶板、内部结构→从地下室－2层开始地下结构和地上结构同时施工（地下室底板浇筑之前，地上结构允许施工的高度根据地下连续墙和中间支承柱的承载力确定）→地下室底板封底并养护至设计强度→继续进行地上结构施工，直至工程结束。

1.1.3 桩基础

桩基础类型不同，施工顺序也不一样。通常按施工工艺桩基础分为预制桩和灌注桩两种。

预制桩的施工顺序为：桩的制作→弹线定桩位→打桩→接桩→截桩→桩承台和承台梁施工。桩承台和承台梁的施工顺序又为：土方开挖→做垫层→绑扎钢筋→支模板→浇筑混凝土→养护→拆模→回填土。预制桩可以在现场预制，也可以向厂家购买。桩基础施工前应充分做好准备工作，如预制桩在弹线定桩位前要进行场地清理、桩的检查等。

灌注桩的施工顺序为：弹线定桩位→成孔→验孔→吊放钢筋笼→浇筑混凝土→桩承台和承台梁施工。桩承台和承台梁的施工顺序又为：土方开挖→做垫层→绑扎钢筋→支模板→浇筑混凝土→养护→拆模→回填土。灌注桩钢筋笼的绑扎可以和灌注桩成孔同时进行。如果采用人工挖孔桩，还要进行护壁的施工，护壁与成孔时挖土交替进行。

1.2 施工方法及施工机械

1.2.1 土石方工程

土石方工程是建筑施工中主要工种之一，土石方工程包括土石方的开挖、运输、填筑、平整和压实等主要施工过程，以及排水、降水和土壁支撑等准备工作和辅助工作。土石方工程施工的特点是工程量大，施工工期长，施工条件复杂。土石方工程又多为露天作业，施工受地区的气候条件、地质和水文条件的影响很大，难以确定的因素较多。因此在组织土方工程施工前，必须做好施工组织设计，合理的选择施工方案，实行科学管理，对缩短工期、降低工程成本、保证工程质量有很重要的意义。

1. 确定土石方开挖方法

土石方工程有人工开挖、机械开挖和爆破三种开挖方法。人工开挖只适用于小型基坑（槽）、管沟及土方量少的场所，对大量土方一般均选择机械开挖。当开挖难度很大，如冻土、岩石土的开挖，也可以采用爆破技术进行爆破。如果采用爆破，则应选择炸药的种类、进行药包量的计算、确定起爆的方法和器材，并拟定爆破安全措施等。

土方开挖应遵循"开槽支撑，先撑后挖，分层开挖，严禁超挖"的原则。开挖基坑（槽）按规定的尺寸合理确定开挖顺序和分层开挖深度，连续的进行施工，尽快的完成。因土方开挖施工要求标高、断面准确，土体应有足够的强度和稳定性，所以在土方开挖过程中要随时注意检查。挖出的土除预留一部分用于回填外，多余的土不得在场内任意堆放，应把多余的土运到弃土区或运出场外，以免妨碍施工。为防止坑壁滑坡，根据土质情况及开挖深度，在边坡的一定范围内（一般为1m）不得堆放土方，在此距离外堆土高度不得超过1.5m，否则，应验算边坡的稳定性。在坑边放置机械设备时，也应验算边坡的稳定性，确定机械离坑壁的距离，如地质条件不好时，还应对坑壁采取加固措施。为了防止地基土受到浸水或暴晒，基坑（槽）挖好后，应立即做垫层，否则挖土时应在基底标高以上保留150～300mm厚的土层，待基础施工时再行开挖。当采用机械施工时，为防止基底土被扰动，结构被破坏，不应直接挖至坑（槽）底，应根据机械类型，在基底标高以上200～300mm的土层，待基础施工前用人工铲平修整。挖土时不得超挖，如个别超挖处，应用与地基土相同的土料填补，并夯实到要求的密实度。若用原土填补不能达到要求的密实度时，可采用碎石类土填补，并仔细夯实。重要部位若被超挖时，可用低强度等级的混凝土填补。

深基坑土方的开挖，常见的开挖方式有分层全开挖、分层分区开挖、中心岛法开挖、土壕沟式开挖等。实际施工时应根据开挖深度和开挖机械确定开挖方式。

2. 土方施工机械的选择

土方施工机械选择的内容包括：确定土方施工机械型号、数量和行走路线，以充分利用机械能力，达到最高的机械效率。

在土方工程施工中应合理的选择土方机械，充分发挥机械效能，并使各种机械在施工中配合协调。土方机械的选择，通常先根据工程特点和技术条件提出几种可行方案，然后进行技术经济比较，选择效率高、费用低的机械进行施工，一般可选用土方单价最小的机械。

(1) 常用的土方施工机械

土方施工中常用的土方施工机械有：推土机、铲运机和单斗挖土机。单斗挖土机是土方工程施工中最常用的一种挖土机械，按其工作装置不同，又分为正铲、反铲、拉铲和抓铲挖土机。

(2) 选择土方施工机械的要点

1) 当地形起伏不大（坡度在20°以内），挖填平整土方的面积较大，平均运距较短（一般在1500m以内），土的含水量适当时，采用铲运机较为合适。如果土质坚硬或冬期冻土层厚度超过100～150mm时，必须用其他机械辅助翻松后再铲运。当一般土的含水量大于25%，或坚硬的黏土含水量超过30%时，铲运机易陷车，必须将水输干后再施工。

2) 在地形起伏较大的丘陵地带，挖土高度在3m以上，运输距离超过2000m，土方工程量较大又较集中时，一般选择正铲挖土机挖土，自卸汽车配合运土，并在弃土区配备推土机平整土堆。也可采用推土机预先把土堆成一堆，再采用装载机把土卸到自卸汽车上运走。

3) 基坑开挖机械的选择。当土的含水量较小，可结合运距长短、挖掘深浅，分别采用推土机、铲运机或正铲挖土机配合自卸汽车进行施工。基坑深度在1～2m，而长度又不太长时可采用推土机；对于深度在2m以内的线状基坑，宜用铲运机开挖；当基坑面积较大，工程量又集中时，可选用正铲挖土机。当地下水位较高，又不采取降水措施，或土质松软，可能造成正铲挖土机和铲运机陷车，则采用反铲、拉铲或抓铲挖土机施工，优先选择反铲挖土机。

4) 移挖作填及基坑和管沟的回填土，当运距在100m以内时，可采用推土机施工。

3. 确定土壁放坡开挖的边坡坡度或土壁支护方案

为了防止塌方(滑坡)，保证施工安全，在基坑(槽)开挖深度超过一定限度时，土壁放坡开挖，或者加设临时支撑以保证土壁的稳定。

当土质较好或开挖深度不是很深时，可以选择放坡开挖，根据土的类别及开挖深度，确定放坡的坡度。这种方法较经济，但是需要很大的工作面。

当土质较差或开挖深度大时，或受场地条件的限制不能选择放坡开挖时，可以采用土壁支护，进行支护的计算，确定支护形式、材料及其施工方法，必要时绘制支护施工图。土壁支护方法，根据工程特点、土质条件、开挖深度、地下水位和施工方法等不同情况，可以选择钢(木)支撑、钢(木)板桩、钢筋混凝土桩、土层锚杆、地下连续墙等。

4. 地下水、地表水的处理方法及有关配套设备

选择排除地面水和降低地下水位的方法，确定排水沟、集水井或井点的类型、数量和布置(平面布置和高程布置)，确定施工降、排水所需设备。

地面水的排除通常采用设置排水沟、截水沟或修筑土堤等设施来进行。应尽量利用自然地形来设置排水沟，以便将水直接排至场外，或流入低洼处再用水泵抽走。主排水沟最好设置在施工区域或道路的两旁，其横断面和纵向坡度根据最大流量确定。一般排水沟的横断面不小于0.5m×0.5m，纵向坡度根据地形确定，一般不小于3‰。在山坡地区施工，应在较高一面的坡上，先做好永久性截水沟，或设置临时截水沟，阻止山坡水流入施工现场。在低洼地区施工时，除开挖排水沟外，必要时还需修筑土堤，以防止场外水流入施工场地。出水口应设置在远离建筑物或构筑物的低洼地点，并保证排水通畅。

降低地下水位的方法有集水坑降水法和井点降水法两种。集水坑降水法一般宜用于降水深度较小且地层为粗粒土层或黏性土时；井点降水法一般宜用于降水深度较大，或土层为细砂和粉砂，或是软土地区时。

采用集水坑降水法施工，是在基坑(槽)开挖时，沿坑底周围或中央开挖排水沟，在沟底设置集水井，使坑(槽)内的水经排水沟流向集水井，然后用水泵抽走。抽出的水应引开，以防倒流。排水沟和集水井应设置在基础范围以外，一般排水沟的横断面不小于0.5m×0.5m，纵向坡度宜为1‰～2‰；根据地下水量的大小，基坑平面形状及水泵能力，集水井每隔20～40m设置一个，其直径和宽度一般为0.6～0.8m，其深度随着挖土的加深而加深，要始终低于挖土面0.7～1.0m。井壁可用竹、木等简易加固。当基坑挖至设计标高后，集水井底应低于坑底1～2m，并铺设0.3m左右的碎石滤水层，以免抽水时将泥砂抽走，并防止集

水井底的土被扰动。

采用井点降水法施工，是在基坑（槽）开挖前，预先在基坑（槽）周围埋设一定数量的滤水管（井），利用抽水设备不断抽水，使地下水位降低到坑底以下，直至基础工程施工结束为止。井点降水的方法有：轻型井点、喷射井点、电渗井点、管井井点和深井井点。施工时可根据土的渗透系数、要求降水的深度、工程特点、设备条件及技术经济比较等来选择合适的降水方法，其中轻型井点应用最广泛。由于降低地下水对周围建筑有影响，应在降水区域和原有建筑物之间的土层中设置一道固体抗渗屏幕，也可采用回灌井点法保持地下水位，来防止降水使周围建筑物基础下沉或开裂等不利影响。

5. 确定回填压实的方法

基础验收合格后，应及时回填。回填土要在基础两侧同时进行，并分层夯实。回填时应明确填筑的要求；正确选择填土的种类和填筑方法；根据不同土质，选择压实方法，确定压实机械的类型和数量。基础施工时，应确定基础或垫层与基坑开挖之间搭接程度与技术间歇时间，在保证质量前提下尽早拆模和回填土，以免基坑暴晒和浸水，并提供预制场地。

在土方填筑前，应清除基底的垃圾、树根等杂物，抽出坑穴中的水、淤泥。在水田、沟渠或池塘上填方前，应根据实际情况采用排水疏干、挖除淤泥或抛填块石、砂砾等方法处理后再进行回填。填土区如遇有地下水或滞水时，必须设置排水措施，以保证施工顺利进行。

（1）填方土料的选择。含水量符合压实要求的黏性土，可用作各层填料；碎石土、石渣和砂土，可用作表层以下填料，在使用碎石土和石渣作填料时，其最大粒径不得超过每层铺填厚度的2/3；碎块草皮和有机质含量大于8%的土，以及硫酸盐含量大于5%的土均不能作填料用；淤泥和淤泥质土不能作填料。

（2）土方填筑方法。土方应分层回填，并尽量采用同类土填筑。每层铺土厚度，根据所采用的压实机械及土的种类而定。填方工程若采用不同土填筑时，必须按类分层铺填，并将透水性大的土层置于透水性小的土层之下，不得将各种土料任意混杂使用。当填方位于倾斜的山坡上，应将斜坡挖成阶梯状，阶宽不小于1m，然后分层回填，以防填土横向移动。

（3）填土压实方法。填方施工前，必须根据工程特点、填料种类、设计要求的压实系数和施工条件等合理地选择压实机械和压实方法，确保填土压实质量。填土的压实方法有：碾压法、夯实法、振动压实以及利用运土工具压实。碾压法主要适用于场地平整和大面积填土工程，压实机械有平碾、羊足碾和振动碾。平碾对砂类土和黏性土均可压实；羊足碾只适用压实黏性土，对砂土不宜使用；振动碾适用于压实爆破石渣、碎石类土、杂填土或粉土的大型填方，当填料为粉质黏土或黏土时，宜用振动凸块碾压。对小面积的填土工程，则宜采用夯实法，可人工夯实，也可机械夯实。人工夯土用的工具有木夯、石夯等；机械夯实常用的机械主要有蛙式打夯机、夯锤和内燃夯土机。

6. 确定土石方平衡调配方案

根据实际工程规模和施工期限，确定调配的运输机械的类型和数量，选择最经济合理调配方案。在地形复杂的地区进行大面积平整场地时,除确定土石方平衡调配方案外,还应绘制土方调配图表。

1.2.2 基础工程

基础的类型不同,施工方法也不相同。

1. 砖基础

砖基础是由大放脚和基础墙两部分组成。基础的大放脚有等高式和不等高式两种。在施工之前,应明确砌筑工程施工中的流水分段和劳动组合形式;确定砖基础的组砌方法和质量要求;选择砌筑形式和方法;确定皮数杆的数量和位置;明确弹线及皮数杆的控制方法和要求。基础需设施工缝时,应明确施工缝留设位置、技术要求。

(1) 基础弹线

在大放脚下面为基础垫层,垫层一般采用灰土、碎砖三合土或混凝土等。在墙基顶面应设防潮层,防潮层宜用1:2.5水泥砂浆加适量的防水剂铺设,其厚度一般为20mm,位置在底层室内地面以下一皮砖处,即离底层室内地面下60mm处。

垫层施工完毕后,即可进行基础的弹线工作。弹线之前应先将表面清扫干净,并进行一次抄平,检查垫层顶面是否与设计标高相同。如符合要求,即可按下列步骤进行弹线工作:

1) 在基槽四角各相对龙门板(也可是其他控制轴线的标志桩)的轴线标钉处拉线绳;

2) 沿线绳挂线锤,找出线锤在垫层面上的投影点(数量根据需要选取);

3) 用墨斗弹出这些投影点间的连线,即外墙基轴线;

4) 根据基础平面图尺寸,用钢尺量出各内墙基的轴线位置,并用墨斗弹出,即内墙基的轴线,所用钢尺必须事先校验,防止变形误差;

5) 根据基础剖面图,量出基础砌体的扩大部分的外边沿线,并用墨斗弹出(根据需要可弹出一边或两边);

6) 按图纸和设计要求进行复核,无误后即可进行砖基础的砌筑。

(2) 砖基础砌筑

砖基础大放脚一般采用一顺一丁的砌筑形式,"三一"砌筑方法。施工时先在垫层上找出墙轴线和基础砌体的扩大部分边线,然后在转角处、丁字交接处、十字交接处及高低踏步处立基础皮数杆(皮数杆上画出了砖的皮数,大放脚退台情况以及防潮层的位置)。皮数杆应立在规定的标高处,因此,立皮数杆时要利用水准仪进行抄平。砌筑前,应先用干砖试摆,以确定排砖方法和错缝的位置。砖基础的水平灰缝厚度和竖向灰缝宽度一般控制在8~12mm。砌筑时,砖基础的砌筑高度是用皮数杆来控制的,可依皮数杆先在转角及交接处砌几皮砖,然后在其间拉准线砌中间部分。内外墙砖基础应同时砌起,如不能同时砌筑时应留置斜槎,斜槎长度不应小于斜槎高度。如发现垫层表面水平标高有高低偏差时,可用砂浆或细石混凝土找平后再开始砌筑。如果偏差不大,也可在砌筑过程中逐步调整。砌大放脚时,先砌好转角端头,然后以两端为标准拉好线绳进行砌筑。砌筑不同深度的基础时,应从低处砌起,并由高处向低处搭接,搭接长度不应小于大放脚的高度。在基础高低处要砌成踏步式,踏步长度不小于1m,高度不大于0.5m。基础中若有洞口、管道等,砌筑时应及时按设计要求留出或预埋。砖基础水平灰缝的砂浆饱满度不得小于80%,竖缝要错开。要注意丁字及十字接头处暗块的搭接,在这些交接处,纵横墙要隔皮砌通。大放脚的最下一皮及每层的最上一皮应以丁砌为主。基础砌完验收合格后,应及时回填。回填土要在基础两侧同时进行,并分层夯实。

2. 混凝土基础

(1) 混凝土基础的施工方案

1) 基础模板施工方案。根据基础结构形式、荷载大小、地基土类别、施工设备和材料供应等条件进行模板及其支架的设计;并确定模板类型,支模方法,模板的拆除顺序、拆除时间及安全措施;对于复杂的工程还需绘制模板放样图。

2) 基础钢筋工程。选择钢筋的加工(调直、切断、除锈、弯曲、成型、焊接)、运输、安装和检测方法;如钢筋作现场预应力张拉时,应详细制定预应力钢筋的制作、安装和检测方法。确定钢筋加工所需要的设备的类型和数量,如某工程基础钢筋焊接选择2台钢筋对焊机。确定形成钢筋保护层的方法。

3) 基础混凝土工程。选择混凝土的制备方案,如采用现场制备混凝土或商品混凝土。确定混凝土原材料准备、拌制及输送方法;确定混凝土浇筑顺序、振捣、养护方法;施工缝的留设位置和处理方法;确定混凝土搅拌、运输或泵送、振捣设备的类型、规格和数量。

对于大体积混凝土,一般有三种浇筑方案:全面分层、分段分层、斜面分层。为防止大体积混凝土的开裂,根据结构特点的不同,确定浇筑方案;拟定防止混凝土开裂的措施。

在选择施工方法时,应特别注意大体积混凝土、特殊条件下混凝土、高强度混凝土及冬期混凝土施工中的技术方法,注重模板的早拆化、标准化,钢筋加工中的联动化、机械化,混凝土运输中采用大型搅拌运输车,泵送混凝土,计算机控制混凝土配料等。

箱形基础施工还包括地下室施工的技术要求以及地下室的防水的施工方法。

(2) 工业厂房基础与设备基础的施工方案

工业厂房的现浇钢筋混凝土杯形基础和设备基础的施工,通常有两种施工方案。其设备基础与厂房杯形基础施工顺序的不同,常常会影响到主体结构的安装方法和设备安装投入的时间,因此需根据具体情况决定其施工顺序和施工方案。

1) 当厂房柱基础的埋置深度大于设备基础埋置深度时,则采用"封闭式"施工方案,即厂房柱基础先施工,设备基础待上部结构全部完工后再施工。这种施工顺序的特点是:现场构件预制、起重机开行和构件运输较方便;设备基础在室内施工,不受气候影响;但会出现土方重复开挖、设备基础施工场地狭窄、工期较长的缺点。通常"封闭式"施工顺序多用于厂房施工处于雨期或冬期施工时,或设备基础不大时,在厂房结构安装完毕后对厂房结构稳定性并无影响时,或对于较大较深的设备基础采用了特殊的施工方案(如采用沉井等特殊施工方法施工的较大较深的设备基础),可采用"封闭式"施工。

2) 当设备基础埋置深度大于厂房基础的埋置深度时,通常采用"开敞式"施工,即厂房柱基础和设备基础同时施工。这种施工顺序的优缺点与"封闭式"施工相反。通常,当厂房的设备基础较大较深,基坑的挖土范围连成一体,以及地基的土质情况不明时,才采用"开敞式"施工顺序。

如果设备基础与柱基础埋置深度相同或接近时,两种施工顺序均可选择。只有当设备基础比柱基深很多时,其基坑的挖土范围已经深于厂房柱基础,以及厂房所在地点土质很差时,也可采用设备基础先施工的方案。

在单层工业厂房基础施工前,和民用房屋一样,也要先处理好基础下部的松软土、洞穴等,然后分段进行流水施工。在安排各分项工程之间的搭接时,应根据当时的气温条件,加强对钢筋混凝土垫层和基础的养护,在基础混凝土达到拆模强度后即可拆模,并及早回填土,从而为现场预制工程创造条件。在确定施工方案时,应根据具体情况进行分析比较。

1.2.3 桩基础

桩基础类型不同,施工方法也不一样。通常按施工工艺桩基础分为预制桩和灌注桩两种。

1. 预制桩的施工方法

确定预制桩的制作程序和方法;明确预制桩起吊、运输、堆放的要求;选择起吊、运输的机械;确定预制桩打设的方法,选择打桩设备。

较短的预制桩多在预制厂生产,较长的桩一般在打桩现场或附近就地预制。现场预制桩多用叠浇法施工,重叠层数一般不宜超过4层。桩在浇筑混凝土时,应由桩顶向桩尖一次性连续浇筑完成。制桩时,应作好浇筑日期、混凝土强度、外观检查、质量鉴定等记录。混凝土预制桩在达到设计强度70%后方可起吊,达到100%后方可运输。桩在起吊和搬运时,吊点应符合设计规定。预制桩在打桩前应先做好准备工作,并确定合理的打桩顺序,其打桩顺序一般有:逐排打设、从中间向四周打设、分段打设、间隔跳打等。打入时还应根据基础的设计标高和桩的规格,宜采用先浅后深、先大后小、先长后短的施工顺序。预制桩按打桩设备和打桩方法,可分为锤击法、振动法、水冲法和静力压桩等。

2. 灌注桩的施工方法

根据灌注桩的类型确定施工方法,选择成孔机械的类型和其他施工设备的类型及数量,明确灌注桩的质量要求,拟定安全措施等。

灌注桩按成孔方法可分为:泥浆护壁灌注桩、干作业成孔灌注桩、沉管灌注桩、人工挖孔灌注桩和爆扩灌注桩等。下面仅介绍应用较广的现浇混凝土护壁时人工挖孔桩的施工方法。

人工挖孔灌注桩是指桩孔采用人工挖掘方法进行成孔,然后安放钢筋笼,浇筑混凝土而成的桩。其施工设备一般可根据孔径、孔深和现场具体情况加以选用,常用的有:电动葫芦、提土桶、潜水泵、鼓风机和输风管、镐、锹、土筐、照明灯、对讲机及电铃等。施工时,为确保挖土成孔施工安全,必须考虑预防孔壁坍塌和流砂现象发生的措施。因此，施工前应根据水文地质资料，拟定出合理的护壁措施和降排水方案，护壁方法很多，可以采用现浇混凝土护壁、喷射混凝土沉井护壁、混凝土沉井护壁、砖砌体护壁、钢套管护壁、型钢—木板桩工具式护壁等多种。现浇混凝土护壁人工挖孔桩的施工工艺流程如下：

(1) 按设计图纸放线、定桩位。

(2) 开挖桩孔土方。采取分段开挖，每段高度取决于土壁保持直立状态而不塌方的能力，一般取 0.5～1.0m 为一施工段，开挖范围为设计桩径加护壁的厚度。

(3) 支设护壁模板。模板高度取决于开挖土方施工段的高度，一般为1m，由4块到8块活动钢模板组合而成，支成有锥度的内模。

(4) 放置操作平台。内模支设后，吊放用角钢和钢板制成的两半圆形合成的操作平台入桩孔内，置于内模顶部，以放置料具和浇筑混凝土操作时用。

(5) 浇筑护壁混凝土。护壁混凝土起着防止土壁塌陷与防水的双重作用，因而浇筑时要注意捣实。上下段护壁要错位搭接 50～75mm（咬口连接）以便起连接上下段之用。

(6) 拆除模板继续下段施工。当护壁混凝土达到 1MPa（常温下约经 24h）后，方可拆除模板，开挖下段的土方，再支模板浇筑护壁混凝土，如此循环，直至挖到设计要求的深度。

(7) 排出孔底积水，浇筑桩身混凝土。当桩孔挖到设计深度，并检查孔底土质是否已达到设计要求后，再在孔底挖成扩大头。待桩孔全部成型后，用潜水泵抽出孔底的积水，然后立即浇筑混凝土。当混凝土浇筑至钢筋笼的底面设计标高时，再吊入钢筋笼就位，并继续浇筑桩身混凝土而形成桩基。

人工挖孔桩施工时，必须保证桩孔的挖掘质量。桩孔挖成后应有专人下孔检验，如土质是否符合勘察报告，扩孔几何尺寸与设计是否相符等，孔底虚土残渣情况要作为隐蔽验收记录归档。

1.3 流水施工组织

1.3.1 基础工程流水施工组织的步骤

1. 划分施工过程

按照划分施工过程的原则，把起主导作用的、影响工期的施工过程单独列项。

2. 划分施工段

为了组织流水施工，按照划分施工段的原则，并结合实际工程情况划分施工段。施工段的数目一定要合理，不能过多或过少。

3. 组织专业班组

按工种组织单一或混合专业班组，连续施工。

4. 组织流水施工，绘制进度计划

按流水施工组织方式，组织搭接施工。进度计划常有横道图和网络图两种表达方式。

1.3.2　砖基础的流水施工组织

砖基础工程一般划分为挖土、垫层、基础、回填土等四个施工过程。

挖土、垫层、基础、回填土四个施工过程，分三段组织流水施工，绘制横道图和网络图，如图 3-1、图 3-2 所示。

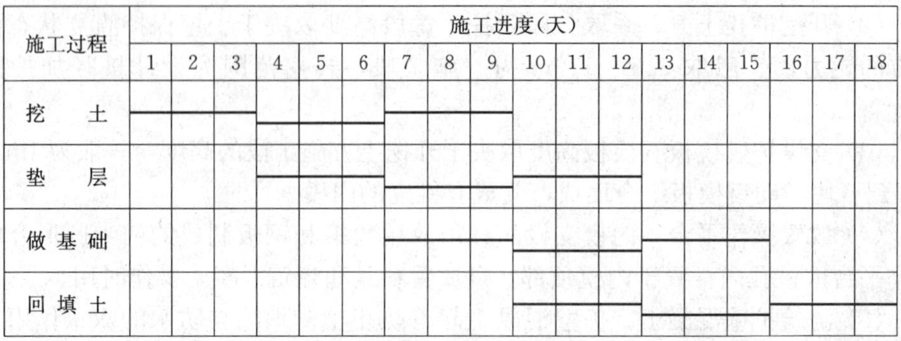

施工过程
施工进度(天)
1 2 3 4 5 6 7 8 9 10 11 12 13 14 15 16 17 18
挖　土
垫　层
做 基 础
回 填 土

图 3-1　砖基础工程三段施工横道图

挖土1
挖土2
挖土3
垫层1
垫层2
垫层3
砖基1
砖基2
砖基3
回填土1
回填土2
回填土3
1
2
3
4
5
6
7
8
9
10
11
12
13
14

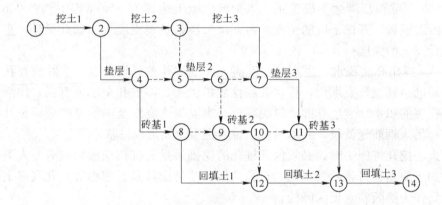

图 3-2　砖基础工程三段施工网络图

1.3.3　钢筋混凝土基础的流水施工组织

按照划分施工过程的原则，钢筋混凝土基础可划分为挖土、垫层、支模板、扎钢筋、浇混凝土并养护、回填土等六个施工过程；也可将支模板、扎钢筋、浇混凝土并养护合并为一个施工过程为钢筋混凝土条形基础，即为挖土、垫层、做基础、回填土四个施工过程。

(1) 若划分为挖土、垫层、做基础、回填土四个施工过程，其组织流水施工同砖基础工程。

(2) 若划分为挖土、垫层、支模板、扎钢筋、浇混凝土并养护、拆模及回填土等六个施工过程，分两段施工，绘制横道图和网络图，如图 3-3、图 3-4 所示。

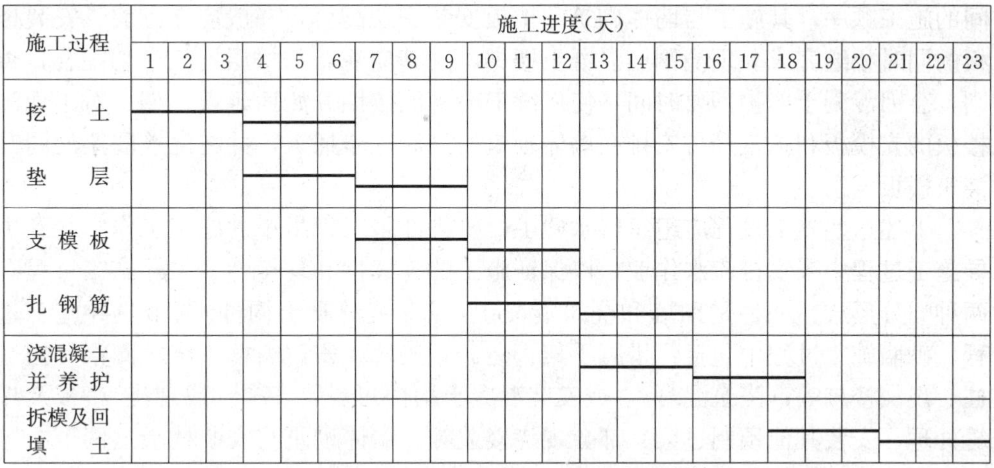

施工过程
施工进度(天)
1 2 3 4 5 6 7 8 9 10 11 12 13 14 15 16 17 18 19 20 21 22 23
挖　土
垫　层
支模板
扎钢筋
浇混凝土并养护
拆模及回填土

图 3-3　钢筋混凝土基础两段施工横道图

挖土1
垫层1
支模1
扎钢筋1
浇混凝土并养护1
拆模及回填土1
挖土2
垫层2
支模2
扎钢筋2
浇混凝土并养护2
拆模及回填土2
1 2 3 4 5 6 7 8 9 10 11 12

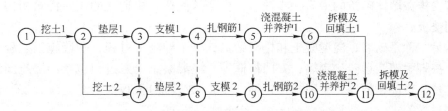

图 3-4　钢筋混凝土基础两段施工网络图

训练2　主体工程施工方案

［训练目的与要求］　掌握主体工程的相关知识并融会贯通。能够结合实际工程，独立完成主体工程施工方案的编制。

2.1　施工顺序的确定

主体结构工程的施工顺序与结构体系、施工方法有极密切的关系，应视工程具体情况合理选择。主体结构工程常用的结构体系有：砖混结构、框架结构、剪力墙结构、装配式工业厂房、装配式大板结构等。

2.1.1　砖混结构

砖混结构主体的楼板可预制也可现浇，楼梯一般都现浇。

若楼板为预制构件时，砖混结构主体工程的施工顺序为：搭脚手架→砌墙→安装门窗过梁→现浇圈梁和构造柱→现浇楼梯→安装楼板→浇板缝→现浇雨篷及阳台等。

当楼板现浇时，其主体工程的施工顺序为：搭脚手架→构造柱绑筋→墙体砌筑→安装门窗过梁→支构造柱模板→浇构造柱混凝土→安装梁、板、楼梯模板→绑梁、板、楼梯钢筋→浇梁、板、楼梯混凝土→现浇雨篷及阳台等。

施工时应重视楼梯间、厨房、厕所、阳台等的施工，合理安排其与主要工序间的施工顺序，其施工与墙体砌筑和楼板安装密切配合，一般应在砌墙、安装楼板的同时相继完成。现浇钢筋混凝土楼梯，尤其应注意与楼层施工密切配合，否则，会因混凝土养护需要时间，使后续工序不能按期开始而延误工期。对于现浇楼板的支模板和扎钢筋可安排在墙体砌筑的最后一步插入，并在浇筑圈梁的同时浇筑楼板。

上述这些施工过程应组织流水施工，要将许多工程量小的施工工作归并到主导施工过程中来安排流水作业，以保证施工的连续性和均衡性。主导施工过程有两种划分形式：一种是砌墙和浇筑混凝土（或安装混凝土构件）两个主导施工过程。砌墙施工过程中包括：搭脚手架、运砖、砌墙、安门窗框、浇筑圈梁和构造柱、现浇楼梯等；浇筑混凝土（或安装混凝土构件）包括：安装（或现浇）楼板及板缝处理、安装其他预制过梁、部分现浇楼盖等。墙体砌筑与安装楼板这两个主导施工过程，它们在各楼层之间的施工是先后交替进行的。砌筑墙体时，一般以每个自然层作为一个砌筑层，然后分层进行流水作业。现浇卫生间楼板的支模、绑筋可安排在墙体砌筑的最后一步插入，在浇筑圈梁、构造柱的同时浇筑厨房、卫生间楼板。

另一种是砌墙、浇混凝土和楼板施工三个主导施工过程。砌墙施工过程中包括：搭脚手架、运砖、砌墙、安门窗框等。浇混凝土施工过程包括：浇筑圈梁和构造柱、现浇楼梯等。楼板施工包括：安装（或现浇）楼板及板缝处理、安装其他预制过梁等。

由此可见，砌墙施工过程中的工作量较多，尤其是当现浇部分的工作量增多时尤为突出。因此，减少砖混结构房屋的现浇工程量时，便于组织施工并缩短工期。

2.1.2 框架结构

框架结构的施工方案会影响其主体工程施工顺序。

梁柱板整体现浇时，框架结构主体的施工顺序一般为：绑扎柱钢筋→支柱、梁、板模板→绑扎梁、板钢筋→浇柱、梁、板混凝土→养护→拆模。

先浇柱后浇梁板时，框架结构主体的施工顺序一般为：绑扎柱钢筋→支柱、梁、板模板→浇柱混凝土→绑扎梁、板钢筋→浇梁、板混凝土→养护→拆模。

浇筑钢筋混凝土电梯井的施工顺序则为：绑扎电梯井钢筋→支电梯井内外模板→浇筑电梯井混凝土→混凝土的养护→拆模。

柱、梁、板的支模、绑筋、浇混凝土等施工过程的工程量大，耗用的劳动力和材料多，而且对工程质量和工期起着决定性的作用。故需把多层框架在竖向上分成施工层，在平面上分成施工段，组织平面上和竖向上的流水施工。

2.1.3 剪力墙结构

主体结构为现浇钢筋混凝土剪力墙，可采用大模板或滑模工艺。

现浇钢筋混凝土剪力墙结构采用大模板工艺，分段组织流水施工，施工速度快，结构整体性、抗震性好。其标准层的施工顺序一般为：弹线→绑扎墙体钢筋→支墙模板→浇筑墙身混凝土→养护→拆墙模板→支楼板模板→绑扎楼板钢筋→浇筑楼板混凝土。随着楼层施工，电梯井、楼梯等部位也逐层插入施工。

采用滑升模板工艺时,其施工顺序为:抄平放线→安装提升架、围圈→支一侧模板→绑墙体钢筋→支另一侧模板→液压系统安装→检查调试→安装操作平台→安装支承杆→滑升模板→安装悬吊脚手架。

2.1.4 装配式工业厂房

装配式工业厂房的构件都是预制构件,通常采用工厂预制和工地预制相结合的方法进行。一般较重、较大或运输不便的构件,可在现场预制(如柱和屋架);中小型构件可在现场预制也可向厂家购买(如连系梁、屋面板、吊车梁、托架梁等),要根据实际情况来决定,主要根据现场的场地情况、运输工具、交通道路、运费、加工厂的供应情况和技术条件等,经调查研究和分析比较,进行综合评价确定。对于双肢柱及屋架的腹杆,也可以事先预制后在现场拼装入模板内,成为装配整体式构件。这种方法可节约模板、缩短工期、提高质量并且经济,故常被采用,但务必事先制作并尽早提出预制腹杆的加工计划。

1. 预制阶段的施工顺序

现场预制钢筋混凝土柱的施工顺序为:场地平整夯实→支模板→绑钢筋→安放预埋件→浇筑混凝土→养护→拆模。

现场预制预应力屋架的施工顺序为:场地平整夯实→支模板→绑钢筋→安装预埋件→预留孔道→浇筑混凝土→养护→预应力筋张拉→拆模→锚固和灌浆。

构件预制的顺序,原则上是先安装的先预制,屋架虽迟于柱子安装,但预应力屋架由于需要张拉、灌浆等工艺,并且有两次养护的技术间歇,在考虑施工顺序时往往要提前制作。对多跨大型单层厂房中的构件预制,应分批、分段施工,构件制作顺序与安装顺序和机械开行路线需严密配合。

在预制构件预制过程中,制作日期、制作位置、起点流向和顺序,在很大程序上取决于工作面准备工作的完成情况和后续工作的要求。要进行结构吊装方案设计,绘制构件预制平面图和起重机开行路线等。当设计无规定时,预制构件混凝土强度应达到设计强度标准值的75%以上才可以吊装;预应力构件采用后张法施工,构件混凝土强度应达到设计强度标准值的75%以上,预应力钢筋才可以张拉;孔道压力灌浆后,应在其强度达15MPa后方可起吊。

2. 结构安装阶段的施工顺序

装配式工业厂房的结构安装是整个厂房施工的主导施工过程,其他施工过程应配合安装顺序。结构安装阶段的施工顺序为:安装柱子→安装柱间支撑→安基础梁→连系梁→吊车梁→屋架、天窗架和屋面板等。每个构件的安装工艺顺序为:绑扎→起吊→就位→临时固定→校正→最后固定。

构件吊装顺序取决于吊装方法,单层工业厂房结构安装法有分件吊装法和综合吊装法两种。若采用分件吊装法,其吊装顺序一般为:第一次开行吊装全部柱子,并校正与永久固定;待接头混凝土强度达设计标准值75%以后,第二次开行吊装吊车梁、托架梁、连系梁与柱间支撑;第三次开行吊装完全部屋盖系统的构件。若采用综合吊装法时,其吊装顺序一般是先吊4~6根柱并迅速校正和固定,再吊装梁及屋盖的全部构件,如此依次逐个节间吊装,直到整个厂房吊装完毕。

结构构件吊装前要做好各种准备工作,其内容包括:检查构件的质量、构件弹线编号、杯底抄平、杯口弹线、构件的吊装验算和加固、起重机准备、吊装验算、起吊各种构件的索具准备等。

2.1.5 装配式大板结构

发展装配式大板建筑是墙体的重要途径之一，它对实现建筑工业化，加快施工进度具有很重要的作用。北京市的大板建筑、广西的混凝土空心大板建筑、陕西振动砖墙板建筑在施工方面取得了不少经验。

装配式大板建筑与传统的砖混结构相比，在施工方法方面有很大的改革，其主导施工过程为墙板安装，现场湿作业量少、劳动强度轻、建筑工业化水平大大提高，可以很好地组织流水施工，工期大大缩短。装配式大板标准层施工顺序一般为：抄平放线→墙板安装焊接→墙板顶部找平→楼板安装→异形构件安装→板缝灌混凝土→转入下一层施工。

2.2 施工方法及施工机械

2.2.1 测量控制工程

1. 说明测量工作的总要求

测量工作是一项重要、谨慎的工作，应由专人操作，操作人员必须按照操作程序、操作规程进行操作，经常进行仪器、观测点和测量设备的检查验证，配合好各工序的穿插和检查验收工作。

2. 工程轴线的控制和引测

说明实测前的准备工作、建筑物平面位置的测定方法，首层及各层轴线的定位、放线方法及轴线控制要求。

3. 标高的控制和引测

说明实测前的准备工作、标高的控制和引测的方法。如某工程标高控制方案：根据建设单位提供的水准点将该水准点引测至场中固定位置做施工用引测点，做为本工程的标高控制点。基础施工时以本工程的标高控制点作为施工控制点；主体施工时，在架管上测出＋1.000m控制线，并用红油漆标出，梁底模、起拱高度、标高、柱高、板底标高均由该控制线控制；混凝土模板拆除后，在柱身弹出＋1.000m控制线，以此控制各层砌体施工；层高用50m的钢尺翻引；主体完工后用精密仪器(全站仪)，测出工程总高度。

4. 垂直度控制

说明建筑物垂直度控制的方法，包括外围垂直度和内部每层垂直度的控制方法，并说明确保控制质量的措施。如某框架剪力墙结构，建筑物垂直度的控制方法为：外围垂直度的控制采用经纬仪进行控制，在浇筑混凝土前后分别进行施测，以确保将垂直度的偏差控制在规范允许的范围内；内部每层垂直度采用线锤进行控制，并用激光铅直仪进行复核，加强控制力度。

5. 沉降观测

可根据设计要求，说明沉降观测的方法、步骤和要求。如某工程根据设计要求在室外地坪上0.6m处设置永久沉降观测点(并加以保护，以免在施工中将观测点破坏而影响观测的准确性)。设置完毕后进行第一次观测，以后每施工完一层做一次沉降观测，且相邻两次观测时间间隔不得大于两个月，主体结构封顶后每两个月做一次观测，竣工后第一年每季度一次，以后每隔6个月一次，直到沉降稳定为止(连续二次半年沉降量不超过20mm为止)。若发现异常情况，及时通知设计单位和勘察单位。

2.2.2 脚手架工程

脚手架是建筑施工中重要的临时设施，是在施工现场为安全防护、工人操作以及解决楼层间少量垂直和水平运输而搭设的。在建筑施工中，脚手架选择与使用的合适与否，不但直接影响施工作业的顺利和安全进行，而且也关系到工程质量、施工进度和企业经济效益。

脚手架应在基础回填土之后，配合主体工程搭设，在室外装饰之后，散水施工前拆除。

1. 明确脚手架的基本要求

脚手架应由架子工搭设，应满足工人操作、材料堆置和运输的需要；要坚固稳定，安全可靠；搭设简单，搬移方便；尽量节约材料，能多次周转使用。

2. 选择脚手架的类型

脚手架的种类很多，按其搭设的位置可分为外脚手架和里脚手架；按其所用材料分为木脚手架、竹脚手架与金属脚手架；按其构造形式分为多立杆式、框式、悬挑式、吊式、升降式等。

在施工之前，结合实际工程，选择脚手架的种类，施工时根据工程进度来搭设脚手架。外脚手架主要用于主体结构施工和外装饰施工，里脚手架主要用于内墙的砌筑和内装饰。目前最常用的脚手架的类型是多立杆式(钢管扣件式)脚手架。

3. 确定脚手架搭设方法和技术要求

多立杆式脚手架有单排和双排两种形式，一般采用双排；并确定脚手架的搭设宽度和每步架高；为了保证脚手架的稳定，要设置连墙杆、剪刀撑、抛撑等支撑体系，并确定其搭设方法和设置要求。

4. 脚手架的安全防护

为了保证安全，脚手架通常要挂安全网，确定安全网的布置，并对脚手架采取避雷措施。

2.2.3 砌筑工程

砌筑工程是建筑物的重要组成部分。砌筑工程取材方便(砖、石、砌块)、节约钢材、水泥，不需要大型施工机械，施工组织较简单，但砖石自重大，以手工操作为主；现在可以用小型砌块代替砖石做墙体材料。砌筑工程是一个综合的施工过程，它包括砂浆制备、材料运输、搭脚手架和墙体砌筑等。

1. 明确砌筑质量和要求

砌体一般要求灰缝横平竖直，砂浆饱满，厚薄均匀，上下错缝，内外搭接，接槎牢固，墙面垂直。

2. 明确砌筑工程施工组织形式

砌筑工程施工采用分段组织流水施工，明确流水分段和劳动组合形式。

3. 确定墙体的组砌形式和方法

普通砖墙的砌筑形式主要有一顺一丁、三顺一丁、两平一侧、梅花丁和全顺式。

普通砖墙的砌筑方法主要有："三一"砌砖法、挤浆法、刮浆法和满口灰法。

4. 确定砌筑工程施工方法

(1) 砖墙的砌筑方法

砖墙的砌筑一般有抄平放线、摆砖、立皮数杆、挂线盘角、砌筑和勾缝清理等工序。

砌墙前先在基础防潮层或楼面上定出各层标高，并用M7.5水泥砂浆或C10细石混凝土找平，然后根据龙门板上标志的轴线，弹出墙身轴线、边线及门窗洞口位置。二楼以上墙体的轴线可以用经纬仪或垂球将轴线引测上去。然后根据墙身长度和组砌方式，先用干砖在放线的基面上试摆，使其符合模数，排列和灰缝均匀，以尽可能减少砍砖次数。一般在房屋外纵墙方向摆顺砖，在山墙方向摆丁砖，摆砖由一个大角摆到另一个大角，砖与砖留10mm缝隙。

确定皮数杆的数量和位置。皮数杆一般设置在房屋的四大角、纵横墙的交接处、楼梯间及洞口多的地方，如墙过长时，应每隔10~15m立一根。皮数杆需用水平仪统一竖立，使皮数杆上的±0.000与建筑物的±0.000相吻合，以后就可以向上接皮数杆。一般每次开始砌砖前应检查一遍皮数杆的垂直度和牢固程度。

砌砖前，先在皮数杆上挂通线，一般一砖墙、一砖半墙可单面挂线，一砖半以上墙体应双面挂线。墙角是控制墙面横平竖直的主要依据，一般砌筑前先盘角，每次盘角不得超过六皮砖，在盘角过程中应随时用托线板检查墙角是否竖直平整，砖层高度和灰缝是否与皮数杆相符合，做到"三皮一吊，五皮一靠"。

砌筑时全部砖墙应平行砌起，砖层必须水平，砖层正确位置用皮数杆控制，基础和每楼层砌完后必须校对一次水平、轴线和标高，在允许偏差范围内，其偏差值应在基础或楼板顶面调整。砖墙的水平灰缝厚度和竖缝宽度一般为10mm，但不小于8mm，也不大于12mm。水平灰缝的砂浆饱满度应不低于80%，砂浆饱满度用百格网检查。竖向灰缝宜用挤浆或加浆方法，使其砂浆饱满，严禁用水冲浆灌缝。

砖墙的转角处和交接处应同时砌筑。不能同时砌筑处，应砌成斜槎，斜槎长度不应小于高度的2/3。如临时间断处留斜槎确有困难，除转角处外，也可以留直槎，但必须做成阳槎，并加设拉结筋。拉结筋的数量为每120mm墙厚设置一根直径为6mm的钢筋；间距沿墙高不得超过500mm；埋入长度从墙的留槎处算起，每边均不应小于500mm；末端应有90°弯钩。抗震设防地区建筑的临时间断处不得留直槎。

隔墙与墙或柱若不能同时砌筑而又不留成斜槎时，可于墙或柱中引出直槎，或于墙或柱的灰缝中预埋拉结筋(其构造与上述相同，但每道不得少于2根)。抗震设防地区建筑物的隔墙，除应留直槎外，沿墙高每500mm配置2ϕ6钢筋与承重墙或柱拉结，伸入每边墙内的长度不应小于500mm。

砖砌体接槎时，必须将接槎处的表面清理干净，浇水湿润，并应填实砂浆，保持灰缝平直。

隔墙与承重墙如不同时砌起而不留成斜槎时，可于承重墙中引出直槎，并在其灰缝中预埋拉结筋，其构造与上述相同，但每道不少于2根。抗震设防地区的隔墙，除应留阳槎外，还应设置拉结筋。

每层承重墙的最上一皮砖、梁或梁垫的下面及挑檐、腰线等处，应是整砖丁砌。填充墙砌至接近梁、板底时，应留一定空隙，待填充墙砌筑完并应至少间隔7d后，再将其补砌挤紧。设有钢筋混凝土构造柱的抗震多层砖混房屋，应先绑扎钢筋，而后砌砖墙，最后浇柱混凝土。墙与柱应沿高度方向500mm设2ϕ6钢筋，每边伸入墙内不应少于1m；构造柱应与圈梁连接；砖墙应砌成马牙槎，每一马牙槎沿高度方向的尺寸不超过300mm，马牙槎从每层柱脚开始，应先退后进。该层构造柱混凝土浇完之后，才能进行上一层的施工。砖墙每天砌筑高度不宜超过1.8m，雨天施工时，每天砌筑高度不宜超过1.2m。砖砌体相邻工作段的高度差，不得超过一个楼层的高度，也不宜大于4m。工作段的分段位置宜设在伸缩缝、沉降缝、防震缝或门窗洞口处。砌体临时间断处的高度差不得超过一步脚手架的高度。砌筑时宽度小于1m的窗间墙应选用整砖砌筑。半砖或破损的砖，应分散使用于墙的填心和受力较小的部位。砌好的墙体，当横隔墙很少不能安装楼板或屋面板时，要设置必要的支撑，以保证其稳定性，防止大风刮倒。

施工洞口，如管道通过的洞口或施工留的通道，在施工中是经常遇到的，必须按尺寸和部位进行预留。不允许砌成后，再凿墙开洞，那样会振动墙身，影响墙体的质量。对于大的施工洞口，必须留在不重要的部位，如窗台下暂时不砌，作为内外运输通道用；在山墙上留洞应留成尖顶形状，才不致影响墙体质量。

（2）砌块的砌筑方法

在施工之前，应确定大规格砌块砌筑的方法和质量要求，选择砌筑形式，确定皮数杆的数量和位置，明确弹线及皮数杆的控制方法和要求。绘制砌块排列图，选择专门设备吊装砌块。

砌块安装的主要工序为：铺灰、吊砌块就位、校正、灌缝和镶砖。砌块墙在砌筑吊装前，应先画出砌块排列图。砌块排列图是根据建筑施工图上门窗大小、层高尺寸、砌块错缝、搭接的构造要求和灰缝大小，把各种规格的砌块排列出来。需要镶砖的地方，在排列图上要画出，镶砖应尽可能对称分散。砌块排列，主要是以立面图表示，每片墙绘制一张排列图。

砌块安装通常有两种方案：一是以轻型塔式起重机进行砌块、砂浆的运输以及楼板等预制构件的吊装，由台灵架吊装砌块；二是以井架进行材料的垂直运输、杠杆车进行楼板吊装，所有预制构件及材料的水平运输则用砌块车和手推车，台灵架负责砌块的吊装，前者适用于工程量大或两栋房屋对翻流水的情况，后者适用于工程量小的房屋。砌块吊装一般按施工段依次进行，其次序为先外后内，先远后近，先下后上，在相临施工段之间留阶梯形斜槎。吊装时应从转角处或砌块定位处开始，采用摩擦式夹具，按砌块排列图将所需砌块吊装就位。砌块吊装就位后，用托线板检查砌块的垂直度，并用撬棍、楔块调整偏差，然后用砂浆灌缝。

（3）砖柱的砌筑方法

矩形砖柱的砌筑方法，应使柱面上下皮砖的竖缝至少错开1/4砖长，柱心无通缝，少砍砖并尽量利用 1/4 砖。不得采用光砌四周后填心的包心砌法。包心柱从外观看来，好像没有通缝，但其中间部分有通天缝，整体性差，不允许采用。砖柱砌筑前应检查中心线及柱基顶面标高，多根柱子在一条直线上要拉通线。如发现中间柱有高低不平时，要用 C10 号细石混凝土和砖找平，使各个柱第一层砖都在同一标高上。砌柱用的脚手架要牢固，不能靠在柱子上，更不能留脚手眼，影响砌筑质量。柱子每天砌筑高度不宜超过 1.8m，太高了会由于砂浆受压缩后产生变形，使柱子发生偏斜。对称的清水柱子，不要砌成阴阳柱（即砖层排列不对称）。砌完一步架要刮缝，清扫柱子表面。在楼层上砌砖柱时，要检查弹的墨线位置与下层柱是否对中，防止砌筑的柱子不在同一轴线上。有网状配筋的砖柱，砌入的钢筋网在柱子一侧要露出 1～2mm，以便检查。

（4）砖垛的砌筑方法

砖垛的砌法，要根据墙厚不同及垛的大小而定，无论哪种砌法都应使垛与墙身逐皮搭接，切不可分离砌筑，搭接长度至少为 1/4 砖长。根据错缝需要可加砌 3/4 砖或半砖。

当砌完一个施工层后，应进行墙面、柱面的勾缝和清理，以及落地灰的清理。

5. 确定施工缝留设位置和技术要求

施工段的分段位置应设在伸缩缝、沉降缝、防震缝或门窗洞口处。

2.2.4 钢筋混凝土工程

现浇钢筋混凝土工程由模板、钢筋、混凝土三个工种相互配合进行。

1. 模板工程

根据工程结构形式、荷载大小、施工设备和材料供应等条件进行模板及其支架的设计，并确定支模方法、模板拆除顺序及安全措施、模板拆模时间和有关要求，对复杂工程需进行模板设计和绘制模板放样图。

模板按所用材料不同可分为木模板、钢模板、钢木模板、塑料模板、钢筋混凝土模板（预应力混凝土薄板）等；按形式不同可分为整体式模板、定型模板、工具式模板、滑升模板、胎膜等。

（1）木模板施工

1）柱子模板。柱模板是由两块相对的内拼板夹在两块外拼板之间钉成。

安装柱模板前，应先绑扎好钢筋，测出标高并标在钢筋上，同时在已浇筑的基础顶面或楼面上弹出边线，并固定好柱模板底部的木框。根据柱边线及木框位置竖立模板，并用支撑临时固定，然后从顶部用垂球校正垂直度。检查无误后，将柱箍箍紧，再用支撑钉牢。同一轴线上的柱，应先校正两端的柱模板，在柱模板上口拉中心线来校正中间的柱模。柱模之间用水平撑及剪刀撑相互撑牢。

2）梁模板。梁模板主要由侧模、底模及支撑系统组成。梁底模下有支架（琵琶撑）支撑，支架的立柱最好做成可以伸缩的，以便调整高度，底部应支承在坚实的地面、楼板上或垫木板。在多层框架结构施工中，上下层支架的立柱应对准。支架间用水平和斜向拉杆拉牢，当层间高度大于 5m 时，宜选桁架作模板的支架。梁侧模板底部用钉在支架顶部的夹条夹住，顶部可由支承楼板的搁栅或支撑顶住。高大的梁，可在侧模板中上位置用钢丝或螺栓相互撑拉。梁跨度在 4m 及 4m

以上时，底模应起拱，若设计无规定时，起拱高度宜为全跨长度的(1~3)/1000。

3) 楼板模板。楼板模板是由底模和支架系统组成。底模支承在搁栅上，搁栅支承在梁侧模外的横档上，跨度大的楼板，搁栅中间加支撑作为支架系统。楼板模板的安装顺序是，在主次梁模板安装完毕后，按楼板标高往下减去楼板底模板的厚度和楞木的高度，在楞木和固定夹板之间支好短撑。在短撑上安装托板，在托板上安装楞木，在楞木上铺设楼板底模。铺好后核对楼板标高、预留孔洞及预埋件的尺寸和位置。然后对梁的顶撑和楼板中间支架进行水平和剪刀撑的连接。

4) 楼梯模板。楼梯模板安装时，在楼梯间的墙上按设计标高画出楼梯段、楼梯踏步及平台板、平台梁的位置。先立平台梁和平台板的模板及支撑，然后在楼梯段基础梁侧模上钉托木，楼梯模板的斜楞钉在基础梁和平台梁侧模板的托木上。在斜楞上铺钉楼梯底模板，下面设杠木和斜向支撑，斜向支撑的间距为1~1.2m，其间用拉杆拉结。再沿楼梯边立外帮板，用外帮板上的横档木、斜撑和固定夹木将外帮板钉固在杠木上。再在靠墙的一面把反三角模板立起，反三角板的两端可钉在平台梁和梯基的侧板上。然后在反三角板与外帮板之间逐块钉上踏步侧板。如果楼梯较宽，应在梯段中间再加设反三角板。在楼梯段模板放线时，特别要注意每层楼梯的第一踏步和最后一个踏步的高度，常因疏忽了楼地面面层厚度不同而造成高低不同的现象。

肋形楼盖模板安装的全过程：安装柱模底框、立柱模、校正柱模、水平和斜撑固定柱模、安主梁底模、立主梁底模的琵琶撑、安主梁侧模、安次梁底模、立次梁模板的琵琶撑、安次梁固定夹板、立次梁侧模、在次梁固定夹板立短撑、在短撑上放楞木、楞木上铺楼板底模板，纵横方向用水平撑和剪刀撑连接主次梁的琵琶撑，使之成为稳定坚实的临时性空间结构。

(2) 钢模板施工

定型组合钢模板由钢模板、连接件和支撑件组成。施工时可在现场直接组装，也可预拼装成大块模板用起重机吊运安装。组合钢模板的设计应使钢模板的块数最少，木板镶拼补量最少，并合理使用转角模板，使支撑件布置简单，钢模板尽量采用横排或竖排，不用横竖兼排的方式。

(3) 模板拆除

现浇结构模板的拆除时间，取决于结构的性质、模板的用途和混凝土硬化速度。模板的拆除顺序一般是先支后拆、后支先拆，先拆除非承重部分后拆除承重部分，一般谁安谁拆。重大复杂的模板拆除，事先应制定拆除方案。框架结构模板的拆除顺序，首先是柱模板，然后是楼板底模，梁侧模板，最后是梁底模板。多层楼板模板支架的拆除，应按下列要求进行：上层楼板正在浇筑混凝土时，下一层楼板支柱不得拆除，再下一层楼板的支柱仅可拆除一部分；跨度4m及4m以上的梁下均应保留支柱，其间距不得大于3m。

2. 钢筋工程

(1) 钢筋加工

钢筋加工工艺流程：材质复验及焊接试验→配料→调直→除锈→断料→焊接→弯曲成型→成品堆放。

钢筋配料前由放样员放样，配料工长认真阅读图纸、标准图集、图纸会审、设计变更、施工方案、规范等后核对放样图，认定放样图钢筋尺寸无误后下达配料令，由配料员在现场钢筋加工棚内完成配料；钢筋加工后的形状尺寸、规格、搭接、锚固等符合设计及规范要求，钢筋表面洁净无损伤，无油渍、漆渍等。钢筋的冷加工包括钢筋冷拉和钢筋冷拔。

冷拉时，钢筋被拉直，表面锈渣自动剥落，因而冷拉不但可以提高钢筋强度，也可以同时完成调直和除锈工作。钢筋冷拉控制方法采用控制应力和控制冷拉率两种方法。用作预应力钢筋混凝土结构的预应力筋采用控制应力的方法，不能分清炉批的钢筋采用控制应力的方法。钢筋冷拉采用控制冷拉率方法时，冷拉率必须由试验确定。预应力钢筋如由几段对焊而成，应在焊接后再进行冷拉。

钢筋调直的方法有人工调直和机械调直两种。对于直径在12mm以下的圆盘钢筋，一般用铰磨、卷扬机或调直机，调直时要控制冷拉率；大直径钢筋可用卷扬机、弯曲机、平直机、平直锤或人工锤击法调直。经过调直的钢筋基本已达到除锈目的，但已调直除锈的钢筋时间长了又被生锈，其除锈方法有机械除锈（电动除锈机除锈）、手工除锈（钢丝刷、砂盘等）、喷砂及酸洗除锈等。

钢筋切断的方法有钢筋切断机和手动切断器两种，手动切断器一般用于切断直径小于12mm的钢筋，大直径钢筋的切断一般采用钢筋切断机。

钢筋弯曲成型的方法分人工和机械两种。手工弯曲是在成型工作台上进行，施工现场常采用；大量钢筋加工时，应采用钢筋弯曲机。

(2) 钢筋的连接

钢筋连接方法有：绑扎连接、焊接和机械连接。施工规范规定，受力钢筋优先选择焊接和机械连接，并且接头应相互错开。

钢筋的焊接方法有：闪光对焊、电弧焊、电渣压力焊、电阻点焊和气压焊等。不同的焊接方法适用于不同的情况。如钢筋与钢板T形连接，宜采用埋弧压力焊或电弧焊。

闪光对焊广泛用于钢筋接长及预应力钢筋与螺丝端杆的焊接。热轧钢筋的焊接优先选择闪光对焊，条件不可能时才用电弧焊。闪光对焊适用于焊接直径10～40mm的钢筋。钢筋闪光对焊工艺根据具体情况选择：钢筋直径较小，可采用连续闪光焊；钢筋直径较大，断面比较平整，宜采用预热闪光焊；断面不平整，采用闪光—预热—闪光焊。钢筋闪光对焊后，除对接头进行外观检查外，还应按《钢筋焊接及验收规程》的规定进行抗拉强度和冷弯试验。

钢筋电弧焊可分为搭接焊、帮条焊、坡口焊和熔槽帮条焊四种接头形式。帮条焊适用于直径10～40mm的各级热轧钢筋；搭接焊接头只适用于直径10～40mm的HPB235、HRB335级钢筋。坡口焊接头有平焊和立焊两种，适用于在现场焊接装配式构件接头中直径18～40mm的各级热轧钢筋。帮条焊、搭接焊和坡口焊的焊接接头，除应进行外观质量检查外，还需抽样做抗拉试验。

电阻点焊主要用于焊接钢筋网片、钢筋骨架，适用于直径6～14mm的HPB235、HRB335级钢筋和直径3～5mm的冷拔低碳钢丝。电阻点焊的焊点应进行外观检查和强度试验，热轧钢筋的焊点应进行抗剪试验，冷处理钢筋除进行抗剪试验外，还应进行抗拉试验。

电渣压力焊主要适用于现浇钢筋混凝土框架结构中竖向钢筋的连接，宜采用自动或手工电渣压力焊进行焊接直径 14～40mm 的 HPB235、HRB335 钢筋。电渣压力焊的接头应按规范规定的方法检查外观质量和进行抗拉试验。

钢筋气压焊属于热压焊，适用于各种位置的钢筋。气压焊接的钢筋要用砂轮切割机断料，不能用钢筋切断机切断，要求断面与钢筋轴线垂直。气压焊的接头，应按规定的方法检查外观质量和进行抗拉试验。

钢筋机械连接常用挤压连接和螺纹连接的形式，是大直径钢筋现场连接的主要方法。

(3) 钢筋的绑扎和安装

钢筋绑扎安装前先熟悉施工图纸，核对成品钢筋的钢号、直径、形状、尺寸和数量等是否与配料单和料牌相符，研究钢筋安装和有关工种的配合顺序，准备绑扎用的钢丝、绑扎工具等。绑扎钢筋网和钢筋骨架仍是目前采用较多的钢筋施工方法，在起重、运输条件允许的情况下，钢筋网和钢筋骨架的安装应尽量采用先绑扎后安装的方法。绑扎常用的工具有钢筋钩、卡盘和扳手、小撬杠等。钢筋绑扎的程序是：划线、摆筋、穿箍、绑扎、安放垫块等。划线时应注意间距、数量，标明加密箍筋位置。板类摆筋顺序一般先排主筋后排负筋；梁类一般先摆纵筋；有变截面的箍筋，应事先将箍筋排列清楚，然后安装纵向钢筋。绑扎钢筋用的钢丝，可采用 20～22 号钢丝或镀锌钢丝，当绑扎楼板钢筋网片时一般用单根 22 号钢丝；绑扎梁柱钢筋骨架则用双根钢丝绑扎。板和墙的钢筋网，除靠近外围两行钢筋的相交点全部扎牢外，中间部分的相交点可相隔交错扎牢；双向受力的钢筋，须所有交叉点全部扎牢。

(4) 钢筋保护层施工

控制钢筋的混凝土保护层可用水泥砂浆垫块或塑料卡。水泥砂浆垫块的厚度等于保护层的厚度，其平面尺寸：当保护层的厚度≤20mm 时为 30mm×30mm，≥20mm 时为 50mm×50mm；在垂直方向使用的垫块，应在垫块中埋入 20 号钢丝，用钢丝把垫块绑在钢筋上。塑料卡的形状有塑料垫块和塑料环圈两种，塑料垫块用于水平构件，塑料环圈用于垂直构件。

3. 混凝土工程

确定混凝土制备方案(商品混凝土或现场拌制混凝土)，确定混凝土原材料准备、搅拌、运输及浇筑顺序和方法，以及泵送混凝土和普通垂直运输混凝土的机械选择；确定混凝土搅拌、振捣设备的类型和规格、养护制度及施工缝的位置和处理方法。

(1) 混凝土的搅拌

拌制混凝土可采用人工或机械拌合方法，人工拌合一般用"三干三湿"法。只有当混凝土用量不多或无机械时才采用人工拌合，一般都用搅拌机拌合混凝土。混凝土搅拌机有自落式和强制式两种。对于重骨料塑性混凝土常选用自落式搅拌机；对于干硬性混凝土与轻骨料混凝土选用强制式搅拌机。拌合混凝土时，除合理选择搅拌机的种类和型号外，还要正确的确定搅拌时间、进料容量、投料顺序等，投料顺序常用的有一次投料法和二次投料法。现场混凝土搅拌站的布置应因地制宜，尽量布置在施工项目的附近，最好靠近垂直运输机械服务半径的范围内。各种材料仓库与运输路线，应使装料、卸料方便，即不互相交叉，又要缩短运距。

(2) 混凝土的运输

混凝土在运输过程中要求做到：保持混凝土的均匀性，不产生严重的分层离析现象；运输时间不宜过长，应保证混凝土在初凝前浇入模板内捣实完毕。混凝土运输分水平运输和垂直运输两种。混凝土运输设备应根据结构特点（如是框架主体还是基础）、混凝土工程量大小、每天或每小时混凝土浇筑量、水平及垂直运输距离、道路条件、气候条件等各种因素综合考虑后确定。常用的水平运输设备有：手推车、机动翻斗车、混凝土搅拌运输车、自卸汽车等。手推车和机动翻斗车在施工工地上常用，混凝土搅拌运输车和自卸汽车主要用于商品混凝土的运输。常用的垂直运输机械有塔式起重机、井架、龙门架、混凝土泵等，其中混凝土泵既可作垂直运输，也可作水平运输。塔式起重机运输混凝土应配备混凝土料斗联合使用；用井架和龙门架运输混凝土时，应配备手推车。运输混凝土的手推车要在专门铺设的架空跳板上行走，跳板的布置与混凝土浇筑方向相配合，一面浇筑混凝土，一面拆迁，直到整个楼面混凝土浇筑完毕。

(3) 混凝土的浇筑

混凝土浇筑前应检查模板、支架、钢筋和预埋件，并进行验收。浇筑混凝土时一定要防止产生分层离析，为此需控制混凝土自高处倾落的自由倾落高度不应超过2m，在竖向结构中自由倾落高度不宜超过3m，否则应采用串筒、溜槽、溜管等下料。浇筑竖向结构混凝土前先要在底部填筑一层50~100mm厚与混凝土成分相同的水泥砂浆。

浇捣混凝土应连续进行，若需长时间间歇，则应留置混凝土施工缝。混凝土施工缝宜留在结构剪力较小的部位，同时要方便施工。柱子宜留在基础顶面、梁或吊车梁牛腿的下面、吊车梁的上面、无梁楼盖柱帽的下面，和板连成整体的大截面梁应留在板底面以下20~30mm处，当板下有梁托时，留置在梁托下部。单向板可留在平行于板短边的任何位置。有主次梁的楼盖宜顺着次梁方向浇筑，施工缝应留在次梁跨度的中间1/3长度范围内。墙可留在门洞口过梁跨中1/3范围内，也可留在纵横墙的交接处。双向受力的楼板、大体积混凝土结构、拱、薄壳、多层框架等及其他复杂的结构，应按设计要求留置施工缝。在施工缝处继续浇筑混凝土时，应除掉水泥浮浆和松动石子，并用水冲洗干净，待已浇筑的混凝土的强度不低于1.2MPa时才允许继续浇筑，在结合面应先铺抹一层水泥浆或与混凝土砂浆成分相同的砂浆。

现浇多层钢筋混凝土框架结构的浇筑。浇筑这种结构首先要划分施工层和施工段，施工层一般按结构层划分，而每一施工层如何划分施工段，则要考虑工序数量、技术要求、结构特点等。要做到木工在第一施工层安装完模板，准备转移到第二施工层的第一施工段上时，该施工段所浇筑的混凝土强度应达到允许工人在上面操作的强度（1.2MPa）。施工层与施工段确定后，就可求出每班（或每小时)应完成的工程量,据此选择施工机具和设备并计算其数量。混凝土浇筑前应做好必要的准备工作,如模板、钢筋和预埋管线的检查和清理以及隐蔽工程的验收;浇筑用脚手架、走道的搭设和安全检查;根据实验室下达的混凝土配合比通知单准备和检查材料;并做好施工用具的准备等。浇筑柱子时,施工段内的每排柱子应由外向内对称地顺序浇筑,不要由一端向另一端推进,预防柱子模板因湿胀造成受推倾斜而误差积累难以纠正。截面在400mm×400mm以内,或有交叉箍筋的柱子,应在柱子模板侧面开孔用斜溜槽分段浇筑,每段高度不超过2m。截面在400mm×400mm以上、无交叉箍筋的柱子,如柱高不超过4.0m,可从柱顶浇筑;如用轻骨料混凝土从柱顶浇筑,则柱高不得超过3.5m。柱子开始浇筑时,底部应先浇筑一层厚50~100mm与所浇筑混凝土成分相同的水泥砂浆。浇筑完毕,如柱顶处有较大厚度的砂浆层,则应加以处理。柱子浇筑后,应间隔1~1.5h,待所浇混凝土拌合物初步沉实,再筑浇上面的梁板结构。梁和板一般应同时浇筑,从一端开始向前推进。只有当梁高大于1m时才允许将梁单独浇筑,此时的施工缝留在楼板板面下20~30mm处。梁底与梁侧面注意振实,振动器不要直接触及钢筋和预埋件。楼板混凝土的虚铺厚度应略大于板厚,用表面振动器或内部振动器振实,用铁插尺检查混凝土厚度,振捣完后用长的木抹子抹平。

(4) 混凝土的振捣

混凝土的捣实方法有人工和机械两种。人工捣实是用钢钎、捣锤或插钎等工具,这种方法仅适用于塑性混凝土,当缺少振捣机械或工程量不大的情况下采用。有条件时尽量采用机械振捣的方法,常用的振捣机械有内部振动器(振动棒)、表面振动器(平板振动器)、外部振动器(附着式振动器)和振动台等。振动棒可振捣塑性和干硬性混凝土,适用于振捣梁、墙、基础和厚板,不适用于楼板、屋面板等构件。振捣时振动棒不要碰撞钢筋和模板,重点要振捣好下列部位:钢筋主筋的下面、钢筋密集处、石料多的部位、模板阴角处、钢筋与侧模之间等。表面振动器适用于捣实楼板、地面、板形构件和薄壳等厚度小、面积大的构件。外部振动器适用于振捣断面较小和钢筋较密的柱子、梁、板等构件。振动台是混凝土制品厂中常用的固定振捣设备,用于振捣预制构件。

(5) 混凝土的养护

混凝土养护方法分自然养护和人工养护。现浇构件多采用自然养护,只有在冬期施工温度很低时,才采用人工养护。采用自然养护时,在混凝土浇筑完毕后一定时间(12h)内要覆盖并浇水养护。

4. 预应力混凝土的施工方法、控制应力和张拉设备

预应力钢材、锚夹具、张拉设备的选用和验收,成孔材料及成孔方法(包括灌浆孔、泌水孔),端部和梁柱节点处的处理方法,预应力张拉力、张拉程序以及灌浆方法、要求等;混凝土的养护及质量评定。如钢筋现场预应力张拉时,应详细制定预应力钢筋的制作、安装和检测方法。

2.2.5 结构安装工程

根据起重量、起重高度、起重半径,选择起重机械,确定结构安装方法,拟

定安装顺序,起重机开行路线及停机位置;构件平面布置设计,工厂预制构件的运输、装卸、堆放方法;现场预制构件的就位、堆放的方法,吊装前的准备工作,主要工程量和吊装进度的确定。

1. 确定起重机类型、型号和数量

在单层工业厂房结构安装工程中,如采用自行式起重机,一般选择分件吊装法,起重机在厂房内三次开行才能吊装完厂房结构构件;而选择桅杆式起重机,则必须采用综合吊装法。综合吊装法与分件吊装法起重机开行路线及构件平面布置是不同的。

当厂房面积较大时,可采用两台或多台起重机安装,柱子和吊车梁、屋盖系统分别流水作业,可加速工期。对一般中、小型单层厂房,选用一台起重机为宜,这在经济上比较合理,对于工期要求特别紧迫的工程,则作为特殊情况考虑。

2. 确定结构构件安装方法

工业厂房结构安装法有分件吊装法和综合吊装法两种。单层厂房安装顺序通常采用分件吊装法,即先顺序安装和校正全部柱子,然后安装屋盖系统等。采用这种方式,起重机在同一时间安装同一类型的构件,包括就位、绑扎、临时固定、校正等工序,并且使用同一种索具,劳动力组织不变,可提高安装效率;缺点是增加起重机开行路线。另一种方式是综合吊装法,即逐开间安装,连续向前推进。方法是先安装四根柱子,立即校正后安装吊车梁与屋盖系统,一次性安装好纵向一个柱距的开间。采用这种方式可缩短起重机开行路线,并且可为后续工序提前创造工作面,尽早搭接施工;缺点是安装索具和劳动力组织有周期性变化而影响生产率。上述两种方法在单层厂房安装工程中均有采用,或者也有采用混合式,即柱子安装用大流水,而其余构件包括屋盖系统在内用综合安装。这些均取决于具体条件和安装队的施工经验。抗风柱可随一般柱子的开行路线从单层厂房一端开始安装,由于抗风柱的长度较大,安装后立即校正、灌浆,并用上下两道缆绳四周锚固。另一种方法是待单层厂房全部屋盖安装完之后再吊装全部抗风柱。

3. 构件制作平面布置、拼装场地、机械开行路线

当采用分件吊装法时,预制构件的施工有三种方案。

(1)当场地狭小而工期又允许时,构件制作可分别进行,首先预制柱和吊车梁,待柱和梁安装完毕再进行屋架预制;

(2)当场地宽敞时,在柱、梁预制完后即进行屋架预制;

(3)当场地狭小而工期又紧时,可将柱和梁等预制构件在拟建厂房内就地预制,同时在拟建厂房外进行屋架预制。

4. 其他

确定构件运输、装卸、堆放和所需机具设备型号、数量和运输道路要求。

2.2.6 围护工程

围护工程的施工包括搭脚手架、内外墙体砌筑、安装门窗框等。在主体工程结束后,或完成一部分区段后即可开始内外墙砌筑工程的分段施工。此时,不同

的分项工程之间可组织立体交叉、平行流水施工。内隔墙的砌筑则应根据内隔墙的基础形式而定，有的需在地面工程完成后进行，有的则可以在地面工程之前与外墙同时进行。

2.2.7 现场垂直和水平运输

确定垂直运输量，选择垂直运输方式，水平运输方式，运输设备的型号和数量，配套使用的专用器具设备。确定地面和楼面水平运输的行驶路线，确定垂直运输机械的停机位置。综合安排各种垂直运输设施的工作任务和服务范围。

常用的垂直运输设施有塔式起重机、井架、龙门架、建筑施工电梯等。

塔式起重机既可进行垂直运输，也可水平运输，尤其在吊运长、大、重的物料时有明显的优势，故在可能条件下优先采用。井架是施工中最常用的、也是最简便的垂直运输设施。施工中多为单孔井架，也可构成两孔或多孔井架，搭设高度可达40m，需设缆风绳保持井架稳定。龙门架刚度和稳定性较差，一般适用于中小型工程。井架和龙门架的动力装置是卷扬机，常用的电动卷扬机分为电动可逆式和电动摩擦式卷扬机两种。安装卷扬机的位置应选择地势稍高，地基坚实的地方，距离起吊处一定距离。施工电梯为人货两用的垂直运输设施，适用于高层建筑施工。

2.3 流水施工组织

2.3.1 主体工程流水施工组织的步骤

1. 划分施工过程

按照划分施工过程的原则，把起主导作用的、影响工期的施工过程单独列项。

2. 划分施工段

为了组织流水施工，按照划分施工段的原则，并结合实际工程情况划分施工段。施工段的数目一定要合理，不能过多或过少。

3. 组织专业班组

按工种组织单一或混合专业班组，连续施工。

4. 组织流水施工，绘制进度计划

按流水施工组织方式，组织搭接施工。进度计划常有横道图和网络图两种表达方式。

2.3.2 砖混结构的流水施工组织

砖混结构主体工程可以采用两种划分方法。第一种，划分为砌墙、楼板施工两个施工过程；第二种，划分为砌墙、浇混凝土、楼板施工三个施工过程。

(1) 砖混主体标准层划分砌砖墙、楼板施工两个施工过程，分三段组织流水施工，绘制横道图和网络图，如图3-5、图3-6所示。

(2) 砖混主体标准层划分砌砖墙、浇混凝土、楼板施工三个施工过程，分三段组织流水施工，绘制横道图和网络图，如图3-7、图3-8所示。

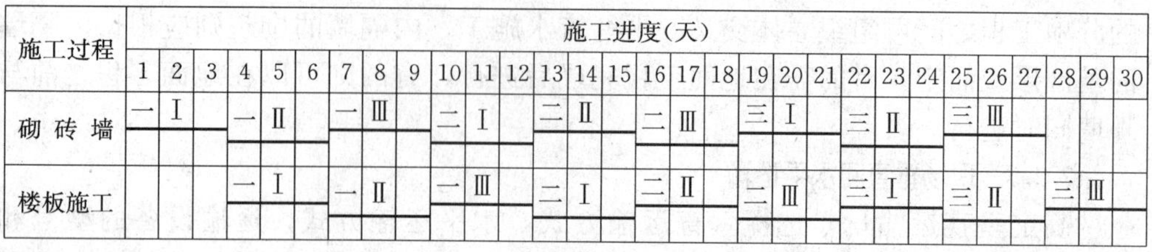

施工过程
施工进度(天)
1 2 3 4 5 6 7 8 9 10 11 12 13 14 15 16 17 18 19 20 21 22 23 24 25 26 27 28 29 30
砌砖墙
一Ⅰ 一Ⅱ 一Ⅲ 二Ⅰ 二Ⅱ 二Ⅲ 三Ⅰ 三Ⅱ 三Ⅲ
楼板施工
一Ⅰ 一Ⅱ 一Ⅲ 二Ⅰ 二Ⅱ 二Ⅲ 三Ⅰ 三Ⅱ 三Ⅲ

图3-5 三层砖混主体两个施工过程三段施工横道图

墙1
墙2
墙3
板1
板2
板3

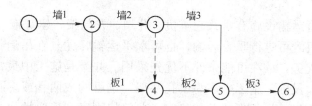

图3-6 砖混主体标准层两个施工过程三段施工网络图

施工过程
施工进度(天)
1 2 3 4 5 6 7 8 9 10 11 12 13 14 15 16 17 18 19 20 21 22 23 24 25 26 27 28 29 30 31 32 33
砌砖墙
一Ⅰ 一Ⅱ 一Ⅲ 二Ⅰ 二Ⅱ 二Ⅲ 三Ⅰ 三Ⅱ 三Ⅲ
浇混凝土
一Ⅰ 一Ⅱ 一Ⅲ 二Ⅰ 二Ⅱ 二Ⅲ 三Ⅰ 三Ⅱ 三Ⅲ
楼板施工
一Ⅰ 一Ⅱ 一Ⅲ 二Ⅰ 二Ⅱ 二Ⅲ 三Ⅰ 三Ⅱ 三Ⅲ

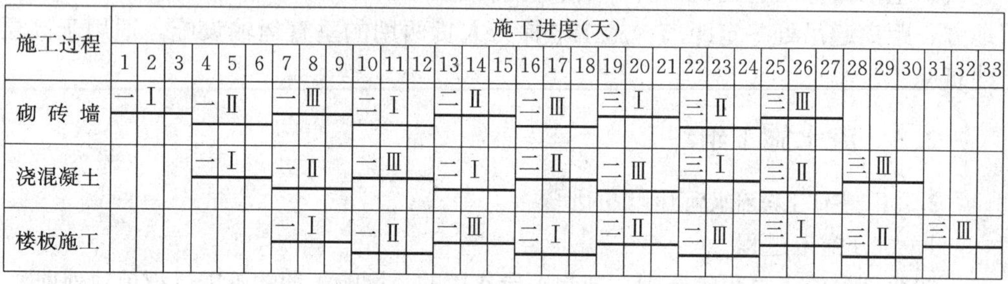

图3-7 三层砖混主体三个施工过程三段施工横道图

墙1
混凝土1
板1
墙2
混凝土2
板2
墙3
混凝土3
板3

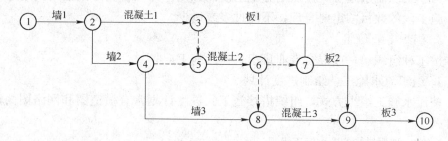

图3-8 砖混主体标准层三个施工过程三段施工网络图

2.3.3 框架结构主体工程的流水施工组织

按照划分施工过程的原则，把有些施工过程合并，框架结构主体梁柱板一起浇筑时，可划分为四个施工过程：绑扎柱钢筋、支柱梁板模板、绑扎梁板钢筋、浇筑混凝土。各施工过程均包含楼梯间部分的施工。

框架结构主体标准层划分为绑扎柱钢筋、支柱梁板模板、绑扎梁板钢筋、浇筑混凝土四个施工过程，分三段组织流水施工，绘制网络图，如图3-9所示。

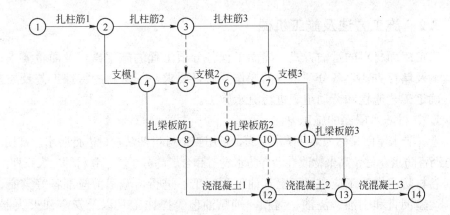

图 3-9 现浇框架主体标准层三段施工网络图

训练 3 屋面防水工程施工方案

[训练目的与要求] 掌握屋面防水工程的相关知识并融会贯通。能够结合实际工程,独立完成屋面防水工程施工方案的编制。

3.1 施工顺序的确定

屋面防水工程的施工顺序手工操作多、需要时间长,应在主体结构封顶后尽快完成,使室内装饰尽早进行。一般情况下,屋面工程可以和装饰工程搭接或平行施工。

屋面防水工程可分为柔性防水和刚性防水两种。防水工程施工工艺要求严格细致,一丝不苟,应避开雨期和冬期施工。

(1) 柔性防水屋面的施工顺序

南方温度较高,一般不做保温层。无保温层、架空层的柔性防水屋面的施工顺序一般为:结构基层处理→找平找坡→冷底子油结合层→铺卷材防水层→做保护层。

北方温度较低,一般要做保温层。有保温层的柔性防水屋面的施工顺序一般为:结构基层处理→找平层→隔汽层→铺保温层→找平找坡→冷底子油结合层→铺卷材防水层→做保护层。

柔性防水屋面的施工待找平层干燥后才能刷冷底子油、铺贴卷材防水层。若是工业厂房,在铺卷材之前应将天窗扇及玻璃安装好,特别要注意天窗架部分的屋面防水、天窗围护工作等,确保屋面防水的质量。

(2) 刚性防水屋面的施工顺序

刚性防水屋面最常用细石混凝土屋面。细石混凝土防水屋面的施工顺序为:结构基层处理→隔离层→细石混凝土防水层→养护→嵌缝。对于刚性防水屋面的现浇钢筋混凝土防水层,分格缝的施工应在主体结构完成后开始,并应尽快完成,以便为室内装饰创造条件。季节温差大的地区,混凝土受温差的影响易开裂,故一般不采用刚性防水屋面。

3.2 施工方法及施工机械

确定屋面材料的运输方式，屋面工程各分项工程的施工操作及质量要求；材料运输及储存方式，各分项工程的操作及质量要求，新材料的特殊工艺及质量要求，确定工艺流程和劳动组织进行流水施工。

1. 卷材防水屋面的施工方法

卷材防水屋面又称为柔性防水屋面，是用胶结材料粘贴卷材进行防水。常用的卷材有沥青防水卷材、高聚物改性沥青防水卷材和合成高分子防水卷材等三大系列。

卷材防水层施工应在屋面上其他工程完工后进行，施工前应准备好熬制、拌合、运输沥青和刷油、浇油、清扫、铺贴油毡等操作工具以及安全和灭火器材，设置水平和垂直运输工具、机具和脚手架，并检查是否符合安全要求。铺设多跨和高低跨房屋卷材防水层时，应按先高后低、先远后近的顺序进行；在铺设同一跨时应先铺设排水比较集中的水落口、檐口、斜沟、天沟等部位及油毡附加层，按标高由低到高的顺序进行；坡面与立面的油毡，应由下开始向上铺贴，使油毡按流水方向搭接。油毡铺设的方向应根据屋面坡度或屋面是否存在振动而确定。当坡度小于3%时，油毡宜平行屋脊方向铺贴，当坡度在3%～15%之间时，油毡可平行或垂直屋脊方向铺贴；坡度大于15%或屋面受振动时，应垂直屋脊铺贴。卷材防水屋面坡度不宜超过25%。油毡平行屋脊铺贴时，长边搭接不小于70mm；短边搭接平屋顶不应小于100mm，坡屋顶不宜小于150mm。当第一层油毡采用条粘、点粘或空铺时，长边搭接不应小于100mm，短边不应小于150mm，相邻两幅油毡短边搭接接缝应错开不小于500mm，上下两层油毡应错开1/3或1/2幅宽；上下两层油毡不宜相互垂直铺贴；垂直于屋脊的搭接缝应顺主导风向搭接；接头顺水流方向，每幅油毡铺过屋脊的长度应不小于200mm。铺贴油毡时应弹出标线，油毡铺贴前应使找平层干燥。

（1）油毡的铺贴方法

1）油毡热铺贴施工。该法分为满贴法、条贴法、空铺法和点粘法四种。满贴法是指油毡下满涂玛琋脂使油毡与基层全部粘结。铺贴的工序为：浇油铺贴和收边滚压；条贴法是在铺贴第一层油毡时，不满涂满浇玛琋脂而是用蛇形或条形撒贴的做法，使第一层油毡与基层之间形成若干互相连通的空隙构成"排汽屋面"，可从排汽孔处排出水气，避免油毡起泡，空铺法、点粘法铺贴防水卷材的施工方法与条贴法相似。

2）油毡冷粘法施工。冷粘法是指在油毡下采用冷玛琋脂做粘结材料使之与基层粘结。施工方法与热铺法相同。冷玛琋脂使用时应搅拌均匀，可加入稀释剂调释稠度。每层厚度为1～1.5mm。

3）油毡自粘法施工。自粘法施工是指采用带有自粘胶的防水卷材，不用热施工，也不需涂胶结材料而进行粘结的方法。铺贴前，基层表面应均匀涂刷基层处理剂，待干燥后及时铺贴卷材。铺贴时，应先将自粘胶底面隔离纸完全撕净，排除卷材下面的空气，并辗压粘结牢固，不得空鼓。搭接部位必须采用热风焊枪加热后随即粘贴牢固，溢出的自粘胶随即刮平封口。接缝口用不小于10mm宽的密封材料封严。

4) 高聚物改性沥青卷材热熔法施工。该法又可分为滚铺法和展铺法两种。滚铺法是一种不展开卷材，而采用边加热边烤边滚动卷材铺贴，然后用排气辊滚压使卷材与基层粘结牢固。展铺法是先将卷材平铺于基层，再沿边缘掀开卷材予以加热粘贴，此法适用于条粘法铺贴卷材。所有接缝应用密封材料封严，涂封宽度不应小于10mm。对厚度小于3mm的高聚物改性沥青防水卷材，严禁采用热熔法施工。

5) 高聚物改性沥青卷材冷粘法施工。该法是在基层或基层和卷材底面涂刷胶粘剂进行卷材与基层或卷材与卷材的粘结。主要工序有胶粘剂的选择和涂刷、铺贴卷材、搭接缝处理等。卷材铺贴要控制好胶粘剂涂刷与卷材铺贴的间隔时间，一般可凭经验，当胶粘剂不粘手时即可开始粘贴卷材。

6) 合成高分子防水卷材施工。合成高分子防水卷材可用冷粘法、自粘法、热风焊接法施工。自粘贴卷材施工方法是施工时只要剥去隔离纸后即可直接铺贴；带有防粘层时，在粘贴搭接缝前应将防粘层先溶化掉，方可达到粘结牢固。热风焊接法是利用热空气焊枪进行防水卷材搭接粘合的方法。焊接前卷材铺放应平整顺直，搭接尺寸正确；施工时焊接缝的结合面应清扫干净，应无水滴、油污及附着物。先焊长边搭接缝，后焊短边搭接缝，焊接处不得有漏焊、缺焊、焊焦或焊接不牢的现象，也不得损害非焊接部位的卷材。

铺贴卷材防水屋面时，檐口、女儿墙、檐沟、天沟、斜沟、变形缝、天窗壁、板缝、泛水和雨水管等处均为重点防水部位，均需铺贴附加卷材，作到粘结严密，然后由低标高处往上进行铺贴、压实，表面平整，每铺完一层立即检查，发现有皱纹、开裂、粘贴不牢不实、起泡等缺陷，应立即割开，浇油灌填严实，并加贴一块卷材盖住。屋面与突出屋面结构的连接处，卷材贴在立面上的高度不宜小于250mm，一般用叉接法与屋面卷材相连接；每幅油毡贴好后，应立即将油毡上端固定在墙上。如用铁皮泛水覆盖时，泛水与油毡的上端应用钉子钉牢在墙内的预埋木砖上。在无保温层装配式屋面上，沿屋架、支承梁和支承墙上的屋面板端缝上，应先点贴一层宽度为200~300mm的附加卷材，然后再铺贴油毡，以避免结构变形将油毡防水层拉裂。

(2) 保护层施工

为了减少阳光辐射对沥青老化的影响，降低沥青表面的温度，防止暴雨和冰雪对防水层的侵蚀，在防水层表面增设绿豆砂或板块保护层。绿豆砂保护层施工，油毡防水层铺设完毕并经检查合格后，应立即进行绿豆砂保护层施工，以免油毡表面遭受破坏。施工时，应选用色浅、耐风化、清洁、干燥、粒径为3~5mm的绿豆砂，加热至100℃左右后均匀撒铺在涂刷过2~3mm厚的沥青胶结材料的油毡防水层上，并使其1/2粒径嵌入到表面沥青胶中。未粘结的绿豆砂应随时清扫干净。预制板块保护层施工，当采用砂结合层时，铺砌块体前应将砂洒水压实刮平；块体应对接铺砌，缝隙宽度为10mm左右；板缝用1:2水泥砂浆勾成凹缝；为防止砂子流失，保护层四周500mm范围内，应改用低强度等级水泥砂浆做结合层。若采用水泥砂浆做结合层时，应先在防水层上做隔离层，隔离层可用单层油毡空铺,搭接边宽度不小于70mm。块体预先湿润后再铺砌,铺砌可用铺灰法或摆铺法。块体保护层每100m² 以内应留设分格缝,缝宽20mm,缝内嵌填密封材料,可避免因热胀冷缩造成板块拱起或板缝开裂。

2. 细石混凝土刚性防水屋面的施工方法

刚性防水屋面最常用细石混凝土防水屋面,它是由结构层、隔离层和细石混凝土防水层三层组成。

(1) 结构层施工,当屋面结构层为装配式钢筋混凝土屋面板时,应采用细石混凝土灌缝,强度等级不应小于C20级,并可掺微膨胀剂,板缝内应设置构造钢筋,板端缝应用密封材料嵌缝处理。找坡应采用结构找坡,坡度宜为2%～3%。天沟、檐沟应用水泥砂浆找坡,找坡厚度大于20mm时,宜采用细石混凝土。刚性防水屋面的结构层宜为整体浇筑的钢筋混凝土结构。

(2) 隔离层施工,在结构层与防水层之间设有一道隔离层,以便结构层与防水层的变形互不制约,从而减少防水层受到的拉应力,避免开裂。隔离层可用石灰黏土砂浆或纸筋灰、麻筋灰、卷材、塑料薄膜等起隔离作用的材料制成。

1) 石灰黏土砂浆隔离层施工。基层板面清扫干净、洒水湿润后,将石灰膏:砂:黏土配合质量比为1:2.4:3.6的配制料铺抹在板面上,厚度约10～20mm,表面压实、抹光、平整、干燥后进行防水层施工。

2) 卷材隔离层施工。在干燥的找平层上铺一层3～8mm的干细砂滑动层,再铺一层卷材搭接缝用热沥青玛脂胶结,或在找平层上铺一层塑料薄膜作为隔离层,注意保护隔离层。

刚性防水层与山墙、女儿墙、变形缝两侧墙体交接处应留有宽度为30mm的缝隙,并用密封材料嵌填。泛水处应铺设卷材或涂膜附加层,收头和变形缝做法应符合设计或规范要求。

(3) 刚性防水层施工。刚性防水层宜设分格缝,分格缝应设在屋面板支撑处、屋面转折处或交接处。分格缝间距一般宜不大于6m,或"一间一格"。分格面积不超过36m² 为宜,缝宽宜为20～40mm,分格缝中应嵌填密封材料。

1) 现浇细石混凝土防水层施工。首先清理干净隔离层表面,支分格缝隔板,不设隔离层时,可在基层上刷一遍1:1素水泥浆,放置双向冷拔低碳钢丝网片,间距为100～200mm,位置宜居中稍偏上,保护层厚度不小于10mm,且在分格缝处断开。混凝土的浇筑按先远后近,先低后高的顺序,一次浇完一个分格,不留施工缝,防水层厚度不宜小于50mm,泛水高度不应低于120mm应同屋面防水层同时施工,泛水转角处要做成圆弧或钝角。混凝土宜用机械振捣,直至密实和表面泛浆,泛浆后用铁抹子压实抹平。混凝土收水初凝后,及时取出分格缝隔板,修补缺损,二次压实抹光;终凝前进行第三次抹光;终凝后,立即养护,养护时间不得少于14d,施工合适气温为5～35℃。

2) 补偿收缩混凝土防水层施工。在细石混凝土中掺入膨胀剂,硬化后产生微膨胀来补偿混凝土的收缩;混凝土中的钢筋约束混凝土膨胀,又使混凝土产生预压自应力,从而提高其密实性和抗裂性,提高抗渗能力。膨胀剂的掺量按配合比准确称量,膨胀剂与水泥同时投料,连续搅拌时间应不少于3min。

3.3 流水施工组织

现分别组织柔性防水和刚性防水流水施工。

3.3.1 屋面防水工程流水施工组织的步骤

(1) 划分施工过程

按照划分施工过程的原则,把起主导作用的、影响工期的施工过程单独列项。

(2) 划分施工段

为了组织流水施工,按照划分施工段的原则,并结合实际工程情况划分施工段。施工段的数目一定要合理,不能过多或过少。屋面工程组织施工时若没有高低层,或没有设置变形缝,一般不分段施工,而是采用依次施工的方式组织施工。

(3) 组织专业班组

按工种组织单一或混合专业班组,连续施工。

(4) 组织流水施工,绘制进度计划

按流水施工组织方式,组织搭接施工。进度计划常有横道图和网络图两种表达方式。

3.3.2 防水屋面的施工组织

(1) 无保温层、架空层的柔性防水屋面一般划分找平找坡、铺卷材、做保护层三个施工过程。其施工网络计划如图3-10所示。

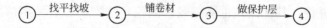

图 3-10　无保温层的柔性防水屋面施工网络计划

(2) 有保温层的柔性防水屋面一般划分找平层、铺保温层、找平找坡、铺卷材、做保护层五个施工过程。其施工网络计划如图3-11所示。

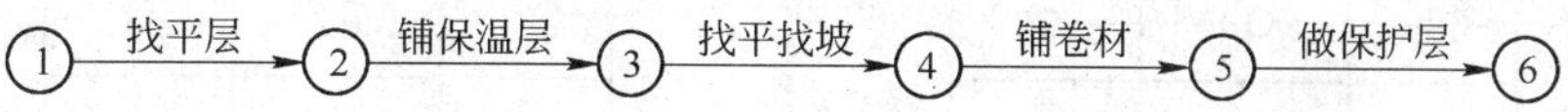

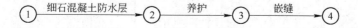

图 3-11　有保温层的柔性防水屋面施工网络计划

(3) 刚性防水屋面划分为细石混凝土防水层(含隔离层)、养护、嵌缝三个施工过程。其施工网络计划如图3-12所示。

图 3-12　刚性防水屋面施工网络图

对于工程量小的屋面也可以把屋面防水工程只作为一个施工过程对待。

训练4 装饰工程施工方案

[训练目的与要求] 掌握装饰工程的相关知识并融会贯通。能够结合实际工程,独立完成装饰工程施工方案的编制。

4.1 施工顺序的确定

装饰工程这个施工阶段具有施工内容多、劳动消耗量大且手工操作多、需要时间长等特点。室内外装饰各施工层与施工段之间的施工顺序则由施工起点流向定出。

4.1.1 室内装饰与室外装饰的施工顺序

装饰工程可分为室外装饰(外墙装饰、勒脚、散水、台阶、明沟、水落管等)和室内装饰(顶棚、墙面、楼地面、楼梯抹灰、门窗扇安装、门窗油漆、安玻璃、做墙裙、做踢脚线等)。室内外装饰工程的施工顺序通常有先内后外、先外后内、内外同时进行三种顺序,具体确定哪种顺序,应视施工条件和气候条件而定。通常室外装饰应避开冬期或雨期。当室内为水磨石楼面时,为防止楼面施工时水的渗漏对外墙面的影响,应先完成水磨石的施工;如果为了加快脚手架周转或要赶在冬期或雨期到来之前完成外装修,则应采取先外后内的顺序。

4.1.2 内装饰的施工顺序和施工流向

1. 施工流向

室内装饰工程一般有自上而下、自下而上、自中而下再自上而中三种施工流向。

(1) 自上而下的施工流向。指主体结构封顶、屋面防水层完成后,从屋顶开始,逐层向下进行。其优点是主体恒载已到位,结构物已有一定沉降时间;屋面防水完成后,可以防止雨水对屋面结构的渗透,有利于室内抹灰的质量;工序之间交叉作业少,互相影响少,有利于成品保护,施工安全。其缺点是不能尽早地与主体搭接施工,工期相对较长。该种顺序适用于层数不多且工期要求不太紧迫的工程。见图3-13所示。

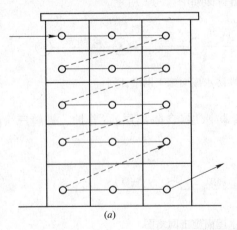
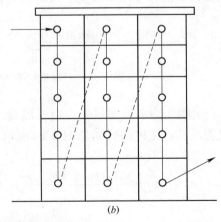

图3-13 自上而下的施工流向
(a)水平向下;(b)竖直向下

(2) 自下而上施工流向。指主体结构已完成三层以上时，室内抹灰自底层逐层向上进行。其优点是主体工程与装饰工程交叉进行施工，工期较短；其缺点是工序之间交叉作业多，质量、安全、成品保护不易保证。因此，采取这种流向，必须有一定的技术组织措施作保证，如相邻两层中，先做好上层地面，确保不会渗水，再做好下层顶棚抹灰。该种方法适用于层数较多且工期紧迫的工程。见图3-14 所示。

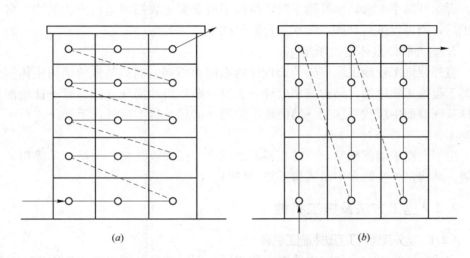

图 3-14　自下而上的施工流向
(a) 水平向上；(b) 竖直向上

(3) 自中而下、再自上而中施工流向。该工序集中了前两种施工顺序的优点，适用于高层建筑的室内装饰施工。

2. 室内装饰整体施工顺序

室内装饰工程施工顺序随装饰设计的不同而不同。例如某框架结构主体室内装饰工程施工顺序为：结构基层处理→放线→做轻质隔墙→贴灰饼冲筋→立门窗框→各类管道水平支管安装→墙面抹灰→管道试压→墙面喷涂贴面→吊顶→地面清理→做地面、贴地砖→安门窗扇→安风口、灯具、洁具→调试→清理。

3. 同一层室内装饰的施工顺序

同一层的室内抹灰施工顺序有：楼地面→顶棚→墙面和顶棚→墙面→楼地面两种。前一种顺序便于清理地面和保证地面质量，且便于收集墙面和顶棚的落地灰，节省材料。但由于地面需要养护时间及采取保护措施，使墙面和顶棚抹灰时间推迟，影响后续工序，工期较长。后一种顺序在做地面前，必须将楼板上的落地灰和渣子扫清洗净后，再做面层，否则会影响地面面层与混凝土楼板间的粘结，引起地面起鼓。

底层地面一般多是在各层顶棚、墙面、楼面做好之后进行。楼梯间和踏步抹面由于其在施工期间较易损坏，通常在整个抹灰工程完成后，自上而下统一施工。门窗扇的安装一般在抹灰之前或抹灰之后进行，视气候和施工条件而定，一般是先抹灰后安装门窗扇。若室内抹灰在冬期施工，为防止抹灰层冻结和加速干燥，则门窗扇和玻璃应在抹灰前安装好。门窗安玻璃一般在门窗扇油漆之后进行。

4.1.3 室外装饰的施工顺序和施工流向

1. 室外装饰的施工流向

室外装饰工程一般都采取自上而下施工流向，即从女儿墙开始，逐层向下进行。在由上往下每层所有分项工程（工序）全部完成后，即开始拆除该层的脚手架，拆除外脚手架后，填补脚手眼，待脚手眼灰浆干燥后再进行室内装饰。各层完工后，则可以进行勒脚、散水及台阶的施工。

2. 室外装饰整体施工顺序

室外装饰工程施工顺序随装饰设计的不同而不同。例如某框架结构主体室外装饰工程施工顺序为：结构基层处理→放线→贴灰饼冲筋→立门窗框→抹墙面底层抹灰→墙面中层找平抹灰→墙面喷涂贴面→清理→拆本层外脚手架→进行下一层施工。

由于大模板墙面平整，只需在板面刮腻子，面层刷涂料。大模板不采用外脚手架，结构室外装饰采用吊式脚手架（吊篮）。

4.2 施工方法及施工机械

4.2.1 室外装饰施工方法和施工机具

室外装饰施工方法与室内装饰大致相同，不同的是外墙受温度影响较大，通常需设置分格缝，就多了分格条的施工过程。

4.2.2 室内装饰施工方法和施工机具

1. 楼地面工程

楼地面按面层材料不同可分为水泥砂浆地面、细石混凝土楼地面、水磨石地面、大理石地面、地砖地面、木地板地面、地毯地面、涂料地面、塑料地面等。

（1）水泥砂浆地面

1）水泥砂浆地面施工工艺：基层处理→找规矩→基层湿润、刷水泥浆→铺水泥砂浆面层→拍实并分三遍压光→养护。

2）施工方法和施工机具的选择。在基层处理后，进行弹准线、做标筋，然后铺抹砂浆并压光。铺水泥砂浆，用刮尺赶平，并用木抹子压实，待砂浆初凝后终凝前，用铁抹子反复压光三遍，不允许撒干灰砂收水抹压。面层抹完后，在常温下铺盖草垫或锯末屑进行浇水养护。水泥砂浆地面施工常用的施工机具有铁抹子、木抹子、刮尺、地面分格器等。

（2）细石混凝土地面

1）细石混凝土地面施工工艺：基层处理→找规矩→基层湿润、刷水泥浆→铺细石混凝土面层→刮平拍实→用铁滚筒滚压密实并进行压光→养护。

2）施工方法和施工机具的选择。混凝土铺设时，预先在地坪四周弹出水平线，并用木板隔成宽小于3m的条形区段，先刷水灰比为0.4～0.5的水泥浆，随刷随铺混凝土，用刮尺找平，用表面振动器振捣密实或采用滚筒交叉来回滚压3～5遍，至表面泛浆为止，然后进行抹平和压光。混凝土面层应在初凝前完成抹平工作，终凝前完成压光工作。混凝土面层三遍压光成活及养护同水泥砂浆地面面层。常用的施工机具有铁抹子、木抹子、刮尺、地面分格器、振动器、滚筒等。

（3）现浇水磨石地面

1）现浇水磨石地面施工工艺：基层找平→设置分格条、嵌固分格条→养护及修复分格条→基层湿润、刷水泥素浆→铺水磨石粒浆→拍实并用滚筒滚压→铁抹抹平→养护→试磨→初磨→补粒上浆养护→细磨→补粒上浆养护→磨光→清洗、晾干、擦草酸→清洗、晾干、打蜡→养护。

2）施工方法。水磨石面层施工一般在完成顶棚、墙面抹灰后进行，也可以在水磨石磨光两遍后进行顶棚、墙面的抹灰，然后进行水磨石面层的细磨和打蜡工作，但水磨石半成品必须采取有效的保护措施。

铺设水泥石粒浆面层时，如在同一平面上有几种颜色的水磨石，应先做深色，后做浅色；先做大面，后做镶边；待前一种色浆凝固后，再抹后一种色浆。水磨石的磨光一般常用"二浆三磨"法，即整个磨光过程为磨光三遍，补浆二次。现浇水磨石地面的施工常用一般磨石机、湿式磨光机、滚筒、铁抹子、木抹子、刮尺、水平尺等。

（4）块材地面

块材地面主要包括陶瓷锦砖、瓷砖、地砖、大理石、花岗岩、碎拼大理石以及预制混凝土、水磨石地面等。

1）块材地面施工工艺。大理石、花岗岩、预制水磨石板施工工艺：基层清理→弹线→试拼、试铺→板块浸水→刷浆→铺水泥砂浆结合层→铺块材→灌缝、擦缝→上蜡。碎拼大理石施工工艺：基层清理→抹找平层→铺贴→浇石渣浆→磨光→上蜡。陶瓷地砖楼地面：基层处理→作灰饼、冲筋→做找平层→板块浸水阴干→弹线→铺板块→压平拨缝→嵌缝→养护。

2）施工方法和施工机具的选择。铺设前一般应在干净湿润的基层上浇水灰比为0.5的素水泥浆，并及时铺抹水泥砂浆找平层。贴好的块材应注意养护，粘贴1天后，每天洒水少许，并防止地面受外力振动，需养护3~5天。块材地面常用的施工机具有：石材切割机、钢卷尺、水平尺、方尺、墨斗线、尼龙线靠尺、木刮尺、橡皮锤或木锤、抹子、喷水壶、灰铲、钢丝刷、台钻、砂轮、磨石机等。

（5）木质地面

1）木质地面施工工艺。普通实木地板搁栅式的施工工艺：基层处理→安装木搁栅、撑木→钉毛地板（找平、刨平）→弹线、钉硬木地板→钉踢脚板→刨光、打磨→油漆；粘贴式施工工艺：基层处理→弹线定位→涂胶→粘贴地板→刨光、打磨→油漆。复合地板的施工工艺：基层处理→弹线找平→铺垫层→试铺预排→铺地板→安装踢脚板→清洁表面。

2）施工方法和施工机具的选择。木地板施工之前，应在墙四周弹水平线，以便于找平。面板的铺设有两种方法：钉固法和粘结法。复合地板只能悬浮铺装，不能将地板粘固或者钉在地面上。铺装前需要铺设一层垫层，例如聚乙烯泡沫塑料薄膜或较厚的发泡底垫等材料，然后铺设复合地板。木地板铺设常用的机具有小电锯、小电刨、平刨、电动圆锯（台锯）、冲击钻、手电钻、磨光机、手锯、手刨、锤子、斧子、凿子、螺丝刀、撬棍、方尺、木折尺、墨斗、磨刀石、回力钩等。

（6）地毯地面

1）地毯地面施工工艺。固定式地毯地面：基层处理→裁割地毯→固定踢脚板→固定倒刺钉板条→铺设垫层→拼接地毯→固定地毯→收口、清理。活动式地毯地面：基层处理→裁割地毯→（接缝缝合）→铺设→收口、清理。

2）施工方法和施工机具的选择。地毯铺设方式可分为满铺和局部铺设两种。铺设的方法有固定式与活动式。活动式铺设是将地毯直接铺在地面上，不需要将地毯与基层固定。而固定式铺设是将地毯裁边，粘结拼缝成为整片，摊铺后四周与房间地面加以固定。固定方法又分为粘贴法和倒刺板条固定法。活动式铺设是将地毯直接铺在地面上，不需要将地毯与基层固定的一种铺设方法。活动式铺设地毯的方法是：首先是基层处理，然后进行地毯的铺设。若采用方块地毯，先按地毯方块在基层上弹出方格控制线，然后从房间中间向四周展开铺排，逐块就位放平并相互靠紧，收口部位应按设计要求选择适当的收口条。在人活动频繁且容易被人掀起的部位，也可在地毯背面少刷一点胶，以增加地毯的耐久性，防止被掀起。常用的施工机具：裁毯刀、地毯撑子、扁铲、墩拐。用于缝合的尖嘴钳子、熨斗、地毯修边器、直尺、米尺、手枪式电钻、调胶容器、修绒电铲、吸尘器等。

2. 内墙装饰工程

内墙饰面的类型，按材料和施工方法的不同可分为抹灰类、贴面类、涂刷类、裱糊类等。

（1）抹灰类内墙饰面

1）内墙一般抹灰的施工工艺为：基层处理→做灰饼、冲筋→阴阳角找方→门窗洞口做护角→抹底层灰及中层灰→抹罩面灰。

2）施工方法和施工机具的选择。做灰饼是在墙面的一定位置上抹上砂浆团，以控制抹灰层的平整度、竖直度和厚度，凡窗口、垛角处必须做灰饼。冲筋厚度同灰饼，应抹成八字型（底宽面窄）。中级抹灰要求阳角找方，高级抹灰要求阴阳角都要找方。方法是用阴阳角方尺检查阴阳角的直角度，并检查竖直度，然后定抹灰厚度，浇水湿润。或者用木制阴角器和阳角器分别进行阴阳角处抹灰，先抹底层灰，使其基本达到直角，再抹中层灰，使阴阳角方正。阴阳角找方应与墙面抹灰同时进行。标筋达到一定强度后即可抹底层及中层灰，这道工序也叫装档或刮糙，待底层灰7~8成干时即可抹中层灰，其厚度以垫平标筋为准，也可略高于标筋。中层灰要用刮尺刮平，并用木抹子来回搓抹，去高补低。搓平后用2m靠尺检查，超过质量标准允许偏差时应修整至合格。在中层灰7~8成干后即可抹罩面灰，普通抹灰应用麻刀灰罩面，中高级抹灰应用纸筋灰罩面。抹灰前先在中层灰上洒水，然后将面层砂浆分遍均匀抹涂上去，一般也应按从上而下、从左向右的顺序。抹满后用铁抹子分遍压实压光。铁抹子各遍的运行方向应相互垂直，最后一遍宜竖直方向。常用的施工机具：木抹子、塑料抹子、铁抹子、钢抹子、压板、阴角抹子、阳角抹子、托灰板、挂线板、方尺、八字靠尺及钢筋卡子、刮尺、筛子、尼龙线等。

(2) 内墙饰面砖

1) 内墙饰面砖(板)的施工工艺：基层处理→做找平层→弹线、排砖→浸砖→贴标准点→镶贴→擦缝。

2) 内墙饰面砖的施工方法和施工机具的选择。不同的基体应进行不同的处理，以解决找平层与基层的粘结问题。基体基层处理好后，用1：3水泥砂浆或1：1：4的混合砂浆打底找平。待找平层六七成干时，按图纸要求，结合瓷砖规格进行弹线。先量出镶贴瓷砖的尺寸，立好皮数杆，在墙面上从上到下弹出若干条水平线，控制水平皮数，再按整块瓷砖的尺寸弹出竖直方向的控制线。先按颜色的深浅不同进行归类，然后再对其几何尺寸的大小进行分选。在同一墙面上的横竖排列，不宜有一行以上的非整砖，且非整砖要排在次要位置或阴角处。瓷砖在镶贴前应在水中充分浸泡，一般浸水时间不少于2h，取出阴干备用，阴干时间以手摸无水感为宜。内墙面砖镶贴排列的方法主要有直缝排列和错缝排列。当饰面砖尺寸不一时，极易造成缝不直，这种砖最好采用错缝排列。若饰面砖厚薄不一时，按厚度分类，分别贴在不同的墙面上，如果分不开，则先贴厚砖，然后用面砖背面填砂浆加厚的方法贴薄砖。瓷砖铺贴的方式有离缝式和无缝式两种。无缝式铺贴要求阳角转角铺贴时要倒角，即将瓷砖的阳角边厚度用瓷砖切割机打磨成30°～45°，以便对缝。依砖的位置，排砖有矩形长边水平排列和竖直排列两种。大面积饰面砖铺贴顺序是：由下向上，从阳角开始向另一边铺贴。饰面砖铺贴完毕后，应用棉纱或棉质毛巾蘸水将砖面灰浆擦净。常用的施工机具：手提切割机、橡皮锤(木锤)、铅锤、水平尺、靠尺、开刀、托线板、硬木拍板、刮杠、方尺、墨斗、铁铲、拌灰桶、尼龙线、薄钢片、手动切割器、细砂轮片、棉丝、擦布、胡桃钳等。

(3) 涂料类内墙饰面

1) 涂料类内墙饰面的施工工艺为：基层清理→填补腻子、局部刮腻子→磨平→第一遍满刮腻子→磨平→第二遍满刮腻子→磨平→第一遍喷涂涂料→第二遍喷涂涂料→局部喷涂涂料。

2) 涂料类内墙饰面的施工方法和施工机具的选择。

内墙涂料品种繁多，其施涂方法基本上都是采用刷涂、喷涂、滚涂、抹涂、刮涂等。不同的涂料品种会有一些微小差别。常用的施工机具：刮铲、钢丝刷、尖头锤、圆头锉、弯头刮刀、棕毛刷、羊毛刷、排笔、涂料辊、喷枪、高压无空气喷涂机、手提式涂料搅拌器等。

(4) 裱糊类内墙饰面

1) 裱糊类内墙饰面的施工工艺。壁纸裱糊施工工艺流程为：基层处理→弹线→裁纸编号→焖水→刷胶→上墙裱糊→清理修整表面；金属壁纸的施工工艺流程为：基层表面处理→刮腻子→封闭底层→弹线→预拼→裁纸、编号→刷胶→上墙裱贴→清理修整表面；墙布及锦缎裱糊施工工艺流程为：基层表面处理→刮腻子→弹线→裁剪、编号→刷胶→上墙裱贴→清理修整墙面。

2）裱糊类内墙饰面的施工方法和施工机具的选择。裱糊壁纸的基层表面为了达到平整光洁、颜色一致的要求，应视基层的实际情况，采取局部刮腻子、满刮一遍腻子或满刮两遍腻子，每遍干透后用0～2号砂纸磨平。不同基体材料的相接处，如石膏板和木基层相接处，应用穿孔纸带粘糊，处理好的基层表面要喷或刷一遍汁浆。按壁纸的标准宽度找规矩，弹出水平及垂直准线。为了使壁纸花纹对称，应在窗户上弹好中线，再向两侧分弹。如果窗户不在中间，为保证窗间墙的阳角花饰对称，应弹窗间墙中线，由中心线向两侧再分格弹线。根据壁纸规格及墙面尺寸进行裁纸，裁纸长度应比实际尺寸大20～30mm。壁纸上墙前，应先在壁纸背面刷清水一遍，立即刷胶，或将壁纸浸入水中3～5min后，取出将水擦净，静置约15min后，再进行刷胶。塑料壁纸背面和基层表面都要涂刷胶粘剂。裱糊时先贴长墙面，后贴短墙面。每面墙从显眼处墙角开始，至阴角处收口，由上而下进行。上端不留余量，包角压实。遇有墙面上卸不下来的设备或附件，裱糊时可在壁纸上剪口裱上去。常用的施工机具：活动裁纸刀、刮板、薄钢片刮板、胶皮刮板、塑料刮板、胶滚、铝合金直尺、裁纸案台、钢卷尺、水平尺、2m直尺、普通剪刀、粉线包、软布、毛巾、排笔及板刷、注射用针管及针头等。

（5）大型饰面板的安装

大型饰面板的安装多采用浆锚法和干挂法施工。

3. 顶棚装饰工程

顶棚的做法有抹灰、涂料以及吊顶。抹灰及涂料顶棚的施工方法与墙面大致相同。吊顶顶棚主要是由悬挂系统、龙骨架、饰面层及其相配套的连接件和配件组成。

（1）吊顶工程施工工艺：弹线→固定吊筋→吊顶龙骨的安装→罩面板的安装。

（2）施工方法和施工机具的选择。安装前，应先按龙骨的标高沿房屋四周在墙上弹出水平线，再按龙骨的间距弹出龙骨中心线，找出吊杆中心点。吊杆用$\phi 6$～10mm的钢筋制作，上人吊顶吊杆间距一般为900～1200mm，不上人吊顶吊杆间距一般为1200～1500mm。按照已找出的吊杆中心点，计算好吊杆的长度，将吊杆上端焊接固定在预埋件上，下端套丝，并配好螺帽，以便与主龙骨连接。木龙骨需做防腐处理和防火处理，现常用轻钢龙骨。轻钢龙骨的断面形状可分为U形、T形、C形、Y形、L形等，分别作为主龙骨、次龙骨、边龙骨配套使用。吊顶轻钢龙骨架作为吊顶造形骨架，由大龙骨（主龙骨、承载龙骨）、次龙骨（中龙骨）、横撑龙骨及其相应的连接件组装而成。主龙骨安装，用吊挂件将主龙骨连接在吊杆上，拧紧螺丝卡牢，然后以一个房间为单位，将大龙骨调整平直。调整方法可用60mm×60mm方木按主龙骨间距钉圆钉，将主龙骨卡住，临时固定。中龙骨安装，中龙骨垂直于主龙骨，在交叉点用中龙骨吊挂件将其固定在主龙骨上，吊挂件上端搭在主龙骨上，挂件U形腿用钳子卧入龙骨内。中龙骨的间距因饰面板是密缝安装还是离缝安装而异，中龙骨间距应计算准确并要翻样确定。横撑龙骨安装，横撑龙骨应由中龙骨截取。安装时，将截取的中龙骨的端头插入挂插件，扣在纵向龙骨上，并用钳子将挂插件弯入纵向龙骨内。组装好后，纵向龙骨和横撑龙骨底面(即饰面板背面)要求平齐。横撑龙骨间距应视实际使用的饰面板规格尺寸而定。灯具处理，一般轻型灯具可固定在中龙骨或附加的横撑龙骨上，较重的需吊于大龙骨或附加大龙骨上；重型的应按设计要求决定，且不得与轻钢龙骨连接。

铝合金龙骨的安装，主、次龙骨安装时宜从同一方向同时安装，按主龙骨(大龙骨)已确定的位置及标高线，先将其大致基本就位。次龙骨(中、小龙骨)与主龙骨应紧贴安装就位。龙骨接长一般选用配套连接件，连接件可用铝合金，也可用镀锌钢板，在其表面冲成倒刺，与龙骨方孔相连。龙骨架基本就位后，以纵横两个方向满拉控制标高线(十字线)，从一端开始边安装边进行调整，直至龙骨调平调直为止。如面积较大，在中间应适当起拱，起拱高度应不少于房间短向跨度的 1/300~1/200。钉固边龙骨，沿标高线固定角铝边龙骨，其底面与标高线齐平。一般可用水泥钉直接将角铝钉在墙面或柱面上，或用膨胀螺栓等方法固定，钉距宜小于 500mm。罩面板安装前应对吊顶龙骨架安装质量进行检验，符合要求后，方可进行罩面板安装。

罩面板的安装，一般采用粘合法、钉子固定法、方板搁置式、方板卡入式安装等。

吊顶常用的施工机具有：电动冲击钻、手电钻、电动修边机、木刨、槽刨、无齿锯、射钉枪、手锯、手刨、螺丝刀、扳手、方尺、钢尺、钢水平尺、锯、锤、斧、卷尺、水平尺、墨线斗等。

4.3 流水施工组织

装饰工程流水施工组织的步骤为：
(1) 划分施工过程
按照划分施工过程的原则，把起主导作用的、影响工期的施工过程单独列项。
(2) 划分施工段
为了组织流水施工，按照划分施工段的原则，并结合实际工程情况划分施工段。施工段的数目一定要合理，不能过多或过少。
(3) 组织专业班组
按工种组织单一或混合专业班组，连续施工。
(4) 组织流水施工，绘制进度计划
按流水施工组织方式，组织搭接施工。进度计划常有横道图和网络图两种表达方式。

装饰工程平面上一般不分段，立面上分段，通常把一个结构楼层作为一个施工段。室外装饰只划分为一个施工过程，采用自上而下的流向组织施工。室内装饰一般划分为楼地面施工、顶棚及内墙抹灰(内抹灰)、门窗扇的安装、涂料工程四个施工过程。

例某五层建筑物，采用自上而下的流向组织施工，绘制时按楼层排列，其网络计划如图 3-15 所示。

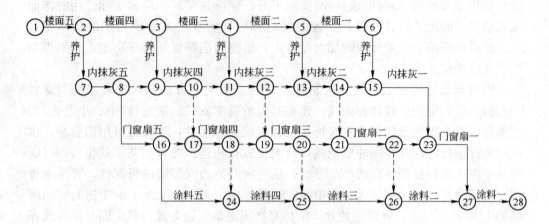

图 3-15 某装饰工程流水施工网络计划

项目 4 施工进度计划的编制

训练 1 分部工程进度计划的编制

[训练目的与要求] 掌握分部工程进度计划的编制内容和编制过程,为工程进度计划的编制打下良好的基础;能够自己动手编制各种结构的分部工程施工进度计划,达到举一反三、融会贯通。

1.1 划分施工过程

分部工程的施工过程应划分到各主要分项工程或更具体,以满足指导施工作业的要求。现以基础工程、主体工程、屋面工程、装饰工程四个分部工程为例划分其施工过程,如下:

1.1.1 基础工程

基础工程施工过程划分见表 4-1。

基础工程施工过程 表 4-1

名 称	主要分项工程	其中包括的内容
砖(毛石)基础	挖地槽	地基处理
	混凝土垫层	养护
	砌砖(毛石)基础	防潮层、基础圈梁
	回填土	
钢筋混凝土底板毛石基础	挖地槽	地基处理
	混凝土垫层	养护
	现浇钢筋混凝土底板	支模、绑筋、浇混凝土(养护)
	砌毛石基础	防潮层
	回填土	
筏片基础	挖土方	地基处理
	混凝土垫层	养护
	钢筋混凝土基础	支模、绑筋、浇混凝土(养护)
	砌体基础	防潮层
	回填土	
箱形基础	机械挖土方	地基处理
	混凝土垫层	养护、底板防水处理
	浇筑底板钢筋混凝土	支模、绑筋、浇混凝土(养护),施工缝、加强带、止水带、细部处理、防水或防潮等
	浇筑墙体钢筋混凝土	
	浇筑顶板钢筋混凝土	

续表

名　　称	主要分项工程	其中包括的内容
箱形基础	回填土	
杯形基础(独立柱基础)	挖土方	地基处理
	混凝土垫层	养护
	杯形基础(现浇柱基础)	支模、绑筋、浇混凝土(养护)
	基础梁安装	
	回填土	
桩基础(预制桩)	沉桩	橡皮土、砂夹层等的处理
	截桩	
	混凝土垫层	养护
	桩承台	支模、绑筋、浇混凝土(养护)
桩基础(灌注桩)	沉管或钻孔	
	钢筋笼制作与安装	
	浇混凝土	
	混凝土垫层	养护
	桩承台	支模、绑筋、浇混凝土(养护)

1.1.2 主体工程

主体工程施工过程划分见表 4-2。

主体工程施工过程　　　　　　　　　　表 4-2

名　　称	主要施工工程	其中包括的内容
砖混结构	砌体工程	内墙、外墙、隔墙
	钢筋混凝土工程	现浇构造柱、圈梁、楼板、楼梯、雨篷等
框架结构(钢筋混凝土)	绑扎柱钢筋	
	安装柱模板	
	浇捣柱混凝土	养护
	安装梁、板、楼梯模板	
	绑扎梁、板、楼梯钢筋	
	浇捣梁、板、楼梯混凝土	养护
	拆模	
	砌填充墙	
排架结构(包括钢排架和钢筋混凝土排架)	(钢或混凝土)柱安装	柱支撑
	吊车梁安装	
	(钢或混凝土)屋架或薄腹梁安装	系杆、纵横支撑
	大型屋面板安装	
	外围护墙砌筑	

1.1.3 屋面工程

屋面工程施工过程划分见表 4-3。

屋面工程施工过程　　　　　　表 4-3

名　称	主要分项工程	其中包括的内容
柔性防水屋面	找平层	
	隔气层	
	保温层	
	找坡层	
	找平层	
	柔性防水层	
	保护层	
刚性防水屋面	隔离层	
	刚性防水层	养护、分隔条分隔
	油膏嵌缝	

1.1.4 装饰工程

装饰工程施工过程划分见表 4-4。

装饰工程施工过程　　　　　　表 4-4

名　称	主要施工工程	其中包括的内容
室内装饰	顶棚抹灰	
	内墙抹灰	门窗框立口、门窗套
	门窗安装	
	楼(地)面	养护、踢脚线
	油漆及玻璃	
	细部	水池等零星砌体
	楼梯间抹灰	踏步、平台
室外装饰	外墙抹灰	檐沟、女儿墙、腰线、雨篷、墙裙
	台阶及散水	勒脚、坡道、明沟

1.2 计算工程量

1. 有预算文件

若有现成的预算文件，并且有些项目能够采用时，就可以直接合理套用预算文件中的工程量；当有些项目需要将预算文件中有关项目的工程量进行汇总时，如"砌筑砖墙"一项的工程量，可按其所包含的内容从预算工程量中抄出并汇总求得；当有些项目与预算文件中的项目不同或局部有出入时(如计量单位、计算规则、采用定额不同)，应根据实际情况加以修改、调整或重新计算。

2. 没有工程量参考文件

若没有工程量的参考文件，工程量计算时应根据施工图纸和工程量计算规则进行。计算时应注意：

(1) 计算工程量的单位与定额手册所规定单位一致。
(2) 结合选定的施工方法和安全技术要求计算工程量。
(3) 结合施工组织要求，分区、分段、分层计算工程量。

3. 说明

进度计划中的工程量仅是用来计算各种资源需用量，不作为工程结算的依据，故不必进行精确计算。

1.3　套用施工定额

施工定额由劳动定额、材料消耗定额、机械台班定额组成。

1. 劳动定额

劳动定额又称人工定额，反映的是生产工人劳动生产率的平均水平。有时间定额和产量定额两种形式。

(1) 时间定额 H。是指某种专业的工人班组或个人，在合理的劳动组织与合理使用材料的条件下，完成质量合格的单位产品所必须的工作时间。一般采用工日为计量单位，即：工日$/m^3$、工日$/m^2$、工日$/m$、工日$/t$ 等，每个工日工作时间为 8 小时。时间定额在劳动量统计中应用得比较普遍。

(2) 产量定额 S。是指某种专业的工人班组或个人，在合理的劳动组织与合理使用材料的条件下，单位时间内应完成质量合格的产品数量。一般以一个工日完成合格产品的数量表示，即 m^3/工日、m^2/工日、m/工日、t/工日等。产量定额在分配施工任务时用得比较普遍。

(3) 时间定额与产量定额互为倒数关系，$H=1/S$。

把确定的工程量套入施工定额，就可确定出所需要的劳动量。

2. 材料消耗定额

是指在节约和合理使用材料的条件下，生产合格的单位建筑工程施工产品所必需消耗的质量合格的原材料、成品、半成品、构件和动力燃料等资源的数量标准。

材料消耗定额由两个部分组成，一部分是直接构成建筑工程或构件实体的材料耗用量，即材料净用量；另一部分是生产操作过程中损耗的材料耗用量，即材料损耗量。

把确定的工程量套入施工定额，就可确定各种材料的消耗量。

3. 机械台班定额

是指在正常的机械生产条件下，为生产单位合格工程施工产品所必须消耗的机械工作时间。或在单位时间内应用施工机械所完成的合格工程施工产品数量。有时间定额和产量定额两种形式。

(1) 时间定额 H。施工机械的时间定额包括机械纯工作时间、机械台班准备与结束时间、机械维护时间等，但不包括迟到、早退、返工等非定额时间。

(2) 产量定额 S。施工机械产量定额＝机械纯工作小时正常生产率×工作班延续时间×机械正常利用系数。

(3) 时间定额与产量定额互为倒数关系，$H=1/S$。

在实际计算中,时间定额 H 或产量定额 S 还应结合机械的实际情况以及施工条件等因素来考虑确定,从而准确计算机械台班数。

4. 劳动量和机械台班数量的确定

(1) 根据计算出的各分部分项的工程量 Q 以及从施工定额中查出的相应的时间定额 T 或产量定额 S,即可计算出各施工过程的劳动量或机械台班数 P。计算公式如下:

$$P = Q \times H \quad (\text{工日、台班}) \tag{4-1}$$

或

$$P = Q/S \quad (\text{工日、台班}) \tag{4-2}$$

例如,某砖混结构住宅楼,其基础人工挖地槽的土方量为 870.46m³,查某省的劳动定额,得其时间定额为 0.227 工日/m³,产量定额为 4.41m³/工日,则完成挖基槽所需的劳动量为:

$$P = Q \times T = 870.46 \times 0.227 = 197.60 \text{ 工日}$$

或

$$P = Q/S = 870.46/4.41 = 197.38 \text{ 工日}$$

(2) 当某一施工过程是由两个或两个以上不同分项工程(工序)合并而成时,或某一施工过程是由同一工种、但不同做法、不同材料的若干个分项工程(工序)合并组成时,其总劳动量按下式计算:

$$P = \sum_{i=1}^{n} P_i = P_1 + P_2 + \cdots + P_n \tag{4-3}$$

例如,现浇钢筋混凝土圈梁工程,其支设模板、绑扎钢筋、浇筑混凝土三个施工过程的工程量分别为 332.25m²、3.86t、39.87m³,查某省的劳动定额,得其时间定额分别为 1.76 工日/10m²、6.35 工日/t、0.813 工日/m³,则完成钢筋混凝土圈梁所需要的劳动量为:

$$P = P_1 + P_2 + P_3 = 332.25 \times 1.76/10 + 3.86 \times 6.35 + 39.87 \times 0.813 = 115.40 \text{ 工日}$$

5. 综合时间定额或综合产量定额的确定

(1) 当施工项目是由两个或两个以上的同一工种,但材料、做法或构造都不同的施工过程合并而成时,可用其综合时间定额或综合产量定额来确定劳动量或机械台班量。计算公式如下:

$$\overline{S} = \frac{\sum_{i=1}^{n} Q_i}{\sum_{i=1}^{n} P_i} = \frac{Q_1 + Q_2 + \cdots\cdots + Q_n}{P_1 + P_2 + \cdots\cdots + P_n} = \frac{Q_1 + Q_2 + \cdots\cdots + Q_n}{\dfrac{Q_1}{S_1} + \dfrac{Q_2}{S_2} + \dfrac{Q_3}{S_3} + \dfrac{Q_4}{S_4}} \tag{4-4}$$

$$\overline{T} = \frac{1}{\overline{S}} \tag{4-5}$$

例如,某新建办公楼工程,室内一层地面 539.93m²,有水磨石、地面砖和贴大理石板三种面层做法,其工程量分别是 335.6m²、146.73m² 和 57.6m²;查某省的劳动定额,得其产量定额分别为 0.271m²/工日、0.503m²/工日、0.613m²/工日,则它们的综合产量定额为:

$$\overline{S} = \frac{Q_1 + Q_2 + Q_3}{\dfrac{Q_1}{S_1} + \dfrac{Q_2}{S_2} + \dfrac{Q_3}{S_3}} = \frac{335.6 + 146.73 + 57.6}{\dfrac{335.6}{0.271} + \dfrac{146.73}{0.503} + \dfrac{57.6}{0.613}} = 0.332 \text{m}^2/\text{工日}$$

综合时间定额为：$\bar{T}=\dfrac{1}{S}=\dfrac{1}{0.332}=3.01$ 工日/m²

地面装饰所需的劳动量为：$P=Q\times\bar{T}=539.93\times 3.01=1625.19$ 工日

(2)"其他工程"项目所需的劳动量，根据内容和数量并结合现场实际情况，以占总劳动量的 10%～20% 计算。

1.4 施工时间的确定

施工的持续时间若按正常情况确定，其费用一般是最低的，经过计算再结合实际情况作必要的调整，是避免因盲目抢工而造成浪费的有效方法。按照实际施工条件来估算项目的持续时间是较为简便的办法，现在一般也多采用这种办法。具体可按以下方法确定施工过程的持续时间。

(1) 工期固定，资源无限：根据合同规定的总工期和本企业的施工经验，确定各分项工程的施工持续时间，然后按各分项工程需要的劳动量或机械台班数量，确定每一分项工程每个工作班所需要的工人数或机械数量，这是目前工期比较重要的工程常采用的方法。

$$R=Q/DSn=P/Dn \tag{4-6}$$

式中 Q——施工过程的工程量，可以用实物量单位表示；

R——每个工作班所需的工人数或机械台数，用人数或台数表示；

P——总劳动量（工日）或总机械台班量（台班）；

S——产量定额，即单位工日或台班完成的工程量；

D——施工持续时间，单位为日或周；

n——每天工作班制。

例如，某装饰工程室内抹灰工程量为 500m²，查某省的劳动定额，得其时间定额为 1.12 工日/10m²，根据工期要求和施工经验，确定其持续时间为 4 天，采用一班作业，则此抹灰工程每天需要的人数计算如下：

总劳动量 $\quad P=Q\times H=500/10\times 1.12=56$ 工日

$$R=P/Dn=56/4\times 1=14 \text{ 人}$$

(2) 定额计算法：按计划配备在各分项工程上的各专业工人人数和施工机械数量来确定其工作的持续时间。

$$D=Q/RSn=P/Rn \tag{4-7}$$

式中 Q——施工过程的工程量，可以用实物量单位表示；

R——每个工作班所需的工人数或机械台数，用人数或台数表示；

P——总劳动量（工日）或总机械台班量（台班）；

S——产量定额，即单位工日或台班完成的工程量；

n——每天工作班制。

例如，某工程需要人工挖土方 6000m³，分成四段组织施工，拟选择三台挖土机进行挖土，查某省的机械台班定额，得到每台挖土机的产量定额为 50m³/台班，若采用两班作业，则此土方工程的持续时间计算如下：

每段的挖方量 $Q=6000/4=1500\text{m}^3$，$R=3$ 台，$S=50\text{m}^3$/台班，$n=2$，

$$D=Q/RSn=6000/4\times3\times50\times2=5 \text{ 天}$$

以上二种方法在安排每个工作班的工人数和机械台数时，应综合考虑各分项工程各班组的每个工人都应有足够的工作面以及机械施工的工作面大小、机械效率等因素(每个工种及机械所需的工作面各不相同，具体数据可查有关施工手册)，以发挥效率并保证安全施工。在安排班次时宜采用一班制，如工期要求紧张时，可采用两班制或三班制，以加快施工速度。结合施工现场的具体情况从而计算出符合实际要求的施工班组人数及机械台数。

(3) 三时估计法：对于采用新工艺、新方法、新材料等无定额可循的工程，可应用经验估计法进行估计，即先估计出该项目的最短持续时间、最长持续时间和最可能的持续时间，然后求出期望的持续时间作为该项目的持续时间 D。

$$D=(a+4b+c)/6 \tag{4-8}$$

式中　a——最短的持续时间；
　　　b——最可能的持续时间；
　　　c——最长的持续时间。

例如，完成某工作最可能的时间是 15 天，最短的持续时间是 8 天，最长的持续时间是 16 天，则该工作的持续时间为：

$$D=(a+4b+c)/6=(8+4\times15+16)/6=14 \text{ 天。}$$

1.5　施工进度计划的编制

1. 选择进度图的形式

可以是横道图，也可以是网络图。对横道图进度计划尽可能的组织等节拍或异节拍流水。为了与国际接轨，提倡使用网络图，在调整阶段可使用无时标网络计划，最终应绘制双代号时标网络计划，使执行者直观地了解施工进度。

2. 初步绘制流水施工进度图

划分施工过程，根据施工图纸确定工程量，选用适合本企业特点的施工定额，确定出各分项工程的持续时间。在确定了各分项工程的施工顺序和施工天数后，应首先确定主导施工过程，再安排非主导施工过程，使主导施工过程能够连续施工且最大限度的搭接，非主导施工过程与主导施工过程最大可能的平行进行或穿插、搭接施工，按照工艺要求，初步绘制流水施工进度图。

3. 检查和调整

对分部工程进度计划进行检查和调整，检查施工顺序是否合理，资源消耗是否均衡，使劳动力、材料、设备需要趋于均衡，主要施工机械利用率比较合理。

1.5.1　横道图进度计划

1. 全等节拍流水特点

(1) 各施工过程在各施工段上的流水节拍彼此相等。
(2) 流水步距彼此相等，且等于流水节拍。
(3) 各专业工作队在各施工段上能够连续作业，施工段间无空闲。
(4) 工作队数等于施工过程数。

2. 成倍节拍流水特点

(1) 同一施工过程的流水节拍相同，不同施工过程的流水节拍之间存在着公约数关系。
(2) 流水步距彼此相等，且等于流水节拍的最大公约数。
(3) 各专业工作队都能够保证连续作业，施工段间无空闲。
(4) 工作队数大于施工过程数。

3. 无节奏流水特点
(1) 每个施工过程在各施工段上的流水节拍不尽相等。
(2) 各施工过程之间的流水步距不完全相等，且差异很大。
(3) 各专业工作队在各施工段上能够连续作业，但有的施工段之间可能有空闲。
(4) 工作队数等于施工过程数，$n_1=n$。

4. 横道图的不足
(1) 工作间的逻辑关系可以表达，但不易表达清楚。不能全面准确反映各项工作之间的相互制约、依赖和影响的关系。
(2) 不能反映整个计划系统的主次部分，即关键工作、关键线路和时差。
(3) 难以在有限的资源下合理组织施工、挖掘计划的潜力。
(4) 适用于手工编制，工作量大，难以适应大的进度计划系统。
(5) 不能准确评价计划经济指标。

1.5.2 网络进度计划

1. 基本概念
(1) 网络图与网络计划
1) 网络图：由箭线和节点组成，用来表示工作流程的有向有序的网状图形。
2) 网络计划：在网络图上加注工作时间参数的进度计划，称网络计划。
3) 网络图的分类：网络图分为双代号网络图和单代号网络图。
4) 网络计划的分类：

按代号的不同区分 $\begin{cases}$ 双代号网络计划 \\ 单代号网络计划 $\end{cases}$

按目标分类 $\begin{cases}$ 单目标网络计划 \\ 多目标网络计划 $\end{cases}$

按网络计划层次分类 $\begin{cases}$ 局部网络计划 \\ 单位工程网络计划 \\ 综合网络计划 $\end{cases}$

按时间表达方式分类 $\begin{cases}$ 时标网络计划 \\ 非时标网络计划 $\end{cases}$

(2) 工作间的关系
1) 紧前工作：在本工作之前的工作称为本工作的紧前工作。
2) 紧后工作：在本工作之后的工作称为本工作的紧后工作。
3) 平行工作：与本工作同时进行的工作称为本工作的平行工作。

(3) 逻辑关系
1) 工艺关系：是指客观存在的先后顺序关系或者是由工作程序决定的先后顺

序关系。例如施工过程：槽1→垫1→基1→填1。

2) 组织关系：是指在不违反工艺关系的条件下，人为安排工作的先后顺序关系。例如施工段：槽1→槽2→槽3。

(4) 虚工作（适用于双代号）

只表示前后相邻工作之间的逻辑关系。有联系、区分和断路作用。

(5) 线路、关键线路、关键工作

1) 线路：从起点节点开始，沿箭头方向顺序通过一系列箭线与节点，最后达到终点节点的通路称为线路。

2) 关键线路：线路上总的工作持续时间最长的线路称为关键线路（用粗箭线、双箭线或彩色箭线标注，突出其重要位置）。

3) 关键工作：网络计划中总时差最小的工作。当计划工期等于计算工期时，总时差为零的工作就是关键工作。位于关键线路上的工作为关键工作。

2. 绘制规则

(1) 双代号网络图的绘图规则

1) 按已定的逻辑关系绘制。

2) 严禁出现循环回路。不出现向左的水平箭线或箭头偏向左方的斜向箭线就不会有循环回路出现。

3) 严禁出现带有双向箭头或无箭头的连线。

4) 严禁出现没有箭头节点或没有箭尾节点的箭线。

5) 严禁在箭线上引出箭线。

6) 箭线不宜交叉，必须交叉时采用过桥法或指向法。

7) 当有多条外向箭线或多条内向箭线时，可用母线法绘制。

8) 节点代号严禁重复，箭尾的节点编号一定要小于箭头的节点编号。

9) 只允许有一个起点节点和一个终点节点。

(2) 单代号网络图的绘制方法

基本上与双代号相同，不同的地方是首尾的虚拟工作。即当有多项起点节点或多项终点节点时，应在始端或末端设置一个虚拟的起点节点或虚拟的终点节点。

3. 双代号时标网络计划的绘制

一般按工作的最早开始时间，采用间接和直接联合的方法绘制，即先确定和绘制关键线路，再结合绘图口诀绘制非关键工作。绘图口诀如下：

时间长短坐标限，曲直斜平利相连；

箭线到齐画节点，画完节点补波线；

零线尽量拉垂直，否则安排有缺陷。

用实箭线表示工作，用垂直方向的虚箭线表示虚工作，用波形线表示工作的自由时差。关键线路是指自始至终无波形线的线路。一般绘制步骤为：

1) 利用标号法确定关键线路。

2) 根据需要画出上下双时标横轴或单时标横轴，然后把关键线路按照持续时间的长短对应时标原封不动的照原形状画出。

3) 按照绘图口诀补上非关键工作。

1.6 施工进度计划案例

【案例1】 某建筑工程公司,拟建三幢相同的办公楼工程,砖混结构,其基础工程的施工过程有 A:平整场地、人工挖基槽;B:300厚混凝土垫层;C:砖基础;D:基础圈梁、基础构造柱;E:回填土。通过施工图计算出每一幢办公楼基础工程各施工过程的工程量 Q,见表4-5所示,拟采用一班制组织施工,试绘制该装饰工程的横道图进度计划和网络进度计划。

各施工过程的工程量　　　　　表4-5

序　号	名　　称	工 程 量
1	平整场地	335.59m²
2	人工挖地槽	256.82m³
3	300mm厚混凝土垫层	39.98m³
4	砖基础	52.20m³
5	基础圈梁	6.43m³
6	基础构造柱	1.06m³
7	回填土	181.81m³

解析:

(1) 以1996年黑龙江省建筑安装(装饰)工程综合劳动定额为例,以下所采用的劳动定额均同此,查得上述各施工过程的时间定额 H 见表4-6所示。

(2) 根据劳动量(工日)公式,$P=Q\times H$,得到各施工过程的劳动量 P,见表4-6。

砌砖基础:$P=Q\times H=52.20\times 0.976=50.95$ 工日。

回填土:$P=Q\times H=181.81\times 0.190=34.54$ 工日。

当某一施工过程是由两个或两个以上不同分项工程(工序)合并而成时,或某一施工过程是由同一工种但不同做法、不同材料的若干个分项工程(工序)合并组成时,其总劳动量按下式计算:

$$P_{总}=\sum_{i=1}^{n}P_i=P_1+P_2+\cdots\cdots P_n$$

例如,本案例300mm厚混凝土垫层施工,其支设模板、浇筑混凝土两个施工工序的工程量分别为110.22m、39.50m³,查劳动定额得其时间定额分别为0.282工日/m、0.814工日/m³,则完成此混凝土垫层施工所需的劳动量为 $P=P_{模}+P_{混凝土}=110.22\times 0.282+39.50\times 0.814=63.24$ 工日。

同理,算得基础圈梁的劳动量为19.12工日,构造柱的劳动量为4.70工日。

则施工过程 D 的总劳动量为 $P=19.12+4.70=23.82$ 工日。

同理施工过程 A 的总劳动量为67.89工日。

(3) 一般工程在招投标中已限定工期,所以现场常用的方法是工期固定,资源无限。根据合同规定的总工期和本企业的施工经验,确定各分项工程的施工持续时间,然后按各分项工程需要的劳动量或机械台班数量,确定每一分项工程每个工作班所需要的工人数或机械数量。也可根据施工单位现有的人员状况,先确定其劳动量,再计算各分项工程的施工持续时间,从而组织相应的流水施工。

本基础工程组织等节拍流水,确定每个施工过程的流水节拍均为 4 天,根据公式 $R=P/Dn$,得到每个工作班所需的工人数 R,见表 4-6。

其中施工过程 A:$R=P/Dn=67.89/4\times1=16.97$ 人　　　取 17 人/天

施工过程 B:$R=P/Dn=63.23/4\times1=15.81$ 人　　　取 16 人/天

施工过程 C:$R=P/Dn=50.95/4\times1=12.74$ 人　　　取 13 人/天

施工过程 D:$R=P/Dn=23.82/4\times1=5.96$ 人　　　取 6 人/天

施工过程 E:$R=P/Dn=34.54/4\times1=8.64$ 人　　　取 9 人/天

每个工作班所需的工人数　　　　　　　　　表 4-6

施工过程	名称	内容	工程量 Q	时间定额 S	劳动量 P_i（工日）	总劳动量 P（工日）	每天人数 R
A	平整场地		335.59m²	2.86 工日/100m²	9.59	67.89	17
	人工挖地槽		256.82m³	0.227 工日/m³	58.30		
B	300mm 厚混凝土垫层	支模	110.22m	0.282 工日/m	31.08	63.23	16
		浇捣	39.50m³	0.814 工日/m³	32.15		
C	砖 基 础		52.20m³	0.976 工日/m³	50.95	50.95	13
D	基础圈梁	支模	53.58m²	1.76 工日/10m²	19.12	23.82	6
		绑筋	0.623t	6.35 工日/t			
		浇捣	6.43m³	0.813 工日/m³			
	砖基础内构造柱部分	支模	6.614m²	3.32 工日/10m²	4.70		
		绑筋	0.07t	6.50 工日/t			
		浇捣	1.06m³	1.93 工日/m³			
E	回 填 土		181.81m³	0.190 工日/m³	34.54	34.54	9

本基础工程是三幢相同的办公楼工程,则 $m=3$,$n=5$,$k=t=4$。

工期 T 为:$T=(m+n-1)\times k+\Sigma t_j-\Sigma t_d=(3+5-1)\times4=28$ 天

横道图进度计划如图 4-1 所示。

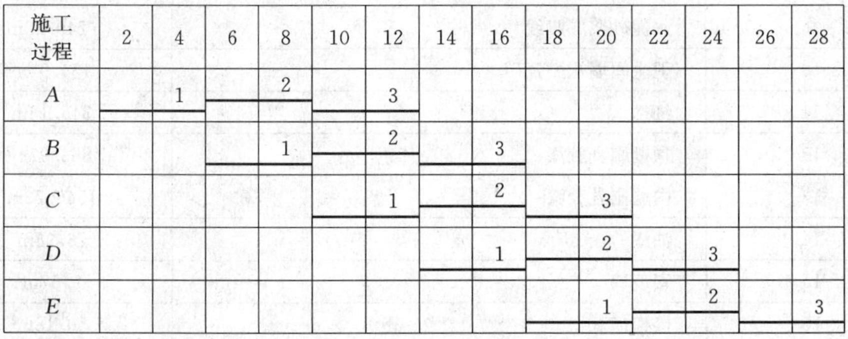

施工过程	2	4	6	8	10	12	14	16	18	20	22	24	26	28
A		1		2		3								
B					1		2		3					
C							1		2		3			
D									1		2		3	
E											1		2	3

图 4-1　横道图进度计划

网络进度计划如图 4-2 所示。

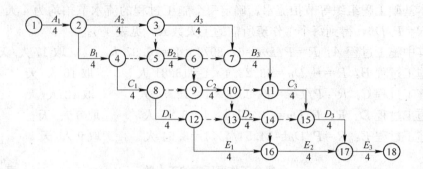

图 4-2 网络进度计划

总工期为 28 天。

【案例 2】 某房地产开发分司办公楼工程,四层,其室内装饰工程的施工过程有:A 顶棚、内墙面抹灰;B 楼地面、踢脚线、细部;C 刷乳胶漆、油漆及玻璃;D 楼梯抹灰。通过施工图计算出该办公楼装饰工程各施工过程所包含的主要工程量 Q 见下表 4-7 所示,拟采用一班制组织施工,试绘制该装饰工程的横道图进度计划和网络进度计划。

各施工过程的主要工程量   表 4-7

序 号	名 称	工程量
1	顶棚抹灰	863.97m²
2	内墙抹灰	1546.73m²
3	木门窗框(扇、五金)安装	29 个
4	铝合金推拉门窗安装	141.12m²
5	水泥砂浆楼地面	153.99m²
6	800mm×800mm 地砖楼地面	491.59m²
7	300mm×300mm 地砖楼地面	66.91m²
8	地砖踢脚线	428.87m
9	水泥砂浆踢脚线	249.28m
10	卫生间墙裙贴瓷砖	154.94m²
11	细部	345.13m²
12	顶棚刷乳胶漆	863.97m²
13	内墙刷乳胶漆	1546.73m²
14	油漆	73.98m²
15	安玻璃	9.57m²
16	楼梯抹灰	50.18m²
17	楼梯不锈钢管扶手安装	22.35m

解析：

(1) 查劳动定额，得到各施工过程的时间定额 H，见表 4-8。

(2) 根据劳动量（工日）公式，$\sum_{i=1}^{n} P = P_i = P_1 + P_2 + \cdots + P_n$，得到各施工过程的总劳动量 P，见表 4-9。施工过程 A、B、C、D 的劳动量计算相同。

例如，施工过程 A 的劳动量为：$P = P_1 + P_2 + P_3 + P_4 = 863.97 \times 1.12/10 + 1546.73 \times 1.12/10 + 29 \times 1.904 + 141.12 \times 9.2/10 = 455.04$ 工日。考虑门窗套处等零星位置的抹灰量未计，将总用工增加 5%，则施工过程 A 的总劳动量为：$455.04 \times 1.05 = 477.80$ 工日。

1) 其中铝合金推拉门窗安装的时间定额为综合时间定额，所包含的各分项工程见表 4-8。

各施工过程的时间定额　　　　　表 4-8

名　　称	内　　容	工　程　量	时间定额
铝合金推拉门窗安装共计 141.12m²	铝合金推拉门安装	9.72m²	8.93 工日/10m²
	铝合金推拉窗安装（有上亮）	126.36m²	9.26 工日/10m²
	铝合金推拉窗安装（无上亮）	5.04m²	8.33 工日/10m²

铝合金推拉门窗安装的综合产量定额计算如下：

$$\bar{S} = \frac{Q_1 + Q_2 + Q_3}{\frac{Q_1}{S_1} + \frac{Q_2}{S_2} + \frac{Q_3}{S_3}} = \frac{9.72 + 126.36 + 5.04}{9.72 \times 8.93 + 126.36 \times 9.26 + 5.04 \times 8.33} = 1.087 \text{m}^2/\text{工日}$$

则铝合金推拉门窗安装的综合时间定额为：

$$\bar{T} = \frac{1}{\bar{S}} = \frac{1}{1.087} = 9.2 \text{ 工日}/10\text{m}^2$$

2) 同理，门窗框（扇、五金）安装的时间定额（1.904 工日/个）也为综合时间定额，计算方法同上。

3) 水泥砂浆楼地面的时间定额根据定额要求，当为人力调制砂浆时（工程量较小时采用人力调制砂浆），应乘以 1.43 的系数，即 $0.654 \times 1.43 = 0.935$ 工日/10m²。

(3) 本装饰工程组织成倍节拍流水，根据施工单位现有的人员条件及各工种的工作面大小，确定施工过程 A 的劳动量为 20 人/天，确定施工过程 B 的劳动量为 11 人/天，确定施工过程 C 的劳动量为 5 人/天，确定施工过程 D 的劳动量为 14 人/天，表中的 P 对于施工过程 A、B、D 来说为四层的总用工，则每层的用工量为 $P/4$；对于施工过程 C 来说为三层的总用工，则每层的用工量为 $P/3$。各施工过程的持续时间见表 4-9。施工采用 1 班制。

例如，施工过程 A 的持续时间为：$D = P/Rn = 477.80/4 \times 20 \times 1 = 5.97$ 天，取 $D = 6$ 天。

施工过程 B 的持续时间为：$D = P/Rn = 246.81/4 \times 11 \times 1 = 5.61$ 天，取 $D = 6$ 天。

施工过程 C 的持续时间为：$D = P/Rn = 26.80/3 \times 5 \times 1 = 1.79$ 天，取 $D = 2$ 天。

施工过程 D 的持续时间为：$D = P/Rn = 114.41/4 \times 14 \times 1 = 2.04$ 天，取 $D = 2$ 天。

各施工过程的持续时间 表4-9

施工过程	名称	工程量 Q	时间定额 S	劳动量 P_i（工日）	总劳动量 P（工日）	持续时间 D
A	顶棚抹灰	863.97m²	1.12 工日/10m²	96.76	$455.04 \times 1.05 = 477.80$	6
	内墙抹灰	1546.73m²	1.12 工日/10m²	173.23		
	门窗框（扇、五金）安装	29 个	1.904 工日/个	55.22		
	铝合金推拉门窗安装	141.12m²	9.2 工日/10m²	129.83		
B	水泥砂浆楼地面	153.99m²	0.935 工日/10m²	14.40	246.81	6
	800mm×800mm 地砖楼地面	491.59m²	1.99 工日/10m²	97.83		
	300mm×300mm 地砖楼地面	66.91m²	2.31 工日/10m²	15.46		
	地砖踢脚线	428.87m	0.741 工日/10m	31.78		
	水泥砂浆踢脚线	249.28m	0.396 工日/10m	9.87		
	卫生间墙裙贴瓷砖	154.94m²	5.00 工日/10m²	77.47		
C	楼梯抹灰	50.18m²	5.34 工日/10m²	26.80	26.80	2
D	顶棚刷乳胶漆	863.97m²	0.364 工日/10m²	31.45	114.41	2
	内墙刷乳胶漆	1546.73m²	0.364 工日/10m²	56.30		
	油漆	73.98m²	1.34 工日/10m²	9.91		
	安玻璃	9.57m²	1.11 工日/10m²	1.06		
	楼梯不锈钢管扶手安装	22.35m	0.702 工日/m	15.69		

本装饰工程的施工方案是从顶层向底层流水施工，考虑到楼梯抹灰从上至下全部完成后，才能进行刷乳胶漆、油漆和安装玻璃的工作，需要采取一定的措施使施工过程 C 和施工过程 D 之间不发生干扰，要增加施工的难度和费用，故施工过程 D 采取不参与流水施工的方案。将本装饰施工分为四个施工段，每一层为一个施工段。

施工过程 A、B、C 的流水节拍之间存在着最大公约数2，则可组织成倍节拍流水，加快施工进度。通过以上分析可知，$m=4$，$n=3$，$k=2$。

施工过程 A 工作队数$=6/2=3$，施工过程 B 工作队数$=6/2=3$，施工过程 C 工作队数$=2/2=1$，总工作队数为 $n'=3+3+1=7$。

由于施工过程 D 的持续时间是8天；施工过程 C 是三个施工段，若把三、四层间的楼梯段看成是四层的楼梯段，二、三层间的楼梯段看成是三层的梯段，一、二层间的楼梯段看成是二层的梯段，则施工过程 C 的持续时间是6天，则本装饰工程的总工期为：

$$T=(m+n'-1)\times k+\Sigma t_j-\Sigma t_d=(4+7-1)\times 2-2+8=26 \text{ 天}$$

横道图进度计划如图4-3所示。

施工过程	工作队数	2	4	6	8	10	12	14	16	18	20	22	24	26
A	1		4			1								
A	2			3										
A	3				2									
B	1					4			1					
B	2						3							
B	3							2						
C	1							4	3	2				
D	1										4	3	2	1

图 4-3 横道图进度计划

网络进度计划如图 4-4 所示。

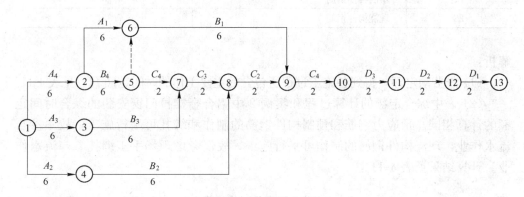

图 4-4 网络进度计划

【案例 3】 某房地产开发分司办公楼工程,四层,其主体工程的施工过程划分为砌砖工程和混凝土工程。通过施工图计算出该办公楼主体工程各施工过程所包含的主要工程量 Q,见下表 4-10,拟采用一班制组织施工,试绘制该主体工程的横道图进度计划和网络进度计划。

各施工过程的主要工程量　　　　　　表 4-10

序 号	名 称	工 程 量
1	内外砖墙	238.31m^3
2	零星砌砖	18.20m^3
3	预制空心板安装	366 块
4	预制梯梁安装	7 个
5	预制梯板安装	6 块
6	预制过梁安装	84 个

续表

序号	名称	工程量
7	现浇单跨梁	20.96m³
8	构造柱	12.39m³
9	现浇圈梁	17.57m³
10	现浇混凝土挑檐	0.49m³
11	现浇混凝土平板	5.67m³
12	现浇混凝土扶手	0.54m³
13	现浇混凝土压顶	0.42m³
14	构造柱模板	85.41m²
15	单梁模板	140.74m²
16	现浇圈梁模板	92.83m²
17	现浇混凝土平板模板	56.70m²
18	现浇混凝土扶手模板	10.81m²
19	现浇混凝土压顶	8.50m²
20	预应力钢筋	2.42t
21	预制构件钢筋	0.56t
22	现浇构件钢筋	7.32t

解析：

（1）查劳动定额，得到各施工过程所包含的主要工作的时间定额 H，见表 4-11。

（2）表中综合定额的计算过程和案例 2 中铝合金推拉门窗安装的综合时间定额的计算相同。预应力钢筋和预制构件钢筋的制作和绑扎可平行施工，故不参与流水作业，现浇构件钢筋的制作可平行施工，故仅考虑现场手工绑扎参与流水作业。计算结果见表 4-11。

各施工过程的时间定额　　　　表 4-11

序号	名称	工程量	时间定额	综合时间定额
1	内外砖墙	238.31m³	0.976 工日/m³	
2	零星砌砖	18.20m³	1.81 工日/m³	
3	预制空心板安装	366 块	0.114 工日/块	
4	预制梯梁安装	7 块	1.092 工日/根	0.302 工日/块
5	预制梯板安装	6 块	0.267 工日/根	
6	预制过梁安装	84 个	1.06 工日/根	
7	现浇单梁	20.96m³	1.13 工日/m³	
8	构造柱	12.39m³	1.93 工日/m³	
9	现浇圈梁	17.57m³	1.79 工日/m³	
10	现浇混凝土挑檐	0.49m³	1.86 工日/m³	1.486 工日/m³
11	现浇混凝土平板	5.67m³	0.80 工日/m³	
12	现浇混凝土扶手	0.54m³	1.85 工日/m³	
13	现浇混凝土压顶	0.42m³	1.85 工日/m³	

续表

序号	名称	工程量	时间定额	综合时间定额
14	构造柱模板	85.41m²	3.32工日/10m²	
15	单梁模板	140.74m²	1.85工日/10m²	
16	现浇圈梁模板	92.83m²	2.16工日/10m²	0.222工日/10m²
17	现浇混凝土平板模板	56.70m²	1.47工日/10m²	
18	现浇混凝土扶手模板	10.81m²	2.57工日/10m²	
19	现浇混凝土压顶模板	8.50m²	2.54工日/10m²	
20	现浇构件钢筋绑扎	7.32t	4.92工日/t	4.92工日/t

(3) 由于办公楼工程为四层,故按每一个自然层划分为一个施工段。主体工程因仅有二个施工过程,故组织异节奏流水,确定砌砖工程的持续时间为4天,混凝土工程的持续时间为7天,根据公式 $R=P/Dn$,得到每个工作班所需的工人数 R,见表4-12。

其中砌砖工程:$R=P/Dn=265.54/4\times4\times1=16.6$ 人　　取17人;
混凝土工程:$R=P/Dn=349.95/4\times7\times1=12.50$ 人　　取13人。

每个工作班所需的工人数　　表4-12

名称	名称	工程量 Q	时间定额 S	劳动量 P_i (工日)	总劳动量 P (工日)	每天人数 R
砌砖	内外墙	238.31m³	0.9762日/m³	232.60	265.54	17人
	零星砌砖	18.20m³	1.812日/m³	32.94		
混凝土工程	预制构件安装	463块	0.302工日/块	140	349.95	13人
	模板工程	395m²	0.222工日/10m²	87.69		
	钢筋工程	7.32t	4.92工日/t	36.01		
	混凝土工程	58.04m³	1.486工日/m³	86.25		

横道图进度计划如图4-5所示。

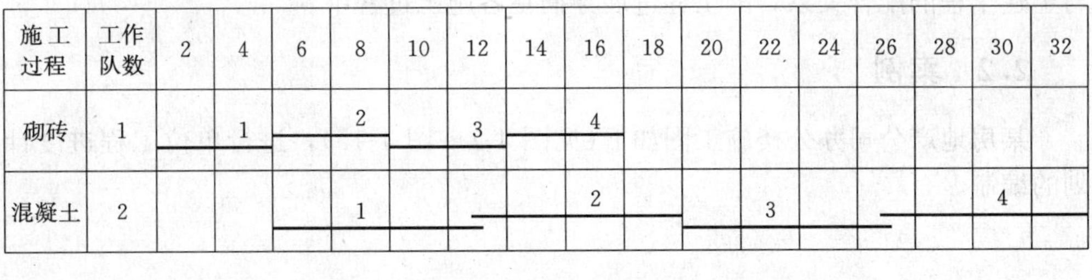

施工过程	工作队数	2	4	6	8	10	12	14	16	18	20	22	24	26	28	30	32
砌砖	1	1			2		3		4								
混凝土	2				1					2		3				4	

图 4-5　横道图进度计划

双代号网络进度计划如图4-6所示。

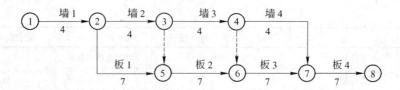

图 4-6 双代号网络进度计划

训练 2　单位工程进度计划的编制

［训练目的与要求］　掌握单位工程进度计划的编制步骤和方法；能够根据分部工程的进度计划编制出单位工程的进度计划，并对单位工程进度计划进行调整和优化。

2.1　编制步骤与方法

1. 单位工程施工进度计划的编制步骤

根据训练 1 分部工程的进度计划确定各分部工程的持续时间→依据各分部工程的工艺关系初步绘制单位工程施工进度图→在保证工艺和总工期的情况下对其进行必要的调整和优化→绘制正式的单位工程施工进度计划。

2. 单位工程施工进度计划的编制方法

（1）确定主导分部工程，使主导分部工程能够连续施工，配合主导分部工程，安排其他分部工程的施工进度，按照工艺的要求和施工过程间应尽量配合、穿插、搭接的原则，初步绘制网络图。

（2）展开分部工程的网络计划，对相邻的分项工程进行检查，检查工期能否满足合同规定的工期要求，检查施工顺序，平行搭接时间及技术间歇时间是否合理，根据资源动态曲线判别劳动力、材料、设备是否趋于均衡。

（3）根据检查情况，进行全面调整，若总工期不满足，进行工期优化。若资源不平衡，进行"工期固定—资源均衡"的优化，最后绘制正式的单位工程施工进度计划，付诸实施。

（4）对水、暖、煤、卫、电不具体细分，单位工程施工进度计划要反映出其与土建工程的配合关系，随工程进展穿插在各施工过程中。

2.2　案例

某房地产公司办公楼施工图如下（见图 4-7～图 4-15），进行单位工程进度计划的编制。

某房地产公司办公楼施工图

建施图纸目录

序号	名称	图 纸 目 录
1	建施1	建筑设计说明、门窗明细表、图纸目录
2	建施2	底层平面图、①～⑨立面图、1—1剖面图
3	建施3	二、三层平面图、四层平面图、屋顶平面图、节点图
4	建施4	⑨～①立面图、Ⓐ～Ⓑ立面图、节点图
5	结施1	底层楼梯平面图、楼层楼梯平面图、楼梯1—1剖面图
6	结施2	结构设计说明、基础平面图、基础剖面图
7	结施3	二、三、四层结构布置图、屋面结构布置图、XGZ
8	结施4	XB-1、XQL-1、XL-2
9	结施4	XL-3；墙体拉结钢筋大样、圈梁转角附加钢筋

门窗明细表

序号	代号	名 称	洞口尺寸(mm) 宽	洞口尺寸(mm) 高	数量	图集代号
1	M1	全板夹板门	1000	2700	21	西南J601
2	M2	百叶夹板门	800	2700	8	西南J601
3	M3	铝合金推拉门	1800	2700	2	
4	C1	铝合金推拉窗	1800	1800	25	
5	C2	铝合金推拉窗	1200	1800	21	
6	C3	铝合金推拉窗	900	700	8	

建筑设计说明：

1. 本工程为某房地产公司办公楼工程，砖混结构，四层，建筑面积845.22m²。
2. 屋面：SBS防水屋面，1:6水泥炉渣找坡，最薄处80mm。西南J202-2202。
3. 楼面：卫生间300mm×300mm地砖，西南J302-3219甲；楼梯间水泥砂浆，西南J302-3201；其余室内地面为地砖，西南J302-3122a。
4. 地面：卫生间300mm×300mm地砖，西南J302-3116a；走廊楼梯同水泥砂浆，西南J302-3104a；其余室内地面为地砖，西南J302-3122a。
5. 楼梯：预制钢筋混凝土板式楼梯，不锈钢栏杆。
6. 内装饰：
   (1) 墙面：卫生间200mm×300mm，瓷砖1800mm高；其余墙面均为混合砂浆基层，西南J505-5604，面刷乳胶漆两遍。
   (2) 顶棚：所有顶棚基层混合砂浆，西南J505-104，面刷乳胶漆两遍。
7. 外墙：详立面标注，均抹水泥砂浆20mm厚，面刷灰色水泥漆。
8. 门窗：详见门窗明细表。

××学院设计所		某房地产公司办公楼		200389
校核		建筑设计说明	设计号	
设计		图纸目录门窗明	图别	建施
制图		细表	图号	1/5
			日期	03.9.15

图 4-7 建筑设计说明

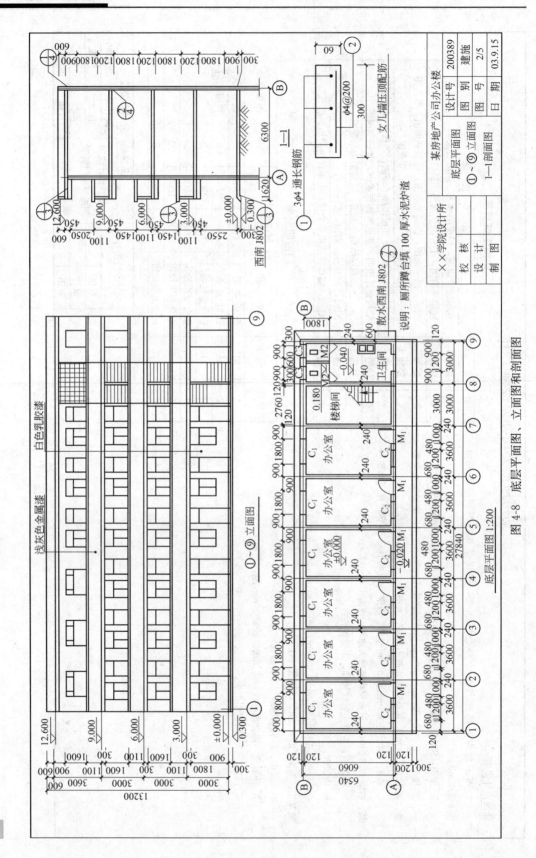

图 4-8 底层平面图、立面图和剖面图

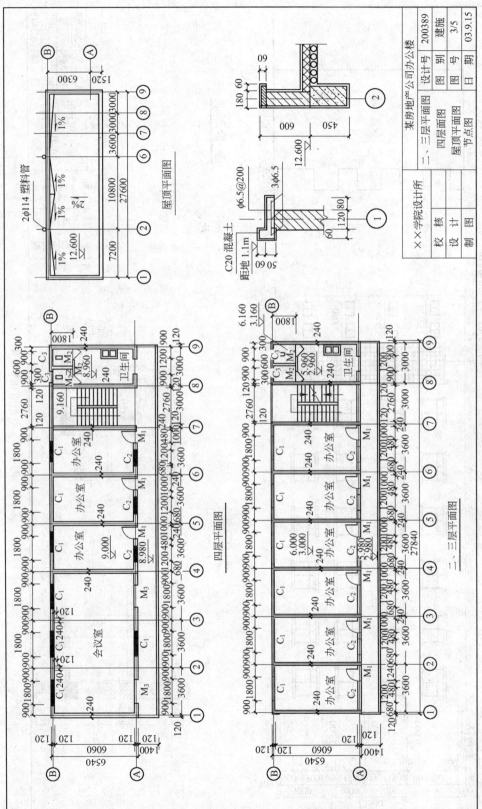

图 4-9 四层平面图、顶层平面图和节点图

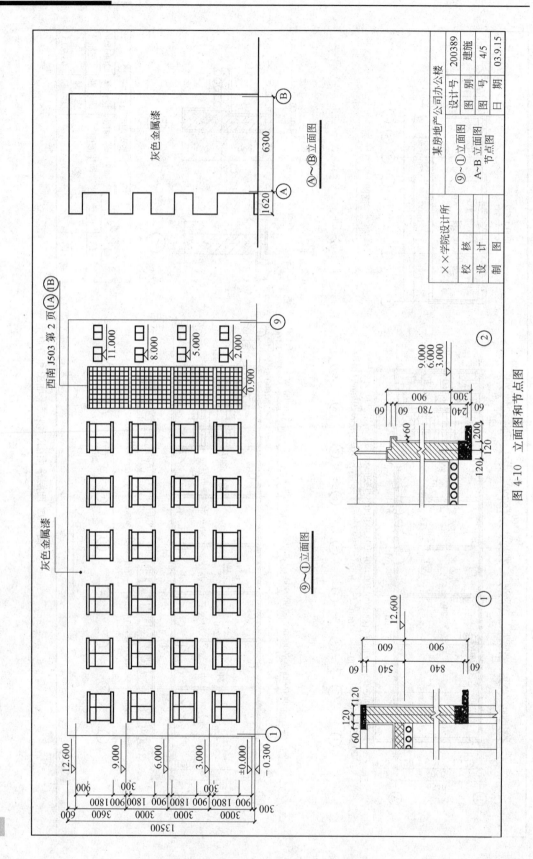

图 4-10 立面图和节点图

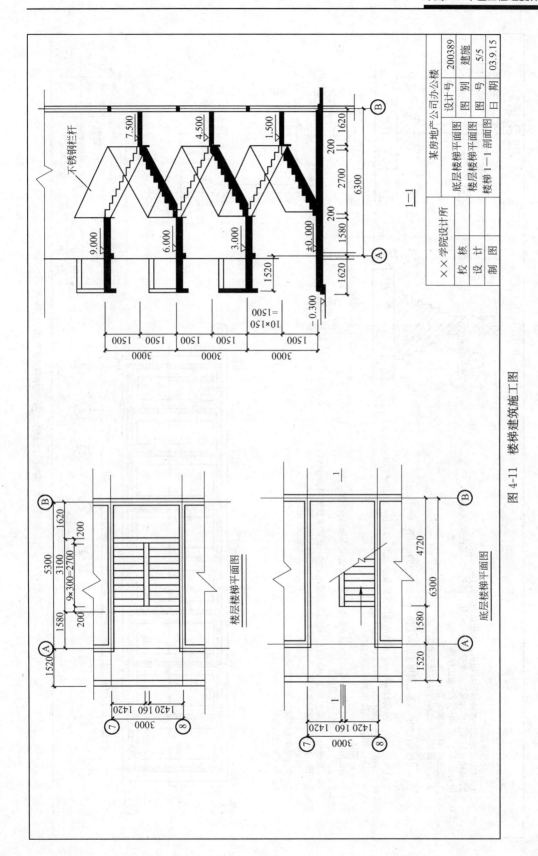

图 4-11 楼梯建筑施工图

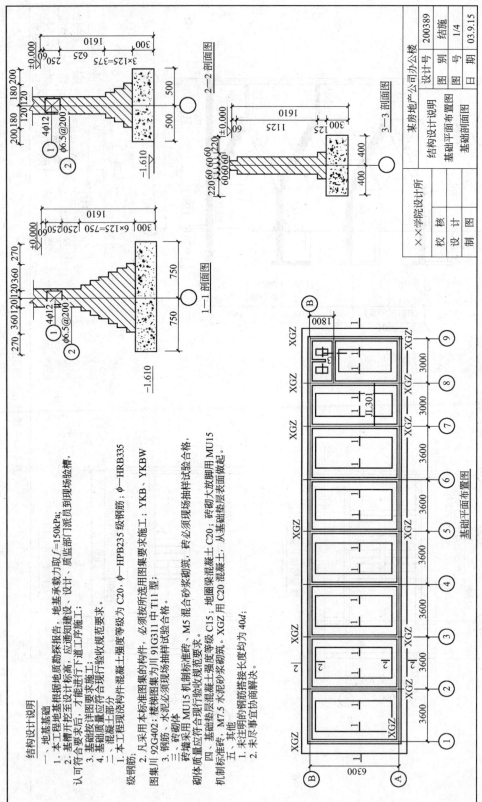

图 4-12 结构设计说明、基础结构施工图

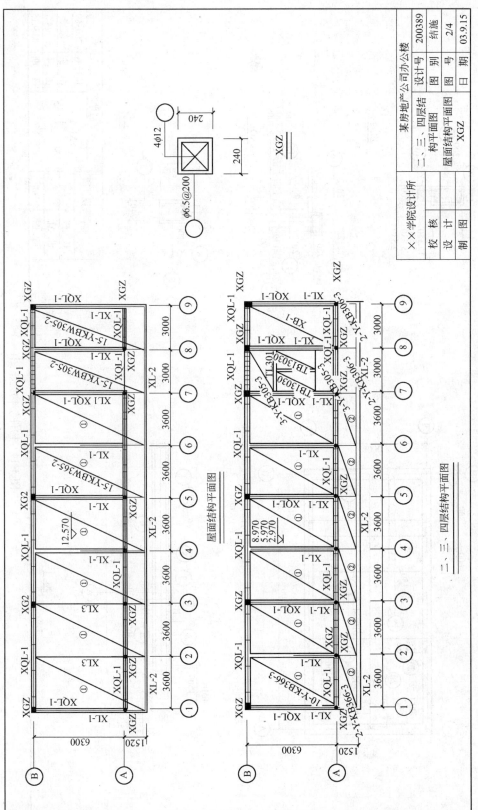

图 4-13 楼层结构施工图

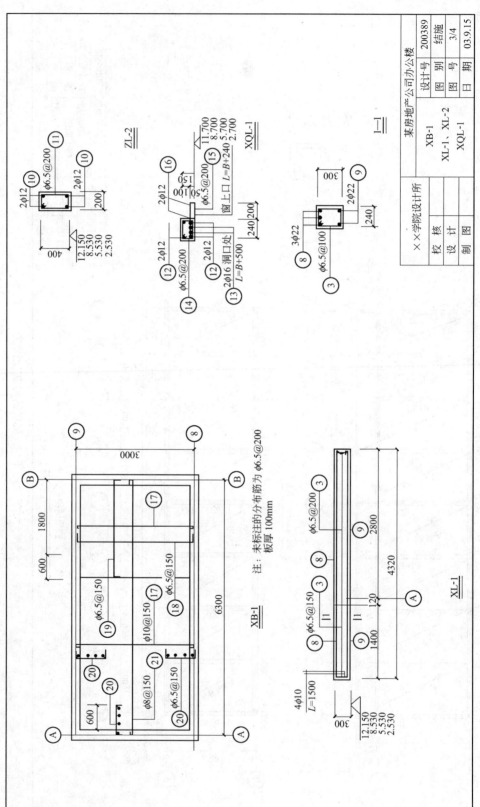

图 4-14 构件结构施工图（一）

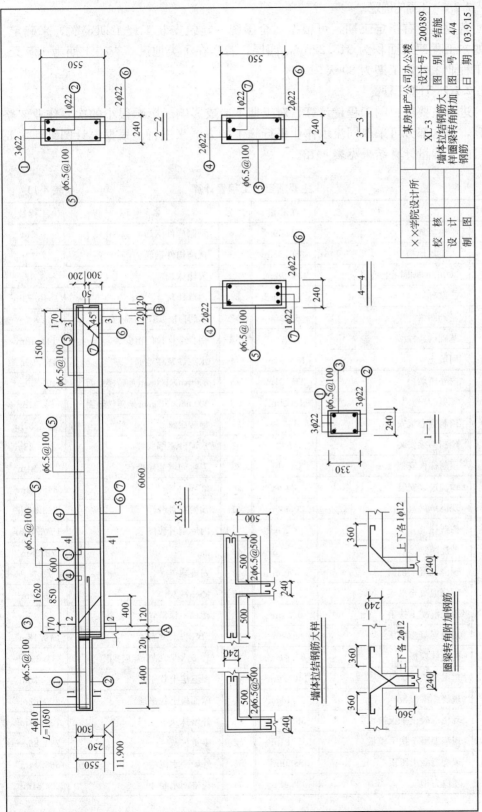

图 4-15 构件结构施工图（二）

2.2.1 工期的确定

若业主没有指定工期，可根据《全国统一建筑安装工程工期定额》来确定。例如本工程建筑面积为 845.22m²，四层，若建在Ⅰ类地区，查得工期为 135 天。本工程业主指定工期为 80 天。

2.2.2 计算工程量

进行主要项目的工程量计算，对工期不造成影响或影响很小的次要作业忽略计算，因这部分可采取同流水作业平行施工的方式来进行。根据设计图纸，主要项目的工程量计算结果见表 4-13。

主要项目的工程量计算　　　　表 4-13

序号	名　　称	工程量	序号	名　　称	工程量
1	平整场地	335.59m²	28	预制构件钢筋	0.56t
2	人工挖地槽	256.82m³	29	现浇构件钢筋	7.32t
3	300mm 厚混凝土垫层	39.98m³	30	天棚抹灰	863.97m²
4	砖基础	52.20m³	31	内墙抹灰	1546.73m²
5	基础圈梁	6.43m³	32	木门窗框(扇、五金)安装	29 个
6	基础构造柱	1.06m³	33	铝合金推拉门窗安装	141.12m²
7	回填土	181.81m³	34	水泥砂浆楼地面	153.99m²
8	内外砖墙	238.31m³	35	800mm×800mm 地砖楼地面	491.59m²
9	零星砌砖	18.20m³	36	300mm×300mm 地砖楼地面	66.91m²
10	预制空心板安装	366 块	37	地砖踢脚线	428.87m
11	预制梯梁安装	7 块	38	水泥砂浆踢脚线	249.28m
12	预制梯板安装	6 块	39	卫生间墙裙贴瓷砖	154.94m²
13	预制过梁安装	84 个	40	细部	345.13m²
14	现浇单梁	20.96m³	41	顶棚刷乳胶漆	863.97m²
15	构造柱	12.39m³	42	内墙刷乳胶漆	1546.73m²
16	现浇圈梁	17.57m³	43	油漆	73.98m²
17	现浇混凝土挑檐	0.49m³	44	安玻璃	9.57m²
18	现浇混凝土平板	5.67m³	45	楼梯抹灰	50.18m²
19	现浇混凝土扶手	0.54m³	46	楼梯不锈钢管扶手安装	22.35m
20	现浇混凝土压顶	0.42m³	47	SBS 防水屋面	219.18m²
21	构造柱模板	85.41m²	48	1:6 水泥炉渣保温层找破	31.89m³
22	单梁模板	140.74m²	49	保温层上找平层	205.75m²
23	现浇圈梁模板	92.83m²	50	屋面板上找平层	200.82m²
24	现浇混凝土平板模板	56.70m²	51	外墙抹灰	732.11m²
25	现浇混凝土扶手模板	10.81m²	52	零星抹灰	294.86m²
26	现浇混凝土压顶	8.50m²	53	外墙刷水泥漆	665.14m²
27	预应力钢筋	2.42t	54	花格刷水泥漆	29.81m²

2.2.3 分部工程双代号网络进度计划的编制

本单位工程划分为四个分部工程组织流水施工,分别为基础工程、主体工程、屋面工程和装饰工程。

(1) 基础工程进度计划的编制

1) 确定各分项工程的持续时间

本砖混结构基础工程包括人工挖土方、基础混凝土垫层、砌基础墙、基础混凝土工程、回填土五个分项工程,各分项工程的劳动量(工日)及其持续时间,我们已在上面分部工程进度计划2.2案例1中确定,其持续时间如下:人工挖土方4天,基础混凝土垫层4天,砌基础墙4天,基础混凝土工程4天,回填土4天。

2) 确定工期

由于本工程工期较为紧张,故将此基础工程分为工程量大致相等的两段进行施工,每段各施工过程的作业时间均为2天,组织等节奏流水施工,则施工段数$m=2$,施工过程数$n=5$,流水节拍$t=2$,流水步距$k=2$。

基础工程的工期为$T=(m+n-1) \times K + \Sigma t_j - \Sigma t_d = (2+5-1) \times 2 = 12$ 天。

3) 横道图流水施工进度计划(如图4-18)。

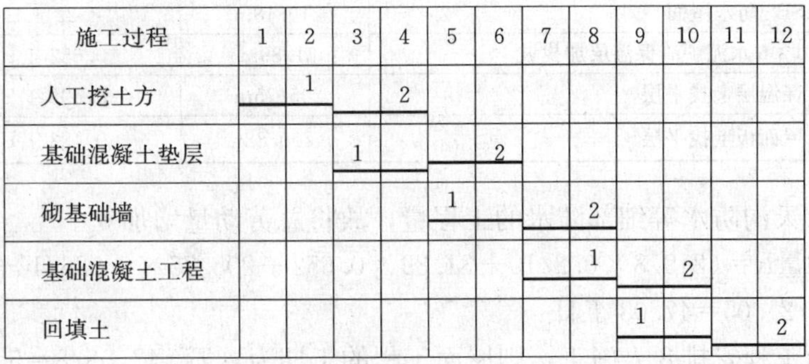

施工过程	1	2	3	4	5	6	7	8	9	10	11	12
人工挖土方	1		2									
基础混凝土垫层			1		2							
砌基础墙					1		2					
基础混凝土工程							1		2			
回填土									1		2	

图 4-16 横道图施工进度计划

双代号网络进度计划绘制如图4-17所示。

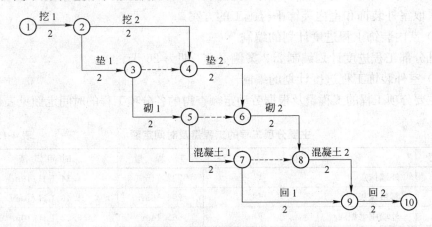

图 4-17 双代号网络进度计划

(2) 主体工程进度计划的编制

1) 确定各分项工程的持续时间

本工程为四层砖混结构,以一个自然层为一个施工段,共划分为四个施工段。施工过程划分为砌筑工程和混凝土工程两个部分,这两个分项工程的持续时间在分部工程施工进度计划编制 2.2 案例 3 中,已经确定出来,其砌筑工程为每层 4 天,混凝土工程每层 7 天。

2) 确定工期

见分部工程的进度计划编制 2.2 案例 3,其主体工程的工期为 32 天。

3) 主体工程双代号进度计划的绘制见分部工程进度计划编制 2.2 案例 3。

(3) 屋面工程进度计划的编制

因本工程规模较小,屋面工程不组织流水施工,直接确定屋面工程的工期如下:

主要分项工程的工程量及根据劳动定额查得的各分项工程的时间定额见表4-14。

主要分项工程的工程量及时间定额　　　　　　　表 4-14

序 号	名　　称	工程量	时 间 定 额
1	SBS 防水屋面	219.18m²	0.22 工日/10m²
2	1:6 水泥炉渣保温层加找坡	31.89m³	0.652 工日/10m³
3	保温层上找平层	205.75m²	0.526 工日/10m²
4	屋面板上找平层	200.82²	0.483 工日/10m²

因未计天沟防水等细部防水的工程量,故将总劳动量增加 5%。

总劳动量 $R=(219.8\times 0.2/10+31.89\times 0.652+205.75\times 0.526/10+200.82\times 0.438/10)\times 21.05=47.03$ 工日

若屋面工程安排 8 人施工,则屋面工程的工期为:$T=47.03/8=5.88$ 天,取 6 天。

(4) 装饰工程进度计划的编制

本装饰工程划分室外装饰工程和室内装饰工程,根据工期要求及本工程的特点,采取室外装饰和室内装饰平行施工的方案。

1) 室内装饰工程进度计划的编制

见分部工程进度计划编制 2.2 案例 2,工期为 26 天。

2) 室外装饰工程进度计划的编制

主要分项工程的工程量及根据劳动定额查得的各分项工程的时间定额见表4-15。

主要分项工程的工程量及时间定额　　　　　　　表 4-15

序 号	名　　称	工 程 量	时 间 定 额
1	外墙抹灰	732.11m²	1.34 工日/10m²
2	零星抹灰	294.86m²	1.46 工日/10m²
3	外墙刷水泥漆	665.14m²	0.92 工日/10m²
4	花格刷水泥漆	29.81m²	1.88 工日/10m²

因未考虑到门窗边、腰线、窗台等处抹灰和涂刷的工程量,故将总用工提高5%。

总劳动量 $R=(732.11\times1.34/10+294.86\times1.46/10+665.14\times0.192/10+29.18\times1.88/10)\times21.05=167.50$ 工日

若室外装饰安排10人施工,则室外装饰工程的工期为 $T=167.5/10=16.75$,取17天。

2.2.4 单位工程进度计划的编制

依据各分部工程的进度计划编制单位工程的进度计划。

其控制性进度计划如图4-18所示。

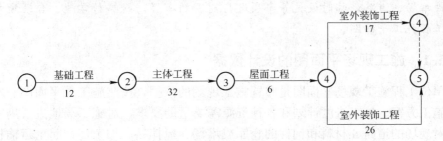

图 4-18 控制性进度计划

工期为76天。满足业主要求的工期80天。

本工程横道图进度计划如图4-19所示。

本工程双代号网络图进度计划如图4-20所示。

项目 5　单位工程施工现场平面图设计

[训练目的与要求]　掌握单位工程施工现场平面图设计的内容和步骤，增强施工现场平面布置对项目工期、造价、安全、文明施工等影响的认识。能够根据施工部署、施工方案和施工进度要求，对独立的单位工程施工现场的机械、材料和构件堆场、道路、临时设施等事项进行周密的布置，能够科学地、合理地规划单位工程施工平面图。

5.1　施工现场平面图的设计依据

单位工程施工现场平面图是布置施工现场的依据，按照施工总平面图、本工程的施工方案、施工进度计划和各种资源需要量的要求，对施工场地进行周密计划，对现场的道路、材料和构件的仓库或堆场、搅拌站、加工厂、起重运输机械的布置、生产和生活用的临时房屋、安全及防火设施的位置以及临时水、电管网等进行合理布置，以指导现场进行有组织有计划的文明施工。一般单位工程施工平面图的绘制比例为1：200～1：500。设计依据为：

(1) 招标文件、投标文件及所签订的施工合同。以便统筹兼顾，全面规划。

(2) 勘察设计资料，包括建筑设计总平面图、施工图纸和现场地形图等。以便正确确定临时设施位置，修建临时道路等。

(3) 建设地区的自然条件和技术经济条件。以便布置排水沟、交通道路、管线走向及其他各种设施位置。

(4) 施工组织总设计，本工程概况、施工方案和施工进度计划。以便了解各施工阶段情况，合理规划施工场地。

(5) 各种资源和设施需要量计划，包括材料、构件、成品、半成品和各种机械等的需要量及进场时间，仓库、加工厂等设施的情况。以便规划工地内部的储放场地和运输线路。

(6) 施工现场情况，包括水源和电源情况、已建及拟建房屋的位置和地下管道、现有可利用的房屋及生活设施等。以便确定现场水、电的引入以及在施工中利用或提前拆除的设施等情况。

(7) 建筑施工区域的竖向设计和土方调配图。以便布置现场水、电管线，安排土方的挖填以及确定取土、弃土的地点等事宜。

5.2　施工现场平面图设计步骤及方法

5.2.1　设计步骤

熟悉有关资料→起重运输机械的布置→确定搅拌站、仓库、材料和构件堆场、加工场的位置→布置现场运输道路→布置行政与生活临时设施→布置临时水电管网→计算技术经济指标。

5.2.2 设计方法

1. 熟悉有关资料

对原始资料、施工图纸、施工进度计划和施工方法进行详细研究。

2. 起重运输机械的布置

起重运输机械的位置直接影响搅拌站、仓库、材料和构件堆场、加工场、道路、临时设施及水、电管网的布置等，因此应首先确定。由于各种起重运输机械的性能不同，其布置位置亦各不相同，这里主要介绍现场常用的需要掌握的两种起重运输机械。

（1）固定式竖直运输机械的布置

固定式竖直运输机械包括井架、龙门架、桅杆等，其位置的确定要结合建筑物的平面形状、高度、材料、构件的重量，并考虑机械的负荷能力和服务范围，便于运送，便于组织分层分段流水施工。应充分发挥起重机械的性能，考虑材料的运输方便，使地面运距最短和楼面上的水平运距最小。

1) 当建筑物各部位的高度相同时，固定式竖直运输机械布置在施工段的分界线附近。

2) 当建筑物各部位的高度不同时，固定式竖直运输机械布置在高低分界线的较高部位一侧。

3) 井架、龙门架最好布置在窗口处，这样可以避免砌墙留槎及井架拆除后的修补工作。其服务范围一般为50～60m。

4) 卷扬机和起重机械的距离应大于建筑物的高度，距外脚手架的水平距离应在3m以上，以便司机能够看到整个升降过程。

（2）塔式起重机械的布置

塔式起重机是集起重、竖直提升、水平输送三种功能为一体的机械设备，它是通过自身液压顶升系统实现自身加节，使起升高度随着建筑物的升高而加高，而塔式起重机的起重性能在规定范围内的各种高度下仍能保持不变。其布置主要根据建筑物平面形状、起重机自身的性能及施工现场环境条件等来确定。现场常用的是固定式液压塔式起重机，型号有：QTZ25、QTZ31.5、QTZ40、QTZ63、QTZ80。图5-1是某建筑工程机械有限责任公司生产的塔式起重机的整机示意图。现以QTZ40起重机为例来说明起重机的各部位尺寸。

1) 安装塔式起重机时，起重机的位置应使建筑物的平面尽可能处于塔式起重机的服务范围之内，起重高度、幅度及起重量应满足要求，使材料和构件可达到建筑物的任何使用地点，避免出现"死角"，图5-2所示。

2) 安装塔式起重机前，必须保证所选区域的施工现场允许塔式起重机在不工作时能够在360度范围内自由地随风旋转，并配备好吊装用的汽车吊一台（最好选用16吨以上的汽车吊）。

3) 塔式起重机标准节的中心线距建筑物的最外凸出物一般不应小于2.5m。塔式起重机运动部分与建筑物及建筑物外围施工设施之间的距离不应小于0.5m。

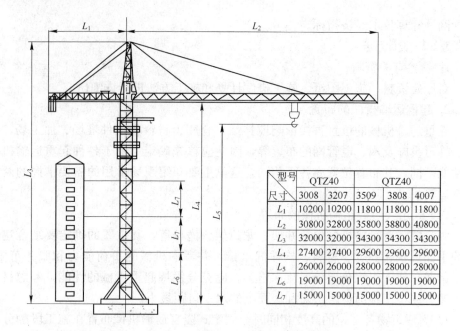

图 5-1 塔式起重机的整机示意图

型号 尺寸	QTZ40				
	3008	3207	3509	3808	4007
L_1	10200	10200	11800	11800	11800
L_2	30800	32800	35800	38800	40800
L_3	32000	32000	34300	34300	34300
L_4	27400	27400	29600	29600	29600
L_5	26000	26000	28000	28000	28000
L_6	19000	19000	19000	19000	19000
L_7	15000	15000	15000	15000	15000

4)塔式起重机安装的场地应平整,无杂物及障碍,场地上空应无任何架空电线。当塔式起重机的上方有架空电线通过时,塔式起重机各部分(包括臂架放置的空间)距低压架空输电线不应小于3m,距高压架空输电线不应小于6m。

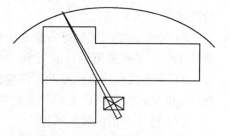

图 5-2 避免出现"死角"

5)塔式起重机的基础混凝土强度等级不得低于300号,并按规定布置钢筋。混凝土基础表面应较水平,平面度误差小于1/500。混凝土的承载能力达到90%以上时,方可进行整机的安装。混凝土座上表面应高出周围地面150mm。

6)当两台塔式起重机同时工作时,处于较低位置的塔式起重机的起重臂臂尖与另一台塔式起重机的塔身之间的距离不应小于2m,处于较高位置的塔式起重机与处于较低位置的塔式起重机之间,应保证在任何情况下两机在竖直方向的距离不应小于2m。

3. 确定搅拌站、仓库、材料和构件堆场、加工场的位置

(1)当起重机位置确定后,为了运输和装卸的方便,仓库、材料和构件堆场、砂浆搅拌站、混凝土搅拌站等应尽可能的靠近使用地点、靠近竖直运输设备,在塔式起重机的服务范围之内,并应遵守安全技术和防火规定。

(2)为避免二次搬运,一般砂、石、水泥和石灰等仓库或堆场宜布置在搅拌站附近,石灰仓库、淋灰池应设在搅拌站的下风向;砖和预制构件等直接使用的材料宜布置在施工对象附近;预制构件的进场时间应与吊装进度密切配合,先吊的预制构件应放在上面,后吊的放在下面。

(3) 基础施工用的材料可以堆放在基础的四周,但不宜离基坑太近,以免压塌土壁。当浇筑大型混凝土基础时,为减少混凝土的运输量,可将混凝土搅拌站直接设在基础边缘,浇筑完成后再转移。

(4) 木材加工场和钢筋加工场的位置一般布置在建筑物的四周,并有一定的场地堆放木材、钢筋和成品。

4. 布置现场运输道路

运输道路的修筑应按材料和构件运输的需要,沿着仓库和堆场进行布置,并根据各加工场、仓库及各施工对象的相应位置,区分主要道路和次要道路,从而进行临时道路的规划。

(1) 规划的临时道路与地下管网的关系。在规划临时道路时,应充分考虑利用拟建的永久性道路系统,提前将其修建或者先修路基和简单路面,作为施工所需的临时道路。若不得不先施工道路、后施工管网时,临时道路就不能完全建造在永久性道路的位置,而应尽量布置在无管网地区或扩建工程范围的地段上,以免后期开挖管道沟而破坏永久性路面。

(2) 确保车辆的行驶安全。道路应有足够的宽度和转弯半径,施工现场内道路干线应采用环形布置,以便运输车辆回转、调头方便。道路两侧一般结合地形设置排水沟,沟深不小于 0.4m,底宽不小于 0.3m。

(3) 主要道路宜采用双车道,其宽度不得小于 6m,次要道路可为单车道,其宽度不得小于 3.5m。木材场两侧应有 6m 宽的通道,端头处应有 12m×12m 的回车场。消防车道不应小于 3.5m。

(4) 选择合理的路面结构。临时道路的路面结构,应根据运输情况、运输工具和使用条件来确定。场区内的干线和施工机械行驶路线,最好采用碎石级配路面,以利修补;场内支线一般为土路或砂石路。

5. 布置行政与生活临时设施

行政与生活临时设施包括:办公室、工人休息室、门卫室、开水房、小卖部、宿舍、食堂、俱乐部、医务室、浴室和厕所等。应根据施工人数来计算这些临时设施和建筑面积,尽量利用现有可利用的房屋或生活设施,不足部分再另行建造,尽可能采用活动式、装拆式结构或就地取材。一般尽可能将办公区、生活区和生产区分开布置,以便于管理。

(1) 行政与生活临时设施设置

1) 办公室:宜靠近施工现场,布置在工地出入口处,以便对外联系。

2) 门卫室:宜布置在工地出入口处。

3) 宿舍:应布置在安全的上风向。

4) 工人的福利设施:应设置在工人较集中的地方或工人必经之路。例如工人休息室应设在工人作业区。

5) 食堂:宜布置在生活区,也可设在工地与生活区之间。

6) 生活基地:应设在场外,距工地 500~1000m 为宜,并避免设在低洼潮湿、有烟尘和有害健康的地方。

(2) 行政与生活临时房屋建筑面积的确定(表 5-1)

行政与生活临时房屋建筑面积　　　　　表 5-1

序 号	临时房屋名称	参考面积(m²/人)
1	办 公 室	3～4
2	宿 舍	
(1)	单 层 通 铺	2.5～3.0
(2)	双 层 床	2.0～2.5
(3)	单 层 床	3.5～4.0
3	食堂兼礼堂	0.5～0.8
4	医 务 室	0.05～0.07
5	浴 室	0.07～0.1
6	俱 乐 部	0.10
7	门卫、收发室	6～8
8	开 水 房	10～40
9	厕 所	0.02～0.07

6. 布置临时水、电管网

独立的单位工程施工时，建筑工地临时供水首先要经过计算、设计，然后进行设置，其中包括：选择水源、取水设施、储水设施、总用水量计算、管径计算、配置临时给水系统。过冬的临时水管须埋在冰冻线以下或采取保温措施。建设工地临时供电规划包括：计算总用电量、选择电源、电力系统选择和配置。

(1) 施工总用水量的计算

建筑工地临时供水，包括生产用水（含工程施工用水和施工机械用水）、生活用水（含施工现场生活用水和生活区生活用水）和消防用水三个方面。工地供水规划可按以下步骤进行：

1) 现场施工用水量 q_1：

$$q_1 = K_1 \Sigma \frac{Q_1 \times N_1}{T_1 \times t} \times \frac{K_2}{8 \times 3600} \tag{5-1}$$

式中　q_1——施工工程用水量(L/s)；
　　　K_1——未预计的施工用水系数(1.05～1.15)；
　　　Q_1——工程量（以实物计量单位表示）；
　　　N_1——施工用水定额，见表 5-2；
　　　T_1——年（季）度有效工作日(d)；
　　　t——每天工作班数；
　　　K_2——用水不均衡系数，对施工工程用水取 1.5，对生产企业用水取 1.25。

N_1 施工用水定额 表 5-2

序号	用水对象	单位	用水定额 N_1	备注
1	浇筑混凝土全部	m³/m³	1.7～2.4	
2	搅拌普通混凝土	m³/m³	0.25	实测数据
3	搅拌轻质混凝土	m³/m³	0.3～0.35	
4	搅拌泡沫混凝土	m³/m³	0.3～0.4	
5	搅拌热混凝土	m³/m³	0.3～0.35	
6	混凝土普通养护	m³/m³	0.2～0.4	
7	混凝土蒸汽养护	m³/m³	0.5～0.7	
8	冲洗模板	m³/m³	0.005	
9	清洗搅拌机	m³/台班	0.6	实测数据
10	人工冲洗石子	m³/m³	1	
11	机械冲洗石子	m³/m³	0.6	
12	洗砂	m³/m³	1	
13	砌砖工程全部	m³/m³	0.15～0.25	
14	砌石工程全部	m³/m³	0.05～0.08	
15	粉刷工程全部	m³/m²	0.03	
16	砌耐火砖	m³/m³	0.1～0.15	包括搅拌砂浆
17	洗砖	m³/千块	0.2～0.25	
18	洗硅酸盐砌块	m³/m³	0.3～0.35	
19	抹面	m³/m²	0.004～0.006	不包括调制用水
20	楼地面	m³/m²	0.19	
21	搅拌砂浆	m³/m³	0.3	
22	石灰消化	m³/L	3	

2) 施工机械用水量 q_2：

$$q_2 = K_1 \Sigma Q_2 \times N_2 \times \frac{K_3}{8 \times 3600} \tag{5-2}$$

式中 q_2——施工机械用水量(L/s)；

K_1——未预计的施工用水系数(1.05～1.15)；

Q_2——同一种机械台数(台)；

N_2——施工机械台班用水定额，见表 5-3；

K_3——施工机械用水不均衡系数，对运输机械取 2.0，对动力设备取 1.05～1.1。

N_2 施工机械台班用水参考定额 表 5-3

序号	用水对象	单位	用水定额 N_2	备注
1	内燃挖土机	m³/台，m³	0.2～0.3	以斗的容量计
2	内燃起重机	m³/台班，t	0.015～0.018	以起重吨数计
3	蒸汽打桩机	m³/台班，t	1～1.2	以锤重吨数计
4	内燃压路机	m³/昼夜，台	0.012～0.015	以压路机吨数计
5	拖拉机	m³/昼夜，台	0.2～0.3	

续表

序号	用水对象	单位	用水定额 N_2	备注
6	汽车	m³/昼夜,台	0.4～0.7	
7	标准轨蒸汽机车	m³/昼夜,台	10～20	
8	空气压缩机	m³/台班,(m³/min)	0.04～0.08	以压缩空气量计
9	内燃机动力装置(直排水)	m³/台班,kW	0.15～0.4	
10	自燃机动力装置(循环水)	m³/台班,kW	0.04～0.055	
11	锅炉	m³/h,t	1	以小时蒸发量计
12	锅炉	m³/h,m³	0.015～0.03	以受热面积计
13	点焊机 25 型	m³/h	0.1	实测数据
14	点焊机 50 型	m³/h	0.15～0.2	实测数据
15	点焊机 75 型	m³/h	0.25～0.35	
16	冷拔机	m³/h	0.3	
17	对焊机	m³/h	0.3	
18	凿岩机 01-30(CM-56)	m³/min	0.003	
19	凿岩机 01-45(TN-4)	m³/min	0.005	
20	凿岩机 01-38(KIIM-4)	m³/min	0.008	
21	凿岩机 YQ-100	m³/min	0.008～0.012	

3) 施工现场生活用水量 q_3:

$$q_3 = \frac{P_1 N_3 K_4}{t \times 8 \times 3600} \tag{5-3}$$

式中 q_3——施工现场生活用水量(L/s);

P_1——施工现场高峰昼夜人数(人);

N_3——施工现场生活用水定额,参见表 5-4。[一般为 20～60L/(人·班), 主要视当地气候而定];

K_4——施工现场生活用水不均衡系数,取 1.3～1.5;

t——每天工作班数(班)。

N_3 生活用水参考定额表　　　表 5-4

序号	用水对象	单位	用水定额 N_3
1	工地全部生活用水	m³/人·d	0.1～0.12
2	生活用水	m³/人·d	0.025～0.03
3	食堂	m³/人·d	0.015～0.02
4	浴室(淋浴)	m³/人·次	0.05
5	淋浴带大池	m³/人·次	0.03～0.05
6	洗衣	m³/人	0.03～0.035
7	理发	m³/人·次	0.015
8	病号	m³/病床·d	0.1～0.15

4) 生活区生活用水量 q_4：

$$q_4 = \frac{P_2 N_4 K_5}{24 \times 3600} \tag{5-4}$$

式中 q_4——生活区生活用水量(L/s)；

P_2——生活区居民人数(人)；

N_4——生活区昼夜全部生活用水定额，见表5-4；

K_5——生活区用水不均衡系数，取 2.0～2.5。

5) 消防用水量 q_5：

q_5 最小为 10L/s。施工现场使用面积在 25ha 以内时，q_5 不应大于 15L/s；现场面积每增加 25ha 时，消防用水量增加 5L/s。（$1ha=10^4 m^2$）

消防用水参考定额　　　　　　　表 5-5

序号	用水对象		火灾同时发生次数	单位	用水量
1	居民区	5000 人以内	一次	m³/s	0.01
		10000 人以内	二次	m³/s	0.01～0.015
		25000 人以内	二次	m³/s	0.015～0.02
2	施工现场	现场面积小于 25hm²	一次	m³/s	0.01～0.015
		现场面积每增加 25hm²	一次	m³/s	0.005

6) 总用水量 Q：

A. 当 $q_1+q_2+q_3+q_4 \leq q_5$ 时，则 $Q=q_5+0.5(q_1+q_2+q_3+q_4)$ （5-5）

B. 当 $q_1+q_2+q_3+q_4 > q_5$ 时，则 $Q=q_1+q_2+q_3+q_4$ （5-6）

C. 当工地面积小于 5ha，并且 $q_1+q_2+q_3+q_4 < q_5$ 时，则 $Q=q_5$ （5-7）

7) 最后计算出的总用水量，还应增加 10% 漏水损失。

(2) 水源的选择

1) 尽量利用现场附近已有的供水管道，将水从外面接入工地，沿主要干道布置干管、主线，然后与各用户接通。如果现有给水系统供水不足或无法利用时，则采用天然水源，即利用地上水或地下水。

2) 天然水源应能满足最大需水量的要求，应符合生活、生产用水的水质要求，且取水、输水、净水设施达到安全可靠。为了防止供水的意外中断，可在建筑物附近设置简易蓄水池，临时水池应放在地势较高处。

(3) 临时给水系统

1) 供水管径的计算：

一般临时给水管道为钢管。根据工地的总需水量，管径计算如下：

$$d = 2000 \times \sqrt{\frac{4Q}{\pi \times v \times 1000}} \tag{5-8}$$

式中 d——给水管内径(m)；

Q——耗水量(L/s)；

v——管网中水流速度(m/s)，见表5-6。

临时水管经济流速 表5-6

序号	管径	流速(m/s)	
		正常时间	消防时间
1	支管 $D<100$mm	2	
2	生产消防管 $D=100\sim300$mm	1.3	>3.0
3	生产消防管 $D>300$mm	1.5~1.7	2.5
4	生产用水管 $D>300$mm	1.5~2.5	3.0

单位工程施工供水设计也可以根据经验进行安排，一般5000~10000m² 的建筑物，施工用水的总管径为100mm，支管径为40mm或25mm。ϕ100管能够供给一个消防龙头的水量。

2) 施工现场必须有通畅的出口和消防车道，其宽度不宜小于6m，与拟建房屋的距离不得大于25m，也不得小于5m；沿道路布置消火栓时，其间距不得大于10m，消火栓到路边的距离不得大于2m。

【例1】 某项目占地面积为2500m²，施工现场使用面积为8200m²，总建筑面积为7845m²，所用混凝土和砂浆均采用现场搅拌，现场拟分生产、生活、消防三路供水，日最大混凝土浇筑量为400m³，施工现场高峰昼夜人数为180人，进行用水量计算和供水管径计算。

【解】

(1) 用水量计算：

1) 计算现场施工用水量 q_1：

$$q_1 = K_1 \Sigma \frac{Q_1 \times N_1}{T_1 \times t} \times \frac{K_2}{8 \times 3600} = 1.15 \times 250 \times 400 \times 1.5/8 \times 3600 \times 1 = 5.99 \text{L/s}$$

式中，K_1 取1.15，K_2 取1.5，Q_1/T_1 为400m³/天，每天的工作班数 t 为1，N_1 见表5-2，取250L/m³。

2) 计算施工机械用水量 q_2：由于施工中不使用特殊机械，故不计算 q_2。

3) 计算施工现场生活用水量 q_3：

$$q_3 = \frac{P_1 N_3 K_4}{t \times 8 \times 3600} = 180 \times 40 \times 1.5/1 \times 8 \times 3600 = 0.375 \text{L/s}$$

式中，K_4 取1.5，P_1 为180人，每天的工作班数 t 为1，N_3 按生活用水和食堂用水计算，见表5-4，故 $N_3 = 0.025$m³/人·d $+ 0.015$m³/人·d $= 0.04$m³/人·d $= 40$L/人·d。

4) 计算生活区生活用水量 q_4：因现场不设生活区，故不计算 q_4。

5) 计算消防用水量 q_5：本工程现场面积共有8200m²，为0.82ha，远远小于25ha，故 q_5 取10L/s。

6) 计算总用水量 Q：

$q_1 + q_2 + q_3 + q_4 = 5.99 + 0.375 = 6.365$L/s $< q_5 = 10$L/s

因工地面积为0.82ha，小于5ha，并且 $q_1+q_2+q_3+q_4 < q_5$，则 $Q = q_5 = 10$L/s

则 $Q_{总} = 10 \times 1.1 = 11$L/s

本工程总用水量为11L/s。

(2) 供水管径的计算：

$$d=2000\times\sqrt{\frac{4Q}{\pi\times v\times 1000}}=\sqrt{4\times 11/(3.14\times 1.5\times 1000)}=0.096\text{m},$$

式中，v 取 1.5m/s，见表 5-6。

所以取直径为 100mm 的上水管。

(4) 工地总用电量计算

施工工地的总用电量包括动力用电和照明用电两类，其计算公式如下：

$$P=\phi\left(K_1\frac{\Sigma P_1}{\cos\varphi}+K_2\Sigma P_2+K_3\Sigma P_3+K_4\Sigma P_4\right) \tag{5-9}$$

式中　　　P——供电设备总需要容量(kVA)；

　　　　　ϕ——未预计施工用电系数(1.05～1.1)；

　　　　　P_1——电动机额定功率(kW)；

　　　　　P_2——电焊机额定容量(kVA)；

　　　　　P_3——室内照明容量(kW)；

　　　　　P_4——室外照明容量(kW)；

　　　　$\cos\varphi$——电动机的平均功率因数(在施工现场最高为 0.75～0.78，一般为 0.65～0.75)；

K_1、K_2、K_3、K_4——需要系数，见表 5-7。

需要系数 K_1、K_2、K_3、K_4 参考表　　　表 5-7

用电设备名称	数　　量	K		备　　注
电动机	3～10 台	K_1	0.7	
	11～30 台		0.6	
	30 台以上		0.5	如在施工中需用电热时，应将其用电量计算进去。为使计算接近实际，式中各项用电根据不同性质分别计算
加工厂动力设备			0.5	
电焊机	3～10 台	K_2	0.6	
	10 台以上		0.5	
室内照明		K_3	0.8	
室外照明		K_4	1.0	

单班施工时，最大用电负荷量以动力用电量为准，不考虑照明用电。

【例 2】某两幢多层住宅楼工程，每幢建筑面积为 2803m²，共计 5606m²，施工前，室外管线均接通至小区干线，用电设施如下：塔式起重机 2 台，共计 72kW，400L 搅拌机 2 台，共计 20kW，3t 卷扬机 2 台，共计 15kW，振捣器 4 台，共计 6kW，蛙式打夯机 2 台，共计 6kW，电锯和电刨等 30kW，电焊机 2 台，共计 41kVA，室外照明用电为 25kW，计算用电量。

【解】

$$P=\phi\left(K_1\frac{\Sigma P_1}{\cos\varphi}+K_2\Sigma P_2+K_3\Sigma P_3+K_4\Sigma P_4\right)$$

式中 ϕ 取 1.1，K_1、K_2、K_3、K_4 见表 5-4，分别取 0.6、0.6、0、1.0，则

$$P=1.1[0.6\times(72+20+15+6+6+30)/0.75+0.6\times41+1\times25]=185.68\text{kVA}$$

选用 SL1200/10 变压器一台。

(5) 电源的选择

1) 尽量利用施工现场附近已有的高压线路或发电站及变电所，但事先必须向供电部门申请。

通常将附近的高压电经设在工地的变压器降压后引入工地。变压器应布置在现场边缘高压线接入处，不宜布置在交通要道口处。

变压器的功率计算如下：

$$W=\frac{K\times P}{\cos\varphi} \tag{5-10}$$

式中 W——变压器的容量(kW)；

P——变压器服务范围内的总用电量(kW)；

K——功率损失系数，取 1.05～1.1；

$\cos\varphi$——功率因数，一般取 0.75。

根据计算所得容量，从变压器产品的目录中进行选择。

2) 如果在新辟的地区中施工，没有电力系统，为了获得电源，应在工地中心或其附近设置临时发电设备(例如柴油发电机)，并沿干道布置主线。现场导线宜采用绝缘线架空或电缆布置。

(6) 施工现场配电

一般要求为三级配电，一级到配电室，二级到分区配电箱、三级到各使用机械。各使用机械必须有一条地线，分区各配电箱也必须有一条地线。施工现场平面图中用 N 表示的线路为供电线路，用 S 表示的线路为供水线路。

(7) 确定配电导线的截面积

1) 按最小机械强度选择导线截面：

架空：BX＝10mm²，BLX＝16mm²　　　(BX 为外护套橡皮线，BLX 为橡皮铝线)

2) 按安全载流量选择导线截面：

$$I_{js}=K_x\cdot\Sigma P_{js}/3\cdot U_e\cdot\cos\varphi \tag{5-11}$$

式中 I_{js}——计算电流；

K_x——同时系数(取 0.7～0.8)；

P_{js}——计算功率；

U_e——线电压；

$\cos\varphi$——功率因数。

根据计算所得电流强度，查看导线产品目录或出厂标签标注的导线持续容许电流，就可以选择合适的导线。

3) 按容许电压降选择导线截面：

$$S=K_x\cdot\Sigma(P_e\cdot L)/C_{cu}\cdot\Delta U \tag{5-12}$$

式中 S——导线截面；
P_e——额定功率；
L——负荷到配电箱的长度；
C_{cu}——常数（三相四线制为77，单向制为12.8）；
ΔU——允许电压降，临电取8%，正式电路取5%。

(8) 施工现场临时供电网

与供水管网的布置相同，见图5-3，有环状布置、枝状布置和混合式三种。

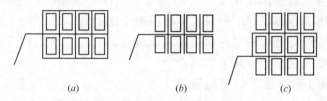

图 5-3 临时供水供电管线布置形式
(a)环状布置；(b)枝状布置；(c)混合式

5.3 案例

本工程为某大学中区教学楼，位于某市文化大街东侧，主要朝向为东西方向，平面呈"H"形，工程总建筑面积为19681.41m²，建筑层数为6层，建筑高度23.80m，室内外高差为0.900m，是集普通教室、语音教室、阶梯教室、办公室、实验室为一体的大学教学楼。

5.3.1 工程概况及特点

1. 工程概况

本工程地处嫩江冲积平原，地形平坦，相对标高为98.57～98.78m，地基由杂填土层、粉质黏土层、细砂层、圆砾层构成，冻土深为2.2m，基础为高压注浆灌注桩基础，基础承台梁为条形，承台及基础梁混凝土强度等级为C30。建筑结构型式为框架结构，建筑结构的类别为二类，耐火等级为二级，框架抗震等级为四级，楼板、屋面板、梁、柱均为现浇形式，屋面防水等级为二级。在现场周边修建2.0m高的彩钢板围墙，形成封闭场区，在围墙外侧抹灰、刷涂料，并做好企业宣传标语，在围墙四周设大门两处。

2. 工程主要特点

本工程工期要求紧，现浇混凝土工程量大。各楼层现浇大量的无粘结预应力混凝土梁和外墙贴饰面砖，这两项工作对整个工程的工期影响较大。

5.3.2 布置起重机械

(1) 本工程基础施工、主体施工、装饰施工均采用塔式起重机作为竖直运输及各楼层的水平运输机械。根据工程总平面图、新建建筑物的平面形状、起重机械的性能及施工现场的环境条件，本工程拟投入一台QTZ40型和一台QTZ63型塔式起重机，起重臂长分别为38m、42m，可覆盖全部建筑物。

(2) 本工程塔式起重机标准节的中心线距建筑物的最外突出物最小距离为

5.0m，且安装场地上空无任何架空电线。

（3）塔式起重机的基础为C30钢筋混凝土基础，混凝土座上表面高出周围地面150mm。

（4）塔式起重机装设避雷针及可靠的零接地双保险，以防施工期间雷击。

5.3.3 布置搅拌站、仓库、材料和构件堆场、加工场地

（1）本工程拟用一台ZL30F装载机、一台HBT40C混凝土输送泵、一台PLD800S配料机以及两台JS500搅拌机，组成一个混凝土主搅拌站和一个辅助转换台，来完成本工程主体结构施工时的混凝土搅拌和运输。三台350L搅拌机来完成砌筑、装饰工程施工时的砂浆及零星混凝土的搅拌。在混凝土搅拌站附近及搅拌机前台设置沉淀池，施工污水要排入沉淀池内，经二次沉淀后，方可排入城市市政污水管线或用于洒水降尘。

（2）基础施工时，由于需要浇筑较大量的混凝土，为减少混凝土的运输量，在基础附近设置一个大的混凝土搅拌站，用于基础工程混凝土浇筑的需要。

（3）根据建筑物的平面形状，为了减少混凝土的运输量，主体结构施工时，设置二个混凝土搅拌站，满足主体结构混凝土浇筑的需要，待主体结构施工完毕后全部移走。

（4）仓库、材料和构件堆场应尽可能地布置在塔吊的作用半径之内，本工程1～3号水泥库、木材和钢材堆场、砌块堆场、红砖堆场、石材堆场、模板等构件堆场布置在塔式起重机的服务范围之内，砂子和石子堆场则靠近混凝土搅拌站的位置。

（5）钢筋加工场、木材加工场及钢材、木材等堆场布置在施工场地的东侧，且堆场处于塔吊的服务范围之内。小型机具仓库布置在钢筋加工场附近。生产区围绕着拟建建筑物布置。

（6）施工场地的布置根据不同的施工阶段进行调整。考虑到装饰工程施工阶段的水泥用量小于主体工程施工阶段的水泥用量，故2号水泥库在主体工程施工完毕后拆除，在其位置搭设装饰材料库，供装饰施工阶段使用。红砖、砌块、石材布置在同一位置。基础工程施工时，布置红砖，主体工程施工时，布置砌块，装饰工程施工时，布置石材，其布置的位置考虑到场内运输方便且离建筑物的运距最短。

（7）钢筋的焊接及制作采用8台电渣压力焊机，5台AX1-300型电弧焊机，两台钢筋调直机，两台GJ5-40型钢筋切断机，两台GJ40型弯起机。

（8）各种仓库、材料和构件堆场、加工场地的面积见施工现场设施一览表（表5-8）。

5.3.4 布置现场运输道路

（1）沿施工场地的周边设置临时围墙，形成一个封闭的施工区域。施工场地有两个出入口，分别位于施工场地的西侧和北侧。北侧的出入口和城市的主要交通干道相连，为通勤车、施工人员及有关人员的通行服务；西侧的出入口和城市的次要道路相通，主要用于施工中各种材料、半成品和构件、设备等的运输使用。

（2）为便于各种材料的运输及通行，确保车辆的行驶安全，本工程沿新建建筑物的周边设置了一条环形道路，且满足主要道路大于6m，次要道路大于3.5m的要求。

施工现场设施一览表　　　　　　　　表 5-8

序号	用　途	面　积(m²)	需用时间
1	办公室	200	06.9.1～07.8.30
2	宿舍	90	06.9.1～07.8.30
3	门卫室	40	06.9.1～07.8.30
4	食堂	120	06.9.1～07.8.30
5	浴池	40	06.9.1～07.8.30
6	厕所	20	06.9.1～07.8.30
7	小型机具仓库	60	06.9.1～07.8.30
8	钢筋加工场及堆场	300	06.9.1～07.6.30
9	木材加工场及堆场	200	06.9.1～07.8.30
10	模板等堆场	150	06.9.1～07.8.30
11	砂子堆场	250	06.9.1～07.8.30
12	石子堆场	400	06.9.1～07.6.30

(3) 在施工场地周边设置排水明沟，以保证施工现场排水通畅，做到场内无积水。排水沟的深度和底部宽度均为 0.4m，坡度为 0.2‰，沟底和侧壁均用水泥砂浆抹平，排水沟穿过施工道路时在路下埋设 φ600 瓦筒。在场地角部设置砖砌集水井，中间设置过渡井，井内外用水泥砂浆抹光，井底标高根据实际情况确定。

(4) 本施工现场位于大学中区，管网已先施工，所以现场道路直接做成永久性道路，基层铺设 300mm 厚砂卵石垫层，面层浇捣 150mm 厚 C20 混凝土。场内成品、半成品、砂、石等均在硬地坪上堆放，即利于场地的文明整洁，又减少了施工损耗。

5.3.5 行政与生活临时设施的布置

(1) 本工程的行政与生活临时设施均为活动房屋，办公区和生活区分开布置。

(2) 为便于对外联系，办公室主要设在施工场地西侧的出入口处，为一层活动房，约为 200m²。该办公室为土建施工单位、建设单位及监理机构的办公室。

(3) 在北侧出入口和西侧出入口处均设有门卫室，为一层活动房，约为 40m²，安排保安人员 24 小时值班。现场实行全封闭管理。

(4) 宿舍布置在施工场地的北侧，由于施工队伍为本市建筑施工企业，施工人员大多家住市区，现场住宿人员较少，故宿舍面积较小，约为 90m²。

(5) 食堂设置在宿舍附近，约为 120m²。食堂设置简易有效的隔油池，产生的生活污水经过隔油池方可排放，定期掏油，防止污染。

(6) 施工现场设浴室一处，设置在拟建建筑物的南侧，约为 40m²。

(7) 在办公区附近，设水冲式厕所一处，配有上下水及消毒设施，约为 20m²。

(8) 办公区和生活区均安排专人进行卫生打扫。

(9) 对施工现场的生活区和办公区进行绿化，配备一定的盆景，营造一个文明、舒适的工作和生活环境。

5.3.6 临时水电管网的布置

(1) 施工现场为三级配电,在北侧入口处设置配电室,主要施工机械设有专用配电箱,施工用电线路均采用三相五线制,全部采用埋地电缆。为防止突然停电造成施工隐患,现场配备一台备用柴油发电机,在紧急时刻提供225kVA电量,以确保施工顺利进行。工程开工前编制详细的专题施工用电方案。

(2) 本工程的水源从现场附近已有的供水管道接入工地,根据施工经验及用水量粗略估算,沿施工场地周边敷设 $\phi 100$ 水管,使之形成环网,其余支管径采用 $\phi 50$ 和 $\phi 25$ 的水管,能够满足施工高峰期现场用水的需要。现场建立一个 $20m^3$ 储水池可兼作消防和施工用,保证停水后的连续施工。

5.3.7 施工现场平面图的绘制

根据上面对施工场地平面布置的综述,分别绘制出:

(1) 基础工程施工平面图,见图5-4。

(2) 主体工程施工平面图,见图5-5。

(3) 装饰工程施工平面图,见图5-6。

施工现场平面布置图(基础)

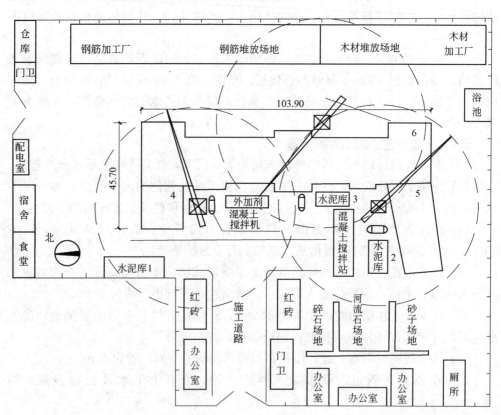

图5-4 基础工程施工平面图

项目5 单位工程施工现场平面图设计

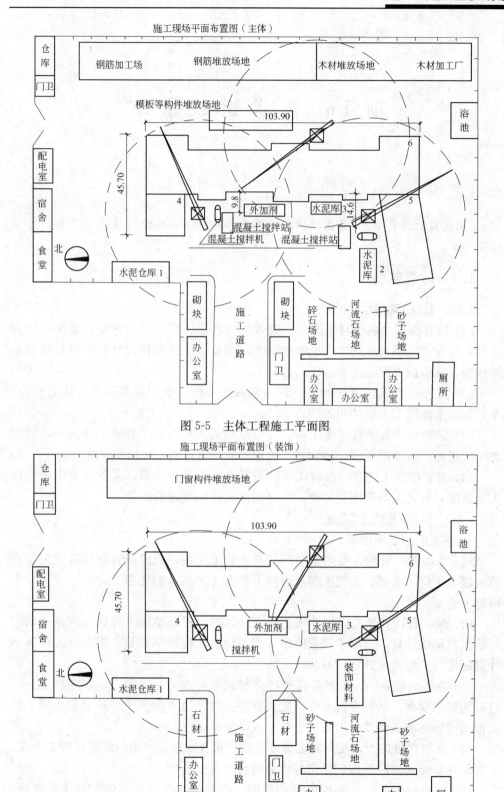

图 5-5 主体工程施工平面图

图 5-6 装饰工程施工平面图

项目6 技术组织措施

训练1 工期措施

[训练目的与要求] 能在保证施工质量的前提下，实现快速流水作业，力保按期交工。

1.1 砖混结构

1.1.1 保证工期的组织措施

(1) 建立强有力的项目经理部、高效的管理层、精干的工作层，层层签订责任书，树立"以质量求进度"取胜的概念，按总进度计划排月计划，按月计划排周计划，从组织上保证工程进度的如期实现。

(2) 实行经济承包责任制，搞好内部各级承包，做到多劳多得、优质优价，充分调动全体施工人员的积极性。

(3) 定期召开由项目经理主持、各专业负责人参加的工程施工协调会，听取关于工程施工进度的汇报，协调施工内部矛盾，防止返工和扯皮现象发生。

(4) 对影响施工进度的关键工序，项目经理要组织力量，采取有力措施加快工程进度，有关人员要跟班作业，确保关键工序按时完成。

1.1.2 保证工期的技术措施

1. 施工前的工期准备工作

(1) 组织施工管理人员熟悉图纸及有关技术资料，提前研究解决施工中存在的问题，土建、水暖、电气工程及分包工程有无矛盾，避免施工时发生交叉，影响施工进度。

(2) 编制有针对性的能指导施工的网络计划，根据单位工程施工网络计划细化季工程网络计划，根据季工程网络计划细化月工程网络计划，根据月工程网络计划细化旬工程网络计划，并认真实施。

(3) 在人力配备上，以满足关键线路控制点要求为第一层次，以各进度分项目标为第二层次，达到主次分明，紧张有序。对关键工序、关键环节和必要工作面根据现场环境条件及时组织抢工期及双班作业。

(4) 在材料供应上，按照施工进度计划要求及时供货，做到既满足施工要求，又要使现场无太多的积压，以便有更多的场地安排施工。

(5) 在机械配置上，要配备足够的中、小型施工机械，不仅保证正常使用，还要配备备用机械，以便在停电的情况下也能正常施工。努力提高机械设备的完好率和利用率，提高机械化作业程度，加快施工进度，保证施工顺利进行。

(6) 施工准备应准确及时，要求精、细，达到三个同步，即基础施工与构件加工同步，主体施工和水电施工同步，上部主体与下部室内抹灰同步，保证按时完成各分部分项工程。

2. 施工过程中的工期管理

(1) 编制月、季施工进度计划和资金使用计划，并及时提供给建设单位，以保证建设单位按期拨付工程款。

(2) 合理组织施工，科学安排工序。采用网络控制技术，掌握好施工节奏和流水节拍，合理化分施工段，安排好平面流水施工和立体交叉作业，搞好施工穿插，最大限度的利用空间和时间，减少停工及窝工时间。

(3) 在施工组织设计的指导下，按日安排具体施工进度计划，做到日保旬、旬保月、月保季，当天的工作必须完成，确保总工期按计划完成。

(4) 施工中严把质量关，各分项工程确保一次达到验收规定标准，避免因返工、修补而造成工期延误。

(5) 工程中采用新技术、新材料、新工艺，提前做好试验，制定相应技术措施，保证工程质量，加快工程进度。

(6) 定期召开生产会议，邀请建设单位、监理单位等有关人员参加，及时调整进度计划，解决施工中存在的问题。

(7) 施工队伍、班组实行分部、分项工程承包制，包质量、包材料、包工期。工程提前完成受奖，工期拖后受罚，推动施工进度的加快进行。

1.2 混凝土结构

1.2.1 保证工期的组织措施

(1) 签订风险承包责任状，以工期、质量为主要考核项目，层层签订、落实，做到奖罚分明，充分调动各方面的积极性，为工期实现提供保证。

(2) 对专业分包实施严格的管理，各分包必须参加项目工程部每日召开的生产例会，把每天存在的问题、需协调的问题当天解决，以保证工程顺利进行。

(3) 对关键线路上的关键工作，应予以高度重视，从组织上保证关键工作的顺利完成，从而保证工程总工期的实现。

(4) 框架工程混凝土工作量大，应做好扰民工作，取得周围居民的理解和支持，保证连续施工。

1.2.2 保证工期的技术措施

1. 施工前的工期准备工作

(1) 根据工期目标，项目部编制周密的施工综合进度计划和季度、月度、周生产计划，均衡组织生产，在绝对保证安全质量的前提下，充分利用施工空间，科学组织结构、设备安装和装修三者的立体交叉作业。

(2) 根据施工进度的总体计划，制定材料采购和供应计划，及时组织各种材料及半成品的加工订货，保证施工的需要。

(3) 执行专款专用制度，避免施工中因为资金问题而影响工程进展，充分保证劳动力、机械的充足配备以及材料的及时进场。

(4) 为了缩短工期、降低劳动强度，施工中应采用大型的、先进的施工机械设备，并配备足够的中、小型施工机械。

2. 施工过程中的工期管理

(1) 编制有针对性的施工组织设计，采用先进的施工技术，合理组织流水施工。

(2) 严格各工序施工质量，确保一次验收合格，杜绝返工，以良好施工质量获取工期的缩短。

(3) 模板施工中，梁、柱采用定型模板，楼板采用早拆体系，可以大大缩短模板的拆装时间，从而加快模板周转，提高劳动效率。

(4) 混凝土施工中，采用泵送混凝土输送技术；钢筋由加工厂加工，成品钢筋直接运送到作业面，既可节约时间又能保证施工质量。

(5) 积极推广应用新技术、新工艺、新材料。如冬期混凝土施工添加抗冻早强剂，可提高混凝土早期强度，保证浇筑后第二天就可上人操作；水电安装中采用 PVC 管道，其效率能成倍提高；水电埋管、留洞随时插入，不占用工序时间等，从科技含量上争取工期缩短。

1.3 钢结构

1.3.1 保证工期的组织措施

(1) 组建强有力的项目经理部，配备指挥能力强、施工经验丰富的干部进入各级管理层，层层签订责任状，进行分工管理。

(2) 搞好经济管理和成本核算工作，以劳动定额、材料消耗定额和机械台班定额为依据，开展承包制，使分配与工程进度、工程质量挂钩，激发职工生产积极性，保证工期。

(3) 编制科学、严密的实施性施工组织设计，制定切实可行的方案措施，按网络计划组织施工，确保重点工程、关键工程的工期。

(4) 加强与公安、交通、市政、供电、供水、环保、市容、业主、监理、专业分包商及社区等社会各界的协调，保证施工生产的正常进行。

1.3.2 保证工期的技术措施

1. 施工前的工期准备工作

(1) 人力资源保障。根据实际需要选派业务精、技术熟练的工程技术人员和技术工人参加工程施工，保证施工的顺利进行。

(2) 物资资源保障。应根据施工总进度计划提出材料采购、加工及进场计划，保证物资质量优良，供应渠道畅通，做到及时订货，准时供应，确保工程施工正常进行。

(3) 机械资源保障。应配备性能先进、状况良好、适用于工程项目的机械设备，加强维修保养，提高完好率和使用率，充分发挥机械设备的效能。

(4) 资金使用保障。合理运用资金，加强调控能力，确保工程正常运转，保证关键工程的正常施工。

(5) 总包管理保障。总承包商应发挥综合协调管理的优势，以合约为控制手段，以总进度计划为准绳，确保分包商各项目标的实现。

(6) 设计工作保障。根据施工现场信息反馈，对于钢结构特殊专业的工程，设计往往不能满足加工制作以及现场施工的要求，需要总承包商与设计单位共同配合运作，总包应对设计提供合理化建议，共同消除设计对施工进度的影响。

2. 施工过程中的工期管理

(1) 编制科学合理的钢结构安装方案，对钢结构施工详图设计、下料、加工、试拼、运输、现场安装等进行全过程的质量跟踪和控制，基础结构完成后应立即插入钢结构安装，确保钢结构工程满足质量和进度的要求。

(2) 装修项目和机电工程交叉作业多，施工工序繁杂，例如设备间的装修、吊顶内的机电等，各专业应提前为相关专业创造条件，同时密切配合，消除专业之间、工艺之间的交叉影响，从而保证施工正常进行。

(3) 在施工过程中，考虑到设备进场时间有可能会不同程度地影响施工进度，应统酬安排，先干可以施工的部位，待设备到位后立即安装，保证工期。

(4) 在保证质量的前提下，主要构件采用工厂预制，现场加工组装，场外拼装与场内提升同步，可减少现场工作量，加快工程进度。

(5) 应提前落实大型设备外形尺寸，确定大型设备运输路线，避免因设备外形尺寸超宽，不能进入设备运输通道所带来的工期延误。

1.4 排架结构

1.4.1 保证工期的组织措施

(1) 项目部应由有丰富施工经验的技术管理人员组成，认真做好进度安排，组织好各专业、各工序的穿插作业、平行作业和交叉作业，加快施工进度。坚持每日例会制度，及时解决施工中存在的问题，做到按日控制进度。

(2) 应充分运用网络计划技术原理控制工期，以各分部工程的施工工期保证单位工程的施工工期，以单位工程的施工工期保证总工期。利用实际进度前锋线原理，找出实际进度与计划进度的差异，及时进行调整，从而保证各里程碑工期目标和总体工期目标。

(3) 严格执行施工组织设计中的工期目标及各项措施，通过施工方案优化、组织管理优化、机械设备选择与配置优化、劳动力组织与分布优化、工程材料运输供应优化来赢得时间，保证工期。

(4) 按施工总进度计划要求，合理划分施工段，组织流水施工和立体交叉施工，制定保证关键工作顺利实施的计划，确保计划工期实现。主要分部工程可采用两班或三班制，加快施工进度，缩短施工工期。

1.4.2 保证工期的技术措施

1. 施工前的工期准备工作

(1) 接到施工图纸后，项目技术负责人应立即组织各专业技术人员作好图纸会审工作，把问题解决在施工前，做好施工方案，提前讨论编制工作。

(2) 积极推行新工艺、新技术、新材料应用及一些有效措施来缩短施工工期。在混凝土中掺加早强剂，可大大提高混凝土的早期强度，加速拆模时间，为下道工序创造条件。

(3) 做好人力、物力和财力的保障工作，选择信誉良好的供货厂家，所购的材料达到优质优价，所选的机械设备性能可靠，保证施工中的正常使用。

2. 施工过程中的工期管理

(1) 独立基础结构，选择合理的模板配置方案，精确弹出支模边线，确保柱位准确。

(2) 无论是钢屋架还是钢筋混凝土屋架，都要提前做好屋架、牛腿柱、吊车梁的预制工作，基础工程完成之后能够保证上部结构的及时安装，不产生窝工现象。

(3) 吊装工程的施工进度会直接影响排架结构的工期，吊装工作应分段进行，工程完成一段后，即可进行砌筑工程的施工，同时进行下一段的吊装工作，使后续工作能够早日进行。

(4) 主体结构应分阶段进行验收，室内外抹灰工程可提前插入，同时水、电、通风、设备安装工程可穿插在其中进行，缩短工期。

(5) 应保证模板、支撑的配置数量，脚手架应采用碗扣式快支快拆系统，不能因为模板、脚手架等周转材料不足而影响工期。

训练 2 质 量 措 施

[训练目的与要求] 掌握保证质量的组织措施与技术措施，达到其质量要求。

2.1 砖混结构

2.1.1 保证质量的组织措施

1. 落实岗位责任制

(1) 将质量目标分级下达，项目经理部建立以项目经理、项目工程师、职能部门、工长、班组和个人层层负责的质量保证体系，使各级管理人员及全体施工人员职责分明，对工程质量全面负责。

(2) 对职工加强质量管理知识的教育，将质量意识贯彻到施工人员的头脑中，从上到下，各级人员均应进行岗位培训，持证上岗。

(3) 实行四级检查制度，即公司、项目部、施工队、班组四级，各级定期进行检查，发现问题及时整改，直到符合要求，将质量事故消灭在萌芽状态，确保工程质量。

2. 加强技术管理，完善技术内业

(1) 认真熟悉图纸，做好图纸会审，把问题解决在图纸会审中。

(2) 积极采用新技术、新工艺，以施工中的薄弱分项、工种和技术难点为对象，进行技术攻关，提高工程质量，充分发挥技术为质量服务的作用。

(3) 每个工种、每道工序施工前逐级做好技术交底，明确施工方法、程序、技术及质量要求，确保施工质量。

（4）严格按标准进行技术内业管理，做到及时、准确、完整，达到规范化、标准化、表格化，真正起到内业指导外业的作用。

（5）做好技术资料的收集、整理、归档工作。

3. 把住材料、设备关口，做好质量监控

（1）材料采购力求货比三家，择优选用。高级装饰材料提前组织建设、监理、设计等单位看样定货。

（2）从材料出厂到材料的最终使用，其中在运输、装卸、保管等环节都要严加控制，保证材料完好无损地送到施工人员手中。

（3）合理选择施工机械，进入现场的施工设备必须性能良好，符合有关标准和规范。做好机械设备的维护检修工作，保持机械设备的良好技术状态。

4. 实施样板引路制度

（1）实行样板工程，即样板间、样板墙、样板线，以样板为标准，按样板进行施工。

（2）每个分项工程开始大面积施工前都要做出示范样板，统一操作要求，责任到人，形成严密的质量责任体系。

（3）样板工程经建设单位、监理单位、施工单位共同验收达到标准后方可进行大面积施工。

5. 抓好施工过程控制，确保施工过程合格

（1）施工中进行合理的工序穿插，各道工序要有完整的工序交接手续和交接制度，认真做好自检、互检、交接检，隐蔽项目未经验收不得进行下道工序施工。上道工序不合格，下道工序不得施工，把住工序关，确保每道工序的施工质量，使工程质量始终保持在优良状态。

（2）施工中，严格按照有关规范、标准、操作规程进行，确保达到质量标准。加强土建、安装、装饰各工种之间的配合，采取合理有效的保护措施，设专人负责，搞好成品保护，杜绝损坏和污染。

（3）建立施工现场例会制度，每周召开一次例会，现场主要管理人员参加，总结本周施工中出现的问题，安排下周工作，避免问题重复出现。

2.1.2 保证质量的技术措施

1. 施工前的质量准备工作

（1）认真组织各专业管理人员学习施工图纸、地质资料，搞清设计意图，解决图纸错漏、各专业图纸设计交叉的矛盾、设计不合理及材料代用等问题，做好记录，提交监理、设计单位审定，由设计单位提出书面变更通知单。

（2）技术人员要将工程概况、施工方案、技术措施及特殊部位的施工要点、注意事项等向全体施工人员作详细的技术交底。

（3）按施工平面布置图搭建临时设施，布置施工机具，做好场内道路及水电敷设，做好各种施工机械的维护保养工作，为工程开工后保证施工生产的顺利进行做好充分的准备。

（4）各种材料、构件、半成品、设备进入施工现场要有出厂合格证、使用说明书、检测报告、准用许可证等，进场后检查其品种、规格、质量、数量等是否符合设计要求,并按有关规定进行抽样检测或送有资质的实验室检测,复验合格后才可使用,质量规格不符和局部有损坏的,提交设计部门鉴定,决定能否使用,不合格的材料一律不得用在工程上,把好材料、设备质量关。

(5)设立专门的测量放线小组,测量仪器及工具事先检查,定期校正,建筑物的轴线位置与标高测量由专职测量放线人员测定完成后,测量组长要进行复查,并请监理人员检查无误后方可施工。

(6)按照设计图纸的要求,将进场材料送检测站,委托试验,取得配比单,才可进行工程施工,不得套用其他的配比施工。混凝土临时搅拌站要配置有效的磅秤,搅拌混凝土及砂浆所用原材料要做到严格按照施工配合比称量,工地要配备标准养护箱、回弹仪、坍落度桶各一个,配备混凝土、砂浆试模若干组,并指定专人负责取样送试,确保工程质量。

2. 施工过程中的质量管理

(1)基础工程

1)地槽、地坑挖掘好后,要逐个检查验收,挖掘的轴线尺寸、断面尺寸、标高和地质情况必须符合设计要求,当地质不符合要求时,要提出报告,按设计部门提出的变更单进行处理。

2)基础周边的土,排净积水,分层用铁夯或蛙式打夯机夯实,尤其是边角部分一定要仔细夯实。

3)大面积回填土,可用推土机推碾,再用蛙式打夯机夯实,采用环刀法分层检测夯实的密实度,达到设计的要求。

4)对分项工程质量严格检查,合格后请建设单位、设计单位、质监站代表验收,并做好隐蔽工程验收记录。

(2)砌筑工程

1)所有进场的砌块要有出厂合格证,进场后要检查外观质量、规格尺寸、翘曲、裂纹等应符合设计要求,并按规定送试,合格后方可用于施工。

2)砂浆配合比要严格按检测站提供的配比单进行,随时检查砂子的含水率,确定施工配合比。投料采用电子秤计量,确保配比准确,同时做好砂浆试块。

3)砖砌筑前提前一天浇水,严禁干砖上墙。砌筑时一砖墙单面挂线,一砖半以上墙双面挂线,一般采用三一砌砖法操作,砌筑时严格按皮数杆控制砖的皮数,确保墙面平整,灰浆饱满。拌合的砂浆要3h以内用完,不得使用过夜砂浆。

(3)钢筋工程

1)钢筋的进场,除了有出厂合格证和试验单外,须进行二次试验,合格后方可用于施工。进场的钢材有锈蚀、油泥必须清净,保证钢筋的使用要求。

2)钢筋的代换,须经设计部门核定同意方可用于工程上,代用钢材必须有试验单,二次试验合格后方可用于施工。

3)钢筋的加工,要严格按照钢筋配料单给定的尺寸、数量、规格进行下料、焊接和弯折,加工完成后再进入现场。

4)钢筋的绑扎,要按设计要求进行,纵向钢筋应确保数量、直径、间距准确无误。箍筋应按图纸要求的间距及位置绑扎。水平板上的钢筋应保证顺直、均匀，负筋不得踩踏。

5）钢筋的焊接，一般竖向粗钢筋采用电渣压力焊，水平粗钢筋采用直螺纹连接，焊接要严格按专业操作规程和图纸设计要求由持证焊工施焊，完成后，取样送试，焊接质量必须合格。

6）钢筋的堆放，一般将同种钢筋用钢丝绑扎成捆，所有的钢筋均需挂牌，按施工平面图中指定的位置堆放整齐，避免引起混乱。

(4) 模板工程

1）模板加工前，模板及模板支撑系统要经过计算，确定支撑的间距，保证模板结构的强度、刚度与稳定性。

2）模板使用前，必须清除表面、侧面的杂物，刷隔离剂一道。U形卡、L形卡按要求设置。对因拆除而损坏边肋的模板、翘曲变形的模板要进行平整、修复，保证接缝严密加固牢靠且不漏浆，保证混凝土结构表面的外观质量。

3）支模时，立柱下的地面要夯实。梁下立柱底面须垫大方。纵横立柱应按要求进行拉结，确保立柱不下沉，支架结构稳定。

4）模板安装必须在楼层放线、验线之后进行，要按轴线、标高线找正，确保尺寸、标高准确，侧模支顶牢固，防止倾斜与胀模，达到清水混凝土及镜面混凝土标准。放线时要弹出中心线、边线、支模控制线，每个部位模板安装完毕后，需经施工技术员、质检员验收通过，并在验收单上签字后方可进入下一道工序的施工。

5）混凝土施工中，下部设专人看护，发现问题及时采取补救措施。

6）在混凝土达到一定强度能保证其表面及棱角不因拆除模板而受损坏后，方可拆除模板的侧模。

(5) 混凝土工程

1）进场的水泥要有出厂合格证，混凝土所需材料必须经试验合格后方可使用。

2）混凝土下料要严格按检测站提供的配比单进行，依据现场材料的含水率确定施工配合比和一次搅拌所需的各种材料数量，并设专人负责投料。

3）制定好工程试验计划，专人负责施工试验工作，按现场实际施工进度，结合季节施工因素按规定及时制作试块，送试的有关资料要齐全、完整、准确。

4）混凝土浇筑要做到均匀下灰、均匀振捣，做到连续浇筑，当有间歇时，其间歇时间不宜太长，并在前层混凝土初凝前，浇筑上层混凝土，若前层混凝土已初凝时，应按施工缝处理。

混凝土振捣采用振捣棒时，应快插、慢拔，做到振捣均匀，防止混凝土出现蜂窝麻面孔洞。每浇筑一段，随时用振捣器振实、拍平，保证上表面的平整，达到取消楼面找平层的要求。

5）混凝土终凝后立即进行淋水保养，高温或干燥天气要加麻袋覆盖，保持混凝土有足够的湿润时间，防止混凝土表面产生不规则裂缝。

(6) 屋面工程

1）所有进场的防水材料要有出厂合格证，使用前都必须按照有关规定，进行现场抽样复检试验，不经抽样检验或检验不合格的材料不得使用。

2) 做好屋面细部防水工作，屋面防水层必须由防水专业人员进行施工。屋面防水施工时，应先做好节点、附加层和屋面排水比较集中的部位处理，务必做到精心操作，严把操作质量关，确保屋面不渗漏。

3) 防水层完成后要逐个进行检查，认定合格后再进行淋水或闭水试验，合格后做好保护，防止损坏。

(7) 装饰工程

1) 装饰施工前，基层表面必须清理干净，防止出现空鼓。

2) 应注意与土建配合，按工序及时进行穿插施工，全面施工前，应先做样板间，经有关单位检验认可后，方可进行大面积施工。

3) 要严格做好产品保护工作，装饰阶段后期派专人看守。

2.2 混凝土结构

2.2.1 保证质量的组织措施

(1) 建立高素质、强有力的项目经理班子，经理部各科室应选用具有丰富施工经验的人员担任主管，为实现质量目标提供强有力的组织保证。

(2) 建立岗位责任制度和质量监督制度，制定出部门的职责范围及每个人的岗位职责，责任到岗、责任到人，使质量管理形成一套有效的管理网络，达到工程的质量目标。

(3) 建立质量例会制度，开展质量竞赛和质量交流活动，对所有分项工程的质量进行有效监督，发现问题及时纠正解决，做好质量事前、事中、事后的控制工作。

(4) 在现场质量管理过程中，严格按照国家的操作规范、验收标准、内控标准及设计图纸进行施工检查，重点部位重点检查，做到不漏检不留隐患，做好质量检查工作。

(5) 对施工中每个分项工程、每道工序制定严格的质量责任制度，以"样板引路，工序控制"为起点，严格执行"三检制"、测量放线复验制、地基联合验槽制、关键和特殊过程跟踪检验制、隐蔽工程联合检验制、分部分项工程质量评定制，对不合格的产品应按有关规定进行处理，并重新进行质量验收，使所有工序在保证质量达标的前提下完成。

(6) 材料订货要从具备资质的厂家和正规的渠道采购，做到货比三家，严把材料进货关、检验关，保证没有一个不合格产品用到工程中去。

2.2.2 保证质量的技术措施

1. 施工前的质量准备工作

(1) 坚持图纸会审制度，最大限度地把可能出现的问题消灭在施工前。坚持技术交底制度，施工前必须进行技术、质量、安全方面的详细书面交底，交底应经双方签字，对关键过程、特殊过程的技术交底还应经项目技术负责人审核。

(2) 严格按图纸施工，按程序施工，认真执行现行规范、规程和标准，精心编制施工组织设计，落实施工方案和各项技术措施，进行科学的现场施工管理和组织。

（3）对工程中未经检验和试验的材料、未经批准紧急放行的材料、经检验和试验不合格的材料、无标识或标识不清楚的材料、过期、失效、变质、受潮、破损和对质量有怀疑的材料等不得使用。当材料需要代用时，应先办理代用手续，经设计单位或监理单位同意认可后才能使用。

（4）测量放线要精心操作，严格控制轴线位置标高。混凝土工程严格按配合比认真计量，制止不计量的行为。与质量有关的检验、测量和计量设备在使用期间要经常进行校准，做好标识。

（5）做好质量保证资料、工程技术资料、工程质量检验评定与验收资料等的管理工作，保证项目资料的完整性、真实性和可追溯性。

1）质量保证资料是系统反映单位工程的结构技术性能、使用功能和使用安全的资料，包括出厂合格证、试验报告单、预隐检记录、施工日志等情况，数据的记录必须真实、可靠、齐全、交圈。

2）工程技术资料是为工程顺利进行提供的技术保证，为工程中遇到的各种问题及施工难点，提供有效的技术措施和解决的方法，并预见性的为工程提出质量通病的预防措施，包括各种建筑材料的加工单、确定施工流水段、施工方案、施工进度网络计划等。

3）工程质量检验与验收资料包括对分项工程、分部工程、单位工程三级进行质量检验与验收。根据国家颁布的《建筑工程施工质量验收统一标准》GB 50300 的要求，首先对分项工程中的主控项目和一般项目进行质量验收，从而确定分部工程的质量等级，由施工单位、建设单位、监理单位、设计单位对单位工程进行四方验收，最终报送上级质量监督管理部门核定单位工程质量等级。

2. 施工过程中的质量管理

（1）施工中应严格按照施工组织设计、施工规范、施工工艺、施工图纸、作业指导书、质量验评标准进行施工，使工程质量始终处于良好的受控状态。

（2）协助测量人员定位放线，保证柱下独立基础或桩基础位置准确无误。

（3）混凝土工程施工时采取分层浇筑，加快热量的散发，可在构件内埋设电子测温线路，有效的监控混凝土内外温差，以便及时采取措施。

（4）板的钢筋须在模板上按间距弹线后再按线绑扎钢筋，板的负筋绑扎时，每1m间距应设1m长的马凳，禁止直接在钢筋上行走。在绑扎柱钢筋时先按实际个数套好箍筋，梁顶和梁底部位是柱的箍筋加密区，套好箍筋暂时不绑，待梁筋就位后再绑扎加密区柱箍筋。

（5）板的跨度等于或大于4m时，模板要起拱。柱子支模前，必须校正钢筋位置保证柱主筋和保护层厚度。模板接缝宽度不大于1.5mm，且用20mm×10mm海绵条粘贴，防止拼缝漏浆。

2.3 钢结构

2.3.1 保证质量的组织措施

1. 建立质量管理体系

（1）建立和完善决策层、管理层、作业层三级质量管理体系，健全各级领导责任制，做到职责清晰、权限分明，保证质量管理体系有效运作。

（2）建立完善的专职质量检查体系，建立层层负责的质量岗位，项目经理部设安全质量检查部，项目队设专职质检工程师，工班组设质检员，确保质量目标的实现。

（3）定期或不定期地分析工期、质量、安全、成本问题，及时研究解决四大目标之间相互对立统一的问题，保证工程质量达到目标要求。

2. 建立质量保证体系

（1）成立以项目经理为组长的QC全面质量管理领导小组，在工程中运用科学的管理手段，采用新工艺、新技术、新设备、新材料，提高工程质量，充分发挥质量保证体系的功能。

（2）质量管理领导小组对施工全过程的质量情况负全责，运用QC管理方法，如排列图、因果图等，分析质量问题产生的原因，制定对策，运用停工、返工、整改、监督、检查及经济处罚等相应手段，从而保证对工程的全面质量控制。

（3）实行工程质量终身负责制，做到分项工程质量、分部工程质量、单位工程质量落实到人，并定期组织有关人员进行技术培训、质量教育和检查评定等，以达到质量控制的目的。

3. 健全质量管理制度

（1）培训上岗制度

工程项目所有管理人员及操作人员均应经过岗前业务知识和技能培训，对于特殊工种必须持证上岗。

（2）材料、构配件和设备的进场检验制度

1）对采购进场的原材料、成品及半成品、构配件和设备均要有出厂合格证、技术说明书等，并由项目队的有关人员进行检验，合格后请监理工程师复检认可，方可用于施工。

2）严把工程材料质量关，做到未经检验的材料不进场、不放行，检验不合格的材料不使用，同时做好材料储存保管、领发使用及回收周转等环节的工作。

（3）样板引路制度

施工操作注重工序的优化、工艺的改进和工序的标准操作，每个分项工程在大面积开始操作之前做出示范样板，统一操作要求，明确质量目标。

（4）质量"三检"制度

实行自检、互检、交接检制度，并要有文字记录，预检及隐蔽工程检查做好齐全的隐预检文字记录。

（5）成品保护制度

合理安排工序，上、下工序之间做好交接工作和相应记录，下道工序对上道工序的工作应避免破坏和污染，按照质量要求做好成品保护工作。

（6）隐蔽工程检查制度

1）工程开工前，项目经理部要确定工程的全部隐检项目，报监理审批。

2）施工过程中，严格执行施工人员自检、质检工程师复检和监理工程师终检的程序，未按有关规定进行隐蔽检查不得自行转入下道工序。

（7）质量记录资料制度

质量资料是实施质量控制活动的记录，它不仅对工程质量控制起重要的作用，而且对后期施工、编制竣工文件、质量保修阶段及进行施工技术总结，都有很重要的价值。质量记录应包括施工现场质量管理检查记录，工程材料、成品、半成品、构配件、设备等的证明材料，施工过程作业活动质量记录等等，内容要真实、齐全、完整，做到规范化、标准化，并具备可追溯性。施工过程中，应随时收集、记录、分类和整理，以便于竣工文件的编制。

2.3.2 保证质量的技术措施

1. 施工前的质量准备工作

（1）制定切实可行、针对性强、可操作的施工组织设计，包括基础工程、钢结构工程、屋面工程等关键工作的技术方案，突出"质量第一、安全第一"的原则。

（2）强化施工生产要素管理，对人员、材料、机械进行优化配置，以高质量的资源投入，保证工程施工的高质量。

（3）对施工所需的测量、试验仪器进行校验或标定，确保测量、试验数据准确。施工中所需的机械进场前进行维修检查，确保操作可靠性，做到定人定机、持证操作、高效运转。

（4）组织好图纸会审，作好分级技术交底工作，尤其是要作好新技术、新材料、新工艺的技术交底工作。开工前认真核对设计文件和图纸资料，切实领会设计意图，查找是否有碰、错、漏等现象，及时会同设计部门和建设单位解决所发现的问题。图纸会审后，编制好相应的施工技术方案及必要的作业指导书，逐级进行书面技术交底，确保施工人员明确技术操作及质量要求。

（5）对影响工程质量的关键部位和重要工序设置质量控制点，如在测量放线、模板、钢筋定位、钢结构工程安装与吊装等工序实施质量重点控制。

2. 施工过程中的质量管理

（1）把成品构件分批运至安装地。对构件进行复验，对运输过程中产生的变形进行矫正处理，符合规范要求后，进行安装。根据吊装方案及吊装布置，确定好吊装机械及运输机械的路线，保证路线通畅。

（2）对土建提供的基础交接单、测量记录和基准点，钢结构安装时必须进行复验。待复核轴线、标高、地脚螺栓合格后方可进行钢柱的安装。

（3）钢柱安装前应对基础及地脚螺栓进行清理，再根据测量记录，把相应厚度的垫板放好，然后吊装。钢柱采用相对标高控制方法，按照先调整标高，再调整扭转，最后调整倾斜角度的原则进行调整，利用钢楔、垫板、撬棍及千斤顶等工具校正。

（4）檩条安装用拉杆尺寸控制，以保证檩条的直线度和扭曲符合规范要求。檩条安装时应严格按图放线、位置准确，螺栓拧紧牢固，不得随意用气割开孔，保证间距。檩条安装也可采用人工提升就位安装，安装完毕经测量、调整误差后，进行下一道工序施工。

(5) 梁的吊装由上至下，刚架梁、吊车梁、平台梁依次安装。安装钢梁时，由于制作拼装误差，会对钢柱产生影响，需及时调整处理，保证各项指标受控。钢柱、钢梁节点螺栓及焊接连接完成后，形成整体后进行整体校正。

2.4 排架结构

2.4.1 保证质量的组织措施

(1) 建立各级人员的质量责任制，把质量责任细化到各部门、各岗位，同时加强对职工的质量教育，强化全员质量意识，所有人员进场前均进行严格的岗前培训、考核，持证上岗，做到人人有目标、人人有责任。

(2) 对工程质量进行系统控制，通过 PDCA 循环原理，即计划、实施、检查和处置来实现预期目标，从工序质量到分项工程质量、分部工程质量进行层层控制，从投入工程的原材料开始，直到工程质量检验为止的全过程系统控制。

(3) 严格进行工序管理，做好技术交底和预防质量通病措施交底，使施工人员知其责明其任，坚持"三检制"，即自检、互检、交接检，建立行之有效的工序交接制度，上道工序没有达到质量标准，绝不进行下道工序的施工。贯彻样板制，挂牌制。

(4) 对于容易出现质量通病的项目，事先制定切实可行的措施，进行事中检查分析，消除质量通病。对出现的质量事故，做到"四不放过"，即事故原因不查清不放过、责任人没有受到教育不放过、事故隐患不整改不放过、责任人没有受到处罚不放过。

(5) 建立每天的交班会制度，落实质量措施，通报质量情况，制定合理的解决办法，把影响质量的因素消灭在萌芽中。以预测、预控、预防为主，提出下步工作的质量目标。

(6) 做好技术内业资料管理，作好工程日志、设计变更、工程质量检验评定、施工检验报告和测试纪录、隐蔽工程检查验收记录、材料和设备出厂合格证及试验资料的保管工作。

2.4.2 保证质量的技术措施

1. 施工前的质量准备工作

(1) 严格按设计标准和施工规范进行设计文件审核，领会设计意图，明确设计要求，消除差错。

(2) 施工前进行施工定位测量及复测，保证施工项目的位置、标高符合设计要求及规范要求。

(3) 严把工程材料质量关，做到未经检验合格的材料不放行，检验不合格的材料不使用，同时做好材料储存、保管、领发、使用、回收和周转等管理环节的工作。

(4) 施工所需的检验、试验设备必须按周期进行鉴定，确保测量、试验数据准确。所需的机械设备进场前维修检查，坚持日常维护保养，提高设备的利用率和完好率。

(5) 坚持技术交底制，工程施工前必须针对施工程序、工艺、方法、技术标准,交底到每个项目作业队,杜绝因技术指导错误而影响工程质量。

2. 施工过程中的质量管理

(1) 工程控制点及轴线放线完毕后,技术人员必须对照图纸进行复测检查,减少测量误差,并注意保护好有关标识。

(2) 基础挖至底标高后,应对地基进行维护,防止地基土的扰动,并及时进行施工、设计、监理、建设单位的"四方"验槽工作。

(3) 模板要保证有足够的强度、刚度和稳定性。支模时,模板必须表面平整、拼缝严密,模板支撑牢固,经检验合格后才能浇筑混凝土。当混凝土强度达到规范要求时,模板方可拆除。

(4) 混凝土必须经实验室试配。混凝土制备时,根据混凝土配合比下料单及砂、石含水率及时调整配比。按规范有关规定留置混凝土试块,并及时送检。浇筑屋面圈梁时,必须严控标高,用水准仪测量预埋铁件标高,以利于预应力混凝土屋架的安装。

(5) 砌墙用的红砖、水泥、砂要提前按批量检验合格。红砖要提前浇水湿润。因排架结构砖墙只起维护作用,故设双排脚手架,不留脚手眼。按规范规定留足砂浆试块并及时送检。

(6) 用水准仪随时检查地面回填材料的各层厚度和地面结构层厚度。每层完成后,与监理工程师共同检查验收。面层施工完成后要派专人养护,防止提前上人。

(7) 门窗要有出厂检验合格证明,进场后要严格进行质量验收。门窗安装时要先进行试安,准确无误后再焊接铁件。做好成品保护工作,防止门窗被碰坏或污染。

(8) 防水卷材必须是正规厂家生产,有出厂合格证,进场后经检验合格才能用于施工。屋面工程工序较多,每道工序完成后,必须经有关人员检查合格后,才能进行下道工序施工。按时做好施工检查并认真记录,处理好细部节点,做好成品保护工作。

训练3 安 全 措 施

[训练目的与要求] 掌握保证安全的组织措施与技术措施,达到其安全要求。

3.1 砖混结构

3.1.1 保证安全的组织措施

1. 建立健全安全责任制度

(1) 项目经理部建立以项目经理为负责人的安全生产责任制,以及由职能部门制定、班组负责实施的安全生产保证体系。

(2) 项目负责人每周要进行巡检和召开安全例会,通报上一周存在的隐患情况,明确下一步任务,确保施工安全的工作重点,对季节施工、环境变化做出指示,并制定相应对策。

(3) 建立各级安全技术管理制度和相应的奖惩制度,并严格落实责任制,一级对一级负责,全体对施工安全负责。

2. 抓好安全教育工作

(1) 对全体参与施工的管理人员及操作人员进行现场安全教育,培养安全生产必备的基本知识和技能,牢固树立安全第一的思想,自觉地遵守各项安全生产法律法规和规章制度,提高自我保护意识和能力。

(2) 进行岗位三级安全教育,即进行公司、项目经理部、施工班组三个层次的安全教育。公司教育的内容是:国家和地方有关安全生产的方针、政策、法规、标准、规范、规程和企业的安全规章制度等;项目经理部教育的内容是:工地安全制度、施工现场环境、工程施工特点及可能存在的不安全因素等;施工班组教育的内容是:本工种的安全操作规程、事故案例剖析、劳动纪律和岗位讲评等。新员工进场,未经三级安全教育不准上岗。

(3) 把安全知识、安全技能、设备性能、操作规程、安全法规等作为施工现场安全教育的主要内容。对新员工、变换工种工人、特种作业工人要定期进行安全教育;采用新技术、新工艺、新设备、新材料及进行技术难度复杂或危险性较大的作业时,必须进行专门的安全教育,并有可靠的保证措施,方能进行施工。

(4) 机械工、电工、架子工、起重工、电焊工等特殊作业人员除一般安全教育外,还要经过专业安全技能培训,经考试合格持证后,方可独立操作;对从事有尘毒危害作业的员工,应进行必要的防治知识和技术的安全教育,同样需经考核,持证上岗。

(5) 建立经常性的安全教育考核制度,考核成绩要记入员工档案。

3. 做好施工现场的安全管理

(1) 现场建立安全检查制度,项目经理部必须实施定期的、季节性的、专业性的安全检查,及时发现事故隐患,堵塞事故漏洞,防患于未然。对查出的隐患,要建立登记、整改、验证、销项制度,在隐患没有消除前,必须采取可靠的防护措施,对危及人身安全的紧急险情,应立即停止作业。

(2) 要抓好施工现场平面布置图和场地设施的管理,做到图物相符,施工区与生活区域要实行有效隔离,各种构件、材料堆放整齐,保证道路通畅。现场设置吸烟室,其他地方严禁吸烟。

(3) 现场的安全网、围护、洞口盖板、护栏、防护罩等安全设施必须齐全、有效,不得擅自拆除或移动,在施工中确需移动时,需经项目部同意,采取相应的安全措施方可施工。

(4) 施工现场应设置安全宣传标语牌,危险地点必须悬挂国家有关安全色、安全标志的标准标牌,现场的施工洞口、坑、沟等处应有防护措施和明显标志。

(5) 进入现场必须正确使用"三宝"用品,"三宝"是指安全帽、安全带、安全网。应遵守安全操作规程,严禁违章作业或酒后作业。"四口"的安全防护必须按《建筑施工高处作业安全技术规范》中的要求进行设置,"四口"是指楼梯口、电梯井口、预留洞口、通道口。"四口"及阳台、走廊、屋面等临边处必须设置临时防护栏杆,在施工中,要经常检查与维修"四口"及临边处的防护。所有安全防护设施,未经安全员批准,任何人不准拆除移动,以确保安全生产。

(6) 做好施工现场的消防、保卫工作,成立领导小组,由项目经理任组长,负责全面工作。在工地显著位置设立消防标牌,并按消防规定在现场、生活区、办公室、仓库设立消防器材,特别是在易燃物比较集中的部位,如木工车间配备专门的灭火器材及灭火工具。建立工地门岗保卫制度,配备专职保安员检查进出场人员及流入流出的物资,夜间守护施工现场,重点是仓库、办公室、井架及成品、半成品的保卫。

(7) 五级以上大风或雨天应暂停作业。

3.1.2 保证安全的技术措施

1. 施工前的安全准备工作

(1) 工程施工前应对施工的区域、周围设施、道路、高压线路等进行必要的安全勘察,特别是高空作业、起重吊装作业对周围人员、临时设施、道路的影响,要进行充分的安全考虑。

(2) 根据施工现场平面图,结合勘察情况及施工作业时间,有针对性制定出井架的平面位置、脚手架搭设、高空坠落、物体打击事故及施工用电等的技术措施方案。

(3) 分项工程施工前,必须逐级进行安全技术交底,交底内容要全面,结合本工种及施工环境针对性要强,做到有书面签字手续,资料要保存。

(4) 现场搭设的临时房屋,架设的临时电气线路,要做到施工前有设计图纸,施工按图进行,完成后由项目技术负责人组织检查验收,合格后方可投入使用。

(5) 现场主要出入通道和作业棚要搭设安全棚,确保工作人员出入和生产操作的安全。

2. 施工过程中的安全管理

(1) 基础工程

1) 地槽、地坑土方开挖,应依据地质情况和施工操作规程放坡,不能按要求放坡时,应加支撑。

2) 土方开挖过程中,前后操作人员之间的距离不应小于2~3m,槽、坑边1m以内不准堆土且高度不得超过1.5m,防止塌方伤人,余土应及时运出。

3) 土方开挖时做好上下人员的安全通道、排水措施及操作人员的作业环境,基坑内作业人员有安全立足点,上下垂直作业要有隔离防护,并保证足够的照明光线。

4) 挖土时要注意土壁的稳定性,发现有裂缝或倾塌可能时,操作人员要立即离开并及时处理。

5) 深坑周边要设警示灯标志,防止夜间误入发生安全事故。

(2) 砌筑工程

1) 随着层高做好施工中的防护,四口及临边处的防护全部采用1.2~1.5m的高强度硬质防护栏。

2) 通道口设立醒目的标志及提示用语,楼道边采用半封闭式防护,设立醒目的层数，有效的照明，保持通道清洁。

3) 操作者不准站在墙上接线、检查大角垂直度等，砍砖时应面向内打砖，防止碎砖落下伤人。

4) 根据建筑物的垂直运输最佳点搭设接料平台，接料平台搭设要牢固、平整，层层搭设安全门、护栏，上下对讲机联络，保证安全、可靠、有效的上下物料。

5) 吊砖用的砖笼，吊灰用的料斗，不得装载过满，吊件回转范围内不得有人停留，吊笼落到架子上时，砌筑人员应注意躲避。在同一垂直面上交叉作业时，必须采取安全隔离措施。

(3) 脚手架工程

1) 主体结构应挂设符合质量要求的密目式安全网进行全封闭施工。

2) 遵守操作规程，使用的钢管应检查其是否有锈蚀、裂纹，不符合要求的管件、杆子严禁使用，跳板要铺满锁牢，严禁从空中向下抛物。

3) 各类脚手架、活动架的搭设应按规定执行，完成后应经有关部门验收，合格后方准使用。脚手架在使用期间应经常检查，发现问题及时处理，不经项目安全员允许不得随意改动脚手架。

4) 在架子上作业时必须戴安全帽、系安全带、穿软底鞋。脚手架上堆放的模板和木料要严格控制其荷载，保证脚手架不超负荷使用。

5) 外墙装饰施工前，应对外脚手架进行检查加固，合格后才能进行外墙装饰工作。

6) 脚手架拆除必须有专人指挥，按先后顺序进行，将红布系在栏杆上，用栏杆做危险区护栏，设警戒区由专人监护。

(4) 模板工程

1) 模板上的施工荷载不得超过设计规定值，模板上的材料应堆放均匀。

2) 模板拆除前需向技术人员申请，确保混凝土强度达到设计要求后方可拆除。

3) 拆模时拆除区域应设置警戒线并且设专人监护指挥，拆模间歇时，应将活动的模板、支撑拆走，防止扶空、踏空而发生坠落，拆模时要防止整块模板掉下伤人。

4) 工作前先检查所使用的工具是否牢固，安装与拆除 5m 以上模板时应搭好脚手架，设防护栏杆，严禁上下在同一垂直面上操作。

(5) 钢筋工程

1) 钢筋设备应按规范安装，专人操作管理，实行一机一闸制，并设漏电保护开关，使用前应先空车运转，正常后方能开始使用。

2) 钢筋搬运时，要注意前后方向有无碰撞危险或被钩挂料物，特别要避免碰挂周围和上下方的电线。

3) 钢筋切断时，钢筋应放在切口底部，刀片要根据磨损情况及时更换，连续切断时要适当间歇，以免刀具过热损坏伤人。

4) 钢筋冷拉时，冷拉场地两端不准站人，不得在正在冷拉的钢筋上行走，操作人员进入安全位置后，方可进行冷拉。

5) 钢筋弯曲时，操作人员应站在钢筋活动的反方向，弯曲 400mm 以内的短钢筋时，要有防止钢筋弹出的措施。手不允许放在弯曲机的两轴之间，以防伤手。

6) 钢筋堆放时，应按规格品种堆放整齐，保证稳固，防止倾倒和塌落。

7) 钢筋绑扎或焊接时，绑扎钢筋的钢丝头向构件里弯折，以免划破手脚。在焊机操作棚周围，不得放易燃物品，在室内进行焊接时，应保护好环境。

8) 钢筋起吊或安装时，要和附近高压线路或电源保持一定的安全距离，安装悬空结构钢筋时，必须站在脚手架上操作，不得站在模板或支撑上安装。

(6) 混凝土工程

1) 混凝土搅拌前，应对搅拌机及配套机械进行无负荷试运转，检查运转正常，运输道路畅通，方可开机工作。

2) 采用手推车运输混凝土时，不得争先抢道，装车不应过满，卸车时应有挡车措施，不得用力过猛或撒把，以防车把伤人，前后推车人员应保持 2m 的安全距离。

3) 使用井架时，应设制动安全装置，升降应有明确信号，提升台内停放手推车要平稳，车把不得伸出台外，车轮前后应挡牢，上下运料应经常检查钢丝绳、吊斗是否结实。

4) 使用溜槽及串筒下料时，溜槽与串筒必须牢固固定，人员不得直接站在溜槽帮上操作。

5) 混凝土浇筑前，应对振捣器进行试运转，并配置漏电保护器，振捣器操作人员应穿胶靴、戴绝缘手套，振捣器不能挂在钢筋上，湿手不能接触电源开关。

6) 浇筑混凝土时，应搭设稳固的操作平台，操作人员不得直接站在模板或支撑上操作，以免踩滑或踏断支撑而发生坠落，所有操作人员均应戴安全帽，高处作业应系安全带，夜间作业应有足够的照明。

(7) 装饰工程

1) 外墙饰面应采用外脚手架，密目网全封闭，随层作业板一律铺满板，每层作业板应设置踢脚板，并多加二道 60cm、120cm 护栏，作业板下搭设一层平网防护。

2) 在脚手架上工作时，工具不许随便乱扔，材料堆放不得超载，除操作人员外，其他物品应在建筑物内存放，随用随时上架子。

3) 高处作业人员必须身体合格，有心脏病、眩晕、高度近视等病状一律不准上架子作业，作业人员应配带安全带。操作前应检查架子、马凳等是否牢固，发现不安全的地方应立即做加固处理。

4) 不准随意拆除脚手架拉支结构和护栏，如妨碍施工需经安全员批准，在确保安全的情况下由架子工负责拆除。

3.2 混凝土结构

3.2.1 保证安全的组织措施

(1) 建立安全生产岗位责任制，以项目经理为负责人严格落实，一级对一级层层负责。

(2) 建立并执行安全生产技术交底制度，要求各施工项目必须有书面安全技术交底，安全技术交底必须具有针对性，并有交底人与被交底人签字。

(3) 建立并执行安全生产检查制度，由项目经理部定期组织由各层次安全生产负责人参加的联合检查，发现问题及时予以纠正。

(4) 强化对分包人员的管理，分包人员用工手续必须齐全有效，严禁私招乱雇，施工前，应逐级进行安全技术教育，落实所有安全技术措施和人身防护用品。

(5) 进入施工现场的人员必须按规定戴安全帽，并解下领带。

(6) 高处作业人员，必须经过专业技术培训及专业考试合格，持证上岗，并定期进行体格检查。

(7) 高处作业中的安全带、工具及各种设备，必须在施工前加以检查，确认其完好，方能投入使用。

(8) 雨天和雪天进行高处作业时，必须采取可靠的防滑、防寒和防冻措施。

3.2.2 保证安全的技术措施

1. 基础工程

开挖基槽，必须在边沿处设置两道护身栏杆。危险处，夜间应设红色标志灯。

2. 脚手架工程

(1) 建筑物临边的四周，无维护结构时，必须设防护栏杆并挂设密目安全网进行全封闭施工。

(2) 脚手架必须按楼层与结构拉接牢固。安装外挂架子时，混凝土强度必须达到 7.5MPa 以上，首层必须搭设 6m 安全网。

(3) 钢管脚手架的杆件连接必须使用合格的专用扣件，不得使用钢丝或其他材料绑扎。

(4) 建筑物的出入口应搭设防护棚，棚顶应满铺不小于 5cm 厚的脚手板，非出入口和通道两侧必须封闭严密。

3. 模板工程

(1) 支设柱模板和梁模板时，不准站在梁柱模板上操作和梁底板上行走，更不允许利用拉杆、支撑攀登上下。

(2) 支模应按工序进行，模板在没有固定好之前不得进行下道工序，否则模板受外界影响容易倒塌伤人。

(3) 高空临边作业时，有高处坠落和掉下材料的危险，支模人员上下应走通道，严禁利用模板、栏杆、支撑上下；站在活动平台上支模，要系好安全带，工具要随手放入工具袋内，禁止抛掷任何物体。

(4) 模板拆除应经安全负责人同意，拆模时需要局部支撑的和使用早拆体系的支撑杆必须顶牢，不得松动，防止支撑倒下伤人，高处作业严禁抛掷材料。

4. 钢筋工程

(1) 钢筋应在专业加工场加工，加工前应由专业负责人对加工机械(切断机、弯曲机、对焊机等)的安全操作规程及注意事项进行交底,并对所有机械性能进行检查,合格后方可使用。

(2) 绑扎边柱、边梁钢筋应搭设防护架,高空深坑绑扎钢筋和安放骨架,需搭防护架或马道。

(3) 绑扎 3m 以上柱、墙体钢筋时,搭设操作通道和操作架,禁止在骨架上攀登和行走。

(4) 多人合运钢筋时,起落、转停动作要一致,人工传送不得在同一垂直线上。

(5) 钢筋起吊必须捆绑牢固,吊勾下方不得站人,吊运到位后,待工作架放稳,搭好支撑方能放下钢丝绳,钢筋堆放要稳当,防止倾倒和塌落。

5. 混凝土工程

操作人员操作振捣器作业时,应穿戴好胶鞋和绝缘橡皮手套。振捣器停止使用时,应立即关闭电动机;搬动振捣器时,应切断电源,以确保安全。

6. 施工机械与临时用电管理

(1) 吊索具达到报废标准的,必须及时更换。吊钩除正确使用外,应有防止脱钩的保险装置。钢丝绳应检查与鉴定,不合格的钢丝绳严禁使用。

(2) 现场架空线应采用绝缘导线,不得采用塑胶软线,不得成束架空敷设,也不得沿地面明敷设。

(3) 配电系统必须实行分级配电。在采用接地和接零保护方式的同时,必须设两级漏电保护装置,实行分级保护。各种高大设施应按规定装设避雷装置。

(4) 电焊机应单独设开关,外壳应做接零或接地保护。电动手持工具应符合国家标准的有关规定。

3.3 钢结构

3.3.1 保证安全的组织措施

1. 建立安全生产责任制

(1) 落实安全生产责任制,项目经理部与公司、施工班组与项目经理部、每个施工人员与施工班组签订安全责任状,明确责任,把安全工作落实到每个人。

(2) 项目经理部要做好安全生产的保证工作,定期分析安全生产状态,针对倾向性问题,提出整改措施,并监督整改情况,及时解决安全生产的重大隐患和问题。

(3) 加强安全教育工作,坚持预防在先,教育在前,增强职工安全意识,对防止事故的有关人员进行奖励,对违纪人员进行处罚。

2. 加强安全生产教育制度

(1) 贯彻"安全第一,预防为主"的方针,做到分工明确,责任清楚,措施具体,管理到位。

(2) 进入现场的施工人员一律进行安全教育培训,特种作业人员或有特殊技术要求的工种需经考试合格,持证上岗。

(3) 上岗前,开展安全教育,由安全员组织班组有关人员,认真学习有关安全生产的具体要求、注意事项和安全技术操作规程，做到预防为主，防治结合，提高全员安全生产意识。

3. 强化安全生产交底制度

（1）各分项、分部工程开工前，应对操作人员进行全面的技术交底和施工安全交底，明确施工程序与要点，找出安全隐患，制定可行的施工安全防护保证措施，做到安全预控。

（2）对挖方施工、脚手架施工、构配件吊装施工、模板装拆施工及各种设备操作、用电、防火等要有针对性的安全保证措施，使安全生产建立在科学的管理、先进的技术、可靠的防范基础上。

4. 执行安全生产检查制度

（1）建立三级安全生产组织机构，各级各类安全人员必须深入施工现场，执行"三检"制，即自检、互检和交接检，发现问题及时解决，坚决杜绝违章作业，防患于未然。

（2）项目部、工程队定期检查，各级各类安全人员随机抽查，对于重点部位、危险区域必须天天检查，并设专人监护。

（3）对检查出的不安全隐患，必须做到"三定"，即定时间、定措施、定整改负责人，并监督检查整改的结果，待隐患问题全部排除，经检查通过后方可施工。

3.3.2 保证安全的技术措施

1. 吊装作业安全防护措施

（1）在正在吊装的相关区域应设警戒区，无关人员不得入内。

（2）起重设备根据需要应装有吊钩超高限位、超负荷限位、连锁开关等安全装置。所有机械和起重机具都要经常检查、保养和维修，保证其灵敏可靠。

（3）拼装胎架前需经严格受力计算，确保拼装过程中的安全使用。

（4）在正式起吊前先进行试吊，将钢构件吊离地面0.5m高度左右，停留约10min，仔细检查索具和起吊机械性能，无异常后方可正式起吊。

（5）安装使用的起吊机械设备与主体结构相连时，其连接装置必须经过计算，做到安全可靠。

（6）吊装时，吊具必须牢固，大型吊装构件在吊装摘钩前必须就位且连接牢固，钢构件与钢丝绳直接接触处要有保护措施。

（7）提升桅杆安装前编制详实可行的专项施工方案，桅杆提升前作压载试验，确保安装和使用过程中安全可靠。

（8）提升拱架时在接头部位搭设安全操作平台，并满挂安全密目网。

（9）钢结构柱梁支撑等构件安装就位后，应立即进行校正固定，当天安装的钢构件应形成稳定的空间体系以防变形或倾倒。

（10）几台起重设备交叉作业时，两机大臂高度要错开，至少要保持5m距离，两臂相临近时要相互避让，水平距离至少要保持5m。

（11）6级以上强风或大雨、雪、雾天应停止高空机械化结构吊装施工。

2. 高空作业安全防护措施

(1) 高空作业时必须佩带安全带、戴安全帽、穿防滑鞋。对超高空施工人员应进行健康检查,在高空宜设置冬季避风棚和夏季遮阳棚。

(2) 严禁高空作业人员从高处抛投任何物料,连接件等必须系挂身上或置于工具带内,防止坠落。临时操作台应绑扎牢靠,脚手板铺平绑扎牢固,严禁出现挑头板。

(3) 不得在被吊构件上悬挂零星物件,构件起吊后回转要平稳,不得在空中摇晃。

(4) 吊装构件,严禁人站在被吊重物上指挥,超过一定施工高度后,上下指挥应采用无线电对讲机,且信号统一。

3. 电气焊作业安全防护措施

(1) 电焊钳要有可靠的绝缘,不准使用无绝缘的简易焊钳和绝缘把损坏的焊钳。

(2) 电焊机应单独设开关,施工现场内使用的所有电焊机必须加装电焊机触电保护器。电焊机设置地点应防潮、防雨、防砸。

(3) 电焊机外壳应做接零或接地保护,一次线长度应小于5m,二次线必须双线到位,长度不超过30m,接线应牢固,并应有可靠的防护罩。焊把线应双线到位,不得借用金属管道、金属脚手架、轨道及结构钢筋作回路地线。焊把线无破损,绝缘良好。

(4) 氧气瓶不得暴晒、倒置、平放使用,瓶口处禁止沾油。

(5) 施工现场严禁使用浮桶式乙炔发生器。若采用二氧化碳气体保护焊焊接,应严格执行有关安全规定,保持良好的通风,不得在密闭场所施工,施工人员与焊接点应保持在安全距离。

(6) 从事气焊作业时,氧气瓶、乙炔瓶与明火距离不小于10m,氧气瓶和乙炔瓶工作间距不得小于5m,乙炔器与氧气瓶乙炔发生器附近禁止吸烟,用警示牌明示。

(7) 钢结构工程焊接工程量大,施工中应配备专职电工配合操作。

(8) 电、气焊工作施焊前必须到当地主管部门开具用火证,并配有灭火器材,采取相应防火措施。

4. 施工现场安全防护管理措施

(1) 基础施工时,指派足够的人力整理车辆、清扫道路,确保车辆不带泥砂出场。在基坑周围用围栏和密目安全网进行封闭,确保人机安全。

(2) 各楼层的楼梯口、预留洞口和通道口以及出入口平台处都必须设有安全防护,大于1.5m的洞口还必须采取盖板和双层围栏防护,支挂水平安全网,夜间设红色标志灯,确保安全可靠。

(3) 脚手架必须按楼层与结构拉接牢固,拉接所用的材料强度不得低于双股8号钢丝的强度。高大脚手架不得使用柔性材料进行拉接,在拉接点处应设可靠支顶。脚手架不得钢木混搭。

(4) 施工层脚手板下一步架处应设水平安全网,操作面外侧应设两道护身栏杆和一道挡脚板,立挂安全网,下口封严。

(5) 各种电气设备和电力施工机械的金属外壳、金属支架和底座必须按规定采取可靠的接零或接地保护，同时设两级漏电保护装置，实行分级保护，形成完整的保护系统。

(6) 建立有效的排污设施，污水经过二级沉淀再排入市政管道，保证现场和周围环境的整洁文明。

(7) 现场搭设临时垃圾堆放场，及时清理外运，并设立符合要求的厕所，派专人看管打扫。

3.4 排架结构

3.4.1 保证安全的组织措施

1. 安全教育制度

(1) 新工人、新提职、新改职和使用新设备的"四新"人员及劳务人员由公司、项目经理部、工区班组进行岗前三级安全教育。

(2) 对全体施工人员进行有关施工作业的安全技术教育，并经考试合格后，方可上岗作业。

(3) 安全教育应做到有计划、有标准、有针对性、有记录，讲求实效。

2. 安全检查制度

(1) 安全检查的内容：施工作业安全、人身安全、特种设备安全、安全标准工地建设、防火防爆、安全管理内业资料等。

(2) 施工班组坚持自检制，由工班长和兼职安全员负责，对本班组作业过程中的安全进行全面、仔细的检查，发现不安全隐患及时解决，发现违章违纪立即制止。

(3) 项目经理部应坚持旬检制，每旬对工程施工安全进行全面、认真的检查，发现安全隐患问题责成专人负责，采取措施及时解决。

(4) 公司应坚持月检制，由公司主管安全质量工作的总工程师组织工程管理部有关人员，每月对项目经理部进行全面的安全检查，发现安全隐患问题下达安全问题通知单并提出整改意见，限期解决。

(5) 公司、项目经理部及有关部门将根据工程施工进度及部位，随时进行有重点、有针对性的检查或抽查，及时发现问题及时解决，以确保重点工程、重点部位施工的安全。

(6) 公司、项目经理部应根据国家及上级安排的安全生产各项活动，如："安全生产月"、"安全周"、"安全专项整治"等，开展专项安全检查活动。

3. 特种作业人员持证上岗制度

(1) 特种作业人员应经过有关部门组织的教育培训，取得《特种作业人员操作证》后，持证上岗。

(2) 公司、项目经理部建立特种作业人员登记簿，随时掌握特种作业人员的变动情况。

(3) 特种作业人员应严格遵守本岗位操作规程，违章作业者应视情节给予批评教育、罚款处理，严重者调离岗位，吊销其操作证。

4. 特种设备安全管理制度

(1) 特种设备的采购严格履行审批手续，认真执行生产许可证和安全认证制度，确保设备质量。

(2) 对新上岗的机械操作人员，要进行基本的安全技能培训，通过培训达到岗位规范要求方能上岗作业。特种作业人员还需持证上岗。

(3) 各种设备操作规程挂贴在机器设备旁边，便于操作者学习。

(4) 严格执行设备保养制度，并做好换季保养和防寒、防冻工作。

3.4.2 保证安全的技术措施

1. 施工过程的安全管理

(1) 基础工程

1) 基坑开挖前应清楚地质资料和基坑下的管线排列，以利于开挖过程中采取意外应急措施。

2) 挖土时要注意土壁的稳定性，发现有裂缝及倾塌可能时，人员要立即离开并及时处理。

3) 挖出的土方，要严格按照施工组织设计堆放，不得堆于基坑外侧，以免地面堆载超载引起主体位移、板桩位移或支撑破坏。

4) 基坑(槽)的支撑，应按回填的速度，依次拆除，填好一层拆除一层，不能事先将支撑拆掉。

(2) 砌筑工程

1) 砌墙时，不得站在墙上进行砌筑、划缝、检查墙面平整度和垂直度、清扫墙面等工作，不准在砌筑的墙顶上行走和作业。

2) 不得在砌体上拉缆风绳及吊挂重物，也不宜作其他施工临时设施。

3) 在楼面卸下、堆放砌块时，严禁倾卸及撞击楼板，楼面荷载不准超过楼板的允许承载能力，否则应采取相应的加固措施。

4) 用于垂直运输的吊笼、绳索、夹具等，必须满足荷载要求，牢固无损，吊运时不得超载，必须经常检查，发现问题及时修理。

5) 用起重机吊砖要用砖笼，吊砂浆的料斗不能装得过满，吊件回转范围内不得有人停留。

6) 雨天及每天下班时，要做好防雨措施，以防雨水冲走砂浆，使得砌体倒塌。

(3) 脚手架工程

1) 脚手架基础平整夯实，保证地基具有足够的承载能力，避免脚手架整体或局部沉降。

2) 脚手架的操作面应满铺脚手板，离墙面距离不得大于20cm，不得有空隙、探头板和飞跳板。脚手板下层兜设水平网。

3) 脚手架操作面设两道护身栏杆和一道挡脚板，立挂安全网，下口封严。脚手架各杆相交伸出的端头均大于10cm，以防止杆件滑脱。

4) 脚手架上堆料不得超过规定荷载，堆砖高度不得超过3层侧砖，同一块脚手板上的操作人员不应超过2人。

5）建筑物顶部脚手架要高于坡屋面的挑檐板 1.5m，高于平屋面女儿墙顶 1m，高出部分绑两道护身栏杆，并立挂安全网。

6）采用内脚手架时，应在房屋四周设置安全网，并随施工的高度上升，在屋面工程完工前，不准拆除。

7）在同一竖直面内上下交叉作业时，必须设置安全隔板，下方操作人员必须戴好安全帽。

（4）模板工程

1）支模过程中，如需中途停歇，应将支撑、搭头、柱头板等钉牢，拆模间歇时，应将活动的模板、牵杠、支撑等运走或妥善堆放，防止因踏空、扶空而坠落。

2）拆除模板一般用长撬棒，人不许站在正在拆除的模板上，在拆除楼板模板时，要注意整块模板掉下，尤其是用定型模板做平台模板时，拆模人员要站在门窗洞口外拉支撑，防止模板突然全部掉落伤人。

3）安装与拆除 5m 以上的模板，应搭设脚手架，并设防护栏杆，防止上下在同一竖直面操作。

4）钢模作平台底模时，不得一次将顶撑全部拆除，应分批拆下顶撑，然后按顺序拆下搁栅、底模，以免发生钢模在自重荷载下一次性大面积脱落。

5）整件预装的模板，应具有足够的刚度，吊点及机具应经过检查，保证安全，吊装时下面不准有人。

6）加工模板的机械传动部分应进行防护，电闸开关加锁，除使用者外，任何人不得擅自启闭。

7）遇有六级以上的大风应停止组立或拆除模板作业。

（5）钢筋工程

1）钢筋断料、配料、弯料等工作应在地面进行，不准在高空操作，成品堆放要整齐。

2）搬运钢筋要注意附近有无障碍物、架空电线和其他临时电气设备，防止钢筋在回转时碰撞电线或发生触电事故。

3）现场绑扎悬空大梁钢筋时，不得站在模板上操作；绑扎独立柱头钢筋时，不准站在钢箍上绑扎，不准将木料、管子、钢模板穿在钢箍内作为立人板。

4）钢筋焊接时，要由专职电焊工操作，电焊时要戴绝缘手套，穿绝缘鞋，带面罩。

5）起吊钢筋骨架，下方禁止站人，必须待骨架降到距模板 1m 以下时才准靠近，就位支撑好后方可摘钩。起吊钢筋时，规格必须统一，不准一点起吊。

6）切割机使用前，要检查机械运转是否正常，有无漏电，电源线是否安装漏电开关。切割机后方不准堆放易燃物品。

7）钢筋废料应及时清理，钢筋工作棚照明灯必须加网罩。高空作业时，不得将钢筋集中堆在模板和脚手板上，也不得把工具、钢箍、短钢筋随意放在脚手板上，以免滑下伤人。

8）在雷雨时必须停止露天操作，预防雷击钢筋伤人。

(6) 混凝土工程

1) 用塔吊、料斗浇捣混凝土时，应密切配合，当塔吊放下料斗时，操作人员应主动避让，注意料斗碰头，并防止料斗碰人坠落。

2) 利用升降架输送混凝土时，要有专人负责指挥，架下严禁有人，并应经常检查钢丝绳。

3) 浇捣过梁、雨篷、小平台时，不准站在搭头上操作，如无可靠的安全设备时，必须戴好安全带，并扣好保险钩。

(7) 屋面工程

1) 屋面板上存放的材料不得集中堆放，应随用随送。

2) 在立墙处进行防水施工时，铺卷材的工人应距墙面30cm以上，并戴安全帽和风镜等。

3) 屋面铺贴卷材，四周应设置1.2m高的围栏，靠近屋面四周沿边应侧身操作，必要时系安全带。

4) 所有参加沥青工作的人员必须使用规定的防护用品，避免皮肤和沥青直接接触。

5) 屋面上的油桶，油壶必须放置平稳。六级以上大风时，应停止操作。

(8) 装饰工程

1) 搭设脚手板时不得有跷头板，严禁内脚手板支搁在门窗，暖气的管道上。外脚手板要铺有足够的宽度，以保证手推车运灰浆时的安全。

2) 砂浆机应有专人操作维修、保养，电器设备应绝缘良好并接地。

3) 抹灰时严格控制脚手架施工负载，每跨操作人员不准超过2人，工具和材料要放置稳当，不许随便乱扔。

4) 在抹顶棚时，注意防止灰浆溅落眼内。在室内推灰车时，不准倒退，并注意小车挤手。严禁从窗口向下随意抛掷东西。

5) 不准随意拆除脚手架上的安全设施，如妨碍施工须经施工负责人批准后，方能拆除妨碍部位。

2. 钢屋架的安全管理

(1) 钢屋架制作

1) 钢构件应按种类、型号、安装顺序分区存放，且底层垫木应有足够的支承面，防止支点下沉。

2) 相同型号钢构件叠放时，各层钢构件的支点应在同一垂直线上，防止钢构件被压坏和变形。

3) 钢结构柱、梁、支撑等构件安装就位后，应立即进行校正固定，以防变形或倾倒。

4) 钢结构焊接或高强螺栓连接时，高空操作应设临边防护及可靠的安全措施，作业时系安全带，穿防滑鞋。

(2) 钢屋架安装

1) 吊装作业划定危险区域，挂设明显安全标志，并将吊装作业区封闭，设专人加强安全警戒，防止其他人员进入吊装危险区。

2) 吊装施工时要设专人定点收听天气预报,当风速达到6级以上时,吊装作业停止,并做好风雷雨天气前后的防范检查工作。

3) 吊装作业统一号令,明确指挥,密切配合。构件吊装时,当构件脱离地面时,暂停起吊,全面检查吊索具、卡具等,确保各方面安全后方能继续起吊。

4) 焊接操作时,施工场地周围应清除易燃易爆物品或进行覆盖、隔离,下雨时停止露天焊接作业。电焊机外壳接地良好,其电源的拆装由专业电工进行,并设单独的开关,开关放在防雨的闸箱内。焊钳与把线绝缘良好,连接牢固,更换焊条应戴手套。在潮湿地点工作应站在绝缘板或木板上。

训练4 成 本 措 施

[训练目的与要求] 掌握降低成本的组织措施与技术措施,达到其成本目标。

4.1 砖混结构

4.1.1 降低成本的组织措施

(1) 施工中应用计算机管理,推行网络计划与全面质量管理技术,合理调配人力、物力资源,节约人力、物力和财力的消耗。

(2) 运用激励机制,实行工程经济承包制、节约计奖制、优质优价制等激励措施,充分调动职工的积极性,提高其劳动效率,达到降低成本的目的。

(3) 采取一些有效措施,如建立工、料消耗台账,实行"当日记载,月底结账"制度,做准施工预算,搞好材料分析,针对出现的问题及时采取补救措施。

(4) 每个分部工程完成后,做一次成本经济活动分析,找出问题,提出改进方案,在未来的工作中进行整改,杜绝浪费损失,降低工程造价。

(5) 加强平面管理、计划管理,合理配料,合理堆放,减少场内二次搬运费用。

4.1.2 降低成本的技术措施

1. 加强材料管理

(1) 在材料供应上,要确保供方能够按时提供质量优良、价格合理的原材料和产品。

(2) 加强对计量工作和计量器具的管理,最大限度地减少材料的人为和自然损耗。搅拌站要严格实行配合比过磅计量,且计量准确,杜绝因配合比不准造成的水泥、砂料的浪费。

(3) 搞好限额领料工作,材料发放要按施工任务单和材料预算单供料,严禁超预算供应。

(4) 对钢材、水泥、木材等重要物资,到场后必须进行追溯性标识,做好记录,以防错裁、错用或不合格产品流入,对门窗、混凝土等预制构件及装饰板材进场按要求检查质量,核对数量,分类堆放保管,防止因堆放不合理造成的损坏和浪费,杜绝因材料的质差、量差造成损失。

(5) 钢筋加工向集中加工方向发展,对集中加工后的剩余短料应尽量利用,提高钢筋加工配料的准确性,减少漏项,消除重项、错项。加强对钢板、钢管等周转材料的管理，使用后要及时维修保养，搞好修旧利废工作，延长使用期，节约钢材和资金。废钢筋、铁钉、钢丝等送废品收购站回收。

（6）严禁优材劣用，长材短用，大材小用，合理使用木材。施工中如采用木模板，拆模后应及时清点、整修，尽量减少模板和支撑物的损坏。要注重木材的调剂工作，根据木质、长短等情况，规定不同的价格，降低造价。

（7）水泥在运输过程中应轻装轻卸，在使用中做到先进先用，浇筑混凝土时，要防止漏灰、漏浆、跑模，造成浪费。搞好水泥纸袋的回收工作，纸袋的回收率应达到95%以上。

2. 搞好设备管理

（1）依据施工组织设计的要求，合理选用机械设备，用完后及时返回，降低租赁使用费用。

（2）机械要实行专机专用，保证机械施工期间的正常运行。

（3）提高机械设备利用率和完好率，做好日常的保养与维修，充分发挥其效能，降低机械费用开支，从而降低工程成本。

（4）施工用的脚手板、脚手架木等周转工具，按计划进场，合理安排使用，拆下后要堆放整齐，保管好，压缩调入的数量和施工中的损坏与丢失，用完后及时返回，降低租赁费用。

3. 加强施工过程的管理

（1）土方工程应合理选择挖运方式和放坡大小，减少土方的开挖量，做好土方挖填平衡工作，减少土方的运输费用。

（2）混凝土与砌筑工程，严格执行检测站提供的混凝土、砂浆配合比。随时测定砂、石的含水率，调整施工配比，节约水泥。

（3）加强试块的养护试压工作，依据砂浆、混凝土试块的抗压强度，调节配比，在保证质量的条件下，降低水泥用量。

（4）严格控制墙面平整度与垂直度及现浇楼板的平整度，减少砂浆的抹灰厚度，降低材料用量。

（5）施工中，做到工完场清，及时清理落地灰、碎砖、砂、石等并用于工程的适当部位，减少损失和浪费。

4. 做好成品保护

（1）做好分项工程的交接检工作，推行谁损坏谁修好的原则，一项工程完成后应立即检查，核定执行。

（2）门窗、散热器、窗台板、卫生器具安装后要做好防护工作，包装好，加防护板，堵严，防止损坏与堵塞。

（3）装饰阶段应分层、分段设专人看管，发生问题立即纠正，防止大面积损坏、修补的发生。

4.2 混凝土结构

4.2.1 降低成本的组织措施

（1）为项目经理部配备充足的优秀人才和技术装备，充分发挥集体优势、管理与协调优势、策划与运作优势、计算机和信息管理优势，以满足工程施工降低成本的需要。

（2）在技术、物资、设备、人员和项目管理等方面大力推广和采用计算机技术、综合信息技术，大力进行技术创新、管理创新，与专业性的科研院所进行密切合作，制定专题的降低成本措施，实现工程项目的降低成本目标。

（3）以总承包模式的建设工程项目应采用科学的劳务管理机制，采用招投标方式选定施工分包商，以高素质的施工人员承担工程施工，并充分发挥总承包在施工中的综合管理和综合配套能力。

（4）根据工程项目特点和合同要求，结合相关工程的成本管理经验进行工程成本预测，并在此基础上编制成本控制计划，用来指导施工过程中的成本管理工作。

（5）项目部应每月进行成本核算，对不同的施工阶段进行分阶段核算，使制造成本有效受控。

（6）加强现场管理，合理组织材料进场，按施工组织设计的要求堆放，减少二次搬运和损耗。

4.2.2 降低成本的技术措施

1. 加强材料管理

（1）大宗材料应由总公司集中采购，在总公司内部进行调配，以降低工程项目材料成本。严格控制成品、半成品的采购质量，认真进行材料验证和检验，不合格品不准进场，降低损耗率。

（2）施工生产中按图下料，长材不短用，大材不小用，活完底清，杜绝材料浪费。

（3）主要材料妥善保管，按定额领料，余料回收，降低损耗。

（4）现场钢筋及构件加工应由加工厂集中加工，减少现场机械设备和人力投入，合理断料，减少浪费。合理搭配长短钢筋接头，利用现场钢筋下脚料制作钢筋定位箍、拉结筋、马凳等，提高钢筋利用率，杜绝浪费。

2. 搞好设备管理

加强机具管理与保养，合理调配机械设备的使用，提高机具的完好率、使用率。

3. 加强施工过程的管理

（1）合理划分结构施工流水段，采用小流水施工的方法，合理安排综合进度计划，缩短结构施工工期，从而减少大型机械租赁费、材料和其他相关费用。

（2）深刻理解设计意图，向管理要效益，各工种施工前应设计出施工大样详图，确定标高、截面尺寸，做好技术交底，以保证结构及各种埋设管线设备的准确性，最大限度地减少施工中交叉作业中的翻改工作量。

（3）对直径≥22mm 的钢筋应采用焊接或机械连接，水平连接采用冷挤压连接，竖向连接采用电渣压力焊，采用上述连接方法不仅能加快施工速度而且能节约大量钢材，达到降低工程成本的目的。

（4）采用定型模板及多层板，混凝土施工可达到清水要求，减少二次抹灰，缩短工期。采用早拆型钢木结构模板体系、悬挑钢管扣件脚手技术，可提高材料的周转次数，降低成本。

（5）采用泵送混凝土技术，可加快施工速度，降低劳动力投入，减少劳动量，避免混凝土遗洒，达到高效节约的目的。

4. 做好成品保护

（1）设立成品保护小组，防止成品的损坏。

（2）各工种要活完脚下清，不再用工清理，加强成品保护，降低损失。

（3）装修期间，合理安排工序，避免返工、返修。

4.3　钢结构

4.3.1　降低成本的组织措施

（1）本着精心组织、精心施工的原则，对全部工程项目进行详细分解，运用网络技术进行科学的进度安排，使整个施工过程科学、有序、高效、低耗地进行。

（2）科学施工组织，精干施工队伍，减少管理层次，压缩非生产人员比重，强化工程材料管理，合理调配机具，使工程成本始终处于受控状态。

（3）严格控制外用工比重和外用工单价；扩大计件工资项目，压缩计时工的使用；对后勤服务人员实行一人多职，节省后勤保障费用；同时精干项目经理部人员，非关键性岗位人员实行一人多职；使实际工费支出控制在批准预算工费之内。

（4）施工临时生活房屋可租赁工程附近居民住宅或其他闲置房屋，压缩小型临时设施费用支出。

（5）注重新技术、新材料、新工艺的采用。

4.3.2　降低成本的技术措施

1. 加强材料管理

（1）控制自购材料的价格，实行比质比价。对大宗材料采购实行项目经理部集体决定制度，降低材料采购成本。

（2）实行限额领料制度，把住材料发放关，杜绝材料损失和浪费。

（3）钢筋集中下料，对于较大规格的钢筋采用闪光对焊、电渣压力焊等工艺，以降低消耗，节约材料。

（4）加强材料保管，各种材料要有指定堆放区，标识清楚，专人管理，定岗定责，在保证工程质量的前提下，节约有奖、浪费受罚。

2. 搞好设备管理

（1）主要施工机械应配备充足，机型规格搭配合理。对短期和阶段性使用的施工机械设备进行合理调配，减少停机费用。

（2）增强设备维修保养人员的责任心，定人定机，保证施工机械始终在良好状态下运行，提高设备利用率。

4.4　排架结构

4.4.1　降低成本的组织措施

（1）项目经理全面负责项目成本核算与控制，各部门按各自负责核算的内容，严格控制相关费用支出，按月核算成本，分析盈亏原因，进行相应调整。

(2) 根据人工费额度，实行人工费总额核算控制，按照工序、班组或岗位实行人工费包干。结合项目具体情况，灵活制定各种先进的劳动定额，加强民工队伍管理，培训上岗，择优选用。

(3) 项目经理部强化目标管理，运用经济手段，加大奖罚力度，坚定落实各种责任制，确保降低成本目标的实现。

4.4.2 降低成本的技术措施

1. 加强材料管理

(1) 严格实行招标限价采购，正确预测市场价格走向，充分考虑运杂费对成本的影响，做到均衡供应和最经济库存。

(2) 根据材料费控制额度，实行定额发料、限额领料，加强现场物资管理，开展修旧利废，节约代用活动，减少材料消耗，降低材料费用支出。

2. 搞好设备管理

根据机械费用控制总额，结合施工方案合理配备机械设备，抓好单机核算，加强设备维修保养，提高设备完好率和利用率。

3. 加强施工过程的管理

(1) 常温条件下施工，混凝土中掺外加剂，降低水灰比，可节约水泥10%。

(2) 楼地面采用一次抹光工艺，可提高质量，节省砂浆和劳力。

(3) 钢筋竖向连接采用电渣压力焊，水平连接采用闪光对焊，节约钢材用量，成本明显降低。

(4) 内脚手架采用碗扣式脚手，由于使用方便，拆装灵活，可以减少普通脚手架搭拆费用的50%，同时可以减少周转材料租费支出。

训 练 5　文 明 施 工 措 施

[训练目的与要求] 掌握保证文明施工的组织措施与技术措施，达到文明施工要求。

5.1 砖混结构

5.1.1 保证文明施工的组织措施

(1) 建立总平面管理及文明施工责任制，项目经理部组织创建文明工地领导小组，项目经理任组长，做好现场文明施工的宣传教育工作，提高现场所有人员的文明施工意识，从而都自觉地文明施工。

(2) 在规定施工区域周边设置围墙，按要求达到标准高度。设立大门，在进入现场的醒目位置上，至少悬挂企业简介牌、工程概况牌、消防保卫牌、文明施工牌、安全生产牌和施工现场总平面布置图、工程立体效果图等。

(3) 建筑物四周应采用挑架，立面用建设部推荐的密目安全网防护，围护要整齐美观且严密。

(4) 保持与社区的密切联系，听取各种意见及建议，及时采取防止环境污染措施，在适当的位置设绿化区，栽花种草，美化周边环境，维护社区的安定与和谐。

(5) 加强环境保护意识

1) 施工现场尽量减少人为的大声喧哗，增强全体施工人员防噪声扰民的自觉意识。

2) 易产生强噪声的成品、半成品加工作业，应尽量放在工厂车间内完成，减少因施工现场加工制作产生的噪声，尽量采用低噪声的机械设备。

3) 施工现场搅拌作业时，在搅拌机前设置沉淀池，使排放的水经沉淀后，流入水沟排入市政污水管。现场存放的各种油料，要进行防渗漏处理，储存和使用都要采取措施，防止污染。

4) 施工现场的强噪声机械如搅拌机、电锯、电刨、砂轮机、振捣棒等，为了不影响工人与居民的休息，施工作业尽量放在封闭的机械棚内或在白天施工。

5) 建筑垃圾在指定的场所分类堆放，并标以指示牌。落地灰等含砂较高的垃圾应及时过筛回用，无法再用的垃圾在指定的地点堆放，并及时运出工地，垃圾清运出场必须到批准的场所倾倒，不得乱倒乱卸。

5.1.2 保证文明施工的技术措施

(1) 按照施工现场总平面图的要求，搭设办公室、厨房、仓库、作业棚等，做到规范整齐，符合使用及施工作业的要求。

(2) 现场道路通畅、场地平整，按有关要求硬化。修筑场区排水沟渠并做好维护。驶出施工现场的车辆，必须设专人清扫车轮，以免污染道路和周围环境。

(3) 生产场区、生活区设用水点、厕所、垃圾点、集水井。施工、生活垃圾及时清理运走，保持施工现场卫生。

(4) 按现场平面布置图堆放材料和构件，要求堆放整齐，做到散料成方、型材成垛，并配有标示牌，设专人负责。

(5) 各种机具必须油漆防腐，悬挂机械管理制度、安全操作牌及机长操作工姓名。

(6) 对易燃易爆、有毒物品按特性隔离存放，并标有醒目标志。

(7) 不得在围墙之外堆放任何建筑材料、建筑垃圾和施工机具设备。

(8) 装饰工程完成后，做好清理现场工作，物清料净，做到文明施工。

5.2 混凝土结构

5.2.1 保证文明施工的组织措施

1. 建立健全岗位责任制

(1) 按现场各部位使用功能划分区域，建立文明施工责任制，明确管理负责人，实行挂牌制，由项目经理组织实施，作到有计划、有分工、有措施。

(2) 现场文明施工管理的检查工作要从工程开工做起，直到竣工为止。检查的时间可安排在月中或月末，或按工程进度划分，每个分部或分项工程完成后检查一次，并及时整改。

2. 进行现场 CI 整体形象设计

本方案根据《公司企业形象视觉识别规范手册》和《施工现场 CI 达标细则》，结合工程实际情况，制定具体工程施工现场 CI 设计方案。

(1) 企业标志、名称

采用《公司企业形象视觉识别规范手册》基础系统 A-11 中的"标志组合规范"。

(2) 工地大门、围墙

确定工地大门和围墙采用的材料、颜色、尺寸等标准，围墙上应书写施工标语，同时应征求建设单位意见，为建设单位做出广告性宣传标语。

(3) 标牌

在现场大门的明显处设地方统一样式的施工标牌，内容包括工程名称、建筑面积、建设单位、设计单位、施工单位、监理单位、工地负责人、开工日期、竣工日期等。"五牌二图"，一般每块板高 2.4m，宽 1.2m，标准三合板成型，面用有机玻璃、电脑刻字。

(4) 临建设施

指工地围墙内的临建及现有房屋外部形象，包括房檐、墙体、门窗及框、护栏等的颜色，宣传栏的要求等。

(5) 办公室布置及办公用品

办公桌椅统一，桌上放置桌卡，职工佩戴胸卡，项目经理办公桌上放公司桌旗。

(6) 服装

项目经理部所有职工要求统一服装。管理人员统一着装，工人统一工作服。

(7) 其他标语

在塔吊的平衡臂上、外脚手架外侧悬挂企业标志，冠以企业名称，做好企业形象宣传。

3. 做好公共关系的协调工作

工程项目的顺利实施与政府有关管理部门、建设单位、监理单位、设计单位、周围居民的支持与配合密切相关，应作到：

(1) 严肃认真执行政府有关规定，对各有关部门下达的各项指令和要求及时贯彻落实，并将落实情况汇报给有关部门。

(2) 在处理与周边的关系上，以遵纪守法为原则，对有争议的事项应耐心解释，力求从政策上达到对方认同，人情上求得对方理解。

(3) 召开有居民代表参加的座谈会，听取居民的意见，阐明防止扰民的具体做法，把施工扰民降到最低限度。

5.2.2 保证文明施工的技术措施

1. 现场场容管理措施

(1) 施工现场的临时设施，包括生产、办公、生活用房、仓库、料场、临时上下水管道及动力照明线路，严格按施工现场平面图进行布置，并作到搭设或埋设整齐。

(2) 施工现场分区域派专人每天定时清理维护，并洒水降尘，保持场容的整洁。

（3）工人操作地点和周围必须清洁整齐，做到活完脚下清，工完场地清，丢洒在楼梯、楼板上的砂浆、混凝土应及时清除，落地灰应回收过筛使用。

（4）施工作业人员不得在施工现场围墙以外逗留、休息，人员用餐必须在施工现场围墙以内。

（5）现场施工临时水电设施专人管理，无长流水、常明灯现象。

2. 现场防尘措施

（1）高层建筑结构内的施工垃圾清运，采用搭设封闭式临时专用垃圾道运输或采用容器吊运，严禁随意凌空抛撒，结构施工中不得用电梯井和管道竖井做垃圾道或垂直运输用通道。施工垃圾应及时清运，并适量洒水，减少扬尘。

（2）施工场地应采用C20混凝土进行硬化，保证道路坚实畅通，并随时清扫洒水减少道路扬尘。基础、地下管线等施工完后，及时回填平整，清除积土。

（3）细颗粒散体材料（如水泥、粉煤灰、白灰等）易飞扬物的运输、储存要严密遮盖、密封，防止遗撒和减少飞扬。卸运时采取码放措施，减少污染。石灰的熟化和灰土施工时要适当配合洒水，以减少扬尘。

（4）茶炉、大灶应使用清洁燃料或电热，严禁食堂、开水房、洗澡、取暖锅炉采用烧煤向大气直接排放烟尘。对现场烟尘程度按林格曼烟气浓度图进行观测，确保烟尘排放度达到林格曼Ⅰ级以下。

（5）确定车辆出场专用大门，所有运输车卸料溜槽处必须装设防止遗撒的活动挡板，在出场大门处设置车辆清洗冲刷台，车辆经清洗和苫盖后方可出场，严防车辆携带泥沙出场造成遗撒。

3. 排污措施

（1）现场搅拌作业和泵送混凝土施工，搅拌机前台及运输车辆清洗处设置沉淀池，排放的废水要排入沉淀池内，经二次沉淀后，方可排入城市市政污水管线或用于洒水降尘。严防施工污水直接排入市政水管线或流出施工区域污染环境。

（2）现场设置专用的油漆油料库，其储存、使用和保管要专人负责，防止油料的跑、冒、滴、漏污染环境。禁止将有害废弃物用作土方回填，以免污染地下水和环境。

（3）施工现场临时食堂，设置简易有效的隔油池，产生的生活污水经过隔油池方可排放，平时加强管理，定期掏油，防止污染。

（4）为防止水污染，现场厕所排污管线上设化粪池，定期清掏，污水经沉淀池沉淀后再排入市政污水管网。

4. 噪声防治措施

（1）提倡文明施工，加强人为噪声的管理，尽量减少人为的大声喧哗，增强全体施工人员的防噪声扰民的自觉意识，防止不必要的噪声产生。

（2）根据现场实际情况可选用低噪声、低振动的施工工艺和机械设备，含采用低噪声混凝土振捣棒等。产生强噪声的成品、半成品的加工制作，尽量在工厂、车间内完成，施工现场的强噪声机械（如搅拌机、电锯、电刨、砂轮机等）应设置封闭的机械棚，以减少强噪声的扩散。

(3) 严格按照夜间、白天施工噪声控制标准控制作业。除特殊情况外，在每天晚 22 时至次日早 6 时，严格控制强噪声作业，夜间施工，挖土机、汽车不鸣笛，用灯光控制信号。

5. 卫生防疫措施

(1) 办公区、宿舍要作到整齐、美观、窗明地净，及时打扫和清洗脏物，保持室内空气流通、清新，防止造成中毒和产生病菌。

(2) 工地食堂必须办理食品卫生许可证，炊事人员办理健康证，保证食堂内外干净、卫生。生熟食品分开存放，食物保管无变质，防止发生食物中毒现象。

(3) 施工现场应按总平面规划设置临时厕所，应有顶有盖，厕所、明沟作到天天清扫杀毒，保证畅通，化粪池定期抽运。

5.3 钢结构

5.3.1 保证文明施工的组织措施

(1) 对施工人员进行文明施工教育，增强文明施工意识，树立企业文明施工形象。

(2) 施工现场按规定设置"五牌二图"。五牌即：工程概况牌、管理人员名单及监督电话牌、安全生产牌、消防保卫牌、文明施工牌。二图即：施工现场总平面布置图、施工现场安全警示图。

(3) 做好社区服务工作，加强和有关单位的横向联系，定期主动召开会议，听取他们对工程建设的有关意见，保证工程文明施工，使工程成为爱民工程、便民工程。

(4) 定期召开工作例会，总结前一阶段文明施工管理情况，布置下一阶段工作。定期对施工现场进行联合检查，对检查中所发现的问题，及时制定整改方案并予以落实。

(5) 做好对职工卫生、预防疾病的宣传教育工作，利用黑板报等形式向职工介绍预病、治病的知识和方法。

(6) 做好工地流动人员的管理工作，记好进出台账，建立档案卡片，办理暂住证、务工证等。

5.3.2 保证文明施工的技术措施

1. 施工现场的管理

(1) 按照施工组织设计的平面布置图，认真搞好施工现场规划，做到布局合理，井然有序。对施工中破坏的植被，施工完后予以恢复。施工现场的临时用电和排水设施符合规定，创造良好的施工环境，建设文明工地。

(2) 施工现场内道路应进行硬化，保证场内道路平整、畅通、排水良好。施工场地内各种器材要分类堆放整齐，挂设标牌，标明材料规格、产地等。

(3) 工程完工后，及时清理施工场地，周转材料及时返库，做到工完、料净、场地清洁。

2. 防止大气污染措施

(1) 建筑内的施工垃圾清运，采用搭设封闭式临时专用垃圾道运输或采用容器吊运或袋装，严禁随意凌空抛撒。

（2）施工垃圾应及时清运，施工现场道路应指定专人洒水清扫，形成制度，防止道路扬尘。

（3）所有进出现场的运输车辆，尾气排放应符合交通管理部门的规定。运输车辆不得超载，并根据有关规定进行覆盖，装载物不得洒落。车辆出场时，冲洗车轮，不准污染道路和大气。

（4）加强对现场的烟尘监测，进行定期检查和不定期抽查，对现场烟尘程度按林格曼烟气浓度图进行观测，落实各项环保措施，确保烟尘排放度达到林格曼Ⅰ级以下。

3. 防止水污染措施

（1）电焊机等施工用的机械在使用和维修过程中严防漏油。

（2）汽车、设备冲洗污水必须经沉淀后方可排放。

（3）确保雨水管网与污水管网分开使用，严禁将非雨水类的其他水体排进市政雨水管网。

4. 防止施工噪声措施

（1）尽量采用低噪声设备和工艺代替高噪声设备与加工工艺。产生噪声的机械设备，应设置在封闭的工棚内，工棚设围护墙，屋顶设吸声或隔声板，小型机械应采用低噪声环保产品。

（2）使用电锯切割时，应及时在锯片上刷油，且锯片送速不能过快。使用电锤开洞、凿眼时，应使用合格的电锤，及时在钻头上注油或水。模板、钢管修理时，禁止使用大锤。

（3）所有运输车辆、装载机等车况良好，不产生超标噪声，且严禁鸣喇叭。

（4）进入施工现场不得高声喊叫、无故甩打模板、乱吹哨、限制高音喇叭的使用，最大限度地减少噪声扰民。

5. 防止废弃物污染措施

（1）施工现场设立专门的废弃物临时储存场地，废弃物应按有毒有害、可利用无毒无害、不可利用无毒无害分类回收存放、处理。生活垃圾与施工垃圾分开，并及时组织清运。

（2）对有可能造成二次污染的废弃物必须单独储存，设置安全防范措施且有醒目标识。

（3）对有毒有害和不可回收无毒无害废弃物及时组织清运，运输确保不散洒、不混放，送到指定场所进行处理。对可回收的废弃物做到回收再利用。

（4）现场使用的各种材料特别是防水、胶粘剂、涂料、溶剂、隔离剂等均不准使用禁用产品，积极扩大环保产品的使用。

5.4 排架结构

5.4.1 保证文明施工的组织措施

（1）严格落实有关安全标准工地建设及文明施工的要求，推行现代管理方法，科学组织施工，做好施工现场的各项管理工作，切实搞好安全标准工地建设，做到文明施工。

(2) 施工现场设置"五牌二图",标明工程项目名称、建设单位、设计单位、施工单位、项目经理和技术、安全、质量负责人的姓名、开竣工日期、施工许可证书批准文号,施工现场平面布置图、工程渲染图等。施工现场管理人员应佩戴证明其身份的证卡。

(3) 施工中做到四文明

1) 作业文明。施工作业过程中遵守作业程序、各分项工程的工序要求,按照技术、质量、安全交底的要求进行文明生产,服从安排、听从指挥,杜绝野蛮施工。

2) 场地文明。按照施工现场平面图合理安排各种临时房屋、机具设备、材料的位置。各种材料应堆放有序、分区分明、使用方便。做好硬化地面,随时清理作业场地,保持场内卫生。

3) 场容文明。办公室宽敞、明亮、管理有序,宿舍、食堂、厕所整洁卫生设专人负责,营造干净整洁的现场施工环境。

4) 文明礼貌。对施工人员进行教育、培训,提高综合素质,同事之间团结协作,与建设单位、监理单位友好相处,以礼相待。

5.4.2 保证文明施工的技术措施

1. 施工现场的管理措施

(1) 各种临时设施、材料堆放应以现场施工平面图为依据,半成品、成品、废品等分区堆放要成块、成捆、成方并挂牌标明,砂、石应堆放在硬地坪上。

(2) 施工现场道路应采用混凝土硬化地面,路面保持畅通,排水系统处于良好状态,保持施工现场的整洁,随时清理建筑垃圾。

(3) 积极采取措施控制施工现场的各种粉尘、废气、废水、固体废物以及噪声、振动对环境的污染和危害。

(4) 进行地下工程或者基础工程施工时,发现文物、古化石、爆炸物、电缆、管道等暂停施工,保护好现场,并及时向有关部门报告,经处理后再继续施工。

(5) 施工现场设置各类必要的职工生活设施,并符合卫生、通风、照明等要求,职工的膳食,饮水供应等符合卫生要求。

2. 防止大气污染的措施

(1) 建筑垃圾采用容器吊运,不准利用外墙门窗当垃圾道,现场设封闭垃圾站集中收集,并做到及时外运至城建部门规定的地点。

(2) 施工现场道路应经常洒水清扫,减少扬尘。

(3) 在雨期施工的车辆进出工地以及土方、垃圾外运时,门口设清洗设备,设专人清洗车轮以及出入口周围环境与道路的清扫,以防泥土污染路面。

(4) 严格控制施工过程中的扬尘,对易扬尘建筑材料如水泥、白灰等尽量在夜间组织进场并采取防尘措施,设库存放。禁止焚烧产生有毒、有害烟尘的物质。

(5) 工地生活用茶炉、炉灶应装有除尘装置或采用电、天然气燃料,减少大气污染。

3. 防止水污染的措施

(1) 施工现场的污水及现场冲洗搅拌机的污水要集中存放，经沉淀处理后排入市政污水管网。

(2) 对生活污水不能直接排放，应经沉淀池过滤后排入市政污水管网。

(3) 工地厕所应远离居民及商业网点的饮用水源，并设有专人冲洗，减少环境污染。

(4) 油漆油料库的保管要专人负责，防止油料的跑、冒、滴、漏污染水体。

4. 防止施工噪声污染

(1) 在施工中合理分布动力机械设备的工作场所，避免一个地方运行较多的动力设备。采用低噪声设备，并辅以消声器、隔声棚等措施，降低振动部件的噪声。

(2) 严格控制施工作业时间，噪声大的施工项目如混凝土振捣、电锯的使用等应安排在白天进行，混凝土结构施工需夜间连续作业的，应报请行政主管部门批准。

(3) 使用低噪声振捣器进行混凝土的振捣，降低混凝土施工噪声。

5. 文物保护措施

(1) 开工前对现场职工进行爱护文物、自觉保护文物教育，主动协助文物部门做好宣传管理工作。

(2) 严格执行国家和地方政府颁布的有关文物保护的法律、法规，在编制实施性施工组织设计时，把文物保护作为一项内容，并认真执行。

(3) 在土方开挖过程中如发现文物、古墓、古建筑基础和结构、化石、钱币等有考古价值的物品，立即采取措施，严密保护，防止哄抢、破损，并立即通知建设单位报告有关部门采取措施，切实做好文物保护工作。

项目7 单位工程施工组织设计的编制

训练1 单位工程施工组织设计的编制

[训练目的与要求] 掌握单位工程施工组织设计包括的内容及编制的程序；通过此项目的训练，结合各门专业课的学习，能够按照内容和程序编制出常规的单位工程施工组织设计。

1.1 编制内容

根据单位工程的结构特点、施工条件、技术复杂程度等，单位工程施工组织设计的内容可粗可细，比较完整的内容应包括如下：

(1) 封面：封面一般应包含单位工程名称、单位工程施工组织设计字样、编制单位、编制时间、编制人、审批人等，还可以在封面上打上企业标识。

(2) 目录：目录可以让使用者了解施工组织设计各部分的组成，快速而方便地找到所需要的内容。

(3) 编制依据：主要有工程合同、施工图纸、技术图集和所需要的标准、规范、规程等，一般应用表格列明。

(4) 工程概况：主要简述工程概况和施工特点，内容一般应包括：

1) 工程名称，工程地址，建设单位，设计单位，监理单位，质量监督单位，施工总包商、主要分包商等的基本情况。

2) 合同的性质、合同的范围、合同的工期。

3) 工程的难点与特点、建筑专业设计概况、结构专业设计概况和其他专业设计概况等。

4) 建设地点的特征，包括地质、水质、气温、风力等。

5) 施工条件，包括施工技术和管理水平，水、电、道路、场地及四周环境，材料、构件、机械和运输工具的情况等等。

(5) 施工方案：主要是从时间、空间、工艺、资源等方面确定施工顺序、施工方法、施工机械和技术组织措施等内容。

(6) 施工进度计划：主要计算各分项工程的工程量、劳动量和机械台班量，从而计算工作的持续时间、班组人数，编制施工进度计划。

(7) 施工准备工作及各项资源需要量计划：主要编制施工准备工作计划和劳动力、主要材料、施工机具、构件及半成品的需要量计划等。

(8) 施工现场平面图：主要确定起重运输机械的布置，搅拌站、仓库、材料和构件堆场、加工场的位置，现场运输道路的布置，行政与生活临时设施及临时水电管网的布置等内容。

（9）主要技术经济指标：主要包括工期指标、质量和文明安全指标、实物量消耗指标、成本指标和投资额指标等。

对于一般常见的建筑结构类型或规模不大的单位工程，其施工组织设计可以编制得简单一些，其内容一般以施工方案、施工进度计划、施工平面图为主，辅以简要的文字说明即可。

1.2 编制程序

单位工程施工组织设计的编制程序，是指对单位工程施工组织设计各个组成部分形成的先后次序以及相互之间制约关系的处理，从中可进一步了解单位工程施工组织设计的内容。

（1）熟悉施工图纸，到施工现场实地勘察，了解现场周围环境，搜集施工有关资料，对工程施工内容做到心中有数。

（2）根据设计图纸计算工程量，分段并且分层进行计算，对流水施工的主要工程项目计算到分项工程或工序。

（3）拟定工程项目的施工方案，确定所采取的技术措施，并进行技术经济比较，从而选择出最优的施工方案。

（4）分析并确定施工方案中拟采用的新技术、新材料和新工艺的措施及方法。

（5）编制施工进度计划，进行多方案比较，选择最优的进度计划。

（6）根据施工进度计划和实际施工条件编制：

1）劳动力需要量计划。

2）施工机械、机具及设备需求量计划。

3）主要材料、构件、成品、半成品等的需求量计划及采购计划。

（7）计算行政办公、生活和生产等临时设施的面积。例如材料仓库、堆场、现场办公室、各种加工场等的面积。

（8）对施工临时用水、供电分别进行规划，以便满足施工现场用水及用电的需要。

（9）绘制施工现场平面图，进行多方案比较，选择最优的施工现场平面设计方案。根据工程的具体特点分别绘制出基础工程、主体工程和装饰工程的施工现场平面图。

（10）制定工程施工应采取的技术组织措施，包括保证工期、工程质量、降低工程成本、施工安全和防火、文明施工、环境保护、季节性施工等技术组织措施。

1.3 编制技巧

（1）熟悉施工图纸，对施工现场进行考察，确定施工方案。

（2）确定流水施工的主要施工过程，根据设计图纸计算工程量，分段分层计算。

（3）根据工程量确定主要施工过程的劳动力、机械台班需求计划，从而确定各施工过程的持续时间，编制施工进度计划，并调整优化。

（4）根据施工定额编制资源需要量计划。

（5）绘制施工现场平面图。

（6）制定相应的技术组织措施。

1.4 单位工程施工组织设计案例

某社会福利院工程办公、公寓楼施工组织设计。

1.4.1 编制依据

除工程合同，施工图纸外，还要根据工程的特点和所在的地区要求，选择相应的技术图集、标准、规范和规程等。本工程的编制依据列表如表7-1。

编 制 依 据　　　　　　表7-1

序 号	编 制 依 据
1	合同文件
2	省建设厅颁发的有关建筑施工规程安全、消防、质量等文件
3	市建委颁发的建筑施工的有关文件
4	设计图纸
5	现行有关建筑工程施工和验收的国家标准、行业标准及地方标准
(1)	《建筑工程施工质量验收统一标准》（GB 50300—2001）
(2)	《砌体工程施工质量验收规范》（GB 50203—2002）
(3)	《混凝土结构工程施工质量验收规范》（GB 50204—2002）
(4)	《钢结构工程施工质量验收规范》（GB 50205—2001）
(5)	《木结构工程施工质量验收规范》（GB 50206—2002）
(6)	《建筑地基基础工程施工质量验收规范》（GB 50202—2002）
(7)	《屋面工程质量验收规范》（GB 50207—2002）
(8)	《地下防水工程质量验收规范》（GB 50208—2002）
(9)	《建筑地面工程施工质量验收规范》（GB 50209—2002）
(10)	《建筑装饰装修工程质量验收规范》（GB 50210—2001）
(11)	《高层建筑混凝土结构技术规程》（JGJ 3—2002）
6	施工技术操作规程
7	本公司制定实施的《建筑分项工程施工工艺标准》
8	企业质量保证体系、环境管理体系、职业健康安全管理体系标准及相关的规章制度

1.4.2 工程概况和特点

本工程位于某市劳动湖畔，浏览路北侧，东侧为新规划诊所，总建筑面积 $13516.53m^2$，局部地下室为水泵房，其面积 $124.97m^2$，建筑物高度 $42.6m$，主楼十层、十二层，附属用房为五层，框架结构。工期为2005年8月1日～2006

年9月30日。基础采用钻孔压浆混凝土灌注桩，外墙采用390mm厚陶粒混凝土砌块，填充墙采用190mm厚和90mm厚陶粒混凝土砌块，一层消防控制室及储油间墙的墙体采用240mm厚黏土砖。电梯间及前室和管井均为机制黏土红砖，梁、板、柱均为现浇钢筋混凝土，屋面保温层采用50mm厚苯板两层，防水层采用$500g/m^2$的SBC120防水卷材两层，内外墙装饰均为涂料。

本工程的主要特点：

(1) 工期紧张，现浇混凝土工程量大，相应的模板、钢筋工程量大。

(2) 混凝土工程采用清水混凝土施工，对模板的制作、安装及混凝土的浇筑施工质量要求较高，同时模板的一次性投入量大。

根据以上特点，应认真制定严密的、切实可行的方案及措施，协调好各分部分项工程、工序间的关系，合理安排劳动力及设备、材料的供应工作，保证工程在计划工期内优质、低耗、高效的完成。

1.4.3 施工方案

1. 施工管理目标

(1) 质量目标

1) 本工程竣工验收以必须保证单位工程质量创省优为本工程的质量目标。

2) 各分部分项工程质量评定符合国家验评标准，环保检测合格。

(2) 工期目标

工程总工期：2005年8月1日～2006年9月30日。

第一阶段：附属用房、主楼施工准备至主体三层，2005年8月1日～11月10日。

第二阶段：主体、装饰工程施工，2006年3月3日～9月30日。

(3) 安全生产文明施工目标

1) 安全生产：无重大伤亡事故，一般事故发生率低于3‰。

2) 文明施工：创"省级文明施工样板"工地。

3) 环境保护：达到业主及市民满意。

(4) 社会行为目标

1) 无治安案件发生。

2) 无盗窃案件发生。

3) 无火灾、火警事故发生。

4) 无扰民事件发生。

2. 施工布置

(1) 本工程设两个施工区，附属用房、主楼各为一个施工区，独立施工。附属用房为一个施工段，主楼分为二个施工段，十层部分为第一施工段，十二层部分为第二施工段，组织流水施工，内外装饰工程主楼、附属用房同时施工，不分段，相互协调，合理安排。本工程采取分段施工、分段验收的方法。

(2) 总的施工顺序是：挖土→基础→地下室→主体→围护→屋面→外装饰→内装饰→交工。在围护结构完成后即可进行内墙抹灰工程的穿插施工。

(3) 本工程混凝土均采用泵送混凝土施工，在现场布设一个中型搅拌站主要用于主体混凝土搅拌,并配备一台HBT60混凝土输送泵,用于泵送混凝土。设两台EQ350型搅拌机,用于现场砌筑和抹灰。

(4) 由于建筑高度相差比较大,平面面积大,故考虑主楼、附属用房之间设一台QTZ40型塔吊,主楼另一侧布置一台QTZ63型塔吊,用于主体及装饰工程施工时的竖直运输和水平运输。

(5) 在基础施工阶段即承台及承台梁混凝土施工时,由于气温较高,为减小混凝土水分散失,可采用塔吊辅助泵送混凝土,减少布管与挪管的繁琐工作。

(6) 桩基础工程:本工程为钻孔压浆桩基础,要严格按照《钻孔压浆桩基础操作规程》施工,基础施工前进行静载试验,复核单桩竖向承载力后方可施工。

(7) 土方工程:挖土采用机械开挖,配备3台挖掘机在区域作业,承台及基础梁土方采用人工开挖。机械开挖至承台顶标高,余下土方采用人工开挖,以确保土方开挖准确。所挖土方运至35轴右侧40米处。机械夯实,配备2台打夯机。

(8) 脚手架工程:本工程外立面围护采用双排钢管外围护脚手架,内挂安全密目网。砌筑脚手架采用门式脚手架。

(9) 钢筋工程:本工程竖向钢筋$\phi 16$及以上采用电渣压力焊连接,纵向钢筋接头$\phi 16$及以上均采用单面焊连接。现场配备4台电渣压力焊机,2台钢筋切断机,2台钢筋弯曲机,2台钢筋调直机,以满足施工需要。

(10) 模板工程:本工程模板工程梁、板模板采用竹胶模板,柱模板采用钢模板(圆柱采用木模),梁、板支撑采用钢支撑,即竖向支撑采用钢管。梁底及板底水平支撑将采用60mm×90mm和40mm×60mm木方。

(11) 施工过程中可能会存在局部防护设施妨碍施工,此情况可申报现场总监请求临时拆除,施工后再恢复。严禁私自拆除必要的防护措施,以保证施工过程中的安全为原则。

(12) 装修与水、电安装之间交叉工作面大、内容复杂,是工程施工中最尖锐最直接的矛盾,经常出现相互制约、相互破坏、相互扯皮现象,水、电安装进度必须配合总体进度计划,保证主导工序的施工进度,选择合理的穿插时机,使整个工程形成一个和谐高效的有机整体。

(13) 进入装修阶段后,室内和室外装修同样存在许多交叉点,总体遵循的原则是先外后内,内装修要为外部装修提供条件和创造工作面。

(14) 根据施工现场实际情况进行合理布置,办公区、生产区和生活区分开设置,方便管理。同时在生活区设置工人食堂、水冲式厕所及淋浴间。污水依据有关部门要求排入市政排污系统。院内设绿化花坛,改善工人的休息环境。

3. 关于工程施工的协调

(1) 与建设单位的协调

1) 应积极与建设单位配合,采纳业主意见,体现业主意图,切实实现业主就是上帝的原则。

2) 在施工中及时与建设单位办理工程签证工作,并在最短时间内对业主的意见给予答复。

3）为建设单位提出合理化建议，以在保证本工程质量的前提下尽最大可能降低工程成本与造价。

4）根据工程进展情况，将不定期地召开各种协调会议，及时解决施工中出现的困难和问题。配合业主协调与社会各有关部门的关系，以确保工程进度。

（2）与设计单位的协调

1）施工伊始，立即与设计院取得联系，进一步了解设计意图及工程要求，根据设计意图提出切实可行的施工方案，向设计单位提交的施工方案中，包括施工中可能出现的各种情况，商谈解决的方法。

2）在施工图会审中，会同建筑设计师、结构设计师商谈施工图中出现的疑问，完善设计内容和设备物资选购。

（3）与监理工程师的协调

1）在施工全过程中，严格按照发包方及监理工程师批准的"施工方案"、"施工组织设计"进行施工。在施工单位"自检"的基础上，接受监理工程师的验收和检查，并按照监理工程师的要求予以整改。

2）所有进入现场的成品、半成品、设备、材料、器具，均主动向监理工程师提供产品合格证或质保书。材料的选用严格按照招标文件执行，按规定需进行物理化学试验检测的材料，主动见证送检。

3）按单位或分项工序检验质量，严格执行"上道工序不合格，下道工序不施工"的准则，使监理工程师能顺利开展工作。对可能出现的工作意见不统一的情况，遵循"先执行监理的指导，后予以磋商统一"的原则。

4. 各施工过程的施工方法及技术措施

（1）测量工程

1）定位放线

本工程定位采用直角坐标法，首先确定单位工程的主控制轴线，然后根据建筑红线进行轴线控制的引测，并分别校验其闭合差，符合要求后，设置龙门桩与龙门板。

建设单位给出±0.000标高后，由施工单位引入现场。

2）基础测量：依据场区平面轴线控制桩和基础开挖平面图，测放出基坑开挖上口线及下口线，用白石灰撒出。当基槽开挖到接近槽底设计标高时，用经纬仪分别投测出基坑边线及各控制轴线。

3）桩点定位采用"钢管白灰标注法"，即用50cm长6分钢管，钉入土内拔出成孔后，灌入白灰定出桩位。同时在每个桩位周围设置四个控制桩，上钉钢钉，便于桩位复测，如图7-1所示。

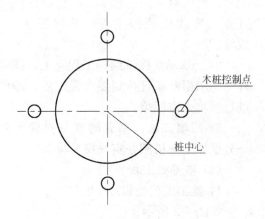

图7-1 桩位控制图

4)待垫层打好后,根据基坑边上的轴线控制桩,将经纬仪架设在控制桩位上,经对中、整平后,后视同一方向桩(轴线标志),将所需的轴线投测到施工的平面层上,在同一层上投测的纵、横轴线不得少于2条,以此作角度、距离的校核。经校核无误后,在该平面上放出其他相应的设计轴线及细部线。并弹墨线标明作为支模板的依据。模板支好后,用两经纬仪架设在两条相互垂直的轴线上检查上口的位置。在各楼层的轴线投测过程中,上下层的轴线竖向偏移不得超过4mm。

5)在施工过程中,每当施工平面测量工作完成后,进入竖向施工,在施工中,每当混凝土柱施工完后,在柱立面投测出相应的轴线,并在柱面抄测出建筑500线(500线相对于每层楼板设计标高而定),以供下道工序的使用。

6)当每一层平面或每段轴线测设完后,必须进行自检,自检合格后及时填写报验单,报验单必须写明层数、部位、报验内容并附一份报验内容的测量成果表,以便能及时验证各轴线的正确程度状况。

(2)沉降观测

1)水准点布设:本工程的沉降观测,设置3个专用水准点,相互检查核对。为防止冰冻影响,水准点埋设在冰冻线以下0.5m处,顶部加盖保护。

2)观测点布设:本工程设置5个沉降观测点,观测点均埋在混凝土柱上。沉降观测的时间、方法、精度及要求时间:在±0.000施工完毕后,开始沉降观测。每施工一层,观测一次,竣工后第一年观测四次,第二年观测两次,以后每年一次,直至沉降稳定为止。

3)每次沉降观测后立即检查数据和计算是否准确,精度是否符合要求,并进行误差分配,然后把每次各观测点高度、沉降量列入"沉观测记录"表中,计算相邻两次观测所得沉降量和累计沉降量,并注明观测日期。根据观测结果,绘制出沉降量与荷载、时间的关系曲线。

(3)土方工程

1)本工程土方采用机械开挖,人工配合。施工时采用一台220型反铲挖掘机开挖,装载机装卸土方。基坑按1:1放坡。

2)±0.000以下结构工程完工,抹完外侧防潮层砂浆且达到要求强度后,即可进行基坑土方回填。

3)回填方法:基底清理→检验土质→分层填土→机械夯实→找平验收。

(4)桩基础工程

1)施工工艺流程图

如图7-2所示。

2)钻孔施工

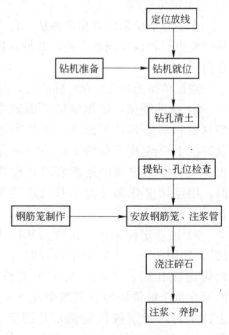

图7-2 施工工艺流程图

A. 本工程的定位放线依据甲方提供的红线位置按照图纸轴线，经建设单位验收无误后，再继续施放局部桩点，误差控制在规范允许范围内。

B. 按照事先确定好的钻孔顺序，将已准备好的钻机就位，调整好垂直度，对准桩位，准备开钻。

C. 钻机经检查垂直度、桩位偏差无误后即可开钻。钻进过程中要根据土层的变化，控制钻进速度，控制钻进时的电流值变化，电流值控制在钻机双倍功率内。

D. 检查孔位偏差、垂直度及孔底虚土。

E. 安放钢筋笼：在主筋上用 $\phi 8$ 钢筋焊 0.6m 长的吊环（地下室处为 2.5m 的吊环）将钢筋笼用吊车吊起，垂直放入孔中，并用水准仪测量笼顶标高。

F. 安放护孔口钢板：为保证碎石垂直下落，不致砸壁，在孔口安放护孔口钢板。

3) 钢筋笼制

A. 钢筋笼施工采用电焊点焊钢筋骨架，人工绑扎的施工方法。钢筋笼点焊所使用的焊条与钢筋级别相同，即Ⅰ级钢使用 J422 焊条。

B. 锚桩钢筋笼：由于图纸要求工程桩不能兼做锚桩，因此，另加八根锚桩。采用电焊骨架，螺旋箍筋与主筋采用绑扎的施工方法。锚桩钢筋采用 8 Φ 25，$\phi 8@200$ 箍筋。做静载试验时，每根桩用 8 Φ 25 长 3m 的钢筋焊接固定。

C. 水泥用量：由于桩基础座于高水位粉砂土层上，为了防止塌方，并保证工程质量，将采用注满浆的方法。因此，水泥用量比常规多用 30%。每次水泥浆搅拌好后过 80 目筛网放到注浆罐里，在罐里要不停搅动，从搅拌到水泥浆用完不许超过 120min，否则废弃从新搅拌。

D. 对水泥浆搅拌机、气泵、钻机进行检查保养并试运转五分钟确认机械运转正常后方可钻孔施工。

4) 地下室桩基础施工方法

由于本工程附属用房地下室桩顶标高为 -5.15m，与主楼桩顶标高 -2.95m 相差 2.2m，建筑面积仅为 124.6m²，不能满足桩机的工作面，因此在施工时，在保证设计要求桩长 ≥7.0m 的情况下，钻此处桩时，桩顶标高与主楼桩顶标高相同，待桩施工完以后，凿桩头时把 2.2m 的高差凿掉至设计标高。

5) 质量标准：

质量标准见表 7-2、表 7-3 所示。

桩施工质量标准（允许偏差） 表 7-2

项 次	允许偏差项目		允许偏差(mm)
1	桩位	垂直桩基中心线	1/6 桩径<70
		沿桩基中心线	1/4 桩径<150
2	垂 直 度		1% 桩长
3	桩 位		个别截面-20
4	桩 长		+300

钢筋笼制作允许偏差　　　　　　　表 7-3

项　次	允许偏差项目	允许偏差(mm)
1	主筋间距	±10
2	螺旋箍筋间距	±20
3	钢筋笼直径	±10
4	钢筋笼长度	±100

(5) 脚手架工程

1) 根据《建筑施工扣件式钢管脚手架安全技术规范》(JGJ 130—2001、J 84—2001)规定，本工程外脚手架采用落地式双排钢脚手架，脚手架内满挂密目网(2000目/100cm^2)，进行全封闭防护，每3层且不大于10m设置一道水平防护网，施工操作层设水平硬防护。钢管均采用外径48mm、壁厚3.5mm的焊接钢管，立杆纵向间距1.5m、横距1.0m，大横杆间距1.7m，小横杆间距不大于1.5m，如图7-3所示。脚手架要进行稳定性计算。

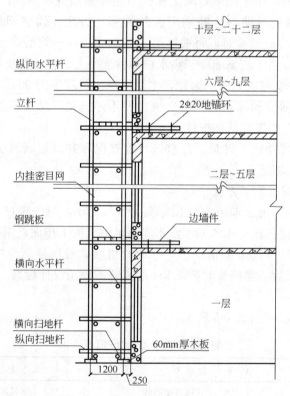

图 7-3　外脚手架围护示意图

2) 室内装饰采用钢制满堂红脚手架。梁底模板支架采用双排脚手架，立杆横距为梁宽加400mm，纵距为800~1000mm，水平杆步距1.3m，水平杆按三道设置；板底模板支架采用满堂红脚手架，靠梁的立杆距梁距离不小于200mm，纵、横方向立杆间距800~1200mm，水平杆按三道设置。水平杆与立杆连接要用直角扣件，立杆采用搭接连接，每道立杆连接要保证不少于 2 个扣件，扣件可采用直角扣件连接或旋转扣件。架子四周与中间每隔四排支架立杆应设置一道纵向剪刀撑，由底至顶连续设置。

3) 技术措施

A. 外脚手架搭设前，在搭设范围内应先将地面夯实找平，并做好排水处理，立杆竖直面应放在金属底座上，底座下垫 60mm 厚木板，立杆根部设通长扫地杆。大横杆在同一步距内的纵向水平高低差不得超过 60mm。同一步距里外两根大横杆的接头相互错开，不宜在同一跨间内，同一跨内上下两根大横杆的接头应错开 500mm 以上。

B. 小横杆与大横杆垂直，小横杆用扣件紧固于大横杆上。

C. 在转角、端头及纵向每隔 15m 处设剪刀撑，每档剪刀撑占 2~3 个跨间，从底到顶连续布置，剪刀撑钢管与水平方向呈 40°~60°夹角，最下一对剪刀撑应落地，与立杆的连接点距地不大于 500mm。

D. 竖向每隔 3~4m，横向每隔 4~6m 设置与框架锚拉的锚拉杆，锚拉杆一端用扣件固定于立杆与大横杆汇聚处，一端与楼层中预埋钢管用扣件连接。

E. 杆件相交伸出的端头必须大于 100mm，防止杆件滑脱。杆件用扣件连接，禁止使用钢丝绑扎。

F. 钢跳板满铺、铺稳，不得铺探头板、弹簧板，靠墙的间隙不大于 0.2m。

G. 外围护架子高出建筑物 2.5m。

4) 脚手架拆除

A. 严格遵守拆除顺序，由上而下进行，即先绑者后拆，后绑者先拆，一般是先拆栏杆、剪刀撑，然后依次一步一步的拆小横杆、大横杆、抛撑、立杆等。

B. 悬空口的拆除预先进行加固或设落地支撑措施后方可进行。

C. 如果需要保留部分架子继续工作时，应将保留的部分架子加固稳定后，方可拆除其他架子。

D. 通道上方的脚手板要保留，以防高空坠物伤人。

(6) 钢筋工程

钢筋进场时，要有出厂质量证明书、试验报告单、钢筋表面或每捆钢筋均应有标识。检查内容包括标识、外观检查，并按标准(同一炉号、同一规格、同一生产工艺，每批重量不大于 60t，抽取四根)抽取试样作力学性能试验，合格后方可使用。

本工程钢筋采用集中下料、制作成型、现场安装的方法。由技术负责人签订下料单，统一下料，采用长短搭配，钢筋原料套裁的方法。半成品堆放在防雨棚内，下垫 500mm 高的砖砌垄墙，按下料单的规格、尺寸及部位编号，挂牌堆放。钢筋加工的形状、尺寸必须符合设计及规范的要求。

1) 梁钢筋

A. 梁钢筋绑扎成型后，顺梁方向每 1m 处箍筋与主筋点焊并设"十"字支撑加固，防止产生箍筋倾覆或变形，影响质量。

B. 梁内受力钢筋每 1.5m 处下垫砂浆垫块，以保证钢筋保护层厚度。

2) 板钢筋

板钢筋采用绑扎连接,接头位置应相互错开。板钢筋绑扎前,应在模板上按图划线定位,按线绑扎,确保钢筋间距及位置准确。板底钢筋采用砂浆垫块,间距 1000mm×1000mm 垫起。为保证板负弯矩筋位置准确,采用 25cm 长的 φ12 钢筋做成铁马凳垫起,间距 800mm×800mm,梅花形布置。顶板钢筋遇洞口时需绕行,需截断时,在洞口四周每侧加 4φ14 钢筋加强。如图 7-4 所示。

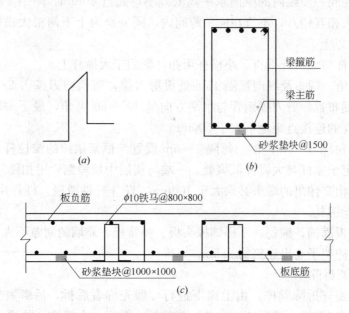

图 7-4 板筋绑扎示意图
(a)铁马凳示意图;(b)梁钢筋保护层;(c)板钢筋保护层

3) 柱钢筋

A. 为保证钢筋与混凝土的有效结合,防止钢筋污染,在板混凝土浇筑前,要求在柱钢筋上套塑料管,避免混凝土浇筑时造成钢筋污染。

B. 绑扎时,按设计要求的箍筋间距数量,先将箍筋按弯钩错开,要求套在下层伸出的搭接筋上,再立起柱子钢筋,绑扣不少于 3 个,绑扣向里,便于箍筋向上移动。

C. 柱钢筋竖向连接方式采用电渣压力焊连接。

D. 绑扎接头的位置应相互错开,在受力钢筋直径 35 倍区段范围内(且不小于 500mm),有绑扎接头的受力钢筋截面面积占受力钢筋总截面面积百分率,受拉区不得超过 25%,受压区不得超过 50%。

4) 其他要求

A. HPB235 级钢筋的末端需作 180°弯钩,HRB335 级钢筋的末端按需要做 90°或 135°弯折,箍筋的弯曲直径应大于受力钢筋的直径,且不小于箍筋直径的 5 倍,弯钩平直部分长度不应小于箍筋直径的 10 倍。

B. 构造柱插筋要在梁钢筋绑扎并校正完成后方可进行,底口定位筋要与梁上面及下面的钢筋点焊牢固，防止混凝土浇筑时钢筋走位或倾斜，导致钢筋位移。

C. 对于隔墙拉结筋，主体结构施工中安装预埋件，在主体围护结构砌筑前焊接钢筋，以保证墙体与柱的可靠拉结。

D. 钢筋绑扎完，需经质量检查员检查、监理工程师验收，合格后方可进行下道工序的施工。

墙拉结筋预埋件安装示意如图 7-5 所示。

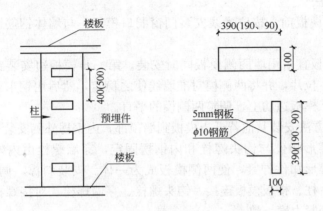

图 7-5　墙拉结筋预埋件安装示意图

(7) 模板工程

本工程的梁、柱、墙模板采用组合钢模板，楼板用竹胶合板模板，支撑系统采用钢管扣立杆。它的特点是施工方便，速度快，成型后混凝土的外观质量好，能达到高标准的要求。

1) 柱模板

A. 就位组拼工艺流程

搭设安装架子→第一层模板安装就位→检查对角线、垂直和位置→安装柱箍→第二、三层等各层柱模板及柱箍安装→安有梁口的柱模板→全面检查校正→整体固定。

B. 施工方法

A) 先将柱子第一层四面模板就位组拼好，每面带一阴角模或连接角模，用钢管和 100mm×100mm 木方连接。

B) 使模板四面按给定柱截面线就位，并使之垂直，用定型柱套箍固定，楔板到位，销铁插牢。

C) 以第一层模板为基准，以同样方法组拼第二、三层，直至到带梁口柱模板。用大螺距螺栓对竖向、水平接缝反正交替连接。在适当高度进行支撑和拉结，以防倾倒。

D) 对模板的轴线位移、垂直偏差、对角线、扭向等全面校正，并安装定型斜撑，或将一般拉杆和斜撑固定在预先埋在楼板中的钢筋环上，每面设两个拉

(支)杆，与地面呈45°。

E) 将柱根模板内清理干净，封闭清理口。

2) 墙模板

A. 就位组拼工艺流程

组装前检查→安装门窗口模板→安装第一步模板（两侧）→安装内钢楞→调整模板平直度→安装第二步至顶部两侧模板→安装内钢楞调平直→安装窗墙螺栓→安装外钢楞→加斜撑并调模板平直→与柱、墙、楼板模板连接。

B. 施工方法

A) 在安装模板前，按位置线安装门窗洞口模板，与墙体钢筋固定，并安装好预埋件等。

B) 安装模板宜采用墙两侧模板同时安装。第一步模板边安装锁定边插入穿墙或对拉螺栓、拉片，并将两侧模对准墙线使之稳定，然后用钢卡或碟形扣件与钩头螺栓固定于模板边肋上，调整两侧模的平直。

C) 用同样方法安装其他若干步模板到墙顶部，内钢楞外侧安装外钢楞，并将其用方钢卡或蝶形扣件与钩头螺栓和内钢楞固定，穿墙螺栓由内外钢楞中间插入，用螺母将蝶形扣件拧紧，使两侧模板成为一体。安装斜撑，调整模板垂直，合格后，与墙、柱、楼板模板连接。钩头螺栓、穿墙螺栓、对接螺栓等连接件都要连接牢靠，松紧力度一致。

3) 梁模板

A. 就位安装工艺流程

弹出梁轴线及水平线并复核→搭设梁模支架→安装梁底楞或梁卡具→安装梁底模板→梁底起拱→绑扎钢筋→安装一侧梁模→安装另一侧梁模→安装上下锁口楞→斜撑楞及腰楞和对拉螺栓→复核梁模尺寸、位置及与相邻模板的连接。

B. 施工方法

A) 安装梁模支架之前，首层为土地面时应平整夯实，无论首层是土地面或楼板地面，在专用支柱下要铺设通长脚手板，并且楼层间的上下支座应在一条直线上。

B) 支柱采用双排，间距以800~1000mm。支柱上连固10cm×10cm木楞或梁卡具。支柱中间和下方加横杆或斜杆，立杆加可调底座。

4) 楼板模板

A. 就位安装工艺流程

搭设支架→安装横、纵木楞→调整楼板下皮标高及起拱→铺设模板块→检查模板上皮标高、平整度。

B. 施工方法

A) 支架搭设前楼地面及支柱托脚的处理同梁的有关内容。支架的支柱（可用早拆翼托支柱）从边垮一侧开始，依次逐排安装，同时安装木楞及横拉杆，其间距按模板设计的规定。一般情况下支柱间距为80~120cm，木楞间距为60~120cm，需要装双层木楞时，上层木楞间距一般为40~60cm。

B) 支架搭设完毕后，要认真检查板下木楞与支柱连接及支架安装的牢固与稳定，根据给定的水平线，认真调节支柱翼托的高度，将木楞找平。

C) 铺设定型组合钢框竹(木)模板块：先用阴角模与墙模或梁模连接，然后向跨中铺设平模。相邻两块模板用 U 形卡连接。U 形卡方向应反正相间，并用一定数量的钩头螺栓与钢楞连接。最后对于不够整模数的模板和窄条缝，采用拼缝模或木方嵌补，但拼缝应严密。

D) 平模铺设完毕后，用靠尺、塞尺和水平仪检查平整度与楼板底标高，并进行校正。

5) 模板拆除

A. 模板拆除应按照设计要求进行，若设计无规定时，应遵循先支后拆，后支先拆；先拆不承重的模板，后拆承重部分的模板；自上而下，支架先拆侧向支撑，后拆竖向支撑等原则。

B. 侧模拆除时，应在混凝土强度能保证表面及棱角不因拆除而受损时，方可拆除。

C. 梁、板底模，应在与结构同条件下养护的试块达到规定时方可拆除，见表 7-4。

承重模板(梁、板模板)拆除时间　　　　表 7-4

结构名称	结构跨度(m)	达到标准强度百分率(%)
板	≤8	75
梁	>8	100
	≤8	75
悬臂构件		100

D. 非承重构件(柱、梁侧模)拆除时，其结构强度不得低于 1.2MPa，且不得损坏棱角。

E. 模板拆除后及时清理，模板堆放按规格尺寸分类放置，堆放高度小于 2m，挂标识，便于使用。

6) 模板安装的质量要求

A. 模板及其支撑必须有足够的强度、刚度和稳定性，必须经过验算，不允许出现沉降和变形。

B. 模板支撑部分应有足够的支撑面积，当支撑在地基土上时，必须夯实，并设有排水设施。

C. 模板内侧平整，模板接缝不大于 1mm，模板与混凝土接触面应清理干净，脱模剂涂刷均匀。

D. 在浇筑混凝土过程中，派专人看模，检查扣件紧固情况，发现变形、松动等现象及时修正加固。

模板制作允许偏差见表 7-5，模板安装允许偏差见表 7-6。

模板制作允许偏差　　　　　　　　　　　　　表7-5

项目	允许偏差(mm)	检查方法
平面尺寸	−2	尺检
表面尺寸	2	2m靠尺
对角线差	3	尺检
螺栓孔位偏差	2	尺检

模板安装允许偏差　　　　　　　　　　　　　表7-6

项目		允许偏差(mm)	检查方法
梁轴线位移		5	尺检
梁标高		3	2m靠尺
梁截面尺寸		±5	拉线尺量
相邻两板面高低差		+4，−5	尺量
板表面平整度		5	2m靠尺
预留洞	中心线位移	10	尺检
	截面内部尺寸	+10，0	尺检

(8) 混凝土工程

本工程混凝土施工采用现场搅拌。现场设一台 60m³/h 的搅拌站及一台混凝土输送泵。

1) 浇筑前的检查

A. 检查模板、支架、钢筋及预埋件、模板的强度和刚度，标高、位置和结构的截面尺寸，支撑系统、支撑与模板结合处的稳定性。钢筋与埋设件规格、数量、安装的几何尺寸与位置，以及钢筋接头等是否与设计要求相符，对于已变形和位移的钢筋应及时校正。

B. 浇筑混凝土前，清除模板内的垃圾、木片、泥土等杂物，确保模板内干净，将钢筋上的污染物清除干净。模板预留孔洞堵塞严密，以防漏浆。脱模剂涂刷均匀。

2) 混凝土的输送

A. 混凝土的输送

A) 必须保证混凝土泵连续工作，输送管采用直管配合弯头，接头严密，泵送前先用与混凝土内成分相同的水泥砂浆润滑输送管内壁。

B) 在泵送过程中，受料管内应具有足够的混凝土，以防吸入空气，产生阻塞。

C) 本工程主体结构施工正值夏季，要在混凝土输送管上遮盖湿草袋，以避免阳光照射，产生爆管，泵送完毕后将混凝土泵和输送管清洗干净。

B. 泵送混凝土防止裂缝措施

A) 二次振捣法

对浇筑后坍落度已经消失并开始凝固的混凝土，如果在适当的时间内二次振捣，会使混凝土重新液化，能较好地消除粗骨料、水平钢筋、预埋件等下面的积水和周围水膜，排除泌水，有助于混凝土层间结合、施工缝新旧接槎、消除沉降、收缩裂缝等，使混凝土强度提高，密实度增加。进行二次振捣的适宜时间：将运行着的振捣棒以其自重插入混凝土中进行振捣，混凝土仍然可以恢复塑性，当振捣棒缓慢拔出后，混凝土能自行闭合，而不致留下孔穴。

B）二次压光法

混凝土从浇筑成型至初凝期间，固体颗粒下沉，水分上升，即在表面产生泌水，同时，混凝土发生沉降收缩，会产生一道道的裂缝。为消除早期裂缝，排除表面过多的泌水，提高构件表面的平整度和强度，需在混凝土初凝后、终凝前，对构件表面混凝土进行二次抹平压光。

3）混凝土的浇筑

A. 混凝土的浇筑顺序由远而近，同一区域的混凝土按先浇竖向结构后浇水平结构的顺序，连续浇筑、分层振捣。当不允许留施工缝时，区域之间、上下层之间，浇筑间歇时间不得超过混凝土的初凝时间。由于梁柱混凝土标号为 C35（C30）而板混凝土标号为 C20，在浇筑时必须先浇筑梁柱 C35（C30），按规范规定应浇筑到梁跨中 1/3 跨度内，由于梁之间跨度小，浇筑到跨中 1/3 跨度内以后，只剩下 $1\sim 3m^2$，并且 C35 与 C20 不同标号之间接槎易出现裂纹，因此，全部用 C35（C30）混凝土浇筑。

B. 振捣泵送混凝土时，振动棒插入的间距为 400mm，振捣时间为 30 秒。对有预留孔、预埋件和钢筋密集部位要注意观察，发现混凝土有不密实等现象立即采取措施，采取人工捣固，配合机械振捣，保证混凝土的密实性和强度，操作中应避免碰撞钢筋、模板、预埋件等。

C. 浇筑完的楼板混凝土表面，在初凝前，再用木抹子二次压抹，以防止混凝土泌水下沉产生表面裂缝。

D. 施工缝的留置：柱留在梁下 5cm 处，梁板留在跨中 1/3 跨度内。

4）混凝土的养护

A. 混凝土浇筑完毕后的 12h 内，对混凝土加以覆盖，采用养护膜及浇水养护。

B. 养护时间：对采用普通硅酸盐水泥的混凝土，正常气温每天浇水不少于二次，养护时间不得少于 7 天；对掺用缓凝型外加剂或有抗渗性要求的混凝土，不得少于 14 天。

C. 浇水次数应保持混凝土处于湿润状态。

D. 梁板混凝土比规范规定多留一组同条件养护试块，以确定预应力张拉时间和拆模时间。

5）混凝土试块的留置

A. 每拌制 100 盘且不超过 $100m^3$ 的同配合比混凝土，取样一次。

B. 每工作班拌制的同配合比的混凝土不足 100 盘时，取样一次。

C. 对现浇混凝土结构，每一现浇楼层相同配合比的混凝土，其取样不得少于一次；同一单位工程每一验收项目中相同配合比的混凝土，其取样不得少于一次。

D. 用于结构实体检测的试块，实际施工中与监理单位协商确定部位后按规范留置。

E. 检验批的划分：按沉降缝划分为4个检验批，即五层一个、十层两个、十二层一个。

6) 结构实体检验

结构实体检验分两部分：一是混凝土强度，二是钢筋混凝土保护层。对于进行实体检验的部位应是涉及到混凝土结构安全的重要部位。

A. 混凝土强度检验主要是以同条件下养护试件的强度为依据，必要时对结构进行非破损或局部破损检测。

B. 结构实体试块的留置。

基础：桩每天一组。承台、承台梁主楼一组，附属用楼一组。

主体：梁板柱每层一组。附楼：每层一组

C. 结构实体钢筋混凝土保护层厚度检验。

梁、板类构件，应各抽取构件数量的2%，且不少于5个构件进行检验；当有悬挑构件时，抽取的构件中悬挑梁、板类构件所占比例均不应小于50%。

D. 保护层留置：悬挑构件选取17处（具体位置任意选取），梁、板任意选取5个构件进行检验。

(9) 砌筑工程

本工程外围护采用陶粒混凝土砌块砌筑，考虑到保温效果，外墙砌筑时采用组砌的方法，错缝施工。机制红砖采用三一砌砖法。

1) 陶粒混凝土砌块

A. 技术措施

A) 施工前复核轴线尺寸，并设置皮数杆，排砖时考虑洞口尺寸，在同一墙面上，各部位组砌方法要统一，上下一致。

B) 砌体表面的平整度、垂直度、灰缝厚度及砂浆饱满度，应按规范规定随时检查并校正。

C) 砌体顶部与框架梁板接槎处应采用斜向实心砌块砌筑，避免裂缝产生。如图7-6所示。

D) 门旁设混凝土抱框，当洞口较宽、上部砌块较高时，抱框向上直通到梁、板底，用膨胀螺栓与混凝土抱框内钢筋焊接，加以固定。

E) 当墙上遇有门窗洞口时，应分别在墙体半高处和外墙窗洞的上部及下部、内墙门洞的上部设置与柱连接且沿墙贯通的现浇钢筋混凝土带。

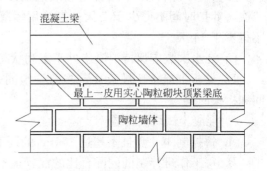

图7-6 陶粒墙与混凝土梁连接做法

F) 当填充小砌块墙体的长度大于5m时，墙顶应与框架梁或楼板拉结。当墙长超过高度的1.5～2倍时，在墙内设混凝土芯柱或构造柱。窗两侧将采用芯柱。做法详见《框架结构填充小型空心砌块墙体建筑构造》(02J102-2)。

G) 砌块墙与后砌隔墙交接处，沿墙高每400mm在灰缝内设2φ4横向间距不大于200mm的焊接钢筋网片。

B. 施工方法

A) 外墙组砌时双面挂线，灰缝横平竖直，满铺砂浆。竖直灰缝先在砌块端头铺浆，然后上墙挤压直至砂浆饱满。砌块的灰缝厚度控制在10mm，与柱的拉结筋应放置在砂浆层中，墙体砌筑完校正后随即进行原浆勾缝。

B) 内墙砌筑时要横向挂线，竖向吊直，与柱的拉结筋设置在砂浆层中（柱拉结筋采用后植筋的方法，即待混凝土强度达到设计强度后，用专用胶把钢筋固定于混凝土上），砌筑时上下错缝搭接，搭砌长度不小于砌块长度的1/3。

C) 砌体与框架柱沿其高度每隔600mm设拉结筋一道。砌体日砌高度不大于1.5m。因采用门式脚手架，砌块墙体不设脚手眼，对于墙体上留置的浅管沟槽，如设计无要求，用C15的混凝土灌实。如图7-7、图7-8所示。

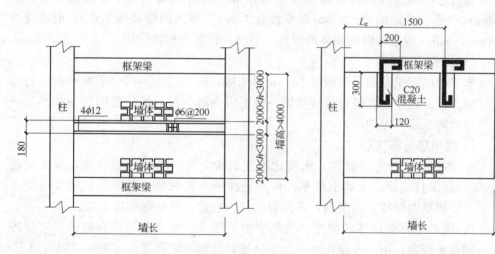

图7-7 填充墙配筋带（用于墙高超过4m时）　　图7-8 填充墙顶与梁连接（用于墙长超过5m时）

2) 实心砖砌体

A. 施工顺序

放线定位并立皮数杆→构造柱绑筋→一步架砌筑→搭设脚手架→二步架砌筑→圈梁及过梁钢筋绑扎→圈梁、过梁及构造柱支模→圈梁、过梁及构造柱混凝土→顶板支模绑筋→浇筑板混凝土。

B. 施工方法

A) 砌筑方法：砌筑为"三一"砌筑法。砖墙双面挂线，排砖采用一顺一丁，山墙第一层丁砖，纵墙第一层条砖。

B) 砌筑前，先对基层进行清理，然后在基层上先用水泥砂浆找平，然后以龙门板上定位钉为标志弹出墙的轴线、边线，定出门、窗洞口的位置。

C) 在弹好线的基面上按组砌方式先用砖试摆，核对所弹出的墨线在门洞、窗口、墙垛等处是否符合模数，以便借助灰缝进行调整，使砖的排列和砖缝宽度均匀，提高砌砖效果。

D) 要挂线砌筑，一砖半墙以下单面挂线，二砖墙以上双面挂线。采用铺浆法砌筑时，铺浆长度不得超过500mm，以确保水平灰缝的砂浆饱满。

E) 楼层轴线的引测：为了保证电梯井壁轴线的重合和施工方便，在弹墙身时，应根据龙门板上标注的轴线位置将轴线引测到房屋的外墙基上。二层以上各层墙的轴线，可用经纬仪或铅锤引测到楼层上去，同时还须根据图上轴线尺寸用钢尺进行校核。

F) 洞口位置尺寸及标高的控制：放线后除复核控制线偏差外，对于外墙洞口边线，还必须用已施工完的下层洞边线进行复核，从而保证上下层通线和洞口尺寸准确。洞口标高及砌体标高应立皮数杆严格控制，皮数杆立在转角处，中间每20m一道，砌至圈梁及混凝土板下时，必须进行标高抄测，检查标高准确性。

3) 构造柱与砌体的连接

与构造柱相连的砌体按规范砌成马牙槎，设拉结筋，马牙槎先退后进，每250mm一道。拉结筋每120mm厚墙设置1ϕ6.5，深入两侧墙体1.0m，沿墙高每500mm一道。构造柱两侧砌体内预埋8号线，以备支模加固用。

(10) 屋面工程

本工程屋面保温层采用两层50mm厚苯板，防水层采用高分子聚合物卷材防水二层。施工程序为：清理放线找坡→找平层→隔气层→铺设保温层→找平层→铺设卷材防水层→保护层。

1) 找平层与隔气层

A. 按配合比拌合好砂浆，水灰比不能过大，应拌合成干性砂浆，施工时用2m压尺刮平打实后，木磨板磨平，再用铁抹子压实抹光。砂浆凝固后及时浇水养护，养护期内保持面层湿润，不得有空鼓、起砂、酥松等弊病发生。

B. 找平层要有足够的强度，表面平整、干净、密实，不得有起砂、起皮现象，如有此现象，用108胶拌水泥刮平处理，达到一定强度后，再施工隔气层。

C. 隔气层施工前将基层与突出屋面的构件、基层的转角处等做圆弧处理。内部排水的水落管周围做成略低的凹坑。

D. 隔气层的找平层施工不得有积水，如屋面潮湿，待干燥后再进行隔气层施工，个别较潮地方用喷灯烘干。

E. 隔气胶刮涂均匀，不得有砂眼和漏涂现象。

2) 保温层加找坡层

要求苯板铺设均匀，缝隙大小一致，按设计要求用1:8水泥珍珠岩找坡，人工夯实。

3) 防水卷材

A. 应用水泥砂浆找平，并按设计要求找好坡度，做到平整、坚实、清洁，无凹凸形尖锐颗粒，用2m直尺检查，最大空隙不应超过5mm，表面处理成细麻面。

B. 在基层上用喷枪(或长柄棕刷)喷涂(或刷涂)基层处理剂，要求厚薄均匀，不允许露底见白，喷(刷)后干燥 4~12h，视温度、湿度而定。

C. 对阴阳角、水落口、管子根部等形状复杂的局部，按设计要求预先增强处理。

D. 先在基层上弹线，排出铺贴顺序，然后在基层上及卷材的底面均匀涂布基层胶粘剂，要求厚薄均匀，不允许有露底和凝胶堆积现象，但卷材接头部位 100mm 不能涂布胶粘剂。

E. 待基层胶粘剂胶膜手感基本干燥，即可铺贴卷材。为减少阴阳角和大面接头，卷材应顺长方向配置，转角处尽量减少接缝。

F. 铺贴从流水坡度下坡开始，从两边檐口向屋脊按弹出的标准线铺贴，顺流水接槎，最后用一条卷材封脊。

G. 铺贴时用厚纸筒重新卷起卷材，中心插一根 $\phi 30mm$、长 1.5m 铁管，两人分别执铁管两端，将卷材一端固定在起始部位，然后按弹线铺展卷材，铺贴卷材不得皱折，也不得用力拉伸卷材，每隔 1m 对准线粘贴一下，用滚刷用力滚压一遍以排出空气，最后再用压辊(大铁辊外包橡胶)滚压粘贴牢固。

H. 卷材铺好压粘后，将搭接部位的结合面清除干净，并采用与卷材配套的接缝胶粘剂在搭接缝粘合面上涂刷，做到均匀、不露底、不堆积，并从一端开始，用手一边压合，一边驱除空气，最后再用手持铁辊顺序滚压一遍，使粘结牢固。

I. 卷材末端收头处或重叠三层处，须用氯磺化聚乙烯等嵌缝膏密封，在密封膏尚未固化时，再用 108 胶水泥砂浆压缝封闭。立面卷材收头的端部应裁齐，并用压条或垫片钉压固定，最大钉距不应大于 900mm，上口应用密封材料封固。

(11) 门窗工程

1) 为了保证门窗安装位置准确，外观整齐，安装时应先拉水平线，多层楼层以顶层洞口找中，吊垂线弹窗中线。

2) 安装前将镀锌固定铁根据铰链，按 500mm 间距嵌入窗框处槽内；找好铝塑窗本身的线，放入洞口，与洞口内水平弹线按中线对正找平后，用对称木楔内外夹紧，固定后拉对角线，调整窗的位置。

3) 门窗定位后，可取下扇做好标志存放备用。在墙上打眼装入中号塑料塞，用自攻螺丝将镀锌固定铁固定在膨胀螺丝上，使铁件与门窗框和墙保持牢固连接。

4) 在框上与洞口之间采用聚氨脂发泡胶，聚氨脂发泡胶的质量要符合保温要求，保温的同时也保证了窗框有伸缩余地，抹灰时灰口抹到铝塑窗框的灰口线处，压住窗框 1cm。

5) 内外墙面抹灰工程完成后，进行玻璃的安装，安装玻璃时保证弹性垫块的准确使用。

6) 零附件安装应在室内外墙面装饰完工后进行。先检查门窗安装是否牢固，启闭是否灵活和严密，然后按零附件安装示意图试装无误后，方可进行正式安装。要求零附件的位置正确，螺丝拧紧，密封条压实粘牢，四个角的密封条应裁切成斜坡，使其接缝严密。

(12) 装饰工程

1) 抹灰工程

抹灰前，进行电器、通信、有线电视、弱电系统综合布线的联检，确保各专业暗敷管线已敷设完毕，留孔位置确定，使抹灰工程一次到位，以免返工。同时，水暖上下水立管卡子必须预埋，穿墙管和穿板管必须预埋护套管，电器开关盒等必须安装完毕。

A. 工艺流程

清除砌体表面灰尘、杂物→洒水湿润基层→10mm厚1∶3∶9水泥石灰膏砂浆打底(刷界面处理剂，仅限于混凝土墙)→6mm厚1∶3石灰膏砂浆→2mm厚纸筋灰罩面。

B. 施工方法

A) 抹灰前将砌块墙面的灰缝、孔洞、凿槽填补密实、整平，清除浮灰。对砌块墙先隔夜淋水二至三次。贴灰饼、拉线、冲筋、四角规方、横线找平、立线吊直。

B) 基层处理完毕后立即抹底灰，待底层抹灰七八成干后，进行面层抹灰。厚度10mm抹光，同一墙面抹灰不留设接槎。

C) 混合砂浆的内墙、柱、门窗洞口等阳角处，如设计对护角没规定时，应用1∶2水泥砂浆抹出护角，护角高度不低于2m，每侧宽度不小于50mm。

D) 抹灰的交角为90°直角，以拐尺控制。

E) 为控制砌块墙面抹灰产生裂缝，砌块墙面抹灰前满挂纤维网并用射钉固定，纤维网延至梁、柱150mm。如图7-9、图7-10所示。

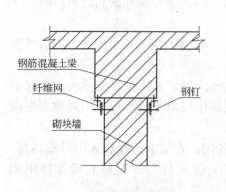
图7-9 砌块梁下纤维网图

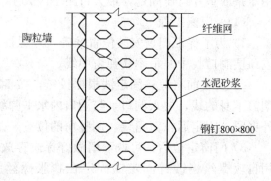
图7-10 墙面抹灰挂网

基层处理→基层清理→扫浆→抹找平层→抹面层、压光→养护。

C. 施工方法

A) 地面抹灰前，对地面的预留洞和穿地面的水暖、通风管道周围进行封堵工作，将高出地面标高的无用附属物(钢筋等)处理掉。

B) 清理基层，剔掉高出地面标高的混凝土，地面水泥砂浆浮灰等，以保证抹灰厚度不小于2cm，如基层过光，要进行剔光处理，并洒水润湿。

C) 按地面标高做铺设地面内的线管、线盒预埋工作，在电线管和管线重叠交叉集中处，铺设钢板网（各边宽出管子 150mm）并用与面层配合比相同的水泥砂浆稳牢。

D) 给穿过地面的立管加套管（露出地面 3cm），并用与地面同配合比的砂浆稳牢、堵严，如遇到有排水要求的地面，不仅要找坡，还要求地漏周围用掺防水剂的水泥砂浆堵严。

E) 按室内标高线做成活灰饼，如地面面积过大，要加设分格玻璃条，每施工段处（如门口）用 3mm 厚玻璃条分格，用水灰比为 0.4 的水泥浆涂刷基层。面层要平整、颜色要均匀、无抹痕。地面用粗砂水泥砂浆或细石混凝土找平，用中砂水泥砂浆罩面。

F) 地面达到强度要求后，要覆盖锯末，浇水养护 7~10d。

2) 粘砖工程

A. 内墙面砖

工艺流程：选砖→基层处理→排砖→弹线、拉线、贴标准砖→垫底尺→铺贴釉面砖→擦缝。

施工方法：

A) 内墙砖属于近距离观看的制品，铺贴前自制一个检查砖规格的套砖器，将砖从一边插入，然后将砖转 90°再插另外两个边，按 1mm 差距分档将砖分为三种规格，将相同规格的砖镶在同一房间，不可大小规格混合使用，以免影响镶贴效果。

B) 本工程内墙基层多为陶粒混凝土砌体及混凝土墙体，粘砖之前检查墙面抹灰，是否有空鼓及污染情况。空鼓处剔除重新刷水泥浆抹灰打底子，墙面污染处用钢丝刷清理或剔除重新抹灰。

C) 排砖应按设计要求和选砖结果以及铺贴釉面砖墙面部位的实测尺寸，从上至下按皮数排列。如果缝宽无具体要求时，可按 1~1.5mm 计算。排在最下一皮的釉面砖下边沿应比地面标高低 10mm。铺贴釉面砖一般从阳角开始，非整砖应排在阴角或次要部位。

D) 经检查基层表面符合贴砖要求后，可用墨斗弹出竖线，每隔 2~3 块弹一竖线，沿竖线在墙面吊垂直线，贴标准点，然后在墙面两侧贴定位釉面砖两行（标准砖行），大面墙可贴多条标准砖行，厚度 5~7mm，以此作为各皮砖铺贴的基准，定位砖底边必须与水平线吻合。

E) 在距地面一定高度处弹水平线，但离地面最低不要低于 50mm，以便垫底尺，底尺上口与水平线吻合。大墙面 1m 左右间距弹一条水平控制线。

F) 在竖向定位的两行标准砖之间分别拉水平控制线，保证所贴的每一行砖与水平线平直，同时也控制整个墙面的平整度。

G) 根据排砖弹线结果，在最底一皮砖下口垫好底尺（木尺板），它顶面与水平线相平，作为第一皮釉面砖的下口标准，防止釉面砖在水泥砂浆未硬化前下坠，垫点间距在 400mm 以内。

H) 铺贴前砖要浸水 2 小时，晾干表面浮水后，在釉面砖背面均匀地抹灰浆，以线为标准，位置准确地贴于润湿的找平层上，用小灰铲木把轻轻敲实，使灰浆挤满。

I) 对所铺贴砖的面层，应进行自检，如发现空鼓、不平、不直的毛病，应立即返工。用清水将砖面冲洗干净，用棉纱擦净，用长毛刷蘸水泥浆（与砖颜色一致）擦缝，并应擦均匀、密实，以防渗水，最后清洁砖面。饰面砖质量允许偏差见表7-7。

饰面砖质量允许偏差表　　　　　　　　　表7-7

项次	项目		允许偏差(mm)		检查方法
			外墙面砖	釉面砖	
1	立面垂直	室内	2	2	用2m托线板检查
		室外	3	3	
2	表面平整		2	2	用2m靠尺和塞尺检查
3	阳角方正		2	2	用200mm方尺检查
4	接缝平直		3	2	拉5m线检查
5	墙裙上口平直		2	2	
6	接缝高低	室内	0.5	0.5	用直尺和塞尺检查
		室外	1	1	
7	接缝宽度		+0.5	+0.5	用尺检查

B. 地面砖

工艺流程：基层处理→找标高、弹线→抹找平层砂浆→弹铺砖控制线→铺砖→勾缝、擦缝→养护。

施工方法：

A) 将混凝土基层上的杂物清理掉，并用錾子剔掉砂浆落地灰，用钢丝刷刷净浮浆层。如基层有油污时，应用10%火碱水刷净，并用清水及时将其上的碱液冲净。

B) 根据墙上+50cm水平标高线，往下量测出面层标高，并弹在墙上。在清理好的基层上，均匀洒水一遍。

C) 从已弹好的面层水平线下量至找平层上皮的标高（面层标高减去砖厚及粘结层的厚度），抹灰饼间距1.5m，灰饼上平面标高就是水泥砂浆找平层的标高，然后从房间一侧开始抹标筋。有地漏的房间，应由四周向地漏方向放射形抹标筋，并找好坡度。抹灰饼和标筋应使用干硬性砂浆，厚度不宜小于2cm。

D) 清理抹标筋的剩余浆渣，涂刷一遍水泥浆（水灰比为0.4~0.5）粘结层，要随涂刷随铺砂浆。然后根据标筋的标高，用小平锹或木抹子将已拌合的水泥砂浆（配合比为1∶3~1∶4）铺装在标筋之间，用木抹子摊平、拍实、小木杠刮平，再用木抹子搓平，用大木杠横竖检查其平整度，同时检查其标高和泛水坡度是否正确，24h后浇水养护。

E) 当找平层砂浆抗压强度达到1.2MPa时，开始上人，弹砖的控制线。从纵、横两个方向排尺寸，当尺寸不足整砖排在靠墙侧，非整砖对称排放在墙边

外。根据已确定的砖数和缝宽，在面上弹纵、横控制线。

F）从门口开始，纵向先铺 2~3 行砖，以此为标筋纵、横水平标高线，铺时应从里向外退着操作，人不得踏在已铺好的砖面上。与地漏相接处，用砂轮锯将砖加工成与地漏相吻合。铺砖时最好一次铺一间，大面积施工时，应采取分段、分部位铺砌。

G）面层铺贴应在 24h 内进行擦缝、勾缝工作，并应采用同品种、同标号、同颜色的水泥，随勾随将剩余水泥砂浆清走、擦净。最后将面层上的水泥浆擦净。

3) 涂料工程

A. 工艺流程

清理墙、柱表面→修补墙、柱表面→刮腻子→刷第一遍涂料→刷第二遍涂料。

B. 施工方法

A）清理墙、柱表面：首先将墙、柱表面起皮及松动部位处理干净，然后将墙、柱表面扫净。

B）修补墙、柱表面：修补前，先涂刷一遍用三倍水稀释后的 108 胶水，然后，用水、石膏将墙、柱表面的坑洞、缝隙补平，干燥后用砂纸将凸出处磨平，将浮尘扫净。

C）刮腻子：遍数可由墙面平整程度决定，一般为两遍，第一遍用抹灰钢刮板横向满刮，一刮板紧接着一刮板，接头不得留槎，每刮一刮板最后收头要干净平顺。干燥后磨砂纸，将浮腻子及斑迹磨平磨光，再将墙柱表面清扫干净，第二遍用抹灰钢刮板竖向满刮，所用材料及方法同第一遍腻子，干燥后用砂纸磨平并扫干净。

D）刷第一遍涂料：涂料在使用前要先用箩斗过滤。涂刷顺序是先刷顶板后刷墙柱面，墙柱面应先上后下，用排笔涂刷。涂料使用前应搅拌均匀，适当加水稀释，防止头遍漆刷不开。由于涂料干燥较快，因此应连续迅速操作，涂刷时，从一头开始，逐渐向另一头推进，要上下顺刷，互相衔接，后一排笔紧接前一排笔，避免出现干燥后接头。待第一遍涂料干燥后，复补腻子，腻子干燥后用砂纸磨光，清扫干净。

E）刷第二遍涂料：第二遍涂料操作要求同第一遍，使用前要充分搅拌。

5. 施工进度计划

（1）依据施工合同、设计图纸、预算及施工方案中确定的施工程序、划分的施工段和施工方法等，确定流水施工的各施工过程，从而计算出各施工过程的工程量，见表 7-8。

各施工过程的工程量　　　　　表 7-8

序　号	项　目　名　称	单　位	工程量
	一、土方开挖		
1	人工挖土方普通土深 2m 以内	100m³	2.438
2	人工挖土方普通土深 4m 以内	100m³	8.033
3	人工挖沟槽普通土深 2m 以内	100m³	2.692
4	人工挖基坑普通土深 2m 以内	100m³	9.206

续表

序 号	项 目 名 称	单 位	工程量
5	人工挖土方普通土深4m以内	100m³	0.049
6	回填土夯填	100m³	52.476
	二、高压注浆桩		
7	钻孔压浆桩、二级土	10m³	7.819
8	灌注混凝土桩钢筋笼	t	15.608
9	凿截桩头	10个	0.1
	三、脚手架工程		
10	综合脚手架（钢管架）	100m²	135.165
11	满堂脚手架（钢管架）	100m²	8.424
12	钢管水平防护架	100m²	6.885
13	钢管竖直防护架	100m²	288.437
	四、砌筑工程		
14	砖基础（水泥砂浆）M5	10m³	16.893
15	单面清水砖墙（水泥砂浆）1/2砖 M5	10m³	0.257
16	单面清水砖墙（水泥砂浆）1砖半 M5	10m³	1.963
17	砖墙（混合砂浆）1砖半 M5	10m³	28.426
18	砖墙（混合砂浆）1砖半 M5	10m³	34.581
19	贴砌陶粒混凝土块墙（90mm×390mm×190mm）贴砌厚90mm，混合砂浆 M5	10m³	0.930
20	砌筑陶粒混凝土块墙（90mm×390mm×290mm）贴砌厚90mm，混合砂浆 M5	10m³	35.264
21	贴砌陶粒混凝土块墙（90mm×390mm×190mm）贴砌厚190mm，混合砂浆 M5	10m³	227.982
22	贴砌陶粒混凝土块墙（90mm×390mm×190mm）贴砌厚390mm 混合砂浆 M5	10m³	361.262
23	零星砌体抹混合砂浆 M5	10m³	3.541
	五、钢筋混凝土工程		
24	基础组合钢模板、木支撑	10m³	74.653
25	矩形柱组合钢模板、钢支撑	10m³	62.538
26	柱木模板、木支撑	10m³	11.037
27	基础梁组合钢模板、木支撑	10m³	37.634
28	单梁、连续梁组合钢模板、钢支撑	10m³	0.596
29	木模板、木支撑	10m³	49.041
30	垫层木模板、木支撑	10m³	0.120
31	钢筋混凝土直形墙（板厚在400mm以内）组合钢模板钢支撑	10m³	5.689
32	有梁板（板厚在100mm以内）复合木模板、钢支撑	10m³	66.164

续表

序号	项目名称	单位	工程量
33	有梁板（板厚在100mm以内）复合木模板、木支撑	10m³	112.635
34	整体楼梯木模板、木支撑	10m²	76.177
35	阳台、雨篷木模板、木支撑	10m²	27.391
36	小型构件木模板、木支撑	10m³	31.550
37	钢筋铁件及拉结筋	t	229.169
38	电渣压力焊接	10接头	116.0
39	构件接头灌缝	10m³	0.111
40	小型构件接头灌缝	10m³	2.796
	六、门窗及木结构工程		
41	镶板门不带亮子安装	10m²	11.747
42	钢防盗门安装	100m²	0.204
43	门执手锁	10个	48.3
44	平开门五金（不带亮子单扇）	樘	483
	七、楼地面工程		
45	砂垫层	10m³	3.340
46	炉渣混凝土垫层	10m³	1.703
47	基础水撼砂垫层	10m³	1.056
48	水泥砂浆找平层（混凝土或硬基层上）	100m²	191.120
49	水泥砂浆找平层（填充材料上）	100m²	44.212
50	水泥砂浆整体面层（楼地面）	100m²	58.225
51	水泥砂浆整体面层（楼梯）	100m²	7.115
52	水泥砂浆整体面层（台阶）	100m²	0.087
53	水泥砂浆整体面层加浆抹光随捣随抹	100m²	5.843
54	水泥砂浆踢脚线	100m	125.304
55	混凝土散水面层	100m²	5.843
	八、屋面工程		5.843
56	SBC120复合卷材冷贴满铺	100m²	73.198
57	铸铁落水管直径150mm	100m²	144.200
58	SBC-120卷材冷贴满铺	100m²	5.150
59	防水砂浆	100m²	44.348
	九、防腐隔热工程		
60	屋面保温层（现浇水泥珍珠岩）	10m³	16.295
61	苯板保温层（屋面）	10m³	54.885
62	苯板保温层（墙体）	10m³	7.603
	十、装饰工程		44.348
63	墙面、墙裙抹水泥砂浆（砖墙）	100m²	8.094

续表

序 号	项 目 名 称	单 位	工程量
64	墙面、墙裙抹水泥砂浆（混凝土墙）	100m²	0.036
65	墙面、墙裙抹水泥砂浆（陶粒混凝土墙）	100m²	175.025
66	零星项目抹水泥砂浆	100m²	3.593
67	独立柱面抹水泥砂浆（多边形、圆形混凝土柱）	100m²	3.822
68	独立柱面抹水泥砂浆（矩形混凝土柱）	100m²	2.165
69	墙面、墙裙抹混合砂浆（砖墙）	100m²	19.740
70	墙面、墙裙抹混合砂浆（陶粒混凝土墙）	100m²	279.315
71	独立柱面抹混合砂浆（矩形混凝土柱）	100m²	8.145
72	顶棚抹水泥砂浆	100m²	1.963
73	顶棚抹混合砂浆	100m²	113.730
74	润油粉、刮腻子、聚氨酯漆三遍单层木门	100m²	11.747
75	润油粉、刮腻子、聚氨酯漆三遍其他木材面	100m²	11.627
76	红丹防锈漆一遍（其他金属面）	t	2.400
77	银粉漆二遍（其他金属面）	t	2.400
78	抹灰面刷803涂料二遍	100m²	552.518
	十一、高级装修工程		
79	花岗岩楼梯	100m²	10.672
80	花岗岩踢脚线	100m	9.920
81	地砖楼地面	100m²	114.003
82	地砖台阶	100m²	0.131
83	地砖踢脚线	100m	63.892
84	企口木地板	100m²	56.657
85	复合地板	m²	5948.983
86	踢脚线	m	5406.657
87	零星项目水泥砂浆粘贴花岗岩	100m²	0.101
88	瓷砖（墙面、墙裙）	100m²	79.708
89	瓷砖（柱、梁面）	100m²	1.656
90	釉面砖（墙面、墙裙）	100m²	43.819
91	铝合金门窗制作、安装（双扇）	100m²	0.432
92	铝合金门窗制作、安装（单扇）	100m²	0.831
93	铝合金门窗制作、安装（推拉窗双扇）	100m²	0.060
94	铝合金门窗制作、安装（推拉窗三扇）	m²	0.122
95	不锈钢门窗安装	m²	0.216
96	卷闸门安装	套	2
97	塑钢门窗安装	100m²	40.784
98	铝合金门五金配件（双扇）	樘	4
99	铝合金门五金配件（单扇）	樘	14
100	铝合金门五金配件（推拉窗双扇）	樘	1

			8月					9月					10月					
20	25	31	5	10	15	20	25	31	5	10	15	20	25	30	5	10	15	20	25	31
350	355	360	365	370	375	380	385	390	395	400	405	410	415	420	425	430	435	440	445	450

续表

序号	项目名称	单位	工程量
101	铝合金门五金配件(推拉窗三扇)	樘	1
102	喷真石漆	100m²	153.043
103	水泥花饰圆柱头雕塑制模	100m²	0.177
104	水泥花饰圆柱头安装	100m²	0.177
105	金属帘子杆安装	100个	1.86
106	金属浴缸拉手安装	100个	1.86
107	不锈钢毛巾杆安装	100个	1.86
108	不锈钢手纸盒安装	10个	21.1
109	皂盒安装	10个	18.6
110	浴巾架安装	10个	18.6
111	不锈钢管扶手、不锈钢栏杆安装	10m	206.45
112	铁艺栏杆安装	10m	2.916

(2) 根据工程量和施工定额,计算出各分部分项工程的总劳动量、机械台班量。对本工程特点、施工单位现有的资源状况、合同工期、施工环境等综合考虑分析,确定出各分部分项工程合理的持续时间(计算方法见项目4中的案例),经过优化调整,得到本工程施工双代号网络进度计划如图7-11所示。

1.4.4 各项资源需要量计划及施工准备工作

(1) 根据计算出的工程量和施工定额,得到各分部分项工程的劳动量、材料消耗量、机械台班量,从而编制出本工程的劳动力需要量计划表(见表7-9)、主要材料需要量计划表(见表7-10)和施工机械需要量计划表(见表7-11)。

劳动力需要量计划表　　　　　　表7-9

工种级别	2005年					2006年							
	8	9	10	11	12	1	2	3	4	5	6	7	8
力 工	80	95	95	12				85	85	90	90	70	60
木 工	50	50	50	4				50	50	50	45	10	8
钢筋工	30	30	30	2				30	30	30	30	5	5
混凝土工	20	20	20					20	20	20	20	3	3
瓦 工	10	15	4						20	20	30	15	
电 工	4	5	5	4				2	8	8	15	15	
机械工	10	10	10	2				10		10		10	6
抹灰工									10	40	80	60	10
油 工										10	30	30	30
管理人员	12	12	12	12	2	2	2	12	12	12	12	12	12
更 夫	4	4	4	4	4	4	4	4	4	4	4	4	4

主要材料需要量计划表　　　　　　　　　　　　　　　　表 7-10

序号	材料名称	规格型号	单位	数量
1	HPB235 钢筋	φ10 以内	t	200
2	HPB235 钢筋	φ10 以外	t	125
3	HPB335 钢筋	φ10 以外	t	300
4	水泥	普硅 42.5	t	1800
5	中砂		m³	17000
6	碎石	5～40mm	m³	26500
7	陶粒		m³	5000
8	红砖		千块	80

施工机械需要量计划表　　　　　　　　　　　　　　　　表 7-11

序号	机械或设备名称	型号、规格	数量	国家、产地	制造年份	额定功率 kW
1	塔吊	QTZ63	1	国产	2000	50
2	卷扬机	JJK-3	1	国产		
3	塔吊	QTZ40	1	国产		
4	龙门架	110m	1	国产	2001	10
5	反铲挖掘机	450	3	国产	2001	
6	自卸汽车	10t	8	国产	1999	
7	套丝机	GHB-40	2	国产		
8	混凝土搅拌机	EQ350	4	国产	2001	7.5
9	钢筋调直机	φ6～10	2	国产	2002	2.8
10	钢筋弯曲机	φ40	2	国产	2002	2.8
11	钢筋切断机	φ40	2	国产	2002	2.8
12	振捣棒		20	国产	1999	2.2
13	圆锯	φ600	1	国产	2000	1.2
14	电焊机	AS-300	4	国产	1999	15

(2) 施工准备工作

1) 人员准备

根据施工计划的总体安排、整个工程的分项组成，公司均有能力和资质自行施工，不需外包。水电安装、桩基础、装饰等工程，均由公司下属的专业公司来承担。各主要专业工种的工人均从公司专业队伍中择优录用，公司劳动部门与其专业队伍或专业班组签订用工合同，保证施工中劳动力的供应。

2) 材料准备

根据施工进度计划、主要材料需要量计划表、施工场地情况等，编制材料、半成品、成品的分批进场计划，并按时、保质、保量组织进场，确保施工进度按计划进行。按施工现场平面图的要求堆放材料，达到整齐规范。按要求做好各种材料的检测和试验准备工作，以保证工程质量。

3) 机械设备准备

根据施工方案、施工进度计划和施工机械需用量计划表等，安排各种机械设备的进场时间，选定施工机械设备的位置，做好设备基础就位安装工作，并在施工前进行安装、调试，保证能够按时投入正常使用。

4）技术准备

A. 组织现场施工人员熟悉审查图纸，做好质量安全技术交底和图纸会审工作。

B. 准备好本工程所需要的规范、图纸等技术资料。

C. 配置本工程所需要的计量、测量、检测试验等仪器和仪表。

D. 做好测量基准点和基准线的交底、复测交底及验收工作。

E. 制定技术工作计划，包括关键工序的施工计划和试验工作计划等。

F. 编制详细的施工图预算。

5）施工现场准备

现场做好"三通一平"工作，临时用水、电线路由建设单位引至现场后，立即敷设完成。工程正式施工前两天，现场周边1.8m高的彩钢板围墙修建完毕，办公区、生产区、生活区等临时设施搭设完毕，施工现场按施工平面布置图布置完成。现场周围设置的临时道路、材料堆放场地等均进行混凝土地面硬铺装。

沿施工现场道路布置排水沟，排水至市政污水管道，沿沟长每隔50m左右设一个800mm×500mm的沉淀池，保证路面排水畅通。现场食堂排污水设置隔油池，定期清理污物。搅拌棚内设沉淀池，定期清理。

1.4.5 施工现场平面图

本施工现场分三个区域布置，分别是办公区、生产区和生活区。根据工程特点，施工现场平面图分为基础、主体、装饰三个部分，分别见图7-12、图7-13、图7-14所示。

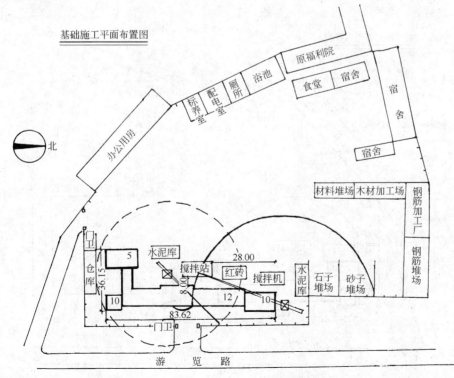

图7-12 基础施工平面布置图

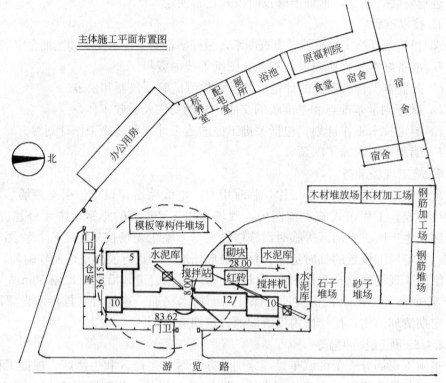

图 7-13 主体施工平面布置图

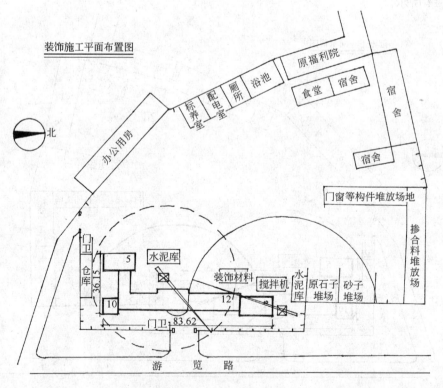

图 7-14 装饰施工平面布置图

1. 围墙

在现场周边修建 2.5m 高的彩钢板围墙，形成封闭场区。在围墙外侧抹灰、刷涂料，并做好企业宣传标语。在围墙四周设大门 2 处，位置见施工平面布置图。

2. 起重机械

本工程基础施工、主体施工、装饰施工均采用塔式起重机作为竖直运输及各楼层的水平运输机械。根据施工方案，本工程在主楼、附属用房之间布置一台 QTZ40 塔式起重机，在主楼另一侧布置一台 QTZ63 塔式起重机，起重机标准节的中心线距建筑物的最外突出物的最小距离均为 4.0m，基础为 C30 钢筋混凝土基础，混凝土座上表面高出周围地面 150mm。塔式起重机装设避雷针及可靠的零接地双保险，以防施工期间雷击。

3. 搅拌站、仓库、材料和构件堆场、加工场地

(1) 本工程混凝土均采用泵送混凝土施工，在现场布设一个中型搅拌站，主要用于主体混凝土的搅拌，并配备一台 HBT60 混凝土输送泵，用于泵送混凝土。设两台 EQ350 型搅拌机，用于现场砌筑和抹灰。

(2) 砂、石材料堆场占地 300m^2，砂石堆场平整压实，做成混凝土刚性场地，以减少散状材料的损耗。堆场在塔式起重机的服务范围之内。

(3) 钢筋和木材加工场地及其堆场布置在施工现场的东北侧，与其他材料和构件堆场构成了一个完整的生产区。

4. 现场运输道路

按照现场实际情况，设置 6m 宽主运输道路一条，通往各材料堆场、库房等；设 3.5m 宽支运输道路与主道路相连，各通道应路路相连。主干道采用混凝土刚性路面，支干道做砂石路面。

5. 行政与生活临时设施

(1) 办公区设在现场的主要出入口附近，以方便对外联系。

(2) 宿舍和食堂设在西北侧，形成独立的生活区。

(3) 施工现场设浴室一处，设水冲式厕所一处。厕所和浴室配有上下水及消毒设施，厕浴间墙和地面铺墙地砖，塑料扣板吊顶。

(4) 在两个出入口处，分别设有门卫室，安排保安人员 24 小时值班，现场实行全封闭管理。

(5) 对施工现场的办公区和生活区进行绿化，创造舒适的工作和生活环境。

6. 临时水、电管网

(1) 本工程电源一路为市电低压进户作为正常电源，380/200V。另一路设 100kW 柴油发电机作为备用电源，在楼内一层设低压配电室，柴油发电机房，火灾时切断非消防负荷，15s 内手动或自动启动柴油发电机电源。施工现场为三级配电，用电线路均采用三相五线制，工程开工前编制详细的专题施工用电方案。

(2) 本工程的水源从现场附近已有的供水管道接入工地，沿施工场地四周敷设 ϕ100 水管，形成环网，其余支管采用 ϕ50 和 ϕ25 径的水管，满足施工高峰期现场用水的需要。

施工现场设施见表 7-12。

施工现场设施一览表　　　　　　　表 7-12

序　号	用　　途	面积(m²)	位　置	需 用 时 间
1	办公室	300	施工现场	05.8.1～06.8.30
2	宿舍	400	施工现场	05.8.1～06.8.30
3	门卫室	40	施工现场	05.8.1～06.8.30
4	食堂	180	施工现场	05.8.1～06.8.30
5	淋浴室	200	施工现场	05.8.1～06.8.30
6	厕所	30	施工现场	05.8.1～06.8.30
7	小型机具仓库	60	施工现场	05.8.1～06.8.30
8	钢筋加工棚及堆场	300	施工现场	05.8.1～06.6.24
9	木工加工棚及堆场	200	施工现场	05.8.1～06.7.31
10	砂石堆场	300	施工现场	05.8.1～06.6.24

1.4.6　技术组织措施

1. 工期保证措施

分解工期目标，保证里程碑目标工期的实现。

工程总工期：2005 年 8 月 1 日～2006 年 9 月 30 日。

第一阶段：附属用房、主楼施工准备至主体三层，2005 年 8 月 1 日～11 月 10 日。

第二阶段：主体、装饰工程施工，2006 年 3 月 3 日～9 月 30 日。

(1) 工期保证的组织措施

1) 只有图纸的深度和设计的质量达到完善的程度，才能为施工提供切实可行的依据，并可大大减少设计修改和不必要的返工，因此必须重视图纸会审，积极主动地与设计单位进行协调、沟通和配合，为施工单位提供充分详细的施工依据，确保工程进度按计划进行。

2) 层层签订工程风险承包责任状，建立完善的各项规章制度，奖罚分明，充分调动各方面的积极性，为工期实现提供保证。

3) 组织做好关键工作的施工准备，保证关键工作的顺利完成，从而保证各里程碑目标工期的实现。

4) 项目经理部每天召开生产例会，把当天存在的问题，需协调的问题当天解决，以保证工程的顺利进行。

(2) 工期保证的技术措施

1) 从土方工程开始，利用作业面大的条件，增加挖掘机械的投入量，采用三台挖掘机同时进场施工，提前计算好土方平衡量，减少二次倒土量，加快基础施工进度。

2) 在挖掘机退出之前，利用运土的汽车坡道为钻机下坑创造条件。投入两台钻机，在两个施工区内同时施工，加快桩基的施工进度。桩基施工时，首先进行试桩施工，尽快尽早试桩，不能影响下道工序的施工，为抢工期创造条件。

3）基础工程施工时，配备两台塔吊，安放钢筋笼，清理桩土，以加快工效。

4）主体工程施工时，实行两班作业，昼夜施工。框架梁板结构模板采用早拆支撑体系，加快模板周转；剪力墙采用定型大模板以提高主体施工速度；混凝土中加入早强剂，提高混凝土早期强度，保证各施工段连续施工。

5）对制约下道工序施工的分部分项工程，如屋面工程、地面工程等，采取加大劳动力投入量，多储存建筑材料的办法，尽快为下道工序提供空间和作业条件，确保施工连续贯通。

2. 质量保证措施

本工程竣工验收以确保单位工程质量创省优为本工程的质量目标。

（1）质量保证的组织措施

1）项目经理部建立完善的质量责任制，分解质量目标，根据创优的具体质量要求，按单位工程、分部工程、分项工程、施工工序进行层层分解，把质量责任落实到每一层。

2）制定切实可行的各项管理制度。包括图纸会审和技术交底制度、现场质量管理制度、装修材料样品制度、施工样板制度、工序管理制度、内业资料管理制度、质量会诊制度等，并严格贯彻实施。

3）严格质量程序化管理，包括项目质量计划、文件和资料控制程序、物资管理程序、产品标识和可追溯程序、过程控制程序、检验试验程序、不合格控制程序、纠正和预防措施程序、质量记录程序等，以严格的程序规范各项质量管理工作。

4）强化质量过程控制。包括过程控制计划、质量检验计划、质量验收控制实施细则、过程标识制度、重要工序质量控制计划、月度预控计划、月质量报表、质量分析报告、成品保护、新材料和新工艺质量控制程序等。

5）实施过程中，严格实行样板制、三检制，实行三级检查制度，达不到标准要求的工序彻底返工，决不留情。

6）加强对原材料进场检验和试验的质量控制，加强施工过程的质量检查和试验的质量控制，认真执行工艺标准和操作规程，进一步提高工程质量的稳定性，保证实现质量目标的所有因素都处于受控状态。

7）协助业主、监理公司、设计单位和相关的政府质量监督部门，完成对工程的检验、试验和核验工作。

8）通过工序质量控制，实现分部、分项工程的质量控制，通过分部、分项工程的质量控制，保证单位工程质量目标的实现。

9）材料及设备严格按照设计参数标准、样板或样品进行选型和采购，达不到质量标准的材料及设备一律不能用在工程上。

（2）质量保证的技术措施

1）材料质量的保证措施

A. 对于混凝土、钢材、防水材料等重要材料，必须进行出厂前的检查，要确保出厂质量。

B. 根据 ISO 9001 质量保证体系和物资采购程序,对本工程所需采购的物资进行严格的质量检验和控制。采购物资时,必须在确定合格的分供方厂家或有信誉的商家采购,所采购的材料和设备必须有出厂合格证、材质证明和使用说明书,对材料设备有疑问的,禁止进场。

C. 严格质量验证制度。采购物资根据有关规定、标准、规范或合同规定要求,进行验证并做好记录,对质量有怀疑时,加倍抽样和全数检验。

2) 钢筋工程质量保证措施

钢筋工程是结构工程质量的关键,要求进场材料必须由合格的供货方提供,并经过具有相应资质的检测单位检验合格后方可使用。

A. 在梁主筋及模板上画出箍筋、板筋位置线,保证箍筋、板筋位置和间距准确。楼板上层钢筋采用 $\phi 10$ 铁马支撑,间距 900mm×900mm 梅花状布置。为保证柱筋位置准确,在柱根部设一道 $\phi 10$ 箍筋与柱主筋、梁板筋点焊。

B. 为保证钢筋与混凝土的有效结合,防止钢筋污染,在混凝土浇筑前,在钢筋上套塑料管,避免混凝土浇筑时造成钢筋污染。

C. 在浇筑墙体混凝土前安放并固定好钢筋,确保浇筑混凝土时钢筋不偏移。

D. 通过自制砂浆垫块来保证钢筋保护层厚度,用钢筋卡具控制钢筋排距和纵、横间距。

E. 钢筋绑扎完,质量检查员应进行检查,再经监理工程师验收合格后方可进行下道工序的施工。

3) 模板工程质量保证措施

A. 为保证模板最终支设效果,模板支设前均要求测量定位,确定好每块模板的位置。通过完善的模板制作、安装体系和先进的拼装技术,保证模板工程的质量。

B. 模板选用 12mm 厚的多层竹胶模板,这种模板具有易拼装、易拆卸、接缝严密、浇筑后混凝土表面光滑等优点。

C. 柱模板安装前,检查模板底混凝土表面是否平整,如不平整,先在模板下口处(不得抹入柱截面内)抹 10~20mm 厚水泥砂浆找平,以免浇筑混凝土时漏浆,造成烂根。

D. 梁柱模板不合模数需用木模板补充时,木模板安置在梁的跨中部位,且表面刨光。模板使用前,进行表面清理并涂刷隔离剂,浇筑混凝土前清理模板内的垃圾。预埋铁件与模板间用螺栓固定,保证其位置准确。

E. 楼梯模板采用定型模板。支模后,要用水准仪进行标高抄测,抄测点间距 1m,模板标高控制在 ±3mm 之内,从而保证楼板的下表面平整。

4) 混凝土工程质量保证措施

A. 本工程梁、板混凝土全部按清水混凝土施工,特制定清水混凝土"二次施工法"施工措施。要求商品混凝土厂家配合比准确,外加剂设专人专用容器添加,保证计量准确。

B. 浇筑混凝土时采用"二次施工法",即二次投料、二次搅拌、二次振捣、二次抹压,防止混凝土泌水下沉产生的表面裂缝。混凝土从浇筑成型至初凝期间，固体颗粒下沉，水分上升，即在表面产生泌水，同时，混凝土发生沉降收缩，会产生一道道的裂缝。为消除早期裂缝，排除表面过多的泌水，提高构件表面的平整度和强度，需在混凝土初凝后、终凝前，对构件表面混凝土进行二次抹平压光。

C. 梁板混凝土浇筑完后，要保证足够的湿润状态，墙柱混凝土表面喷洒养护膜养护。混凝土浇筑后要做出明显的标识，以避免混凝土强度上升期间的损坏。

D. 为保证混凝土拆模强度，从下料口取同条件制作试块的混凝土，并用钢筋笼保护好，与该处混凝土同等条件进行养护，拆模前先试验同等条件试块强度，如达到拆模强度后方可拆模。

E. 每层楼板混凝土浇筑时，应先在各柱距内柱筋根部测上标记点，以控制浇筑厚度。滚压后，拉线测量，二次抹压时修整，控制楼板表面的平整度。

5) 砌筑工程质量保证措施

A. 测量放出主轴线，砌筑施工人员弹墙线、边线及门窗洞口的位置。

B. 墙体砌筑时应双面挂线，每层砌筑时要穿线看平，墙面随时用靠尺校正平整度、垂直度。

C. 墙体每天砌筑高度不宜超过 1.8m，砌体要横平竖直、砂浆饱满、错缝搭接、接槎可靠，同时注意配合墙内管线安装。墙体拉结筋按图施工，保证锚固长度。

D. 砌体采用混合砂浆砌筑，砂浆密实饱满，水平灰缝的砂浆饱满度不低于 80%，凝结固化的砂浆不允许再用。

6) 防水工程质量保证措施

A. 参与施工的管理人员及操作人员均持证上岗，并具有丰富的施工操作经验。

B. 必须对防水主材、辅材进行优选，保证其完全满足该工程使用功能、设计和规范的要求。对确定的防水材料，除必须具有认证资料外，还必须对进场的材料进行复试，满足要求后方可进行施工。对粘结材料要做粘结试验。

C. 防水工程施工时严格按照操作工艺进行施工，施工完毕后必须进行蓄水试验和淋水试验，合格后及时做好防水保护层的施工，以防止防水卷材被人为地破坏，造成渗漏。

D. 铺贴防水卷材前，清除表面所有的油污、灰尘、杂物等。卷材基层与突出屋面的烟囱、天窗、女儿墙等相接处，做成光滑的圆弧形阴角，并作局部增强处理，增铺一层防水卷材，卷材在两侧搭接各不小于 30cm。防水层与女儿墙相接部位，作 2cm 宽分格缝，防止刚性防水层因温度变形造成女儿墙檐口处水平通裂，分格缝用嵌缝胶灌实。

E. 屋面及卫生间柔性防水施工完毕，进行 24 小时蓄水试验，经检查无渗漏后，再进行下道工序施工。

7) 项目跟踪检测

为了保证本工程施工质量，将对以下项目进行跟踪检测，以反映工程实际质量情况。

A. 基础验槽：由建设、勘察、设计、监理、施工单位联合现场勘查验收。

B. 回填土：由实验室作土工试验。

C. 水泥：本工程采用水泥要求同厂、同期、同标号、同品种，袋装以 200t、散装以 500t 为一取样单位。

D. 混凝土用砂：同期、同产地、同品种、同规格，以 400m^3 为一取样单位。

E. 混凝土用碎石：同期、同产地、同品种、同规格，以 400m^3 为一取样单位。

F. 红砖：同期、同产地、同品种连续进场砖为一取样单位。

G. 混凝土试块：

A) 每拌制 100 盘且不大于 100m^3，取样不少于 1 次。

B) 每个工作班拌制不足 100 盘，取样不少于 1 次。

C) 每一现浇楼层，取样不少于 1 次。

D) 同一单位工程每一验收项目取样不少于 1 次。

E) 冬期施工混凝土增加 2 组试件(临界强度、转正温 28 天强度)。

H. 砌筑砂浆：相同配合比，每一楼层或 250m^3 砌体，取样不少于 1 次，每次至少制作一组试块。

I. 地面面层水泥砂浆：面积为 1000m^2，应作一组试块，多于 1000m^2，应作两组试块(标养 R28 抗压温度平均值不小于 M15)。

J. 钢筋：60t 为一取样单位。

K. 电渣压力焊：300 个接头为一取样单位。

L. 外加剂、配合比、防水卷材、塑钢窗等，都要经试验站试验。

M. 卫生间、屋面防水要做蓄水试验。

N. 进场原材料、构件要有出厂合格证。

3. 降低成本措施

(1) 降低成本的组织措施

1) 选派精明强干的项目班子，充分发挥整体才智，群策群力，开发本工程的经济潜力，力求节约，降低成本。在保证总工期的前提下，尽可能不进行冬期施工，减少冬施费用，降低成本，同时有利于工程质量的提高。

2) 从方案中找出降低成本的因素，制定可行的具体措施，达到降低费用的目的。

3) 认真落实好施工组织设计，统筹兼顾，消除误工、误时而增大费用的因素。

4) 合理布置施工机械，减少人工的投入，提高机械效率和工作效率。

5) 搞好计划工作，在保证质量的前提下，组织好材料采购，及时掌握市场信息来采购材料，配套设备要货比三家，降低采购成本，降低工程造价。

6) 施工现场实施封闭管理，加强施工成品、半成品的防护，防止因交叉作业造成不必要的破坏。

(2) 降低成本的技术措施

1) 采用建设部推广的十项新技术，投入工具式大模板和楼板的快拆支撑体系，推行支撑早拆体系的应用，缩小一次性材料使用范围，做好配板图，模板编号使用。

2) 钢筋直径在 $\phi 18$ 以上的，采用直螺纹连接接头，减少钢筋损失，节约用料。钢筋集中下料，优化配置，减少损耗。

3) 做好土方平衡计划，依据就近不就远，方便施工的原则，选定预留土堆放点，减少土方二次倒运量和倒运距离。

4) 加强抄平、放线的精度，保证墙面的垂直、平整和楼地面水平，减少抹灰的损耗，控制预留洞口尺寸，提前做好预留孔与埋件，减少重复用工。

5) 合理布置材料场地，尽量减少场内二次倒运，减少人工费开支。

6) 现场配备微机，使用预算软件对工程层层核算，分析节超及各项经济指标，进行资源优化。

7) 试桩采用悬索试桩法，改变受力性质，由原来受弯构件变受拉和受压构件，充分发挥材料性能，减轻装置重量，体系安拆简单，节省装置费用，缩短工期。

8) 通过以上各项措施，力求使各工序施工不返工，不返修，确保一次成活，达到优良标准。

4. 安全保证措施

本工程安全生产目标是：无重大伤亡事故，一般事故发生率低于 3‰。

(1) 安全保证的组织措施

1) 本工程实行三级安全管理，即公司、项目经理部、施工班组三个层次的安全管理。公司安全部门、项目经理部安全领导小组，分别按其职能，对本工程实行全面安全管理，严格贯彻国家安全检查标准，形成安全保证体系。实行月检、组织旬检、项目经理部进行五日检，及时消除施工中的不安全隐患。

2) 健全安全保证体系。项目经理重点抓好安全措施的落实，安全员抓好安全检查和监督整改，全体职工都要自觉执行安全管理标准。

3) 加强安全生产的宣传教育，在本工程显著位置悬挂安全生产宣传和安全标志牌，对进场工人进行"三级"安全教育，掌握安全生产常识，强化职工的安全意识，严格遵守施工现场安全生产十大纪律。

4) 班组施工前，工长、技术人员要进行安全交底，并及时办理签字手续。

5) 对现场人员进行综合治理和安全防火知识教育，建立防火机构，在显著位置设置消防器材。

6) 做好安全防盗工作。警卫人员必须坚守岗位，认真负责，建立夜间巡逻制度和管理人员值班制度，防止偷盗事故的发生。

(2) 安全保证的技术措施

1) 加强"四口"、"五临边"的防护。电梯井口防护采用钢筋焊接铁栅门，其钢筋间距 150mm，高度 1.5m，以防坠落。如图 7-15 所示。

2) 凡进入施工现场人员必须带安全帽，2m 以上(含 2m)高处作业必须系好安全带。

3) 施工人员要坚守岗位，发现问题及时上报，及时解决，避免发生人身伤亡及质量事故，项目经理部成立专门安全组织机构，指挥现场安全施工，并设安全值班制度。

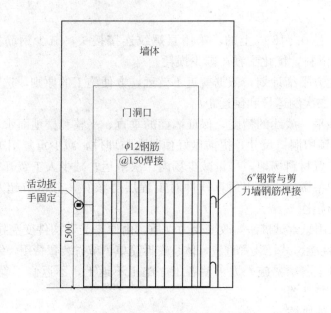

图 7-15　钢筋焊接铁栅门

4）施工现场危险地界必须要有明显的标志，设警示牌。

5）严禁高空作业人员向下投掷任何物品，防止物品打击事故发生，进入现场必须走安全通道。

6）严禁酒后上岗作业，严禁违章指挥、违章操作。

7）脚手架操作人员在三步以上进行操作时，必须戴好安全带，且钩挂于牢固的杆子上，地上操作人员均需戴安全帽。严格控制脚手架上的荷载，绝对禁止在架子上堆放过多的材料。

8）乙炔瓶、氧气瓶间距大于10m，焊工施焊前检查周围无易燃物后，方可施焊。

9）避雷网施工时，不许站、坐、跨在女儿墙上，焊接时，注意下面人和物品。

10）现场所有施工机械、设备必须经过验收合格后方可使用。塔吊安全保险装置必须齐全、灵敏、可靠。施工机具均设防雨棚，外露传动部分设护罩，并有漏电保护装置。

11）现场临时用电按规定埋设，采用 TN—S（三相五线制），实行三线配电，两级保护。一机一闸一箱保护，专人负责。

12）做好安全防火工作，现场设置灭火器和砂箱等防火工具，易燃易爆品要放在专用库房内，远离火源，设专人妥善保管。

5. 文明施工、环境保护措施

施工现场文明水平的高低是企业综合素质的反映。现场是企业形象的窗口，又是企业增强竞争实力的重要举措。

本工程文明施工目标是：力争创建省级文明施工样板工地。

（1）文明施工措施

1) 文明施工的组织措施

A. 根据公司CI手册对施工现场的大门、围墙等进行统一布置。在大门口处设置标牌，标牌上写明工程名称、建筑面积、建设单位、设计单位、施工单位、工地负责人、开竣工日期等内容。大门口内设五牌二图：施工现场安全生产管理制度板、施工现场消防保卫管理制度板、施工现场工程管理制度板、施工现场环境保护制度板、施工现场行政卫生管理制度板和施工现场平面图、经理部组织机构图。

B. 对施工现场实行"六化"：即围栏标准化、场地硬底化、厨房浴厕卫生化、宿舍办公室规范化、外脚手架安全美观化、场容场貌整洁化。

C. 施工现场做到"二通"、"三无"、"五必须"。"二通"，即施工现场人行道畅通、施工工地沿线道路畅通。"三无"，即施工无重大质量事故、无重大伤亡事故、施工现场道路平整无积水。"五必须"，即施工区域与非施工区域必须严格分开、施工现场必须挂牌施工、管理人员必须佩卡上岗、现场施工材料必须堆放整齐、工地生活设施必须清洁文明。

D. 施工现场要按照施工总平面规划，划分文明施工责任区，并设立标牌，指定区域负责人，明确谁施工谁负责的原则，把文明施工管理落到实处。

2) 文明施工的技术措施

A. 现场各种材料、机具、设备的摆放要按照总平面规划进行，要分类、有标识，做到成线、成行、成面、成方，严禁乱堆乱放。

B. 施工操作面要求施工操作行走方便，搬运材料畅通无阻，场地干净整洁，有良好工作环境。

C. 施工用料及设备配件要严格按照施工计划供应进场，严禁过早进场、占压施工场地、影响场容。

D. 现场必须做到工完场清、活完脚下净。各作业班组必须在下班前15分钟将作业区域内遗留的施工垃圾清理干净，并运到指定的垃圾清运点。全工地必须坚持每周六下班前一小时全面清理现场垃圾。

E. 污水须经过沉淀处理方可排入污水管道；施工垃圾必须及时清理外运，运输车辆必须严加封闭，防止遗物抛洒污染路面。

F. 现场要注意节水、节电、节能，严禁常流水、常明灯现象。

G. 卫生制度健全，责任明确，落实到人。保持食堂内外清洁卫生，杜绝食物中毒事故；浴池、厕所有专人清洁打扫，做到无异味、无积水、无害虫等。工地保健室定时喷消毒剂。

H. 注意控制施工噪声及机械使用时间。机械设备设置临时用房采用吸音板，用4cm厚的苯板和彩条布全部罩棚封闭，机械电动机等有消音、减震措施，保证传动性能良好，尽可能低音运转。混凝土施工尽量安排在白天进行，若必须晚间施工，采用低噪声振捣器施工。夜间不进行电锯下料工作。本工程使用了竹胶模板，从而减少了拆模时产生的噪声。

（2）环境保护措施

1) 环境保护的组织措施

A. 根据本工程施工现场特点，在建工程相临街道周围有绿化树木及绿化带，为了对原有绿化的保护，工地两入口处相近树木，在施工前使用钢管搭设防护架，建筑物外脚手架应尽量将树木挡在外侧，否则在树顶搭设硬防护，街前绿化带防止车辆及人员破坏。

B. 整个施工现场分为施工区与生活区。施工区地面实现硬铺装，保证地面无积水、无泥土。生活区的人行道铺装步道板，生活区空地设置花池，其余地面均铺种草坪，形成花园式的职工生活之家。职工食堂采用液化气、电蒸锅等炊具。

2）环境保护的技术措施

A. 项目经理部配备粉尘、噪声等测试器具，对场地噪声、现场扬尘等进行监测，并委托环保部门定期对各项环保指标进行测试。对环保指标超标的项目，及时采取有效措施进行处理。

B. 在现场生活区设污水沉淀池，污水池尺寸为1m×2m，深1.3m，用砖砌240mm厚的砖墙，内抹20mm防水砂浆。浴池、水冲式厕所、食堂下水均设专用下水管道，将污水直接排到附近市政下水管道中。

C. 对施工机械进行经常性的检查和维修保养，保证设备始终处于良好状态，避免噪声、泄漏废油和废弃物造成的污染，杜绝重大安全隐患的存在。

D. 生活垃圾与施工垃圾分开。施工建筑垃圾用编织袋子系牢，运至现场指定地方，定期运走。现场设垃圾箱，用于生活垃圾的存放，由专人管理、清运。施工现场的卫生实行"门前三包"，责任到人。

E. 场内道路采用现浇混凝土路面，避免运输车辆与泥土接触。施工时注意粉尘污染，在清扫楼层时，杜绝高空抛落建筑垃圾，以免空中散落造成粉尘污染。砂石等松散材料堆放在硬基层上，并于三面围砌240mm砖墙，其上用五彩布覆盖。

F. 运输车卸料时，加快卸料速度，清洁工负责用水管喷水消尘。散装水泥罐上做容量刻度，材料员随时掌握罐内水泥剩余量，防止运输车上料时超量溢出。在水泥罐顶部排气孔周围用纱网围挡。

6. 季节性施工措施

根据施工进度计划，本工程施工过程跨越一个冬期，两个雨期。冬期施工部位为地下室结构部分；第一个雨期正值地面±0.000以下结构施工，第二个雨期为主体完成后的装修阶段。为避免"两期"对施工造成的影响，特制定如下措施。

（1）冬期施工措施

1）工程越冬停工前，由施工单位会同建设单位，监理公司对已完成的施工项目进行联合检查，做好越冬前准备。

2）对现场进行整顿，切断施工水源、电源，设值班人员对现场进行看护，注意防盗、防火，冬季生火必须办理生火许可证，对取暖炉必须做好通风工作，以免煤烟中毒。

3）工程越冬停工前，基础工程所有回填土方填至设计标高。

4) 将所有地下室入口或洞口用珍珠岩封闭,墙外用五彩布将墙体封闭,防止透风。

5) 根据越冬计划提前进场保温材料。

6) 将地下室内积水清理干净,集水坑、电缆沟等内无积水,同时由值班人员定期监测地下室温度,并做好记录。

7) 工程越冬停工前,对塔吊、搅拌站(机)等大型设备进行全面检修和保养,对电源部位切断保险丝,上锁和上封条。

(2) 雨期施工措施

1) 现场钢筋堆放应垫高,以防钢筋泡水锈蚀。钢筋视情况进行防锈处理,严禁把锈蚀钢筋用于结构上。

2) 雨天避免进行钢筋焊接施工,小雨时,必须在施工部位采取措施,可采用塑料布临时防雨棚,不得让雨水淋在焊点上,待完全冷却才能撤掉遮盖,以保证钢筋焊接质量;如遇大雨、大风天气,立即停止施工。

3) 钢模板拆下后应及时清理,刷脱模剂,大雨过后应重新刷一遍,大型钢模板要用塑料布盖好。

4) 浇筑混凝土前应注意天气预报,尽可能避免在雨天浇筑混凝土。大雨和暴雨天不得浇筑混凝土,新浇混凝土应覆盖,以防雨水冲刷。

5) 施工过程中遇大暴雨,应做好已浇筑混凝土防护和防暴雨的应急工作。确实无法施工的可留设施工缝,并做好施工缝的处理工作。已浇筑的混凝土用塑料布覆盖,待大雨过后清除积水后再继续浇筑。

6) 本工程屋面防水施工正遇雨期,所以要密切注意天气变化,抓住施工时机,避开雨天施工,并及时做好找平层和防水层。如做防水前遇雨,应将保温层或找平层覆盖,雨后继续施工时,必须对保温层进行取样检测含水率,含水低于9%方可施工。

7) 雨期装修施工应精心组织,晴天多做外装修,雨天做内装修。雨天室内工作时,应避免操作人员将泥水带入室内造成污染,一旦污染楼地面应及时清理。

8) 各种惧雨防潮装修材料应入库和覆盖防潮布存放,白灰、石膏板、腻子粉等易受潮的材料应于室内垫高存放。

9) 各楼层设备管道安装校正后,应及时用混凝土修补,防止雨水沿洞口渗入各层内墙上。

10) 塔吊操作人员班前作业必须检查机身是否带电,漏电装置是否灵敏,各种操纵机构是否灵活、安全、可靠。

11) 机动车辆在雨期行驶,注意防滑,在基坑旁卸料要有止档装置。大雨过后4个小时之内,不得进行塔机、外用电梯等的拆装作业,如遇特殊情况,必须做好专项安全技术交底。

12) 整个现场道路采用混凝土硬化地面,并设排水坡度。在道路两侧设排水沟和集水井,排水沟通过沉淀池与市政管网连通,保证雨水能及时排入市政管网。

(3) 高温季节施工措施

1) 在高温季节，混凝土级配按气温与技术参数性能的要求掺加缓凝剂。浇捣完成的混凝土应及时加强养护，外露部分应覆盖草袋和塑料薄膜。

2) 气温高于30℃时，泵送混凝土的输送管表面应包扎两层麻袋并用水保持湿润状态，避免输送管直接受阳光暴晒，控制入模温度，使混凝土坍落度参数在规范标准范围内。

(4) 风期施工措施

1) 做好风期施工的各种准备，及时掌握风期来临信息，并结合本工程的实际情况进行技术安全交底。

2) 风期进行混凝土施工时，混凝土浇筑完后应及时将混凝土表面用塑料布覆盖，以防混凝土急速失水后表面出现不规则裂缝。

3) 室内抹灰、刷涂料遇大风天气要将门窗封闭，以保证质量。室外抹灰不在4~5级风的迎风面施工，否则可能因基层快干造成装饰面层空鼓。

4) 屋面防水施工时，不宜在大风天气下进行，难以保证施工质量。

5) 严格执行六级及六级以上大风天气禁止塔吊室外作业的规定。

6) 大风天气禁止一切高处临边作业。

7) 大风天气禁止室外明火作业，室外焊接时必须设有挡风设施和接火斗。

8) 随时对工地上的临时设施进行检查，以防大风天气临时设施损坏而伤人、损物。

9) 工地建立三级防火责任制，明确兼职消防员，建立风期防火档案。

7. 成品保护措施

(1) 钢筋成品保护措施

1) 钢筋绑扎成型完工后，将多余钢筋、绑线及垃圾清理干净。

2) 木工支模、安装预埋件及混凝土浇注时，不得随意弯曲，拆除钢筋。

3) 对于基础、梁、板绑扎成型后的钢筋，后续工程施工作业人员不能任意踩踏或堆置重物，以免钢筋弯曲变形。

(2) 模板保护措施

1) 模板支模成活后，应及时将多余材料及垃圾清理干净。

2) 安装预留、预埋件时，与支模配合进行，不得有任意拆除模板及重锤敲打模板、支撑现象，以免影响模板尺寸。禁止在平台模板面上集中堆放重物。

3) 混凝土浇筑时，不准用振捣棒等撬动模板及埋件，以免造成模板变形。水平面运输车道，不得直接搁置在侧模上。

4) 模板安装成型后派专人值班保护，进行检查、校正，以确保模板安装质量。

(3) 混凝土成品保护措施

1) 混凝土浇筑完成后，将散落在模板上的混凝土清理干净并按方案要求进行覆盖保护。混凝土终凝前，不得上人作业。

2) 混凝土面上的施工材料，分散均匀轻放，避免集中堆放。混凝土浇筑前作好埋件的预埋和预留工作，浇筑后不得随意开槽打洞。

3) 混凝土面上临时安置施工设备时应垫板，并且作好覆盖措施，防止机油等污染。

(4) 楼地面成品保护措施

1) 水泥砂浆、块料面层的楼地面，设置保护栏杆，待成品达到规定强度后方能拆除。成活后建筑垃圾及多余材料应及时清理干净。

2) 冬期施工要作好防冻措施，以确保楼地面质量。高层建筑应在楼层内指定位置设置临时卫生桶，确保卫生的清理工作。

(5) 装饰工程成品保护措施

1) 室内外、楼上楼下、厅堂、房间内，每一装饰面成活后，均应该按规定清理干净，进行成品质量保护工作。

2) 不得在装饰成品上涂写、敲击、刻画。门窗及时关闭开启，保持室内通风干燥，风雨天门窗应关严，防止发生霉变。

3) 铝塑门窗用塑料膜包裹好，抹灰及刷浆时，玻璃用塑料布封闭，防止砂浆、涂料污染。

4) 作业架子拆除时，注意防止钢管碰撞墙面，脚手板应轻放。

5) 安装电器管时，对于可能触及的墙面地面，一定要擦拭干净，禁止用脚蹬墙面。

6) 水暖工在搬运梯子、管材等不得碰坏墙角，使用梯子时两端用纺织袋子包好。安装好的卫生器具应用草绳包好。

(6) 屋面工程成品保护措施

屋面防水完工后清理干净，做到屋面干净，排水畅通。不得在防水屋面上堆放材料、物品和机具。

(7) 交工前成品保护措施

1) 工序交接采用书面形式，内容包括前道工序的成品保护情况，并由交接双方签字认可。

2) 在工程未办理施工验收移交手续前，任何人不得在工程内使用设备及其他一切设施。

3) 为确保工程质量达到用户满意，项目管理班子在装饰工程完成后，组织管理人员分片负责成品质量保护，并建立值班巡查制度。

项目8 建筑工程施工图预算

训练1 工程量计算

[训练目的与要求] 掌握准确计算工程量的基本方法，在掌握定额项目划分原则的基础上能准确的列项，并且统筹安排计算顺序，依据施工图纸按现行定额规定的工程量计算规则熟练、准确地计算分部分项工程项目的工程量。

1.1 工程量计算的一般原则

工程量计算结果是否准确，直接关系到工程预算的编制速度和质量。计算应遵循以下原则：

(1) 计算工程量的项目必须与现行定额的项目一致。
(2) 计算工程量的计量单位必须与现行定额的计量单位一致。
(3) 工程量计算规则必须与现行定额规定的计算规则一致。
(4) 工程量必须严格按施工图纸进行计算。

1.2 工程量计算的一般方法

1.2.1 工程量的计算顺序

科学地确定工程量计算顺序是迅速而准确计算工程量的前提。因此，在工程量的计算顺序上应加以统筹安排、合理考虑。对于一般建筑工程宜采用下列计算顺序。

1. 分部工程量计算顺序

(1) 计算"三线一面"基础数据

"三线"分别指 $L_{外}$、$L_{中}$、$L_{内}$，即外墙外边线、外墙中心线和内墙净长线；"一面"指的是建筑面积。

(2) 计算基础工程量

基础工程是工程正式开工后的第一个分部工程，因此应首先计算基础工程量。一般建筑工程的基础形式通常有：条形基础、独立基础和桩基础等。除了桩基础外，其他基础工程多由挖基槽(坑)土方、做垫层、砌(浇)基础和回填土等分项工程组成。

(3) 计算混凝土和钢筋混凝土工程量

(4) 计算门窗工程量

门窗工程既依赖墙体砌筑工程，又制约砌筑过程施工。门窗工程量是墙体工程量和装饰工程量计算过程中的原始数据。

(5) 计算墙体工程量

在计算墙体工程量时,要尽可能利用之前(3)、(4)已计算出的基本数据,同时墙体工程量又可为装饰工程量计算提供数据。

(6) 计算装饰工程量

计算装饰工程量时,既要充分利用之前(3)、(4)、(5)所提供的基本数据,同时也为屋面工程的计算提供了数据。

(7) 计算屋面工程量

在屋面工程量计算时,要充分利用上述(1)~(6)提供的数据。

(8) 计算金属结构工程量

金属结构的工程量一般与其他分部关系不大,因此可以单独计算。

(9) 计算其他项目工程量

(10) 计算措施项目工程量

对于模板、脚手架、竖直运输等措施项目,可按施工组织设计文件规定利用基本数据计算。

2. 分项工程量计算顺序

在计算工程量时,不仅要合理确定各个分部工程量计算顺序,而且要科学安排同一分部工程内部各个分项工程之间的工程量计算顺序。

(1) 不同分项工程

为了防止重算和避免漏算,通常按照施工顺序进行计算。

(2) 同一分项工程

为防止重算和漏算,在同一分项工程内部各个组成部分之间,其工程量计算宜采用以下顺序:

A. 按照顺时针方向计算。它是从施工图纸左上角开始,按照顺时针方向从左向右进行,当计算路线绕图一周后,再重新回到施工图左上角的计算方法。此法适用于外墙挖基槽、外墙基础、外墙砌筑、外墙抹灰等,如图8-1(a)所示。

B. 按照横竖分割计算。横竖分割计算是采用由左向右、先横后竖、从上至下的计算顺序。在同一施工图上,先计算横向工程量,后计算竖向工程量。在横向采用先左后右、从上至下的计算顺序,在竖向采用先上后下、从左至右计算顺序。计算内墙基础、内墙砌筑、内墙墙身防潮等可按上述顺序计算,如图8-1(b)所示。

C. 按照构件分类和编号顺序计算。这种方法是按照各种不同的构配件,如梁、板、柱、门窗等,按其自身的编号依次计算,如图8-1(c)所示。

D. 按照图纸轴线编号计算。为计算和审核方便,对于造形或结构复杂的工程,可以根据施工图轴线编号确定工程量计算顺序,如图8-1(d)所示。

1.3 工程量计算

1.3.1 土石方工程量计算

土石方工程量计算主要包括平整场地、土石方开挖、土石方回填。

1. 土石方工程量计算前应确定的基本资料

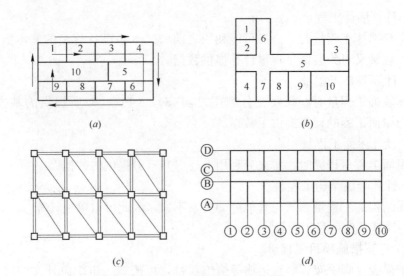

图 8-1 工程量计算顺序
(a)按照顺时针方向计算；(b)按照横竖分割计算；
(c)按照构件分类和编号顺序计算；(d)按照图纸轴线编号计算

(1) 土及岩石类别和地下水位标高的确定

1) 土及岩石类别

土类别：普通土——Ⅰ、Ⅱ类土；坚土——Ⅲ类土；砂砾坚土——Ⅳ类土。

岩石类别：松石、次坚石、普坚石、特坚石。

2) 地下水位标高：地下水位以下的土为湿土，地下水位以上的土为干土。

(2) 土石方、沟槽、基坑挖（填）起止标高、施工方法及运距的确定

挖土深度以设计室外地坪标高为计算起点；施工方法是指人工挖土方或机械挖土方。

(3) 放坡系数的确定

计算土方前应根据土质和挖土深度选取放坡起点高度和坡度系数 k。放坡的坡度系数 k 按表 8-1 选用，k 表示深度为 1m 时应放出的宽度。

放坡系数表　　表 8-1

土的类别	放坡起点深度（m）	人工挖土坡度系数 k	机械挖土坡度系数 k	
			在坑内作业	在坑上作业
Ⅰ、Ⅱ类土	1.20	0.50	0.33	0.75
Ⅲ类土	1.50	0.33	0.25	0.67
Ⅳ类土	2.00	0.25	0.10	0.33

如果施工条件限制，不宜采取放坡的施工方案时，需设置挡土板，此时槽底或坑底宽度两边各加 10cm。支挡土板后就不再按放坡计算，但应另外计算挡土板的工程量。

(4) 工作面宽度的确定

基础施工所需工作面的宽度 c 如表 8-2 所示。

槽、坑工作面增加宽度表　　　　表 8-2

基 础 材 料	每边各增加工作面宽度 c(cm)	基 础 材 料	每边各增加工作面宽度 c(cm)
砖基础	20	混凝土基础或垫层需支模者	30
浆砌毛石	15	使用卷材或防水砂浆做竖直防潮层者	80
浆砌条石	15		

(5) 土方体积折算系数的确定

土方体积一般按挖掘前的天然密实体积(自然方)计算。如遇挖松散土,需以天然密实体积折算,按表 8-3 所列系数换算。

土方体积折算表　　　　表 8-3

虚方体积	天然密实体积	夯实后体积	松散体积
1.00	0.77	0.67	0.83
1.20	0.92	0.80	1.00
1.30	1.00	0.87	1.08
1.50	1.15	1.00	1.25

2. 土石方工程定额分项工程划分

土石方工程定额项目划分主要考虑的因素主要有:

(1) 岩土成分,可分为土方、松石、次坚石、普坚石、特坚石等;

(2) 施工方法,包括人工、机械、爆破;

(3) 工程内容,可分为挖、运、填等;

(4) 工程部位,可分为场地平整、地坑、地槽等。

3. 土石方工程的主要分项工程的工程量计算规则

(1) 平整场地的计算

平整场地是指工程破土开工前,对施工现场±30cm 以内高低不平的部位进行就地挖、运、填和找平。其工程量按建筑物底面积外围外边线以外各放出 2m 后所包围的面积计算。以矩形建筑物为例,如图 8-2 所示,其平整场地工程量见式(8-1):

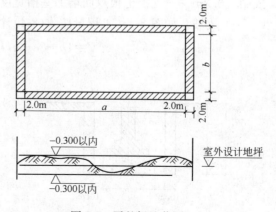

图 8-2 平整场地范围

$$S_{平整场地} = S_{底} + 2 \times L_{外} + 16\text{m}^2 \tag{8-1}$$

式中 $S_{平整场地}$——平整场地的面积；

$S_{底}$——底层建筑面积；

$L_{外}$——外墙外边线总长，$2L_{外}$ 指图 8-2 中阴影部分的面积；

(2) 基槽、基坑划分

1) 凡图示沟槽底宽在 3m 以内，且沟槽长大于槽宽三倍以上的，为基槽。

2) 凡图示基坑底面积在 20m² 以内为基坑。

3) 凡图示沟槽底宽 3m 以外，坑底面积 20m² 以外，平整场地挖土方厚度在 30cm 以外，均按挖土方计算。

说明：1) 图示基槽底宽和基坑底面积的长、宽均不含两边工作面的宽度。

2) 根据施工图判断基槽、基坑、挖土方的顺序是，先根据尺寸判断基槽是否成立，若不成立再判断是否属于基坑，若还不成立，就一定是挖土方项目。

(3) 人工挖基槽工程量计算

工程量按图示尺寸以体积计算。

1) 不放坡，不支挡土板。当挖土深度在表 8-1 中规定的放坡起点深度以内时，按式(8-2)计算：

$$V = (b + 2c) \times H \times L \tag{8-2}$$

式中 V——挖基槽的体积；

b——基础或垫层的底部宽度；

c——工作面宽度，按表 8-2 选用；

H——基槽深度，室外地坪标高至槽底标高；

L——基槽的长度，外墙按中心线长度计算，内墙按基础底面之间净长度计算。

2) 支挡土板。当挖土深度超过表 8-1 规定的放坡起点深度但施工条件不允许放坡时，可采用支挡土板的办法，如图 8-3。挡土板的工程量单独计算，挖基槽土方工程量按式(8-3)计算：

$$V = (b + 2c + 0.2\text{m}) \times H \times L \tag{8-3}$$

式中 0.2m——支挡土板双面增加基槽宽度。

3) 放坡。如图 8-4，工程量按式(8-4)计算：

$$V = (b + 2c + kH) \times H \times L \tag{8-4}$$

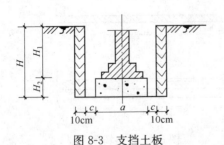

图 8-3 支挡土板　　　图 8-4 垫层下表面放坡

式中 k——放坡系数,按表 8-1 选用。

(4) 人工挖基坑工程量计算

工程量按图示尺寸以体积计算。

1) 不放坡,不支挡土板。按式(8-5)计算:

$$V=(a+2c)(b+2c)H \tag{8-5}$$

式中 a、b——分别为基础底或垫层的长和宽;
　　c——工作面宽度;
　　H——挖土深度。

2) 放坡。如图 8-5 所示,按式(8-6) 计算:

$$V=(a+2c+kH)(b+2c+kH)H+1/3k^2H^3 \tag{8-6}$$

(5) 人工挖土方(平基)

凡不满足上述基槽、基坑条件,且挖土深度 $H>0.3$m 时,为人工挖土方(平基)。

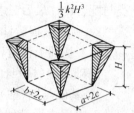

图 8-5 基坑角锥体

1) 不满足基槽条件的槽状土方,即 $B>3$m,工程量计算同地槽的计算方法;

2) 不满足基坑条件的坑状土方,即 $M>20$m^2,工程量计算同基坑的计算方法。

3) 竖向布置土方开挖,即场地平整挖填厚度超过 0.3m,工程量计算按横断面法或方格网法分别计算挖土体积和填土体积。

(6) 地下连续墙挖土成槽土方量

按连续墙设计长度、宽度和槽深(加超深 0.5m)以 m^3 计算。

(7) 回填土工程量计算

回填土分为夯填、松填。

1) 基础(即基坑、基槽)回填土工程量按式(8-7)计算:

$$V_{填}=V_{挖}-室外地坪标高以下埋设物的体积 \quad (m^3) \tag{8-7}$$

式中,室外地坪标高以下埋设物的体积是指基础、基础垫层、地梁或基础梁等的体积。

2) 室内回填土工程量按式(8-8)计算:

$$V_{填}=底层主墙间净面积×回填土厚度 \quad (m^3) \tag{8-8}$$

其中　底层主墙间净面积=底层建筑面积－($L_{中}$×外墙厚+$L_{内}$×内墙厚) (m^3)

　　　　回填土厚度=室内外高差－垫层、找平层、面层等厚度 (m)

式中　主墙——指结构厚度在 120mm 以上(不含 120mm)的各类墙体;
　　$L_{中}$——外墙中心线总长;
　　$L_{内}$——内墙净长线总长。

(8) 土方的运输工程量计算

余土外运是指开挖后多余的土方运至指定地点,取土是指回填土不足时从指定地点取土回填。计算运土工程量,先要确定运土方法(人工运土或单、双轮车运土)和运距。工程量按式(8-9)计算：

$$V_{余土外运} = 挖土总体积 - 回填土总体积$$

或 $$V_{取土} = 回填土总体积 - 挖土总体积 \qquad (8-9)$$

1.3.2 砌筑工程量计算

1. 定额分项工程划分

首先，按照砌块材料分为砌砖(块)和砌石两部分；其次，按照工程部位分为墙、柱、基础、零星砌体和零星砌体构筑物等；然后考虑砌体特征，如墙体分为实体墙、空心墙和围墙等，以及普通墙和弧形墙；再次，考虑砌块的种类和砂浆种类与配合比；最后考虑其他因素，如单面清水墙与混水墙、砖柱的方柱与圆柱等。

2. 砌筑工程量计算规则

(1) 基础工程量计算

基础与墙(柱)身的划分一般是：

1) 基础与墙(柱)身使用同一种材料时，以设计室内地坪为界(有地下室者，以地下室室内设计地坪为界)，以下为基础，以上为墙(柱)身。

2) 基础与墙身使用不同材料时，两种材料分界线位于设计室内地坪±300mm以内时，以材料分界线为界；若材料的分界线超过±300mm时，以设计室内地坪为界，界线以上为砖墙，界线以下为砖基础。

3) 砖、石围墙，以设计室外地坪为界线。

砖基础工程量按施工图尺寸以 m^3 计算，应扣除嵌入基础的钢筋混凝土柱和柱基(包括构造柱和构造柱基)、钢筋混凝土过梁(包括地圈梁和地梁)及单个面积在 $0.3m^2$ 以上的孔洞所占的体积，其洞口上的混凝土过梁也应列项计算。对基础大放脚T形接头处的重叠部分，嵌入基础的钢筋、铁件、管子、基础防潮层以及单个面积在 $0.3m^2$ 以内的孔洞体积不予扣除，但靠墙暖气沟的挑砖也不增加。附墙垛基础宽出部分的体积应并入基础工程量内。

砖基础工程量按式(8-10)计算：

$$\begin{aligned} V = & L \times A - \Sigma 嵌入基础的混凝土构件体积 \\ & - \Sigma 大于0.3m^2 的孔洞面积 \times 基础墙厚 \end{aligned} \qquad (8-10)$$

式中 V——基础体积，m^3；

L——基础长度，外墙按中心线长、内墙按净长线长计算，m；

A——砖基础断面积，等于基础墙的面积与大放脚面积之和，m^2。

大放脚的形式有等高式和不等高式两种，如图8-6所示。

采用大放脚砌法时，砖基础断面积 A 通常按下述两种方法计算：

A. 采用折加高度计算

砖基础断面积 A 按式(8-11)计算：

$$砖基础断面积 = 基础墙宽度 \times (基础高度 + 折加高度) \qquad (8-11)$$

式中 基础高度——垫层上表面至砖基础顶面的高度；

折加高度——折加高度=大放脚增加断面积/基础墙宽度。

B. 采用增加断面面积计算

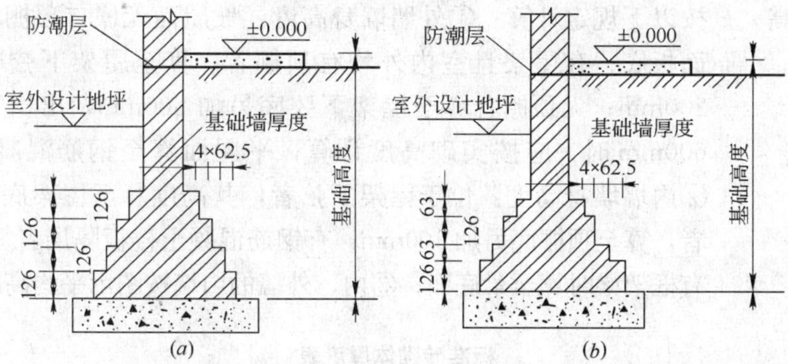

图 8-6　大放脚砖基础示意图

(a)等高大放脚砖基础；(b)不等高大放脚砖基础

砖基础断面积 A 按式(8-12)计算：

砖基础断面积＝基础墙宽度×基础高度＋大放脚增加断面面积　　(8-12)

等高式、不等高式砖墙基础大放脚折加高度和大放脚增加断面面积见表 8-4。

等高式、不等高式砖墙基础大放脚折加高度和大放脚增加断面面积表　　表 8-4

层数	折加高度(m)								增加断面面积(m^2)	
	半砖		1砖		1砖半		2砖			
	等高	不等高	等高	不等高	等高	不等高	等高	不等高		
1	0.137	0.137	0.066	0.066	0.043	0.043	0.032	0.032	0.01575	0.01575
2	0.411	0.342	0.197	0.164	0.129	0.108	0.096	0.08	0.04725	0.03938
3			0.394	0.328	0.259	0.216	0.193	0.161	0.0945	0.07875
4			0.656	0.525	0.432	0.345	0.321	0.253	0.1575	0.126
5			0.984	0.788	0.647	0.518	0.482	0.38	0.2363	0.189
6			1.378	1.083	0.906	0.712	0.672	0.58	0.3308	0.2599

(2) 砌筑墙体工程量计算

1) 砌筑墙体工程量，按墙体体积以立方米计算，应扣除门窗洞口、过人洞、空圈、嵌入墙身的钢筋混凝土板和梁(包括过梁、圈梁、挑梁)、砖平拱、钢筋砖过梁、暖气包壁的体积；不扣除梁头、内外墙板头、檩头、垫木、木楞头、沿椽木、门窗走头、砖墙内的加固钢筋、木筋、铁件、钢管及每个在 $0.3m^2$ 以下的孔洞等所占的体积；突出墙面的窗台虎头砖、压顶线、山墙泛水、烟囱根、门窗套以及三皮砖以内的腰线和挑檐等体积也不增加。

墙体工程量按式(8-13)计算。

墙体工程量＝(墙长×墙高－Σ嵌入墙身门窗孔洞面积)
×墙厚－Σ嵌入墙内构件体积　　(8-13)

式中　墙长——外墙按外墙中心线总长度计算，内墙按内墙净长线总长度计算；

墙厚——标准砖以 240mm×115mm×53mm 为准，砌体厚度按表 8-5 计算，使用非标准砖时，砌体厚度按砖实际规格和设计厚度计算；

墙高——按以下规定计算。①外墙墙身高度：坡屋面无檐口顶棚者算至屋面板底；有屋架且室内外均有顶棚者，算至屋架下弦底面另加 200mm；无顶棚者算至屋架下弦底另加 300mm，出檐宽度超过 600mm 时，应按实砌高度计算；平屋面算至钢筋混凝土板面。②内墙墙身高度：位于屋架下弦者，其高度算至屋架底；无屋架者，算至顶棚底另加 100mm；有钢筋混凝土楼板隔层者算至板面；有框架梁时算至梁底面；③内、外墙的山墙按图示平均高度计算。

标准砖砌体厚度表　　　　表 8-5

砖　数	1/4	1/2	3/4	1	$1\frac{1}{2}$	2	$2\frac{1}{2}$	3
计算厚度（mm）	53	115	180	240	365	490	615	740

2) 砌筑砖平拱、钢筋砖过梁的工程量，均按图示尺寸以立方米计算，见式(8-14)、式(8-15)：

$$砖平拱工程量＝砖平拱长×砖平拱宽×墙厚 \quad (8-14)$$

式中　砖平拱的长度——按门窗洞口宽度两端共加 100mm；
　　　砖平拱的高度——当门窗洞口宽度小于 1500mm 时，高度按 240mm 计算；
　　　　　　　　　　当门窗洞口宽度大于 1500mm 时，高度按 365mm 计算。

$$钢筋砖过梁工程量＝钢筋砖过梁长×钢筋砖过梁宽×墙厚 \quad (8-15)$$

式中　钢筋砖过梁长度——按门窗洞口宽度两端共加 500mm；
　　　钢筋砖过梁高度——按 440mm 计算。

3) 框架间砌体，以框架间净空面积乘以墙厚计算，框架外表镶贴砖部分并入砌体部分以立方米另行计算。

4) 砖柱按实砌体积以立方米计算，柱基套用相应基础项目。

(3) 其他砌砖体工程量计算

1) 砖砌锅台、炉灶不分大小均按图示外形尺寸以立方米计算，不扣除各种空洞的体积。

2) 砖砌台阶(不包括梯带)按水平投影面积以平方米计算。

3) 地垄墙按实砌体积套用砖基础定额。

4) 厕所蹲台、水槽腿、煤箱、暗沟、台阶挡墙或梯带、花台、花池及支撑地楞的砖墩，房上烟囱及毛石墙的门窗立边、窗台虎头砖等按实砌体积以立方米计算，套用零星砌体定额项目。

5) 砖砌检查井、化粪池的工程量不分壁厚，均以立方米计算，洞口上的砖平拱等工程量并入砌体体积内计算。

6) 砖砌地沟工程量不分墙基、墙身，合并以立方米计算。

(4) 砌体加固筋的工程量的计算

砌体内的钢筋加固应根据设计规定，以 t 计算，套用砌体加固项目。

1.3.3 混凝土及钢筋混凝土工程工程量计算

1. 定额分项工程划分

混凝土工程首先按构件的种类可分为现浇混凝土的基础、柱、梁、墙、板、楼梯、明沟、散水和其他构件，预制的桩、柱、梁、屋架、板、楼梯和其他构件；其次，还应考虑其他因素列项计算，如矩形柱与异形柱、混凝土强度等级等。

钢筋工程首先按构件的种类区别现浇、预制构件；其次，按不同钢种、不同规格分别列项计算。

2. 混凝土工程量的计算规则

(1) 现浇构件混凝土工程量的计算

现浇混凝土工程量除另有规定者外，均按图示实体体积以立方米计算。不扣除构件内钢筋、预埋铁件及墙、板中 $0.3m^2$ 以内的孔洞所占体积。

1) 现浇基础的混凝土计算

A. 混凝土基础与墙或柱的划分，均按基础扩大顶面为界。

B. 框架式设备基础应分别按基础、柱、梁、板的相应定额计算。楼层上的设备基础按有梁板定额项目计算，设备基础定额中未包括地脚螺栓的价值，其价值应另计。

C. 同一横截面有一阶使用了模板的条形基础，均按条形基础相应定额项目执行；未使用模板而沿槽浇筑的条形基础按混凝土基础垫层定额执行；使用模板的混凝土垫层按相应定额执行。

2) 现浇柱的混凝土工程量计算

现浇柱的混凝土工程量按图示实体体积以立方米计算，见式(8-16)：

$$柱的体积 = 柱的断面面积 \times 柱高 \qquad (8-16)$$

式中计算现浇混凝土柱高时，应按照下列三种情况确定：

A. 有梁板的柱高，应自柱基上表面至楼板上表面计算，如图 8-7(a)；

B. 无梁板的柱高，应自柱基上表面至柱帽下表面计算，如图 8-7(b)；

C. 框架柱的柱高，应自柱基上表面至柱顶高度计算，如图 8-7(c)。

3) 现浇梁的混凝土工程量计算

现浇钢筋混凝土梁按其形状、用途、特点可分为基础梁、连续梁、圈梁、单梁或矩形梁和异形梁等分项工程项目。各类梁的工程量均按图示尺寸按实体体积以立方米计算，见式(8-17)：

$$梁的体积 = 梁长 \times 梁的断面积 \qquad (8-17)$$

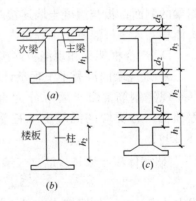

图 8-7 柱高示意图
(a)有梁板的柱高；(b)无梁板的柱高；
(c)框架柱的柱高

式中,梁长如图 8-8 所示,按以下规定确定:

A. 当主、次梁与柱连接时,梁长算至柱的侧面。

B. 当次梁与柱或主梁连接时,次梁长度算至柱侧或主梁侧面;伸入墙内的梁头应计算在梁长度内,梁头有浇筑梁垫者,其体积并入梁内计算。

C. 圈梁与过梁连接时,分别套圈梁、过梁定额,其过梁长度按门窗洞口外围宽度两端共加 500mm 计算,如图 8-9 所示。

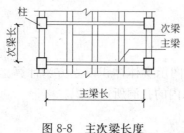

图 8-8 主次梁长度　　　　　图 8-9 圈梁、过梁划分

4) 现浇板的混凝土工程量计算

现浇混凝土板可分为有梁板、无梁板、平板等分项工程项目。各类板的混凝土工程量均按图示尺寸以 m^3 计算,见式(8-18):

$$板的体积 = 板长 \times 板宽 \times 板厚 \tag{8-18}$$

A. 有梁板。有梁板指的是(包括主、次梁)梁和板浇成整体的梁板,其混凝土工程量按梁与板体积之和计算。

B. 无梁板。无梁板指的是不带梁直接支在柱上的板,其混凝土工程量按板和柱帽的体积之和计算。

C. 平板。平板指的是无柱、梁,直接支承在墙上的板。圈梁连接时,板算至圈梁的侧面;板与混凝土墙连接时,板算至混凝土墙的侧面。支撑在砖墙上的板头体积并入平板混凝土工程量内。

D. 现浇框架梁和现浇板连接在一起时,按有梁板计算。

5) 现浇墙的混凝土工程量计算

现浇钢筋混凝土墙可分为直形墙、挡土墙、地下室墙和剪力墙等分项工程项目。各类墙的混凝土工程量均按图示尺寸实体体积以立方米计算。见式(8-19):

$$墙的体积 = 墙长 \times 墙高 \times 墙厚 - \Sigma(0.3m^2 以上门窗及孔洞面积 \times 墙厚) \tag{8-19}$$

式中　墙长——外墙按中心线(有柱者算至柱侧),内墙按净长线(有柱者算至柱侧);

　　　墙高——从基础上表面算至墙顶;

　　　墙厚——按设计图纸确定。

A. 直形墙。凡地下室墙厚在 35cm 以内者,称为直形墙,执行钢筋混凝土墙的定额。

B. 挡土墙和地下室墙。凡地下室墙厚度超过35cm者，称为挡土墙，执行钢筋混凝土地下室墙的定额。

C. 剪力墙。凡现浇或预制的框架结构的纵横内墙称为剪力墙，执行钢筋混凝土墙的定额。对于弧形墙，一般按直形墙定额乘以系数1.22进行计算。

6）现浇整体楼梯的混凝土工程量计算

现浇钢筋混凝土整体楼梯，包括楼梯两端的休息平台、梯井斜梁、楼梯板及支承梯井斜梁的梯口梁和平台梁，按分层水平投影面积之和计算。分层水平投影面积是以楼梯平台梁外侧为界，不计算伸入墙体部分的面积，不扣除宽度小于300mm的楼梯井面积，平台梁外侧的面积应并入该层的地面或楼面工程量内。梯井宽度大于300m时，减去楼梯井面积，与无梯井一样按整体楼梯混凝土结构净水平投影面积乘以系数1.08计算。圆弧形楼梯按水平投影面积计算，不扣除小于50cm直径的梯井。

7）现浇阳台、雨篷等的混凝土工程量计算

现浇钢筋混凝土阳台、雨篷、遮阳板工程量均按伸出外墙外边线的水平投影面积计算。伸出墙外的悬臂梁已包括在定额内，不另计算，但嵌入墙内的梁按相应定额另行计算。雨篷侧面挑起高度超过200mm时按栏板项目以全高计算。

8）现浇栏杆的混凝土工程量计算

栏板、扶手按延长米计算，包括伸入墙内部分。楼梯的栏板和扶手长度，如图集无规定时，按水平长度乘以系数1.15计算。

9）现浇混凝土台阶按水平投影面积计算，如果台阶与平台连接时，其分界线应以最上层踏步外沿加300mm计算。

10）当预制混凝土板需补缝时，板缝宽度[指下口宽度]在150mm以内者不计算工程量，板缝宽度超过150mm者按平板相应定额执行。

11）预制钢筋混凝土框架柱现浇接头（包括梁接头）按设计规定断面和长度以立方米计算，按二次灌浆定额执行。

12）零星构件是指每件体积在$0.05m^3$以内的未列项目的构件。

（2）预制构件混凝土的工程量计算

1）预制混凝土工程量除了另有规定外，均按图示尺寸实体体积以立方米计算，不扣除构件内钢筋、铁件及小于300mm×300mm以内孔洞的面积。

2）预制钢筋混凝土桩的工程量，按设计桩长（包括桩尖长度，不扣除桩尖部分虚体积）乘以桩断面面积以立方米计算，管桩的空心体积应扣除。

3）混凝土与钢构件结合的构件，混凝土部分按构件实体体积以立方米计算，钢构件部分的工程量按重量以t计算，分别套用相应的定额项目。

4）镂花部分按外围面积乘以厚度以立方米计算，不扣除孔洞的面积。

5）窗台板、隔板、栏板套用小型混凝土构件项目。

（3）预制混凝土构件运输及安装工程量计算

预制混凝土构件运输按表8-6所划分的六类构件和运输距离列项计算。

预制混凝土构件分类表　　　　　　　表 8-6

类　别	项　　目
1	4m 以内空心板、实心板
2	6m 以内的桩、屋面板、工业楼板、进深梁、基础梁、吊车梁、楼梯休息板、楼梯段、阳台板
3	6~14m 的梁、板、柱、桩、各类屋架、架、托架(14m 以上另行处理)
4	天窗架、挡风架、侧板、端壁板、天窗上、下档、门框及单件体积在 0.3m³ 以内小构件
5	装配式内、外墙板、大楼板、厕所板
6	隔墙板(高层用)

预制混凝土构件运输与安装工程量,按构件图示尺寸以实体体积计算。预制混凝土构件制作、运输、安装的损耗率按表 8-7 的规定计算后并入构件运输与安装的工程量内。

预制混凝土构件制作、运输、安装的损耗率表　　　　表 8-7

名　称	制作废品率	运输堆放损耗	安装(打桩)损耗
各类预制构件	0.2%	0.8%	0.5%
预制钢筋混凝土桩	0.1%	0.4%	1.5%

1) 预制混凝土构件制作工程量按式(8-20)计算:

制作工程量＝图示体积×(1＋制作废品率＋运输堆放损耗率＋安装损耗率)

(8-20)

2) 预制混凝土构件运输工程量按式(8-21)计算:

运输工程量＝图示体积×(1＋运输堆放损耗率＋安装损耗率)　　(8-21)

A. 预制混凝土构件的最大运输距离取 50km 以内,超过时另行补充。

B. 加气混凝土板(块)、硅酸盐块的运输,每立方米折合混凝土构件体积 0.4m³ 后,按一类构件运输计算工程量。

3) 预制混凝土构件安装工程量计算按式(8-22)计算:

按照预制混凝土构件的种类、单件构件体积、安装高度、安装机械种类划分分项工程项目。

预制构件安装工程量＝图示体积×(1＋安装损耗率)　　(8-22)

(4) 预制钢筋混凝土构件的接头灌缝

1) 钢筋混凝土构件接头灌缝,均按预制钢筋混凝土构件实际体积以立方米计算。

2) 空心板堵孔的人工、材料费用已包括在定额消耗内,不另计算。如不堵孔时,每 10m³ 空心板体积应扣除 0.23m³ 预制混凝土块和 2.2 工日。

3) 柱与柱基的灌缝按首层柱的体积计算,首层以上柱的灌缝按各层柱的体积计算。

4) 预制板补现浇板缝时,按平板计算。

3. 钢筋的工程量计算规则

钢筋工程量应区分现浇、预制构件不同钢种和规格,分别按设计长度乘以每米理论质量，以吨计算汇总。

（1）普通钢筋长度的计算

普通钢筋长度可按式(8-23)计算：

$$钢筋长度＝构件长度－保护层厚度×2＋增加长度 \tag{8-23}$$

式中　构件长度——钢筋混凝土构件长度按图示尺寸；

　　　保护层厚度——钢筋的混凝土保护层厚度按表 8-8 选取；

　　　增加长度——指弯钩、弯起、搭接和锚固等增加的长度。

钢筋的混凝土保护层厚度(mm)　　　　　表 8-8

环境条件	构件类别	≤C20	C25 或 C30	≥C35
室内正常条件	板、墙	15		
	梁	25		
	柱	35		
露天或室内高湿度环境	板、墙	35	25	15
	梁	45	35	25
	柱	45	35	30

注：1. 受力钢筋的混凝土保护层厚度(从钢筋的外边缘算起)，除应符合上述规定外，还不应小于受力钢筋的直径；
　　2. 梁、柱箍筋和构造钢筋的保护层厚度不得小于 15mm；
　　3. 墙、板中分布钢筋的保护层厚度不得小于 10mm。

弯起钢筋长度的计算表(cm)　　　　　表 8-9

弯起钢筋形状		H	α=30°			H	α=45°			H	α=60°		
			S	L	S－L		S	L	S－L		S	L	S－L
		6	12	10	2	20	28	20	8	75	86	44	42
		7	14	12	2	25	35	25	10	80	92	46	46
		8	16	14	2	30	42	30	12	85	98	49	49
		9	18	16	2	35	49	35	14	90	104	52	52
		10	20	17	3	40	56	40	16	95	109	55	54
		11	22	19	3	45	63	45	18	100	115	58	57
		12	24	21	3	50	71	50	21	105	121	61	60
		13	26	22	4	55	78	55	23	110	127	64	63
		14	28	24	4	60	85	60	25	115	132	67	65
有关的基本数值		15	30	26	4	65	92	65	27	120	138	70	68
α	S	16	32	28	4	70	99	70	29	125	144	73	71
30°	2H	17	34	29	5	75	106	75	31	130	150	75	75
45°	1.41H	18	36	31	5	80	113	80	33	135	155	78	77
60°	1.15H	19	38	33	5	85	120	85	35	140	161	81	80

注：H＝钢筋弯起的垂直高＝混凝土构件的垂直高－(2×保护层厚度)。

1) 弯钩增加长度应根据钢筋弯钩形状来确定。半圆弯钩增加长度为 $6.25d$；直弯钩增加长度为 $3.5d$；斜弯钩增加长度为 $4.9d$。如图 8-10 所示。

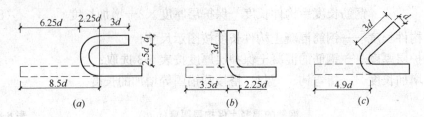

图 8-10 钢筋弯钩示意简图
(a)半圈弯钩；(b)直弯钩；(c)斜弯钩

2) 弯起钢筋增加长度，应根据弯起的角度和弯起的高度计算求出。弯起角度越小，斜长 S 与水平长之差就越小，弯起钢筋的增加长度也就越小。弯起钢筋的计算长度见表 8-9。计算公式见式(8-24)：

$$弯起钢筋增加长度 = S - L \tag{8-24}$$

式中　S——弯起钢筋斜长，m；

L——弯起钢筋水平长，m。

3) 钢筋搭接增加长度按设计规定计算；设计未规定搭接长度的，已包括在钢筋的损耗率之内，不另计算搭接长度；钢筋电渣压力焊接、套筒挤压连接等接头，以"个"计算。

4) 钢筋锚固增加长度，指不同构件交接处彼此的钢筋应互相锚入。如柱与主梁、主梁与次梁、梁与板等交接处，钢筋均应互相锚入，以增加结构的整体性。钢筋的搭接长度一般为钢筋锚固长度的 1.2 倍，但对于 HPB235 钢筋，每个锚固长度还应再加一个半圆弯钩。见式(8-25)：

$$HPB235 钢筋搭接长度 = 1.2_{aE} + 6.25d \tag{8-25}$$

(2) 箍筋长度的计算

箍筋的弯钩一般情况如图 8-11 所示。对于有抗震要求和受扭的结构，采用末端 135°弯钩。

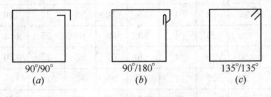

图 8-11 箍筋弯钩

在计算弯钩的长度时，不扣加工时钢筋的延伸率。计算公式见式(8-26)：

$$单个箍筋长度 = 箍筋的内周长 + 两个弯钩长$$

$$\text{箍筋个数} = \frac{\text{构件长度} - \text{混凝土保护层厚度}}{\text{箍筋间距}} + 1 \tag{8-26}$$

(3) 钢筋工程量的计算

有了钢筋长度后，钢筋工程量按钢筋质量以 t 计算。计算步骤如下：

1) 将各种构件的不同规格汇总钢筋长度，求出不同规格钢筋的总长度；

2) 将不同规格钢筋的总长度分别乘以相应的理论质量，得到各种钢筋理论质量。计算公式见式(8-27)：

$$\text{某种规格钢筋的质量} = \text{某种规格钢筋的总长度} \times \text{相应规格钢筋的理论质量} \tag{8-27}$$

式中　钢筋理论质量查表 8-10 或按 $0.00617d$（d 为钢筋直径，单位 mm）计算。

钢筋理论质量表　　　表 8-10

直径(mm)	4	6	6.5	8	10	12	14	16
每米质量(kg/m)	0.009	0.222	0.260	0.395	0.617	0.888	1.208	1.578
直径(mm)	18	20	22	25	28	30	32	36
每米质量(kg/m)	1.998	2.466	2.984	3.850	4.834	5.549	6.313	7.990

(4) 钢筋工程量计算的其他问题

在计算钢筋用量时，除了要准确计算出图纸所表示的钢筋外，还要注意设计图纸未画出以及未明确表示的钢筋，如楼板上负弯矩钢筋、满堂基础底板的双层钢筋在施工时支撑所用的马凳及混凝土墙施工时所用的拉筋等。这些钢筋在设计图纸上，有时只有文字说明，有时没有文字说明，但这些钢筋在构造上及施工上是必要的，应按施工验收规范、抗震构造规范等要求补齐，并入钢筋用量中。

1.3.4 屋面及防水工程

1. 定额分项工程划分

屋面及防水工程包括屋面木基层、屋面防水和墙、地面防水及防潮等部分。屋面防水按不同防水材料、构造做法，墙、地面防水及防潮按不同部位、材料、构造做法划分分项工程项目。

2. 屋面及防水工程量计算规则

(1) 屋面木基层工程量计算

1) 檩木制作安装按毛料尺寸体积以立方米计算，简支檩木长度按设计规定计算。如设计无规定者，按屋架或山墙中距增加 200mm 计算；如为两端出山墙，檩条长度算至博风板；连续檩条的长度按设计长度计算，其接头长度按全部连续檩木总体积的 5% 计算。檩条托木已计入相应的檩木制作安装项目中，不另计算。

2) 屋面木基层，按屋面的斜面积计算，天窗挑檐重叠部分按设计规定计算，屋面烟囱及斜沟部分所占面积不扣除。

(2) 屋面防水、排水工程量计算

1) 瓦屋面、金属压型板(包括挑檐部分)均按屋面的水平投影面积乘以坡屋面系数以 m² 计算。不扣除房上的烟囱、风帽底座、风道、屋面小气窗和斜沟等所占面积，屋面小气窗出檐部分亦不增加。

2) 卷材屋面按图示尺寸的水平投影面积乘以规定的坡度系数以 m^2 计算。不扣除房上烟囱、风帽底座、风道、屋面小气窗和斜沟等所占面积。屋面的女儿墙、伸缩缝和天窗的弯起部分，按图示尺寸并入屋面工程量计算。如图纸无设计规定时，伸缩缝、女儿墙弯起部分可按 250mm 计算，天窗弯起部分可按 500mm 计算。

3) 卷材屋面的伸缩缝、接缝、收头、找平层嵌缝、冷底子油已计入定额内，不另计算。

4) 涂膜屋面的工程量同卷材屋面。涂膜屋面的油膏嵌缝、玻璃布盖缝、屋面分格缝，以延长米计算。

5) 铸铁、玻璃钢及塑料(PVC)落水管区别不同直径规格按延长米计算，雨水口、雨水斗、弯头、短管以区别直径规格实际个数计算。

（3）墙、地面防水及防潮工程量计算

1) 建筑物楼地面防水防潮工程量，按主墙间净空面积计算，扣除凸出地面的构筑物、设备基础等所占的面积。不扣除柱、垛、间壁墙及 $0.3m^2$ 以内孔洞所占面积。地面防潮层与墙面连接处高度在 500mm 以内者按展开面积并入平面工程量内计算；超过 500mm 时，其立面部分的展开面积全部执行立面防水层定额。

2) 建筑物墙基防水、防潮层工程量，外墙上按外墙中心线长度，内墙上按内墙净长线长度乘以宽度以平方米计算。

3) 构筑物及建筑物地下室防水、防潮层工程量按实铺面积计算，但不扣除 $0.3m^2$ 以内的孔洞面积。平面与立面交接处的防水层，其上卷高度超过 500mm 时，按立面防水层定额执行。

4) 防水卷材的附加层、接缝、收头、冷底子油等人工材料已计入定额内，不另计算。

5) 变形缝按延长米计算。

1.3.5 装饰工程量计算规则

1. 楼地面工程

（1）定额分项工程划分

楼地面工程包括垫层、找平层、整体面层、块料面层、栏杆与扶手五部分。

1) 垫层。主要按照垫层材料来划分。
2) 找平层。主要按照找平层材料、基层类别、找平层厚度来划分。
3) 整体面层。主要按照面层材料、工程部位、厚度、砂浆配合比来划分。
4) 块料面层。主要按照块料材料、结合层材料、工程部位等来划分。
5) 栏杆与扶手。主要按照扶手材料和栏杆材料来划分。

（2）楼地面工程量计算规则

1) 地面垫层工程量计算

地面垫层工程量，按室内主墙间净面积乘以设计厚度以立方米计算。应扣除凸出地面的构筑物、设备基础、室内铁道、地沟等所站体积，不扣除柱、垛、间壁墙、附墙烟囱及面积在 0.3m² 以内的孔洞所占体积。

2) 地面面层、找平层工程量计算

① 整体面层、找平层的工程量，均按主墙间净面积以平方米计算。应扣除凸出地面的构筑物、设备基础、室内铁道、地沟等所占体积，不扣除柱、垛、间壁墙、附墙烟囱及面积在 0.3m² 以内的孔洞所占面积，但门洞、空圈、壁龛的开口部分亦不增加。

② 楼地面装饰面积按饰面的净面积计算，门洞、空圈、暖气包槽和壁龛的开口部分的工程量并入相应的面层内计算。拼花部分按实贴面积计算。

③ 大理石、花岗岩块料面层，当楼地面遇到弧形贴面时，其弧形部分的石材损耗可按实际调整，并按弧形图示尺寸每 100m 另加人工 6 工日，砂轮片 1.4 片；弧形楼梯按相应楼梯项目乘 1.2 系数；弧形台阶按相应台阶乘 1.4 系数；弧形踢脚板按相应踢脚板乘 1.15 系数，其他不变。

④ 楼梯面积（包括踏步、休息平台以及小于 500mm 宽的楼梯井）按水平投影面积计算。

⑤ 台阶面层（包括踏步及最上一层踏步沿 300mm）按水平投影面积计算。

3) 其他分项工程量计算

① 踢脚板按延长米计算，洞口、空圈长度不予扣除，洞口、空圈、垛、附墙烟囱等侧壁长度亦不增加。

② 栏杆、扶手均按其中心线长度以延长米计算，计算扶手时不扣除弯头所占长度。

③ 楼梯栏杆弯头按个计算，一个拐弯计算两个弯头，顶层另加一个弯头。

④ 防滑条按楼梯踏步两端距离减 300mm 以延长米计算。

2. 墙柱面装饰工程

(1) 定额分项工程划分

墙柱面装饰可分为一般抹灰、装饰抹灰、镶贴块料面层、其他装饰等。

1) 一般抹灰。主要按照抹灰砂浆的种类、抹灰厚度、工程部位的不同来划分。

2) 装饰抹灰。主要按照抹灰砂浆的种类、抹灰厚度、工程部位的不同来划分。

3) 镶贴块料。主要按照块料的性质、工程部位及基层、构造做法的不同来划分。

4) 其他装饰。主要以材料种类、构造做法的不同来划分。

(2) 墙柱面装饰工程量计算规则

1) 内墙抹灰工程量计算

A. 内墙抹灰工程量，按内墙面净长度乘以内墙的抹灰高度以平方米计算，扣除门窗洞口及空圈所占的面积，不扣除踢脚板、挂镜线、0.3m² 以内的孔洞和墙与构件交接处的面积，洞口侧壁和顶面亦不增加。墙垛和附墙烟囱侧壁面积与内墙抹灰工程量合并计算。

内墙面的抹灰高度，根据以下具体情况确定：无墙裙的，其高度按室内地面或楼面至顶棚底面之间距离计算；有墙裙的，其高度按墙裙顶至顶棚底面之间距离计算；钉板顶棚的内墙面抹灰，其高度按室内地面或楼面至顶棚底面之间距离另加100mm计算。

B. 内墙裙抹灰工程量，按内墙裙的净长乘以内墙裙的高度以平方米计算，扣除门窗洞口和空圈所占的面积，门窗洞口和空圈侧壁面积不另增加，墙垛、附墙烟囱面积并入墙裙抹灰面积内计算。

2) 外墙面抹灰工程量计算

A. 外墙面抹灰面积，按外墙面的垂直投影面积以平方米计算，扣除门窗洞口、外墙裙和和大于 $0.3m^2$ 以上的孔洞所占的面积，洞口侧壁和顶面面积亦不增加。附墙柱、垛、梁侧面抹灰面积并入外墙抹灰面积工程量内，栏板、栏杆、窗台线、门窗套、扶手、压顶、挑檐、遮阳板、突出墙外的腰线等，另按相应规定计算。

B. 外墙裙抹灰工程量，按外墙裙的垂直投影面积以平方米计算，扣除门窗洞口、外墙裙和和大于 $0.3m^2$ 孔洞所占的面积，门窗洞口及孔洞的侧壁亦不增加。

C. 窗台线、门窗套、挑檐、腰线、遮阳板等展开宽度在300mm以内者按装饰线以延长米计算，如展开宽度超过300mm以上时，按图示尺寸以展开面积计算，套零星抹灰定额项目。

D. 栏板、栏杆（包括立柱、扶手或压顶等）抹灰按中心线的立面垂直投影面积乘以2.20系数以平方米计算，套用零星项目子目；外侧与内侧抹灰砂浆不同时，各按1.10系数计算。

E. 雨篷外边线按相应装饰或零星项目执行。

F. 墙面勾缝按垂直投影面积计算，应扣除墙裙和墙面抹灰的面积，不扣除门窗洞口、门窗套、腰线等零星抹灰所占面积，附墙柱和门窗洞口侧面的勾缝面积亦不增加。

3) 外墙面装饰抹灰工程量计算

A. 外墙各种装饰抹灰均按图示尺寸以实抹面积计算，应扣除门窗洞口空圈的面积，其侧壁面积不另增加。

B. 挑檐、天沟、腰线、栏杆、栏板、门窗套、窗台线、压顶等均按图示尺寸展开面积以平方米计算。

4) 块料面层工程量计算

A. 墙面贴块料面层均按图示尺寸以实贴面积计算。

B. 墙裙贴块料面层，其高度按1500mm以内为准，超过者按墙面定额执行。高度在300mm以内者，按楼地面工程中的踢脚板定额执行。

5) 墙面其他装饰工程量计算

A. 木隔墙、墙裙、护壁板及内、外墙面层饰面均按图示尺寸长度乘以高度按实铺面积以平方米计算。

B. 玻璃隔墙按上横档顶面至下横档底面之间高度乘以宽度（两边立梃外边线之间）以平方米计算。

C. 浴厕木隔断、塑钢隔断、水磨石隔断、按下横档底面至上横档顶面高度乘以图示长度以平方米计算,同材质门扇面积并入隔断面积计算。

D. 铝合金、轻钢隔墙、幕墙,按四周框外围面积计算。

6) 立柱、梁装饰工程量计算

A. 一般抹灰、装饰抹灰、镶贴块料按结构断面周长乘以高度(长度)以平方米计算。

B. 其他装饰按外围饰面尺寸乘以高度(长度)以平方米计算。

3. 顶棚装饰工程

(1) 定额分项工程划分

顶棚装饰工程包括抹灰面层、顶棚龙骨、顶棚面层、特殊顶棚龙骨和饰面。

1) 抹灰顶棚。主要以砂浆种类、基层材质的不同来划分分项过程项目。

2) 顶棚龙骨。主要以龙骨材质、构造做法的不同来划分。

3) 顶棚面层。主要以顶棚面层材质和顶棚基层之间的关系的不同来划分。

4) 特殊顶棚龙骨和饰面。主要以顶棚面层龙骨材质的不同来划分。

(2) 顶棚装饰工程量计算规则

1) 顶棚抹灰的工程量计算

A. 顶棚抹灰的工程量,按主墙间的净面积以平方米计算,不扣除间壁墙、检查洞、附墙烟囱、柱、垛、检查口和管道所占面积。带梁顶棚梁两侧的抹灰面积按展开面积计算,并入相应抹灰顶棚面积内。

B. 密肋梁、井字梁顶棚抹灰面积,按展开面积计算。

C. 顶棚抹灰带有装饰线者,分别按三道线或五道线以内,以延长米计算。每一个凸出的棱角为一道线,如图 8-12 所示。

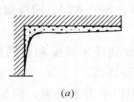
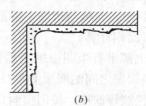

(a) (b)

图 8-12 线角道数示意图
(a)三道线;(b)四道线

D. 檐口顶棚的抹灰面积,并入相同的顶棚抹灰工程量内计算。

E. 顶棚中的折线、灯槽线、圆弧形线、拱形线等术形式的抹灰,按展开面积计算。

F. 楼梯底面抹灰,按楼梯水平投影面积(梯井宽超过 200mm 者,应扣除超过部分的投影面积)乘以系数 1.30,套用相应的顶棚抹灰定额计算。

G. 阳台底面抹灰按水平投影面积以平方米计算,并入相应顶棚抹灰面积内。阳台如带悬臂梁者,其工程量乘以系数 1.30。

H. 雨篷底面或顶面抹灰按水平投影面积以平方米计算,并入相应顶棚抹灰面积内。雨篷顶面带反沿或反梁者,其工程量乘以系数1.20;底面带悬臂梁者,其工程量乘以系数1.20。

2) 各种吊顶顶棚龙骨工程量计算

各种吊顶顶棚龙骨按主墙间净空面积计算,不扣除间壁墙、检查洞、附墙烟囱、柱、垛、检查口和管道所占面积。但顶棚中的折线、跌落等圆弧形,高低吊灯槽等面积也不展开计算。

3) 顶棚面装饰工程量计算

A. 顶棚装饰面积,按主墙间实铺面积计算,不扣除间壁墙、检查洞、附墙烟囱、柱、垛、检查口和管道所占面积,应扣除独立柱、灯槽及顶棚相连的窗帘盒所占的面积。

B. 顶棚基层按展开面积计算。

C. 顶棚中的折线、跌落等圆弧形,高低灯槽及其他艺术形式顶棚面层均按展开计算。

D. 灯带、灯槽按其延长米计算。

4. 门窗工程

(1) 定额分项工程划分

门窗工程包括木门窗、金属门窗等。

1) 木门窗。主要按木门窗的种类、门窗框与门窗扇、制作与安装等来划分分项工程项目。

2) 金属门窗。首先按材质分为铝合金、不锈钢、钢、塑料等门窗,其次按制作安装和成品安装分为两类,最后考虑门窗的种类、型式、开启方式、外框尺寸等来划分。

(2) 门窗工程量计算规则

1) 木门窗制作、安装与运输工程量计算。普通木门、窗框扇制作、安装工程量均按门窗洞口面积计算。

A. 普通窗上部带有半圆窗的工程量应分别按半圆窗和普通窗计算,其分界线以普通窗和半圆窗之间的横框上裁口线为分界线。

B. 门窗扇包镀锌铁皮,按门窗洞口面积以平方米计算,门窗框包镀锌铁皮、钉橡皮条、钉毛毡按图示门窗洞口尺寸以延长米计算。

C. 门窗贴脸按延长米计算。

D. 木门窗运输:单层门窗按洞口面积以平方米计算;双层门窗按洞口面积乘以1.36以平方米计算。

2) 金属门窗制作安装工程量计算

A. 铝合金门窗制作、安装,铝合金、不锈钢门窗(成品)安装,彩板组角钢门窗安装、塑料门窗安装、塑钢门窗安装、橱窗制作安装均按设计洞口面积以平方米计算。

B. 卷闸门安装按其洞口高度增加600mm乘以门的实际宽度以平方米计算。电动装置安装以套计算,小门安装以个计算。

C. 金属防盗网制作、安装工程量按阳台、窗户洞口面积以平方米计算。

需要说明的是：木门、窗单层运输按木门、窗面积计算。

5. 油漆、涂料、裱糊工程

(1) 定额分项工程划分

1) 油漆。主要以基层材质及油漆部位、油漆种类、构造做法来划分分项工程项目。

2) 涂料。主要以涂料种类、基层材质、构造做法来划分分项工程项目。

3) 裱糊。主要以材料种类、工程部位来划分分项工程项目。

(2) 油漆、涂料、裱糊工程量计算规则

1) 楼地面、顶棚面和墙、柱、梁面的喷（刷）涂料、抹灰面油漆及裱糊工程，均按各分部工程相应的工程量计算规则计算。但柱、梁面的工程量应乘以系数 1.15 计算。

2) 定额中的隔墙、护壁、柱、顶棚木龙骨及木地板中木龙骨带毛地板，刷防火涂料工程量计算规则如下：

A. 隔墙、护壁木龙骨按其面层正立面投影面积计算。

B. 柱木龙骨按其面层外围面积计算。

C. 顶棚木龙骨按其水平投影面积计算。

D. 木地板中木龙骨及木龙骨带毛地板按地板面积计算。

3) 隔墙、护壁、柱、顶棚面层及木地板刷防火涂料，执行其他木材面刷防火涂料相应子目。

1.3.6 建筑工程施工技术措施项目

1. 排水、降水工程

(1) 抽水机降水按实际开挖坑（槽）底面积计算。

(2) 井点降水分为轻型井点、喷射井点、大口径井点、电渗井点，按不同井管深度的井管安装、拆除以根为单位计算，使用按套天计算。井点套组成如下：

轻型井点	50 根为一套
喷射井点	30 根为一套
大口径井点	40 根为一套
电渗井点	30 根为一套
水平井点	15 根为一套

井点间距应根据地质条件和施工降水要求，依施工组织设计确定，施工组织设计没有规定时，可按轻型井点管距 2~3m 确定。

使用天数应以每昼夜 24h 为一天，使用天数应按施工组织设计规定的使用天数计算。

2. 混凝土、钢筋混凝土模板及支撑工程

混凝土、钢筋混凝土模板及支撑工程分为现浇混凝土模板和支撑、预制混凝土模板、构筑物模板。

(1) 现浇混凝土及钢筋混凝土模板工程量计算规则

1) 现浇混凝土及钢筋混凝土模板工程量，除另有规定外，均应区别模板的不同材质，按混凝土与模板接触面的面积以平方米（m^2）计算。

2) 现浇构件的支模高度以 3.6m 以内为准,超过 3.6m 以上部分,另按超过部分计算增加支模的工程量。

3) 现浇钢筋混凝土墙、板上单孔面积在 0.3m² 以内的孔洞,不予扣除,洞侧壁模板亦不增加,但突出墙、板的混凝土模板应相应增加;单孔面积在 0.3m² 以外的孔洞应扣除,洞侧壁模板并入出墙、板的模板工程量内计算。

4) 柱与梁、柱与墙、梁与梁等连接的重叠部分以及伸入墙内的梁头、板头部分,均不计算。

5) 构造柱均按图示外露部分计算模板面积。留马牙槎的按最宽面计算模板宽度。构造柱与墙接触面积不计算模板面积。

6) 现浇钢筋混凝土阳台、雨篷,按图示外挑部分尺寸的水平投影面积计算。挑出墙外的悬臂梁及板边模板不另计算。雨篷翻边突出板面高度在 200mm 以内时,按翻边的外边线长度乘以突出板面高度,并入雨篷内计算;雨篷翻边突出板面高度在 600mm 以内时,翻边按天沟计算;雨篷翻边突出板面高度 1200mm 以内时,翻边按栏板计算;雨篷翻边突出板面高度超过 1200mm 时,翻边按墙计算。

7) 楼梯包括楼梯间两端的休息平台、梯井斜梁、楼梯板和支承梁及斜梁的梯口梁或平台梁,以图示露明面尺寸的水平投影面积计算。不扣除宽度小于 300mm 的楼梯井,楼梯的踏步、踏步板、平台梁等侧面模板不另计算;当梯井宽度大于 300mm 时,应扣除梯井面积,以图示露明面尺寸的水平投影面积乘以 1.08 系数计算。

8) 混凝土台阶,按图示台阶尺寸的水平投影面积计算,台阶端头两端不另计算模板面积。

9) 现浇混凝土明沟以接触面积按电缆沟子目计算;现浇混凝土散水按散水坡实际面积,以平方米计算。

10) 混凝土扶手按延长米计算。

(2) 预制钢筋混凝土构件模板工程量计算

1) 预制钢筋混凝土构件模板工程量,按预制钢筋混凝土工程量计算规则按构件混凝土体积计算。

2) 小型池槽按外形体积以立方米计算。

3) 钢筋混凝土构件灌缝模板工程量同构件灌缝工程量,以立方米计算。

3. 脚手架工程

综合脚手架的内容包括外墙砌筑及装饰,内墙仅考虑砌筑用架。适用于一般工业与民用建筑工程,多层建筑物 6 层以内总高不超过 20m,单层建筑物层高 6m 以内,均以建筑面积计算。

室内净高在 3.6m 以上的装饰用架,6m 以上的浇筑混凝土柱、梁、墙用架,以及不能以建筑面积计算但又必须搭设的脚手架,均执行单项脚手架定额。

(1) 综合脚手架

1) 多层建筑物的综合脚手架,应自建筑物室外地坪以上的自然层为准,高度超过 2.2m(包括 2.2m)的管道层亦应计算层数和面积(但管道部分的局部管道层不计算层数,只计算面积)。地下室不作层数计算,但应计算建筑面积。多层建筑物其层高等于 2.2m 时,可按一层建筑面积计算综合脚手架及竖直运输费。

2) 单层建筑物的高度,应自室外地坪至檐口滴水的高度为准。多跨建筑物如高度不同时,应分别按照不同的高度计算。单层建筑物以 6m 为准,超过 6m 者,每超过 1m 计算一个增加层,增加高度若不足 0.6m 时(包括 0.6m),舍去不计,超过 0.6m,按一个增加层计算。

(2) 单项脚手架

1) 凡浇筑梁(除圈梁、过梁)柱、墙,每立方米混凝土需计算 13m^3 的 3.6m 以内钢管里脚手架;施工高度在 6~10m 以内应另计算 26m^2 的单排 9m 以内钢管外脚手架;施工高度在 10m 以上按施工组织设计方案计算。

2) 围墙脚手架,按相应的里脚手架计算。其高度应以自然地坪至围墙顶,如围墙顶上装金属网者,其高度应算至金属网顶,长度按围墙的中心线,以 m 计算。不扣除围墙门所占的面积,但独立门柱砌筑用的脚手架也不增加。

3) 室外单独砌砖、石挡土墙、沟道墙高度超过 1.2m 时,按单面竖直墙面面积套用相应的里脚手架子目。

4) 砌两砖及两砖以上的砖墙,除按综合脚手架计算外,另按单面竖直墙面面积增计单排外脚手架子目。

5) 混凝土、钢筋混凝土条形基础同时满足底宽超过 1.2m(包括工作面的宽度)、深度超过 1.5m;满堂基础、独立柱基础同时满足底面积超过 4m^2、深度超过 1.5m,均按水平投影面积套用基础满堂脚手架计算。

4. 垂直运输工程

建筑物垂直运输按照运输机械、建筑物用途、结构类型、高度的不同来划分分项工程,构筑物按构筑物的类型和高度的不同来划分分项工程。

(1) 建筑物垂直运输工程量的一般规则

1) 建筑物垂直运输工程量按建筑面积计算,应包括计算建筑面积范围和层高 2.2m 设备管道层等面积。

2) 烟囱、水塔、筒仓等构筑物以"座"计算。

(2) 建筑物垂直运输(1~6 层)

凡建筑物在 6 层及其以下者,按 1~6 层的全部建筑面积计算,包括地下室和屋顶楼梯间等建筑面积。

(3) 高层建筑垂直运输及增加费(7~60 层)

1) 凡建筑物在 6 层以上或檐高超过 20m 以上者,均可计取垂直运输及增加费。檐高超过 20m 以上时,以建筑物檐高与 20m 之差,除以 3.3m 为层数(除本条第 3)、4)款外,余数不计),累计建筑面积计算。

2) 当建筑物檐高在 20m 以下时,层数在 6 层以上时,以 6 层以上的建筑面积套用 7~8 层子目,6 层及以下建筑面积套用 1~6 层子目。

3) 当建筑物檐高超过 20m,但未达到 23.3m,则无论层数多少,均以最高一层建筑面积套用 7~8 层子目,余下建筑面积套用 1~6 层子目。

4）当建筑物檐高在 28m 以上，但未超过 29.9m 时，按 3 个折算超高层计算建筑面积，套用 9～12 层子目，余下建筑面积不计算。

5. 常用大型机械安拆及场外运输费

常用大型机械安拆及场外运输费按不同机械的类型以及运输距离来划分分项工程项目。

6. 其他工程

措施项目其他工程中打拔钢板桩按钢板重量以吨计算，打拔钢板桩土级别定额已综合考虑，不得换算；单位工程打拔钢桩工程量在 50t 以内时，其人工、机械按相应定额乘以系数 1.25 计算。

1.3.7 装饰装修工程施工技术措施项目

1. 脚手架工程

（1）装饰简易内脚手架。凡顶棚需抹灰或刷油者，应按顶棚抹灰或刷油面积计算顶棚简易内脚手架；凡内墙、柱面需抹灰、饰面者应按内墙、柱抹灰、饰面面积计算内墙、柱简易内脚手架。

（2）满堂脚手架。凡顶棚高度超过 3.6m 必须抹灰或刷油者，应按室内净面积计算满堂脚手架，不扣除梁、柱、附墙烟囱所占的面积。满堂脚手架的高度，单层以设计室外地坪至顶棚底为准，楼层以室内地面或楼面至顶棚底。满堂脚手架定额规定基本操作层高度按 5.2m 计算（即基本层高 3.6m 加人高 1.6m）。每层室内顶棚底高度比 5.2m 超过 0.6m 以上时，按增加一层计算，超过高度在 0.6m 以内时则舍去不计。例如，建筑物室内顶棚净高 12.6m，其增加层为（10.6－5.2）÷1.2＝4 余 50cm，则按 4 个增加层计算，余 50cm 舍去不计。

2. 垂直运输工程

（1）一般规则。垂直运输工程工程量按建筑面积计算，包括计算建筑面积范围和层高 2.2m 设备管道层等面积。

（2）建筑物垂直运输（1～6 层）凡建筑物在 6 层及其以下者，按 1～6 层的全部建筑面积计算，包括地下室和屋顶楼梯间等建筑面积。

（3）高层建筑垂直运输及增加费

凡建筑物在 6 层以上或檐高超过 20m 以上者，均可计取高层垂直运输及增加费。按建筑工程中高层建筑垂直运输及增加费的计算规则计算。

3. 成品保护工程

成品保护是指对已做好的项目面上覆盖保护层。成品保护按被保护面积计算，台阶、楼梯按水平投影面积计算。所用材料不同时不得换算。

1.4 工程量计算实例

1.4.1 小平房施工图

小平房施工及大样图见图 8-13、图 8-14、图 8-15、图 8-16。

1. 设计说明

（1）本工程为某单位单层砖混结构小平房，室内地坪标高±0.000，室外地坪标高－0.300。

训练1 工程量计算

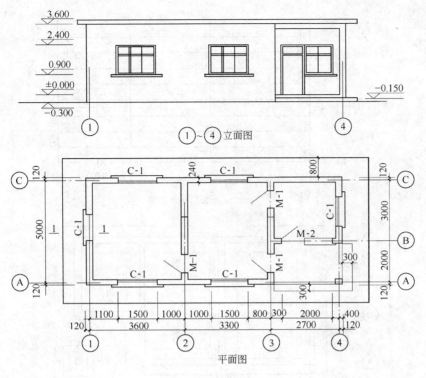

图 8-13 建施 1

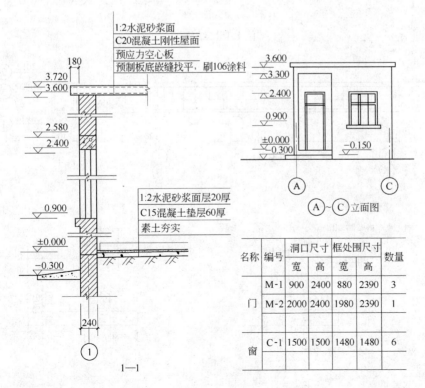

图 8-14 建施 2

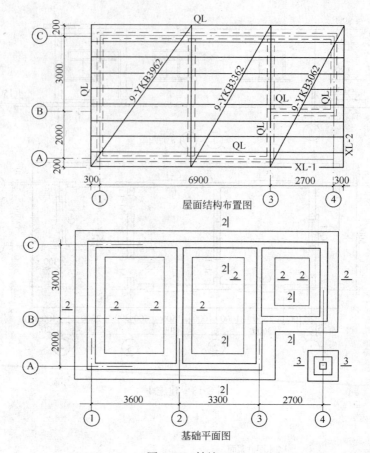

图 8-15　结施 1

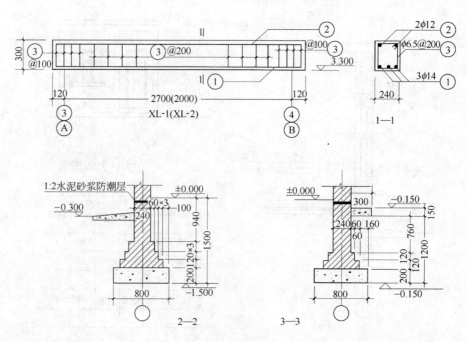

图 8-16　结施 2

(2) M5 水泥砂浆砌砖基础，C15 混凝土基础垫层 200mm 厚，位于－0.06m 处做 1∶2 水泥砂浆防潮层 20mm 厚。

(3) M5 混合砂浆砌砖墙、砖柱。

(4) 1∶2 水泥砂浆地面面层 20mm 厚，C15 混凝土地面垫层 60mm 厚，基层素土回填夯实。

(5) 屋面做法见大样图。

(6) C15 混凝土散水 800mm 宽，60mm 厚。

(7) 1∶2 水泥砂浆踢脚线 20mm 厚、150mm 高。

(8) 台阶 C15 混凝土基层，1∶2 水泥砂浆面层。

(9) 内墙面、梁柱面混合砂浆抹面，刷 106 涂料。

(10) 1∶2 水泥砂浆抹外墙面，刷外墙涂料。

(11) 单层玻璃窗，单层镶板门，单层镶板门带窗（门 900mm 宽，窗 1100mm 宽）。

(12) 现浇 C20 钢筋混凝土圈梁，钢筋用量为 ϕ12 116.80m，ϕ6.5 122.64m。

(13) 现浇 C20 钢筋混凝土矩形梁，钢筋用量为 ϕ14 18.41kg，ϕ12 9.02kg，ϕ6.5 8.70kg。

(14) C30 预应力混凝土空心板，单件体积及钢筋用量如下：

YKB-3962　0.164m³/块　6.57kg/块

YKB-3362　0.139m³/块　4.50kg/块

YKB-3062　0.126m³/块　3.83kg/块

2. 门窗统计表

门窗统计表见 8-11。

门 窗 统 计 表　　　　　　表 8-11

名　称	代　号	洞口宽(mm)	洞口高(mm)	数　量	备　注
单层镶板门	M-1	900	2400	3	其中门宽 900mm
单层镶板门带窗	M-2	2000	2400	1	
单层玻璃窗	C-1	1500	1500	6	

1.4.2　小平房工程列项

小平房工程施工图预算分项工程项目列项见表 8-12。

小平房工程施工图预算分项工程项目表　　　　　表 8-12

利用基数	序　号	分项工程名称	单　位
	1	人工挖地槽	m³
	2	C15 混凝土基础垫层	m³
$L_{中}$	3	M5 水泥砂浆砌砖基础	m³
$L_{内}$	4	人工地槽回填土	m³
	5	1∶2 水泥砂浆墙基防潮层	m²
$L_{中}$	6	M5 混合砂浆砌砖墙	m³
	7	现浇 C20 钢筋混凝土圈梁	m³

续表

利用基数	序 号	分项工程名称	单 位
$L_内$	8	1:2水泥砂浆踢脚线	m
	9	混合砂浆抹内墙	m²
	10	内墙面刷106涂料	m²
$L_外$	11	人工平整场地	m²
	12	1:2水泥砂浆抹外墙	m²
	13	C15混凝土散水	m²
	14	综合脚手架	m²
	15	C20细石混凝土刚性屋面40mm厚	m²
	16	1:2水泥砂浆屋面面层	m²
	17	预制板底水泥砂浆嵌缝找平	m²
$S_底$	18	室内回填土	m³
	19	C15混凝土地面垫层	m³
	20	1:2水泥砂浆地面面层	m²
	21	预制板底刷106涂料	m²
	22	人工挖基坑	m³
	23	人工基坑回填土	m³
	24	M5混合砂浆砌砖柱	m³
	25	单层玻璃窗框扇制作安装	m²
	26	单层镶板门框扇制作安装	m²
	27	门带窗框扇制作安装	m²
	28	木门窗运输	m²
	29	木门油漆	m²
	30	木窗油漆	m²
	31	现浇C20混凝土矩形梁	m³
	32	C30预应力混凝土空心板制作	m³
	33	空心板运输	m³
	34	空心板安装	m³
	35	空心板接头灌浆	m³
	36	人工运土	m³
	37	C15混凝土台阶	m³
	38	1:2水泥砂浆抹台阶面	m²
	39	现浇构件光圆钢筋制作安装 $\phi 6.5$	t
	40	现浇构件光圆钢筋制作安装 $\phi 12$	t
	41	现浇构件螺纹钢筋制作安装 $\phi 14$	t
	42	预应力构件钢筋制作安装 $\phi 4$	t
	43	现浇圈梁模板安拆	m²
	44	现浇矩形梁模板安拆	m²
	45	现浇矩形梁模板超高增加费	m²
	46	预应力C30混凝土空心板模板安拆	m³
	47	现浇混凝土台阶模板安拆	m²
	48	混合砂浆抹砖柱面	m²
	49	混合砂浆抹混凝土梁面	m²

1.4.3 小平房工程基数计算

小平房工程基数计算表见表8-13。

小平房工程基数计算表　　　　　　表 8-13

基数名称	代号	图号	墙高(m)	墙厚(m)	单位	数量	计 算 式
外墙中线长	$L_中$	建施1	3.60	0.24	m	29.20	$(3.60+3.30+2.70+5.0)\times 2=29.20m$
内墙净长	$L_内$	建施1	3.60	0.24	m	7.52	$(5.0-0.24)+(3.0-0.24)=7.52m$
外墙外边长	$L_外$	建施1			m	30.16	$29.20+0.24\times 4=30.16m$ 或 $[(3.60+3.30+2.70+0.24)+(5.0+0.24)]\times 2=30.16m$
底层建筑面积	$S_底$	建施1			m²	51.56	$(3.60+3.30+2.70+0.24)\times (5.0+0.24)=51.56m^2$

1.4.4 小平房工程量计算

1. 人工平整场地

$$S = S_底 + L_外 \times 2 + 16 = 51.56 + 30.16 \times 2 + 16$$
$$= 127.88 m^2$$

2. 人工挖基槽（不加工作面、不放坡）

$V=$ 槽长 × 槽宽 × 槽深

$= (29.20+7.52+0.24\times 2-0.80\times 2)\times 0.80\times (1.50-0.30)$

$= (29.20+8.0-1.60)\times 0.8\times 1.20$

$= 35.60\times 0.8\times 1.20$

$= 34.18 m^3$

3. 人工挖基坑（不加工作面、不放坡）

$V=$ 坑长 × 坑宽 × 坑深 × 个数

$= 0.80\times 0.80\times (1.50-0.30)\times 1$

$= 0.80\times 0.80\times 1.20\times 1$

$= 0.77 m^3$

4. C10 混凝土基础垫层

$V=$ (外墙垫层长 + 内墙垫层长) × 垫层宽 × 垫层厚

$= (29.20+7.52+0.24\times 2-0.80\times 2)\times 0.80\times 0.20$

$= (29.20+8.0-1.60)\times 0.80\times 0.20$

$= 35.60\times 0.80\times 0.20 = 5.70 m^3$

$V=$ 柱垫层面积 × 垫层厚

$= 0.80\times 0.80\times 0.20$

$= 0.13 m^3$

小计：$5.70+0.13=5.83 m^3$

5. M5 水泥砂浆砌砖墙基础

$V = (L_中 + L_内)\times$ (基础高 × 墙厚 + 大放脚断面积)

$= (29.20+7.52)\times 2[(1.50-0.20)\times 0.24+0.007875\times 12]$

$= 36.72\times (0.312+0.0945)$

$$=36.72\times0.4065$$
$$=14.93\text{m}^3$$

6. 人工基槽回填土

    V = 挖土体积 − (垫层体积 + 砖墙基础体积 − 高出室外地坪砖墙基础体积)
    $$=34.18-(5.70+14.93-36.72\times0.3\times0.24)$$
    $$=34.18-(5.70+14.93-2.64)$$
    $$=34.18-17.99$$
    $$=16.19\text{m}^3$$

7. M5 水泥砂浆砌砖柱基础

    V = 柱基高 × 柱断面积 + 四周放脚体积
    $$=(1.5-0.2)\times(0.24\times0.24)+0.033$$
    $$=1.30\times0.0576+0.033$$
    $$=0.11\text{m}^3$$

8. 人工基坑回填土

    V = 挖土体积 − (垫层体积 + 砖柱基础体积 − 高出地坪砖柱基础体积)
    $$=0.77-(0.13+0.11-0.30\times0.24\times0.24)$$
    $$=0.77-0.22$$
    $$=0.55\text{m}^3$$

9. 1:2 水泥砂浆墙基防潮层

    $S=(L_{中}+L_{内})\times$ 墙厚 + 柱断面积 × 个数
    $$=36.72\times0.24+0.24\times0.24\times1$$
    $$=8.81+0.06$$
    $$=8.87\text{m}^2$$

10. 综合脚手架

    $S=S_{底}=51.56\text{m}^2$

11. 单层玻璃窗框扇制作安装

    S = 窗洞口面积 × 樘数
    $$=1.5\times1.5\times6$$
    $$=13.50\text{m}^2$$

12. 单层镶板门框扇制作安装

    S = 门洞口面积 × 樘数
    $$=0.9\times2.4\times3$$
    $$=6.48\text{m}^2$$

13. 镶板门带窗框扇制作安装

    S = 门带窗洞口面积 × 樘数
    $$=2.00\times2.40-1.10\times0.90$$
    $$=4.80-0.99$$
    $$=3.81\text{m}^2$$

14. 木门窗运输

    $S=$门面积+窗面积

    $=13.50+6.48+3.81$

    $=23.79\text{m}^2$

15. 木门油漆

    $S=$门面积

    $=6.48+3.81$

    $=10.29\text{m}^2$

16. 木窗油漆

    $S=$窗面积$=13.50\text{m}^2$

17. 现浇 C20 钢筋混凝土圈梁

    $V=$梁长×梁断面积

    $=29.20\times0.24\times0.18$

    $=1.26\text{m}^3$

18. 现浇圈梁模板安拆

    $S=$圈梁侧模面积+圈梁带过梁底模面积

    $=29.20\times0.18\times2+(1.5\times6+0.9+2.0)\times0.24$

    $=10.51+2.86$

    $=13.37\text{m}^2$

19. 现浇 C20 钢筋混凝土矩形梁

    $V=$梁长×断面积×根数

    $=2.94\times0.24\times0.30+(2.0-0.12+0.12)\times0.24\times0.30$

    $=0.36\text{m}^3$

20. 现浇矩形梁模板安拆

    $S=$模板接触面积

    $=$侧模接触面积+底模接触面积

    $=(2.70+2.00+2.70+0.24+2.0+0.24)\times0.30$

      $+(2.70-0.24+2.0-0.24)\times0.24$

    $=9.88\times0.30+4.22\times0.24$

    $=3.98\text{m}^2$

21. 现浇矩形梁模板超高增加费

    $S=$矩形梁超高模板接触面积

    $=$侧模超高接触面积

    $=(2.70+2.00+2.70+0.24+2.0+0.24)\times0.30$

    $=9.88\times0.30$

    $=2.94\text{m}^2$

22. C10 混凝土台阶

    $S=$台阶水平投影面积

$= (2.7+2.0) \times 0.3 \times 2$

$= 2.82 \text{m}^2$

23. 1:2 水泥砂浆抹台阶

   同 22：2.82m²

24. 台阶模板安拆

   同 22：2.82m²

25. 现浇构件圆钢筋制作安装 $\phi 6.5$

   $\phi 6.5 \quad 122.64 \times 0.26 \text{kg/m} + 8.70 \text{kg} = 40.59 \text{kg}$

26. 现浇构件圆钢筋制作安装 $\phi 12$

   $\phi 12 \quad 116.80 \times 0.888 \text{kg/m} + 9.02 \text{kg} = 112.73 \text{kg}$

27. 现浇构螺纹钢筋制作安装 Φ14

   Φ14   18.41kg

28. 预应力构件钢筋制作安装 $\phi 4$

   $\phi 4$ Ym 3962 $9 \times 6.57 \text{kg}/$块$= 59.13 \text{kg}$

   　　　　Ym 3362 $9 \times 4.50 \text{kg}/$块$= 40.5 \text{kg}$

   　　　　Ym 3062 $9 \times 3.83 \text{kg}/$块$= 34.47 \text{kg}$

   　　　　　　小计：134.10kg(净)

   制作工程量 $= 134.10 \times 1.015 = 136.11 \text{kg}$

29. C30 预应力混凝土空心板制作

   $V =$ 单块体积 $\times$ 块数 $\times$ 制作损耗系数

   YKB 3962 $9 \times 0.164 \text{m}^3/$块$= 1.476 \text{m}^3$

   YKB 3362 $9 \times 0.139 \text{m}^3/$块$= 1.251 \text{m}^3$

   YKB 3062 $9 \times 0.126 \text{m}^3/$块$= 1.134 \text{m}^3$

   小计：3.861m³(净)

   制作工程量 $= 3.861 \times 1.015 = 3.92 \text{m}^3$

30. 空心板运输

   $V =$ 净体积 $\times$ 运输损耗系数

   $= 3.861 \times 1.013$

   $= 3.91 \text{m}^3$

31. 空心板安装

   $V =$ 净体积 $\times$ 安装损耗系数

   $= 3.861 \times 1.005$

   $= 3.88 \text{m}^3$

32. 空心板接头灌浆

   $V =$ 净体积 $= 3.86 \text{m}^3$

33. C30 预应力混凝土空心板模板安拆

$V=$ 制作工程量 $=3.861\times1.015=3.92m^3$

34. M5 混合砂浆砌砖墙

    $V=$（墙长×墙高－门窗面积）×墙厚－圈梁体积
    $=[(29.20+7.52)\times3.60-23.79]\times0.24-1.26$
    $=(36.72\times3.60-23.79)\times0.24-1.26$
    $=(108.40)\times0.24-1.26$
    $=26.02-1.26$
    $=24.76m^3$

35. M5 混合砂浆砌砖柱

    $V=$ 柱断面积×柱高
    $=0.24\times0.24\times3.60$
    $=0.21m^3$

36. 1∶2 水泥砂浆屋面面层

    $S=$ 屋面实铺水平投影面积
    $=(5.0+0.2\times2)\times(9.60+0.30\times2)$
    $=5.4\times10.2$
    $=55.08m^2$

37. C20 细石混凝土刚性屋面（40mm 厚）

    $S=$ 屋面实铺面积
    $=55.08m^2$（同序 43）

38. 预制板底嵌缝找平

    $S=$ 空心板实铺面积－墙结构面积
    $=55.08-(29.20+7.52)\times0.24$
    $=55.08-8.81$
    $=46.27m^2$

39. 预制板顶棚面刷 106 涂料

    同 38：46.27m²

40. 1∶2 水泥砂浆地面面层

    $S=S_{底}-$ 墙结构面积－台阶所占面积
    $=51.56-(29.20+7.52)\times0.24$
    $\quad-(2.70+2.0-0.12-0.18)\times0.30$
    $=51.56-8.81-1.32$
    $=41.43m^2$

41. C15 混凝土地面垫层

    $V=$ 室内地面净面积×厚度
    $=41.43\times0.06$
    $=2.49m^3$

42. 室内地坪回填土

$V=$ 室内地坪净面积×厚度

$=41.43\times(0.30-0.02-0.06)$

$=41.43\times0.22$

$=9.11\text{m}^3$

43. 人工运土

$V=$ 挖土量－回填量

$=34.18+0.77-16.19-0.55-9.11$

$=9.10\text{m}^3$

44. 混合砂浆抹内墙面

$S=$ 内墙面净长×净高－门窗面积

$=[(5.0-0.24+3.60-0.24)\times2+(5.0-0.24+3.3-0.24)\times2$

$+(2.7-0.24+3.0-0.24)\times2+2.0+2.7]\times3.60-1.5$

$\times1.5\times6-0.9\times2.4\times3\times2-3.81\times2$

$=(16.24+15.64+10.44+4.70)\times3.60-30.27$

$=47.02\times3.60-30.27$

$=139.00\text{m}^2$

45. 水泥砂浆抹外墙面

$S=$ 外墙外边周长×墙高－门窗面积

$=(30.16-2.7-2.0)\times(3.60+0.30)-1.5\times1.5\times6$

$=25.46\times3.90-13.50$

$=85.79\text{m}^2$

46. 混合砂浆抹砖柱

$S=$ 柱周长×柱高

$=0.24\times0.24\times3.60$

$=0.21\text{m}^2$

47. 混合砂浆抹混凝土矩形梁

$S=$ 梁展开面积

$=$ 侧面积＋底面积

$=(2.7+2.0+2.7-0.24+2.0-0.24)\times0.30$

$+(2.7-0.24+2.0-0.24)\times20.24$

$=2.68+1.01$

$=3.69\text{m}^2$

48. 1∶2水泥砂浆踢脚线

$L=$ 内墙净长之和

$=(3.60-0.24+5.0-0.24)\times2+(3.30-0.24+5.0-0.24)\times2$

$+(2.70-0.24+3.0-0.24)\times2+2.70+2.0$

$=47.02\text{m}$

49. C15混凝土散水60mm厚

$S=$散水长×散水宽-台阶所占面积

$\quad=(L_{外}+4×$散水宽$)×$散水宽-台阶所占面积

$\quad=(30.16+4×0.8)×0.80-(2.70+0.30+2.0)×0.30$

$\quad=26.69-1.50$

$\quad=25.19m^2$

训练2 施工图预算的编制

[训练目的与要求] 掌握施工图预算的编制方法和施工图预算的内容，熟悉消耗量定额的组成内容和作用，掌握正确套用消耗量定额的方法。

2.1 编制方法

施工图预算是指在施工图设计完成之后，以施工图为依据根据现行的消耗量定额及其他各项费用标准、建筑材料预算价格、施工组织设计和标准规范、建设地区的自然和技术经济条件等有关资料，预先计算和确定单位或单项工程建设费用的文件。

2.1.1 施工图预算的编制依据

(1) 施工图纸和标准图集等设计资料；

(2) 经过批准的施工组织设计；

(3) 建筑工程消耗量定额和建筑工程费用定额；

(4) 工程合同或协议；

(5) 预算手册。预算手册的内容通常包括各种数据和计算公式、各种标准构件的工程量和材料用量、金属材料规格和计量单位之间的换算、技术经济参考资料等，是预算人员重要的工具书。

2.1.2 施工图预算的组成内容

(1) 封面；

(2) 编制说明；

(3) 工程费用计算表；

(4) 主要材料价差调整表；

(5) 工程直接费计算表；

(6) 人工、材料、机械需用量汇总表；

(7) 工料分析表；

(8) 工程量计算书；

(9) 定额基价换算表。

2.1.3 施工图预算的编制步骤

1. 收集编制预算的有关文件和资料

相关的文件资料包括施工图设计文件、施工组织设计、材料预算价格、消耗量定额、费用定额、招标文件、工程承包合同、预算工作手册等。

2. 熟悉编制预算的有关文件和资料

熟悉施工图设计文件，步骤如下：

(1) 首先熟悉图纸目录和设计总说明，了解工程性质、建筑面积、建筑单位名称、设计单位名称、图纸张数等，对工程情况有个初步了解。

(2) 按图纸目录检查图纸是否齐全，图纸编号是否一致，以便及时更正。

(3) 熟悉建筑总平面图，了解建筑物的朝向、地理位置及有关建筑情况。

(4) 熟悉建筑平面图，了解房屋的长度、宽度、房间布置，核对分尺寸之和是否等于总尺寸。

(5) 熟悉立面图、剖面图，核对平、立剖面图之间有无矛盾。

(6) 查看详图和构配件标准图集，了解细部做法。

(7) 掌握设计变更情况。

熟悉施工组织设计，主要熟悉以下几项与预算编制有关的内容：

(1) 施工方法。施工方法的不同，所选套的定额项目也不同。如土方工程施工，采用人工挖土或机械挖土，放坡系数不同，工程量就不一样，预算单价也不同。

(2) 施工机械的选择。选用不同的施工机械就相应选套不同的定额项目。如计算垂直运输项目，按塔式其重机和卷扬机分别列项。

(3) 工具设备的选择。选用的工具设备不同，所套用的定额项目不同。比如现浇钢筋混凝土工程中模板的选用，木模板和组合钢模板的项目就不同。

(4) 运输距离的远近。如挖、填土方运输，金属结构构件运输，都要按运输距离的远近分别计算。

熟悉消耗量定额：

为了正确使用定额，必须认真学习消耗量定额的全部内容，了解定额项目的划分、工程量计算规则、如何进行定额换算，掌握各定额项目的工作内容、施工方法、质量要求和计量单位等，以便熟练查找和正确使用定额。

3. 熟悉施工现场情况

为了编制符合施工实际情况的施工图预算，必须全面掌握施工现场情况，如障碍物拆除、场地平整、土方开挖和基础施工状况等情况，同时还要了解现场施工条件、施工方法和技术组织状况。

4. 计算工程量

正确计算工程量是施工图预算的基础。工程项目的划分及工程量计算，必须根据设计图纸和施工说明书提供的工程构造、设计尺寸和做法要求，结合施工现场的施工条件、地质、水文、平面布置等具体情况，按照预算定额的项目划分，对每个分项工程的工程量进行具体计算。它是施工图预算最繁重、最细致的重要环节，也是在整个编制工作中消耗时间最多的阶段，而且工程项目划分是否齐全、工程量计算的正确与否将直接影响预算的编制速度和质量。

5. 计算直接工程费

(1) 正确选套定额项目。

(2) 填列分项工程单价。通常按照定额顺序或施工顺序逐项填列分项工程单价。

(3) 计算分项工程直接工程费。分项工程直接工程费主要包括人工费、材料费和机械费，具体按式(8-28)计算：

$$\text{分项工程直接工程费} = \text{消耗量定额基价} \times \text{分项工程量} \quad (8\text{-}28)$$

其中
$$\text{人工费} = \text{定额人工单价} \times \text{分项工程量}$$
$$\text{材料费} = \text{定额材料费单价} \times \text{分项工程量}$$
$$\text{机械费} = \text{定额机械费单价} \times \text{分项工程量}$$

(4) 计算直接工程费。直接工程费=Σ分项工程直接工程费。

6. 工料分析，计算材料价差

根据各分部分项工程的实物数量和相应定额项目所列的工日和材料的消耗量标准，计算各分部分项工程所需的人工和材料数量。工料分析是进行价差计算的基础。

7. 计算工程总造价

根据相应的费率和计费基础，分别计算其他各项费用。

8. 复核、填写封面及施工图预算编制说明

单位工程预算编制完后，由有关人员对预算编制的主要内容和计算情况进行核对检查，以便及时发现差错，及时修改，从而提高预算的准确性。在复核中，应对项目填列、工程量计算式、套用的单价、采用的各项取费费率及计算结果进行全面复核。编制说明主要是向审核方交代编制的依据，可逐条分述。主要应写明预算所包括的工程内容范围、所依据的定额资料、材料价格依据等需重点说明的问题。

9. 装订、签章和审批

2.2 预算定额套用方法

建筑工程消耗量定额一般由目录、建筑面积计算规则、总说明及各章说明、定额项目表以及有关附录组成。

建筑工程消耗量定额是编制施工图预算、确定工程造价的主要依据，为了正确使用消耗量定额，应认真阅读定额手册中的总说明，分部工程说明，分节说明，定额附注和附录；了解各分部分项工程名称、项目单位、工作内容等；正确理解和应用建筑面积计算规则和各分部分项工程的工程量计算规则。

在应用定额的过程中，通常会遇到以下几种情况：定额的套用、换算和补充。

1. 定额的直接套用

当施工图的设计要求与拟套的定额分项工程规定的工作内容、技术特征、施工方法、材料规格等完全相符时，则可直接套用定额。这种情况是编制施工图预算中的大多数情况。套用时应注意以下几点：

(1) 根据施工图、设计说明和做法说明，选择定额项目。

(2) 要从工程内容、技术特征和施工方法上仔细核对，才能较准确地确定相对应的定额项目。

(3) 分项工程的名称和计量单位要与预算定额相一致。

2. 定额的换算

当施工图设计要求与拟套的定额项目的的工程内容、材料规格、施工工艺等不完全相符时，则不能直接套用定额，这时应根据定额规定进行计算。如果定额规定允许换算，则应按照定额规定的换算方法进行换算；如果定额规定不允许换算，则对该定额项目不能进行调整换算。

经过换算后的定额项目的定额编号应在原定额编号的右下角注明一个"换"字。

预算定额换算的类型有以下几种：

(1) 砌筑砂浆(或混凝土)强度等级的换算

砌筑砂浆(或混凝土)的品种、强度等级不同，其单价也不同。如果设计要求与定额规定的砂浆强度等级不同时，预算定额基价需经过换算后才可套用。其换算按式(8-29)计算：

$$\text{换算后的定额基价} = \text{换算前原定额基价} + (\text{应换入砂浆的单价} - \text{应换出砂浆的单价}) \times \text{应换算砂浆的定额用量} \quad (8\text{-}29)$$

在换算过程中，人工、机械、砂浆(或混凝土)定额用量以及其他材料用量均不变，仅调整了砂浆(或混凝土)的预算单价。定额换算的实质就是按定额规定的换算范围、内容和方法，对某些分项工程的预算单价的换算。

【例 8-1】 某砌体工程中 M2.5 水泥砂浆半砖混水墙的工程量有 20m³，试计算完成该分项工程的直接工程费和其中的人工费，并计算其工料用量。

【解】 查该地区消耗量定额知，定额编号 A3-20 换(见表 8-14)。

砖 墙   表 8-14

工作内容：1. 调运砂浆、铺砂浆、运砖。
2. 砌砖包括窗台虎头砖、腰线、门窗套。
3. 安放木砖、铁件等。

定额编号				A3-20	A3-21	A3-24	A3-25	A3-26
项 目				混 水 砖 墙				
				1/2 砖 水泥砂浆		1 砖 混合砂浆		
				M5	M7.5	M2.5	M5	M7.5
基价(元)				1887.07	1898.81	1760.80	1777.54	1794.96
其中	人工费(元)			604.20	604.20	482.40	482.40	482.40
	材料费(元)			1262.64	1274.38	1255.11	1271.85	1289.27
	机械费(元)			20.23	20.23	23.29	23.29	23.29
名 称		单位	单价(元)	数 量				
人工	综合工日	工日	30.00	20.14	20.14	16.08	16.08	16.08
材料	水泥砂浆 M5.0	m³	125.57	1.95	—	—	—	—
	水泥砂浆 M7.5	m³	131.59	—	1.95	—	—	—
	水泥混合砂浆 M2.5	m³	124.83	—	—	2.25	—	—
	水泥混合砂浆 M5.0	m³	132.27	—	—	—	2.25	—
	水泥混合砂浆 M7.5	m³	140.01	—	—	—	—	2.25
	标准砖 240mm×115mm×53mm	千块	180.00	5.641	5.641	5.400	5.400	5.400
	水	m³	2.12	1.13	1.13	1.06	1.06	1.06
机械	灰浆搅拌机 200L	台班	61.29	0.33	0.33	0.38	0.38	0.38

M2.5 水泥砂浆半砖混水墙的预算基价为：

$$1887.07+(119.57-125.57)\times1.95=1875.37 \text{ 元}/10\text{m}^3$$

直接工程费： $2\times1875.37=3750.74$ 元
其中　人工费： $2\times604.20=1208.4$ 元
　　　人工用量： $2\times20.14=40.28$ 工日
　　　标准砖用量： $2\times5.641=11.28$ 千块
　　　M2.5 水泥砂浆用量： $2\times1.95=3.9\text{m}^3$

查定额附表一（见表 8-15）5-7 得：

32.5 水泥用量： $200.00\times3.9=780\text{kg}$
中粗砂用量： $1.18\times3.9=4.60\text{m}^3$

混凝土强度等级设计如与定额不同时，定额基价换算公式同砂浆换算公式。

砌筑砂浆配合比表　　　　　　　　　　表 8-15

单位：m³

定额编号			5-2	5-3	5-4	5-7	5-8	5-9	5-10
项目			水泥混合砂浆			水泥砂浆			
			M5.0	M7.5	M10	M2.5	M5.0	M7.5	M10
基价（元）			132.27	140.01	146.65	119.57	125.57	131.59	140.61
材料	32.5 水泥	kg	216.00	247.00	277.00	200.00	220.00	240.00	270.00
	中（粗）砂	m³	1.18	1.18	1.18	1.18	1.18	1.18	1.18
	石灰膏	m³	0.10	0.08	0.05				
	水	m³	0.26	0.27	0.28	0.27	0.27	0.28	0.29

【例 8-2】 某工程有钢筋混凝土构造柱 C25 混凝土 20m³，试计算该分项工程的直接工程费和其中的人工费及水泥、砂、石子的用量。

【解】 查某地区消耗量定额知，定额编号 A4-25 换（见表 8-16）。

C25 混凝土构造柱的预算基价为：

$$2573.14+(172.97-160.88)\times10.15=2695.85 \text{ 元}/10\text{m}^3$$

直接工程费： $2\times2695.85=5391.70$ 元
其中　人工费： $22\times828.60=1657.20$ 元
　　　人工用量： $22\times27.62=55.24$ 工日
　　　C25 混凝土用量： $2\times10.15=20.30\text{m}^3$

查是额附表一（见表 8-17）1-56 得：

32.5 水泥用量： $350.00\times20.30=7105\text{kg}$
中（粗）砂用量： $0.46\times20.30=9.34\text{m}^3$
碎石 40mm 用量： $0.91\times20.30=18.47\text{m}^3$

柱、梁、板　　　　　　　　　　　　　　　表 8-16

工作内容：混凝土搅拌、水平运输、浇筑、养护。　　　　　单位：10m³

定额编号				A4-22	A4-25	A4-28	A4-31	A4-40
项目				矩形柱	构造柱	连续梁	过梁	有梁板
				C20				
基价(元)				2478.69	2573.14	2281.84	2644.99	2331.87
其中	人工费(元)			728.10	828.60	526.20	849.00	455.70
	材料费(元)			1663.52	1657.47	1668.57	1708.92	1789.10
	机械费(元)			87.07	87.07	87.07	87.07	87.07
	名称	单位	单价(元)	数量				
人工	综合工日	工日	30.00	24.27	27.62	17.54	28.30	15.19
材料	现浇混凝土 C20 碎石 40mm	m³	160.88	10.15	10.15	10.15	10.15	—
	现浇混凝土 C20 碎石 20mm	m³	171.32	—	—	—	—	10.15
	草袋	m³	1.21	0.75	1.01	4.92	22.50	13.46
	水	m³	2.12	14.00	11.00	14.00	23.00	16.00
机械	滚筒式混凝土搅拌机(电动)500L	台班	114.76	0.63	0.63	0.63	0.63	0.63
	混凝土振捣器插入式	台班	11.82	1.25	1.25	1.25	1.25	1.25

碎石混凝土配合比表　　　　　　　　　　　表 8-17

坍落度 30～50mm；石子最大粒径 40mm。　　　　　单位：m³

定额编号				1-53	1-54	1-55	1-56	1-57	1-58
项目				C10	C15	C20	C25	C30	C35
基价(元)				148.01	153.19	160.88	172.97	187.77	194.87
材料	32.5 水泥	kg	0.30	255.00	274.00	303.00	350.00	406.00	—
	42.5 水泥	kg	0.35	—	—	—	—	—	364.00
	中(粗)砂	m³	50.00	0.57	0.54	0.51	0.46	0.42	0.45
	碎石 40mm	m³	49.00	0.87	0.89	0.90	0.91	0.91	0.91
	水	m³	2.12	0.18	0.18	0.18	0.18	0.18	0.18

（2）系数换算

在消耗量定额的说明中和项目表下的注解中，有时规定，当设计项目与定额的某个分项的内容不完全相同时，可对费用(基价、人工费、材料费、机械费)或人工、材料、机械台班消耗量的一部分或全部乘以一个系数进行换算。

【例 8-3】 求单层钢门窗刷两遍防锈漆的定额基价。

单层钢门窗定额是按刷一遍防锈漆编制的，如需刷两遍防锈漆，定额规定刷第二遍防锈漆时，应按相应刷第一遍定额套用，人工乘以系数 0.74，材料不变。

【解】 根据某地区消耗量定额中的有关规定,则换算后的定额基价为:
B5-209 换(见表 8-18)
$$296.33 \times 2 - 116.10 \times 0.26 = 562.47 \text{ 元}/100\text{m}^2$$

油　漆　　　　　　表 8-18

工作内容:1. 除锈、清扫、擦掉油污、刷防锈漆。
　　　　2. 清扫、磨砂纸、刷银粉漆二遍。　　　　　　　　单位:10m²

定额编号				B5-209	B5-210	B5-211	B5-212
项　目				红丹防锈漆一遍		银粉二遍	
				单层钢门窗	其他金属面	单层钢门窗	其他金属面
				100m²	吨	100m²	吨
基价(元)				296.33	80.34	612.49	143.64
其中	人工费(元)			116.10	29.40	342.60	67.80
	材料费(元)			180.23	50.94	269.89	75.84
	机械费(元)			—	—	—	—
	名　称	单位	单价(元)	数　量			
工人	综合工日	工日	30.00	3.87	0.98	11.42	2.26
材料	红丹防锈漆	kg	9.73	16.52	4.65	—	—
	清油	kg	11.48	—	—	10.34	2.91
	油漆溶剂油	kg	2.54	1.72	0.48	27.58	7.76
	催干剂	kg	7.13	—	—	0.66	0.19
	银粉	kg	28.64	—	—	2.55	0.72
	白布 0.9m	m²	10.24	—	—	0.16	0.03
	砂布	张	0.56	27.00	8.00	—	—
	砂纸	张	0.22	—	—	8.00	2.00

(3) 其他换算

其他换算是指上述几种情况之外按定额规定的方法进行的换算。

例如:某地区消耗量定额规定加气混凝土砌块墙面抹灰、镶贴面层按轻质墙面定额套用。其表面清扫,每 100m² 另计 2.5 工日;如面层再加 108 胶,每 100m² 按下列工料计算,人工 1.70 工日,32.5 号水泥 25kg,中粗砂 0.017m³,108 胶 14kg,水 4.0m³。

3. 定额的补充

当分项工程的设计内容与定额项目规定的条件完全不相同时,或者由于设计采用新结构、新材料、新工艺,在地区消耗量定额中没有同类项目,可编制补充定额。

编制补充定额的方法通常有两种:

1) 按照定额的编制方法计算项目的人工、材料和机械台班消耗量指标,然后分别乘以地区人工工资单价、材料预算价格、机械台班使用费,然后汇总得补充项目的预算基价。

2) 补充项目的人工、机械台班消耗量,以同类型工序、同类型产品定额水平消耗量标准为依据,套用相近的定额项目;材料消耗量按施工图进行计算或实际测定。

补充项目的定额编号一般为"章号—节号—补×",×为序号。

2.3 预算定额编号方法

为了提高施工图预算编制质量,便于查阅和审查选套的定额项目是否正确,在编制施工图预算时必须注明选套的定额编号。预算定额手册的编号方法通常有"三符号"和"两符号"两种。

1. 三符号编号法

三符号编号方法的第一个符号表示分部工程(章)的序号,第二个符号表示分项工程(节)的序号,第三个符号表示分项工程项目中的子项目的序号,其表达形式如图 8-17。

2. 两符号编号法

我国现行全国统一定额都是采用两符号编号法。两符号编号方法的第一个符号表示建筑工程类别和分部工程的序号,第二个符号表示分项工程的序号,其表达形式如图 8-18。

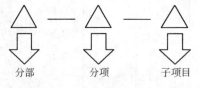

图 8-17 三符号编号法示意图

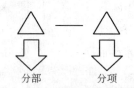

图 8-18 两符号编号法示意图

如:现行湖北省统一基价表中 M5 混合砂浆砌一砖混水墙,在消耗量定额中的编号形式为:

$$A3-25$$

其中　A——表示建筑工程;

　　　3——表示本消耗量定额第三章;

　　　25——表示本消耗量定额第三章第 25 个子目。

训练 3　工料分析和材料价差计算

[训练目的与要求]　掌握进行工料分析的目的和方法,熟练填写工料分析表。

训练3 工料分析和材料价差计算

工料分析表

表 8-19

序号	定额编号	分项工程名称	单位	工程量	人工(工日) 定额量	人工(工日) 合计	32.5水泥(kg) 定额量	32.5水泥(kg) 合计	中粗砂(m³) 定额量	中粗砂(m³) 合计	石灰膏(m³) 定额量	石灰膏(m³) 合计	水(m³) 定额量	水(m³) 合计	标准砖(千块) 定额量	标准砖(千块) 合计	夯实机(电动)200~620Nm(台班) 定额量	夯实机(电动)200~620Nm(台班) 合计	履带式推土机75kW(台班) 定额量	履带式推土机75kW(台班) 合计	灰浆搅拌机200L(台班) 定额量	灰浆搅拌机200L(台班) 合计
一		土石方工程																				
1	A1-17	人工挖基槽三类土	m³	34.18	0.54	18.36												0.00	0.06				
2	A1-39	人工基槽回填土	m³	16.19	0.29	4.76												0.08	1.29				
3	A1-39	室内回填土	m³	9.11	0.29	2.68												0.08	0.73				
4	A1-26	人工挖基坑	m³	0.77	0.63	0.49												0.01	0.00				
5	A1-39	人工基坑回填土	m³	0.55	0.29	0.16												0.08	0.04				
6	A1-45+A1-46	人工运土,运距200m	m³	9.1	0.61	5.59																	
7	A1-261	人工平整场地	m²	127.88	0.00	0.13														0.00	0.08		
二		砌筑工程																					
8	A3-1	M5水泥砂浆砌砖基础	m³	15.04	1.22	18.32	51.92	780.88	0.28	4.19			0.17	2.54	0.52	7.87					0.03	0.45
9	A3-25	M5混合砂浆砌砖墙	m³	24.76	1.61	39.81	48.60	1203.34	0.27	6.57	0.02	0.56	0.16	4.07	0.54	13.37					0.04	0.94
10	A3-86	M5混合砂浆砌砖柱	m³	0.21	2.61	0.55	42.34	8.89	0.23	0.05	0.02	0.00	0.16	0.03	0.57	0.12					0.03	0.01
		小计				90.85		1993.10		10.81		0.56		6.65		21.36		2.13		0.08		1.40

3.1 工料分析

工料分析是单位工程施工图预算的组成部分之一,是为了适应施工管理和经济核算的需要,根据各分部分项工程的实物数量和相应定额项目所列的工日、材料、机械的消耗量标准,计算各分部分项工程所需的人工、材料、机械的消耗数量,汇总即可得出单位工程的人工、材料、机械的总消耗数量。

各分部分项工程所需的人工、材料、机械的消耗数量计算公式为:

$$分部分项工程人工工日 = 分项工程量 \times 定额用工量$$
$$分部分项工程材料 = 分项工程量 \times 定额材料用量$$
$$分部分项工程机械台班 = 分项工程量 \times 定额机械台班用量$$

【例 8-4】 人工工日、各种材料、机械台班用量分析见表 8-19。

3.2 材料价差计算

建筑产品材料价差调整基本方法有两种。

1. 政策性价差系数调整

这种方法主要是采用综合调整系数对有关费用进行调整。通常用来调整建筑安装工程中的人工费、辅助材料费、机械使用费等。综合调整系数一般由各地区工程造价主管部门测定。具体做法就是用单位工程定额人工费、材料费或定额机械费乘以综合调整系数,求出单位工程价差。价差按式(8-30)计算:

$$材料(人工、机械)价差 = 调整基价 \times 综合调整系数 \qquad (8-30)$$

【例 8-5】 某工程的定额材料费为 786457.35 元,按规定以定额材料费为基础乘以综合调整系数 1.38%,计算该工程地方材料价差。

【解】 某工程地方材料价差 = 786457.35 × 1.38% = 10853.117 元

2. 主要材料价差调整

一般对影响工程造价较大的主要材料(如钢材、木材、水泥等)进行单项材料价差调整。

【例 8-6】 根据某工程有关材料消耗量和现行材料预算价格,调整材料价差,有关数据如表 8-20。

某工程材料消耗量和预算价格表   表 8-20

材料名称	单位	数量	现行材料预算价格(元)	预算定额中材料单价(元)
525 号水泥	kg	7345.10	0.35	0.30
φ10 光圆钢筋	kg	5618.25	2.65	2.80
花岗岩板	m²	816.40	350.00	290.00

【解】

(1) 直接计算

某工程单项 = 7345.10 × (0.35 − 0.30) + 5618.25 × (2.65 − 2.80)

$$+816.40\times(350-290)$$

材料价差 $7345.10\times0.05-5618.25\times0.15+816.40\times60=48508.52$ 元

(2) 用单项材料价差调整(表 8-21)计算

价差按式(8-31)计算：

$$\text{材料价差}=\text{主材用量}\times(\text{市场价格}-\text{定额取定价}) \qquad (8-31)$$

单项材料价差调整表　　　表 8-21

序号	材料名称	数量	现行材料预算价格	预算定额中材料预算价格	价差(元)	调整金额(元)
1	52.5水泥	7345.10kg	0.35元/kg	0.30元/kg	0.05	367.26
2	ϕ10 圆钢筋	5618.25kg	2.65元/kg	2.80元/kg	-0.15	-842.74
3	花岗岩板	816.40m²	350.00元/m²	290.00元/m²	60.00	48984.00
	小　计					48508.52

训练 4　建筑工程费用计算

[训练目的与要求]　掌握建筑安装工程造价费用的组成内容和计算方法，能熟练计算工程造价的各项费用。

4.1　费用组成

4.1.1　建筑安装工程费用组成

建筑安装工程费用包括直接费、间接费、利润和税金四个部分，各项费用组成见图 8-19。以下对主要费用项目加以说明。

1. 直接费

由直接工程费和措施费组成。

(1) 直接工程费：是指施工过程中耗费的构成工程实体的各项费用，包括人工费、材料费、施工机械使用费和构件增值税。其费用按式(8-32)计算：

$$\text{直接工程费}=\text{人工费}+\text{材料费}+\text{施工机械使用费}+\text{构件增值税} \qquad (8-32)$$

式中　人工费＝Σ(分项工程工日消耗量×日工资单价)

材料费＝Σ(分项工程材料消耗量×材料预算价格)＋检验试验费

施工机械使用费＝Σ(施工机械台班使用费×台班单价)

构件增值税——是指施工企业非施工现场制作的构件应收取的增值税。构件增值税按构件制作的直接工程费的 7.05% 计取，增值税列入直接工程费，并计取各项费用。

(2) 措施费：由施工技术措施费和施工组织措施费组成。

1) 施工技术措施费：各地区都编有专业消耗量定额，计算方法按各专业消耗量定额计算。

其费用按式(8-33)计算：

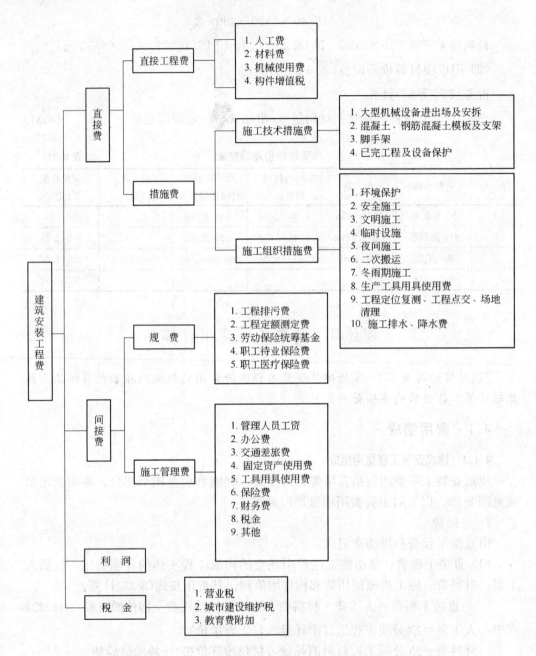

图 8-19 建筑安装工程费组成示意图

$$施工技术措施费＝施工技术措施项目工程量×定额基价 \qquad (8-33)$$

2) 施工组织措施费：计算方法各地区规定不一，某地区取费文件规定施工组织措施费中临时设施费可按表 8-22 进行计算，其他施工组织措施费可按表 8-23 进行计算。计算公式为：

$$施工组织措施费＝(直接工程费＋施工技术措施费)×(临时设施费费率\\+其他施工组织措施费费率)$$

或 施工组织措施费＝人工费×(临时设施费费率＋其他施工组织措施费费率)

临 时 设 施 费　　　　　表 8-22

工程性质		建筑市政工程	炉窑砌筑工程	金属构件制作安装	塑钢门窗安装	大型土石方工程		安装工程
						机械	人工	
计费基础		直接工程费＋施工技术措施项目直接工程费(%)						人工费(%)
工程类别	一类工程	1.5	1.2	1.0	0.4	1.5	4.0	12.0
	二类工程	1.0	0.6	0.6	0.2			8.0
	三类工程	0.5	—	0.3	0.1			4.0
	四类工程	0.3	—	0.3	0.1			—

其他施工组织措施费　　　　　表 8-23

计 算 基 础		直接工程费＋施工技术措施项目直接工程费(%)	人 工 费 (%)
综 合 费 率		1.5	8.0
其中	环境保护	0.25	1.0
	安全施工	0.10	0.5
	文明施工	0.10	0.5
	夜间施工	0.10	0.5
	二次搬运	0.05	按施工组织设计计算
	施工排水、降水	0.10	0.5
	冬雨期施工	0.20	1.0
	生产工具用具使用	0.50	3.5
	工程定位、点交、场地清理	0.10	0.5

注：1. 施工排水、降水费是指排除雨、雪、污水的费用。
　　2. 以人工费计取施工组织措施费的工程，施工组织措施费中的人工费按15%计取。

2. 间接费

由规费、企业管理费和财务费组成。

(1) 规费

采用定额计价的工程规费计算方法见表 8-24。

采 用 定 额 计 价　　　　　表 8-24

计 算 基 础		直接费(%)	人工费(%)
综 合 费 率		6.0	25.0
其中	养老保险统筹基金	3.50	16.0
	待业保险基金	0.50	2.0
	医疗保险费	1.80	6.0
	定额测定费	0.15	0.6
	工程排污费	0.05	0.4

（2）施工管理费

在计算施工管理费的时候，首先应确定编制对象的工程类别（工程类别划分见表 8-25），然后再根据规定的计费基数按一定的费率计算。计算方法见表 8-26、表 8-27。

一般土建工程类别划分表　　　　表 8-25

项目			单位	一类	二类	三类	四类
工业建筑	单层	檐口高度	m	>15	>12	>9	≤9
		跨度	m	>24	>18	>12	≤12
		吊车吨位	t	>30	>20	≤20	—
	多层	檐口高度	m	>24	>15	>9	≤9
		建筑面积	m²	>6000	>4000	>1200	≤1200
		其他		有声、光、超净、恒温、无菌等特殊要求工程			
民用建筑	公共建筑	檐口高度	m	>45	>24	>15	≤15
		跨度	m	>24	>18	>12	≤12
		建筑面积	m²	>9000	>5000	>2500	≤2500
	其他民用建筑	檐口高度	m	>56	>27	>18	≤18
		层数	层	>18	>9	>6	≤6
		建筑面积	m²	>10000	>6000	>3000	≤3000
构筑物	水塔（水箱）	高度	m	>75	>50	≤50	—
		吨位	t	>100	>50	≤50	—
	烟囱	砖	m	>60	>30	≤30	—
		钢筋混凝土	m	>80	>50	≤50	—
	储仓（包括相连建筑）	高度	m	>20	>10	≤10	—
	储水（油）池	容积	m³	1000	>500	≤500	—

注：1. 以单位工程为划分单位，一个单位工程有几种以上工程类型组成时，以占建筑面积最多的类型为准。
2. 在同一类别工程中有几个特征时，凡符合其中之一者，即为该类工程。
3. 桩基础工程按土建工程类别确定。
4. 塑钢门窗安装工程、金属构件制作安装工程以土建工程类别划分。

建筑市政及其他工程　　　　表 8-26

项目 费率% 计费基础	工程类别	建筑市政工程				大型土石方工程	
		一类工程	二类工程	三类工程	四类工程	机械施工	人工施工
		直接工程费/直接费				人工费	
施工管理费		10.0	7.0	4.0	2.0	10.0	15.0

注：工程量清单计价时计费基础为直接工程费，定额计价时为直接费，下同。

安 装 工 程　　　　　　　　　表 8-27

费率%	工程类别 计费基础 项目	一 类	二 类	三 类
		人 工 费		
施工管理费		35.0	25.0	15.0

3. 利润

利润是按相应的计取基础乘以利润率确定的，利润率见表 8-28。各地取费基数规定不一，有些地区规定如下：

(1) 土建工程以及建筑工程中的电气与排水工程：利润计算以直接费为计算基数乘以相应规定费率，其中单独承包装饰工程的以人工费为基数乘以相应规定费率。

利 润　　　　　　　　　表 8-28

费率% 工 程 类 别	计 费 基 础	
	直接工程费/直接费	人 工 费
一类工程	7.0	30.0
二类工程	5.0	20.0
三类工程	3.0	10.0
四类工程	2.0	—

注：1. 人工施工大型土石方工程的利润按相应定额人工费的 6.0% 计取。
　　2. 建筑工程中的电气动力、照明、控制路线工程，通风空调工程，给排水、采暖、煤气管道工程，消防及安全防范工程，建筑智能化工程，在清单计价时以直接工程费为基数计取利润，定额计价时按直接费计取利润。

(2) 设备安装工程：利润计算以人工费与机械费之和为计算基数乘以相应规定费率。

(3) 装饰装修工程及其他安装工程：利润计算以人工费为计算基数乘以相应规定费率。

4. 税金

是指按国家税法规定的应计入建筑安装工程造价内的营业税、城市建设维护税及教育费附加。

税金是以直接费、间接费、利润三项之和为基数计算，其计算公式为：

税金＝(直接费＋间接费＋利润)×税率(%)

计税税率见表 8-29。

营业税、城市建设维护税、教育费附加综合税率　　　　表 8-29

项目 \ 纳税人地区 计税基础	纳税人所在地在市区	纳税人所在地在县城、镇	纳税人所在地不在市区、县城或镇
	不含税工程造价		
综合税率(%)	3.41	3.35	3.22

注：1. 不分国营或集体建安企业，均以工程所在地区税率计取。
　　2. 企事业单位所属的建筑修缮单位，承包本单位建筑、安装工程和修缮业务不计取税金（本单位的范围只限于从事建筑安装和修缮业务的企业单位本身，不能扩大到本部门各个企业之间或总分支机构之间）。
　　3. 建筑安装企业承包工程实行分包形式的，税金由总承包单位统一计取缴纳。

4.1.2　建筑安装工程价格计算程序

某地区建筑安装工程价格计算程序如表 8-30。

单位工程造价计算程序表　　　　表 8-30

序号	费用项目		计算方法	
			以直接工程费为计费基础的工程	以人工费为计费基础的工程
1	直接费	直接工程费	Σ(工程量×定额基价)+构件增值税	Σ(工程量×定额基价)
2		其中：人工费	Σ(工日耗用量×人工单价)	
3		材料费	Σ(材料耗用量×材料单价)	Σ(工日耗用量×人工单价)
4		机械费	Σ(机械台班耗用量×机械台班单价)	Σ(材料耗用量×材料单价)
5		构件增值税	构件制作费×税率	Σ(机械台班耗用量×机械台班单价)
6		施工技术措施费	Σ(工程量×定额基价)	Σ(工程量×定额基价)
7		其中：人工费		Σ(工日耗用量×人工单价)
8		施工组织措施费	(1+6)×费率	Σ(2+7)×费率
9		其中：人工费		8×人工系数
10	价差	材料价差	主材用量×(市场价格－定额取定价格)	
11		人工费调整	按规定计算	
12		机械费调整	按规定计算	
13	间接费	施工管理费	(1+6+8)×费率	(2+7+9)×费率
14		规费	(1+6+8)×费率	(2+7+9)×费率
15		利润	(1+6+8+10+11+12)×费率	(2+7+9)×2 费率/(1+6+8+10+11+12)×费率
16		不含税工程造价	1+6+8+9+10+11+12+13+14+15	1+6+8+9+10+11+12+13+14+15
17		税金	16×税率	16×税率
18		含税工程造价	16+17	16+17

【例 8-7】 某住宅小区一住宅楼工程，六层框架结构，建筑面积 3000m²，檐高为 20.9m，根据现行某地区建筑工程消耗量定额及统一基价表(2003)计算后得：土建工程直接工程费为 1050000.00 元，非施工现场预制构件制作的直接工程费为 33600.00 元，施工技术措施费为 450000.00 元，经计算材料价差为 226000.00 元，试计算该工程土建造价（按某地区费用定额计算）。

某住宅楼土建工程造价

工程名称：某住宅楼

序号	费用项目	计算式	金额（元）
1	直接工程费		1050000.00
2	构件增值税	33600.00×7.05%	2368.80
3	施工技术措施费		450000.00
4	施工组织措施费	(1+2+3)×2.0%	30047.38
5	材料价差		226000.00
6	施工管理费	(1+2+3+4)×24.0%	61296.65
7	规费	(1+2+3+4)×26.0%	91944.97
8	利润	(1+2+3+4+5)×3.0%	50569.73
9	不含税工程造价	1+2+3+4+5+6+7+8	1962227.53
10	税金	9×3.41%	66911.96
11	含税工程造价	9+10	2029139.49

4.2 执行定额时注意事项

(1) 建筑安装工程造价各项费用计费基础在费用定额中有明确规定。
1) 建筑工程一般以定额直接工程费为基础计算各项费用；
2) 安装工程一般以定额人工费为基础计算各项费用；
3) 装饰工程一般以定额人工费为基础计算各项费用。
(2) 建筑安装工程费用计费程序和格式，一般由各省、市、自治区工程造价主管部门结合本地区具体情况确定。
(3) 确定建筑安装工程费用计算的条件：
1) 计算建筑安装工程费用，要根据工程类别确定各项费率。如湖北省建筑安装工程费用定额中规定，计算施工组织措施费、施工管理费、利润等费用要根据工程类别确定各项费率。
2) 计算税金，要根据纳税人所在地区确定税率。
(4) 材料价差不能作为计算间接费等费用的基础。

训练 5 施工图预算实例

[训练目的与要求] 能运用前面掌握的基础技能独立、准确的完成施工图预

算的编制。

5.1 工程相关资料

工程相关资料详见训练1 工程量计算实例。

5.2 编制施工图预算

5.2.1 施工图预算的编制依据

(1) 工程施工图纸(图8-13、图8-14、图8-15、图8-16)和标准图集等设计资料。

(2) 经过批准的施工组织设计。

(3) 建筑工程消耗量定额和建筑工程费用定额。

(4) 预算手册。

5.2.2 施工图预算组成内容

(1) 封面;

(2) 编制说明;

(3) 工程费用计算表;

(4) 主要材料价差调整表;

(5) 工程直接费计算表;

(6) 人工、材料、机械需用量汇总表;

(7) 工料分析表;

(8) 工程量计算书;

(9) 定额基价换算表。

5.2.3 施工图预算的编制

(1) 收集和熟悉编制施工图预算的有关文件和资料,以做到对工程有一个初步的了解,有条件的还应到施工现场进行实地勘察,了解现场施工条件、施工场地环境、施工方法和施工技术组织状况。这些工程基本情况的掌握有助于后面工程准确、全面的列项,计算工程量和工程造价。

(2) 计算工程量:详见训练1 工程量计算实例。

(3) 计算直接工程费:见表8-33。

1) 将上步计算的工程量填入直接工程费表,分部分项工程项目应基本按照定额的顺序进行填写;

2) 正确选套定额项目,填列分项工程单价;

3) 计算分项工程直接工程费,并将每个分部工程直接工程费进行汇总;

4) 分部工程直接工程费进行汇总计算单位工程直接工程费。

(4) 进行工料分析,见表8-35,汇总填写人工、材料、机械需用量汇总表见表8-34。

工料分析表项目应与工程直接费表一致,以方便填写和校核,根据各分部分项工程的实物工程量和相应定额项目所列的工日、材料和机械的消耗量标准,计算各分部分项工程所需的人工、材料和机械需用数量。

将工料分析得出的各分部分项工程所需的人工、材料和机械需用数量按类相加汇总填写人工、材料、机械需用量汇总表。

(5) 计算价差：见表 8-32。

由于地区材料预算价格随着时间的变化而发生着变化，与所套用定额的材料预算价格不同，因此要根据工程所在地区当时的材料预算价格调整材料价差。

(6) 计算工程总造价：填写工程费用计算表，见表 8-31。

首先根据费用定额确定本工程工程类别为四类工程，根据相应的费率和计费基础，分别计算施工组织措施费、间接费、利润和税金。

(7) 复核、填写施工图预算封面和编制说明。

编制说明主要是向审核方交代编制的依据，可逐条分述。主要应写明预算所包括的工程内容范围，所依据的定额资料，材料价格依据等需重点说明的问题。

(8) 装订、签章和审批。

封面：

单层砖混结构小平房工程

施 工 图 预 算 书

建设单位：××单位　　（盖单位签章）

编制单位：××单位　　（盖单位签章）

工程造价：（小写）　　28107.15 元

（大写）贰万捌仟壹佰零柒元壹角伍分

编 制 人：×××

审 核 人：×××

编制日期：×年×月×日

编 制 说 明

工程名称：××单位单层砖混结构小平房工程　　　　第(1)页 共(1)页

1. 本工程为××单位单层砖混结构小平房，室内地坪标高±0.000，室外地坪标高−0.300，建筑标高+3.700，建筑面积为51.56m^2。

2. 本工程包括工程内容为小平房土建结构施工及室内外墙面涂料工程。

3. 本工程预算套用《全国统一建筑安装工程湖北省消耗量定额及统一基价表》[2003]和《湖北省建筑安装工程费用定额》[2003]。

4. 本工程预算中主要材料预算价格采用当时武汉市市场价格。

5. 本工程为四类工程，纳税人所在地区为武汉市。

工程费用计算表

表 8-31

工程名称：××单位单层砖混结构小平房工程　　　　　　　　　　　　　　第(1)页 共(1)页

序号	费用项目		计算式	金额(元)
1	直接费	直接工程费	Σ(定额基价×工程量)+构件增值税	21128.24
2		其中：人工费		6321.42
3		材料费		13790.28
4		机械费		860.40
5		构件增值税	构件制作费×7.05%	156.13
6		施工技术措施费	Σ(定额基价×工程量)	1675.67
7		施工组织措施费	(1+6)×1.8%	410.47
8		材料价差		1612.25
9	间接费	施工管理费	(1+6+7)×2%	464.29
10		规费	(1+6+7)×6%	1392.86
11	利润		(1+6+7+8)×2%	496.53
12	不含税工程造价		1+6+7+8+9+10+11	27180.30
13	税金		12×3.41%	926.85
14	含税工程造价		12+13	28107.15

价 差 调 整 表

表 8-32

工程名称：××单位单层砖混结构小平房工程　　　　　　　　　　　　　　　　　　　　　　　　　第(1)页 共(1)页

序号	项目	单位	数量	市场价	预算价	单位价差	价差合计(元)
1	32.5水泥	kg	11438.86	0.33	0.3	0.03	343.17
2	中粗砂	m³	30.32	60	50	10	303.16
3	标准砖	千块	21.36	190	180	10	213.65
4	碎石 40mm	m³	10.82	60	49	11	119.02
5	碎石 15mm	m³	5.81	55	51	4	23.23
6	木模板枋材	m³	0.13	1450	1350	100	13.13
7	圆钢 φ10以内	kg	3.90	2.58	2.6	−0.02	−0.08
9	螺纹钢筋 Φ14	kg	0.02	2.68	2.7	−0.02	0.00
10	冷轧带肋钢筋布以下	kg	0.15	3.5	2.8	0.7	0.10
11	工程用小枋	m³	0.94	2160	1700	460	430.30
12	工程用中枋	m³	0.32	1980	1700	280	90.90
13	玻璃 3mm	m²	10.82	14	12.24	1.76	19.04
14	工程用薄板	m³	0.11	2160	1700	460	48.80
15	工程用厚板	m³	0.03	1950	1700	250	7.83
	小计						1612.25

表 8-33

直接工程费表

工程名称：××单位单层砖混结构小平房工程　　　　　　　　　　　　　　　　　　第(1)页 共(5)页

序号	定额编号	分项工程名称	单位	工程量	单价(元) 人工费	单价(元) 材料费	单价(元) 机械费	单价(元) 小计	合价(元) 人工费	合价(元) 材料费	合价(元) 机械费	合价(元) 合计
一		土石方工程										
1	A1-17	人工挖地槽三类土	m³	34.18	16.16		0.04	16.16	552.27	0.00	1.33	552.27
2	A1-39	人工地槽回填土	m³	16.19	8.82		1.72	10.54	142.80	0.00	27.84	170.61
3	A1-39	室内回填土	m³	9.11	8.82		1.72	10.54	80.35	0.00	15.67	96.00
4	A1-26	人工挖地坑	m³	0.77	18.98		0.11	19.10	14.62	0.00	0.09	14.70
5	A1-39	人工地坑回填土	m³	0.55	8.82		1.72	10.54	4.85	0.00	0.95	5.80
6	A1-45+A1-46	人工运土 运距200m	m³	9.1	18.43			18.43	167.73	0.00	0.00	167.73
7	A1-261	人工平整场地	m²	127.88	0.03		0.30	0.33	3.84	0.00	38.97	42.81
		小计							966.46	0.00	84.84	1049.92
二		砌筑工程										
8	A3-1	M5水泥砂浆砌砖基础	m³	15.04	36.54	124.11	1.84	162.48	549.56	1866.54	27.66	2443.76
9	A3-25	M5混合砂浆砌砖墙	m³	24.76	48.24	127.19	2.33	177.75	1194.42	3149.10	57.67	4401.19
10	A3-86	M5混合砂浆砌砖柱	m³	0.21	78.33	128.41	2.02	208.76	16.45	26.97	0.42	43.84
		小计							1760.43	5042.61	85.75	6888.79
三		混凝土及钢筋混凝土工程										

续表
第(2)页 共(5)页

工程名称：××单位单层砖混结构小平房工程

序号	定额编号	分项工程名称	单位	工程量	单价(元)				合价(元)			
					人工费	材料费	机械费	小计	人工费	材料费	机械费	合计
11	A4-11	C10混凝土基础垫层	m³	5.83	40.53	154.68	5.39	200.60	236.29	901.80	31.40	1169.49
12	A4-30	现浇C20钢筋混凝土圈梁	m³	1.26	78.84	169.22	8.71	256.77	99.34	213.22	10.97	323.53
13	A4-59	C15混凝土散水	m²	25.19	4.54	12.68	0.88	18.10	114.26	319.49	22.18	455.94
14	A4-28	现浇C20混凝土矩形梁	m³	0.36	52.62	166.86	8.71	228.18	18.94	60.07	3.13	82.15
15	A4-88	预应力C30混凝土空心板制作	m³	3.92	45.99	221.49	21.04	288.52	180.28	868.23	82.48	1131.00
16	A4-259	空心板运输	m³	3.91	8.16	2.13	64.65	74.94	31.91	8.33	252.77	293.00
17	A4-576	空心板安装	m³	3.88	27.93	4.64		32.57	108.37	18.00	0.00	126.36
18	A4-632	空心板接头灌浆	m³	3.86	15.21	39.45	0.80	55.47	58.71	152.28	3.10	214.10
19	A4-55换	C10混凝土台阶	m²	2.82	9.66	25.62	2.34	37.62	27.24	72.25	6.60	106.09
20	A4-641	现浇构件圆钢筋制安φ6.5	t	0.041	772.80	2730.82	35.25	3538.87	31.68	111.96	1.45	145.09
21	A4-644	现浇构件圆钢筋制安φ12	t	0.113	297.00	2776.63	99.01	3172.64	33.56	313.76	11.19	358.51
22	A4-656	现浇构件螺纹钢筋制安Φ14	t	0.018	270.90	2874.94	108.01	3253.85	4.88	51.75	1.94	58.57
23	A4-711	预应力构件钢筋制安φ4	t	0.1361	558.60	3194.20	72.60	3825.40	76.03	434.76	9.88	520.68
		小计							1021.49	3525.91	437.10	4984.50
四		屋面及防水工程										
24	A7-152	1:2水泥砂浆墙基防潮层	m²	8.87	2.77	5.48	0.21	8.45	24.53	48.57	1.85	74.95

续表

工程名称：××单位单层砖混结构小平房工程　　　　　　　　　　　　　　　第(3)页 共(5)页

序号	定额编号	分项工程名称	单位	工程量	单价(元) 人工费	材料费	机械费	小计	合价(元) 人工费	材料费	机械费	合计
25	B1-25+B1-26	C20细石混凝土刚性屋面40mm厚	m²	55.08	3.28	7.76	0.50	11.55	180.77	427.64	27.67	636.09
26	B1-20	1:2水泥砂浆屋面面层	m²	55.08	2.40	5.83	0.26	8.48	132.19	320.96	14.18	467.33
		小计							337.50	797.17	43.70	1178.37
五		楼地面工程										
27	B1-17	C10混凝土地面垫层	m³	2.49	36.75	150.50	12.66	199.96	91.51	374.75	31.53	497.91
28	B1-20	1:2水泥砂浆地面面层	m²	41.43	2.40	4.59	0.26	7.24	99.43	190.03	10.66	299.99
29	B1-29	1:2水泥砂浆抹台阶面	m²	2.82	8.43	8.06	0.31	16.80	23.76	22.74	0.86	47.37
30	B1-31	1:2水泥砂浆踢脚线	m	47.02	1.50	0.61	0.03	2.14	70.53	28.84	1.44	100.81
		小计							285.23	616.35	44.50	946.07
六		墙柱面装饰工程										
31	B2-36	混合砂浆抹内墙	m²	139	4.12	3.40	0.24	7.76	572.54	472.43	33.22	1078.20
32	B2-25	1:2水泥砂浆抹外墙	m²	85.79	4.35	4.48	0.24	9.06	372.93	383.95	20.50	777.39
33	B2-45	混合砂浆抹砖柱面	m²	0.21	5.58	3.18	0.23	8.98	1.17	0.67	0.05	1.89
34	B2-46	混合砂浆抹混凝土梁面	m²	3.69	5.92	3.75	0.23	9.90	21.85	13.83	0.84	36.52
		小计							968.49	870.88	54.61	1893.98

续表

工程名称：××单位单层砖混结构小平房工程

第(4)页 共(5)页

序号	定额编号	分项工程名称	单位	工程量	单价(元) 人工费	单价(元) 材料费	单价(元) 机械费	单价(元) 小计	合价(元) 人工费	合价(元) 材料费	合价(元) 机械费	合价(元) 合计
七		顶棚装饰工程										
35	B3-5	预制板底水泥砂浆嵌缝找平	m²	46.27	1.07	0.16	0.01	1.24	49.56	7.63	0.28	57.47
		小计							49.56	7.63	0.28	57.47
八		门窗工程										
36	B4-165	单层玻璃窗框扇制作安装	m²	13.5	28.85	118.61	3.22	150.69	389.53	1601.28	43.50	2034.32
37	B4-35	单层镶板门框扇制作安装	m²	6.48	19.19	110.81	2.94	132.95	124.38	718.06	19.07	861.50
38	B4-155	门带窗框扇制作安装	m²	3.81	19.14	95.44	2.32	116.90	72.91	363.64	8.84	445.39
39	B4-434	木门窗运输	m²	23.79	0.31		1.61	1.92	7.42		38.20	45.63
40	B5-1	木门油漆	m²	10.29	5.31	6.09		11.40	54.61	62.67	0.00	117.28
41	B5-2	木窗油漆	m²	13.5	5.31	5.08		10.39	71.64	68.58	0.00	140.22
		小计							720.49	2814.23	109.62	3644.34
九		油漆、涂料、裱糊工程										
42	B5-286	内墙面刷106涂料	m²	139	1.14	0.62		1.77	158.88	86.67	0.00	245.54
43	B5-286	预制板底刷106涂料	m²	46.27	1.14	0.62		1.77	52.89	28.85	0.00	81.74
		小计							211.76	115.52	0.00	327.28

续表

工程名称：××单位单层砖混结构小平房工程　　　　　　　　　　　　　　　　　第(5)页 共(5)页

序号	定额编号	分项工程名称	单位	工程量	单价(元)				合价(元)			
					人工费	材料费	机械费	小计	人工费	材料费	机械费	合计
十		混凝土、钢筋混凝土模板及支撑工程										
44	A10-76	现浇圈梁模板安拆	m²	13.37	9.22	13.70	0.35	23.28	123.30	183.18	4.72	311.20
45	A10-67	现浇矩形梁模板安拆	m²	3.98	12.03	25.60	0.93	38.56	47.87	101.90	3.69	153.45
46	A10-80	现浇矩形梁模板超高增加费	m²	2.96	2.21	2.45	0.29	4.95	6.54	7.26	0.84	14.65
47	A10-118	现浇混凝土台阶模板安拆	m²	2.82	8.07	11.18	0.35	19.60	22.76	31.54	0.98	55.28
	A10-149	预制预应力空心板模板安拆	m³	3.92	89.10	40.17	14.43	143.61	349.27	157.47	56.56	562.94
		小计							549.74	481.34	66.79	1097.52
十一		脚手架工程										
48	A11-1	综合脚手架	m²	51.56	2.91	1.79	0.19	4.90	150.04	92.54	9.83	252.41
		小计							150.04	92.54	9.83	252.41
十二		垂直运输工程										
49	A12-1	垂直运输	m²	52.56			6.20	6.20	0.00	0.00	325.73	325.73
		小计							0.00	0.00	325.73	325.73
		合计							7021.20	14364.17	1262.76	22646.40
		其中施工技术措施项目合计							699.78	573.88	402.36	1675.67

人工、材料、机械需用量汇总表

工程名称：××单位单层砖混结构小平房工程

表 8-34
第(1)页 共(3)页

序号	项目	单位	数量	序号	项目	单位	数量
1	人工	工日	231.87	19	麻绳	kg	0.02
2	32.5水泥	kg	11438.86	20	预制混凝土块	m³	0.09
3	中粗砂	m³	30.32	21	圆钢φ10以内	kg	3.90
4	石灰膏	m³	1.12	22	圆钢φ10以上	kg	0.12
5	水	m³	38.53	23	螺纹钢筋Φ14	kg	0.02
6	标准砖	千块	21.36	24	冷轧带肋钢筋φ5以下	kg	0.15
7	碎石40mm	m³	10.82	25	镀锌钢丝22号	kg	1.41
8	草袋	m²	23.24	26	电焊条	kg	0.94
9	粗砂	m³	0.00	27	防水粉	kg	0.00
10	石油沥青30号	kg	0.28	28	九夹板模板	m²	3.71
11	木柴	kg	0.10	29	模板板枋材	m³	0.11
12	锯木屑	m³	0.15	30	隔离剂	kg	20.33
13	碎石15mm	m³	5.81	31	钢钉	kg	7.07
14	支撑二等板枋材55~100cm²	m³	0.01	32	嵌缝料	kg	0.14
15	二等板枋材55~100cm²	m³	0.00	33	钢管φ48×3.5mm	kg	13.39
16	镀锌钢丝8号	kg	0.59	34	支架	kg	0.37
17	加固钢丝绳	kg	0.12	35	支撑钢管及扣件	kg	1.90
18	方垫木	m³	0.01	36	钢管底座	个	0.06

续表

工程名称：××单位单层砖混结构小平房工程　　　　　　　　　　　　　　第(2)页 共(3)页

序号	项 目	单 位	数 量	序号	项 目	单 位	数 量
37	竹脚手板	m²	1.47	55	一等厚板36～65mm	m³	0.03
38	安全网	m²	0.62	56	板条1000mm×30mm×8mm	百根	0.30
39	防锈漆	kg	0.60	57	一等中枋55～100cm²	m³	0.21
40	油漆溶剂油	kg	0.07	58	调和漆	kg	4.74
41	扣件螺栓	个	17.78	59	无光调和漆	kg	5.38
42	一等小枋≤54cm²	m³	0.90	60	石膏粉	kg	4.88
43	二等小枋	m³	0.03	61	漆片	kg	0.02
44	二等中枋55～100cm²	m³	0.11	62	酒精	kg	0.09
45	木楔	m³	0.00	63	催干剂	kg	0.22
46	玻璃3mm	m²	10.82	64	熟桐油	kg	2.08
47	定型钢模	kg	13.15	65	白布0.9m	m²	0.15
48	防腐油	kg	11.44	66	砂纸	张	20.16
49	清油	kg	0.76	67	106涂料	kg	71.29
50	乳白胶	kg	1.52	68	大白粉	kg	2.80
51	油漆溶剂油	kg	2.58	69	血料	kg	6.11
52	油灰	kg	12.14	70	张拉机具	kg	5.39
53	石油麻刀浆	m³	0.10	71	其他材料费	元	0.64
54	一等薄板＜18mm	m³	0.11	72	小五金费	元	75.42

续表

工程名称：××单位单层砖混结构小平房工程

第(3)页 共(3)页

序号	项目	单位	数量
73	夯实机(电动)200~620N·m	台班	2.13
74	履带式推土机 75kW	台班	0.08
75	灰浆搅拌机 200L	台班	2.80
76	滚筒式混凝土搅拌机 500L	台班	1.05
77	混凝土振捣器插入式	台班	0.77
78	混凝土振捣器平板式	台班	0.37
79	汽车式起重机 8t	台班	0.27
80	载重汽车 6t	台班	0.00
81	电动卷扬机单筒慢速 50kN	台班	0.05
82	钢筋切断机 φ40	台班	0.03
83	对焊机 75kVA	台班	0.01
84	直流电焊机 30kW	台班	0.06
85	钢筋弯曲机 φ40	台班	0.06
86	钢筋调直机 φ14	台班	0.10
87	预应力钢筋拉伸机 650kN	台班	0.22
88	木工圆锯机 φ500	台班	0.00
89	电动卷扬机单筒快速(带塔)20kN	台班	2.85
90	木工裁口机多面 400mm	台班	0.00
91	木工开榫机 160mm	台班	0.00
92	木工平刨床 450mm	台班	0.00
93	木工压刨床三面 400mm	台班	0.00
94	木工圆锯机 φ500	台班	0.00
95	电动卷扬机单筒慢速 30kN	台班	0.16464
96	门式起重机 10t	台班	0.16464

项目8 建筑工程施工图预算

工 料 分 析 表

工程名称：××单位单层砖混结构小平房工程

表 8-35 第(1)页 共(5)页

序号	定额编号	分项工程名称	单位	工程量	人工(工日) 定额量	人工(工日) 合计	32.5水泥(kg) 定额量	32.5水泥(kg) 合计	中粗砂(m³) 定额量	中粗砂(m³) 合计	石灰膏(m³) 定额量	石灰膏(m³) 合计	水(m³) 定额量	水(m³) 合计	标准砖(千块) 定额量	标准砖(千块) 合计	夯实机(电动)1200~620 N·m(台班) 定额量	夯实机(电动)1200~620 N·m(台班) 合计	履带式推土机75kW(台班) 定额量	履带式推土机75kW(台班) 合计	灰浆搅拌机200L(台班) 定额量	灰浆搅拌机200L(台班) 合计
一		土石方工程																				
1	A1-17	人工挖基槽、三类土	m³	34.18	0.54	18.36											0.00	0.06				
2	A1-39	人工基槽回填土	m³	16.19	0.29	4.76											0.08	1.29				
3	A1-39	室内回填土	m³	9.11	0.29	2.68											0.08	0.73				
4	A1-26	人工挖基坑	m³	0.77	0.63	0.49											0.01	0.00				
5	A1-39	人工基坑回填土	m³	0.55	0.29	0.16											0.08	0.04				
6	A1-45+A1-46	人工运土运距200m	m³	9.1	0.61	5.59																
7	A1-261	人工平整场地	m²	127.88	0.00	0.13													0.00	0.08		
二		砌筑工程																				
8	A3-1	M5水泥砂浆砌砖基础	m³	15.04	1.22	18.32	51.92	780.88	0.28	4.19			0.17	2.54	0.52	7.87					0.03	0.45
9	A3-25	M5混合砂浆砌砖墙	m³	24.76	1.61	39.81	48.60	1203.34	0.27	6.57	0.02	0.56	0.16	4.07	0.54	13.37					0.04	0.94
10	A3-86	M5混合砂浆砌砖柱	m³	0.21	2.61	0.55	42.34	8.89	0.23	0.05	0.02	0.00	0.16	0.03	0.57	0.12					0.03	0.01
		小计				90.85		1993.10		10.81		0.56		6.65		21.36		2.13		0.08		1.40

续表

第(2)页 共(5)页

工程名称：××单位单层砖混结构小平房工程

序号	定额编号	分项工程名称	单位	工程量	人工(工日) 定额量	人工(工日) 合计	32.5水泥(kg) 定额量	32.5水泥(kg) 合计	中粗砂(m³) 定额量	中粗砂(m³) 合计	碎石40(m³) 定额量	碎石40(m³) 合计	水(m³) 定额量	水(m³) 合计	草袋(m²) 定额量	草袋(m²) 合计	粗砂(m³) 定额量	粗砂(m³) 合计	石油沥青30号(kg) 定额量	石油沥青30号(kg) 合计	木柴(kg) 定额量	木柴(kg) 合计	锯木屑(m³) 定额量	锯木屑(m³) 合计	碎石15(m³) 定额量	碎石15(m³) 合计	支撑二等板防材55~100cm²(m³) 定额量	支撑二等板防材55~100cm²(m³) 合计
三		混凝土及钢筋混凝土工程																									
11	A4-11	C10混凝土基础垫层	m³	5.8	1.35	7.88	258.83	1508.95	0.58	3.37	0.88	5.15	1.47	8.58	1.42	8.29												
12	A4-30	现浇C20钢筋混凝土圈梁	m³	1.3	2.63	3.31	307.55	387.51	0.52	0.65	0.91	1.15	1.88	2.37	1.92	2.42												
13	A4-59	C15混凝土散水	m²	25	0.15	3.81	23.47	591.20	0.04	1.06	0.06	1.59	0.05	1.33	0.22	5.54	0.00	0.00	0.01	0.28								
14	A4-28	现浇C20混凝土矩形梁	m³	0.4	1.75	0.63	307.55	110.72	0.52	0.19	0.91	0.33	1.58	0.57	0.49	0.18					0.00	0.00	0.15	0.15				
15	A4-88	预应力C30混凝土空心板制作	m³	3.9	1.53	6.01	470.96	1846.16	0.43	1.67	0.00	0.00	2.38	9.33	1.35	5.27	0.00	0.00	0.28						0.93	3.66	0.00	0.01
16	A4-259	空心板运输	m³	3.9	0.27	1.06											0.00	0.00										
17	A4-576	空心板安装	m³	3.9	0.93	3.61							0.00	0.00	0.00	0.00												
18	A4-632	空心板接头灌浆	m³	3.9	0.51	1.96	41.14	158.82	0.06	0.24	0.00	0.00	0.19	0.75	0.00	0.00									0.05	0.18		
19	A4-55换	C10混凝土台阶	m²	2.8	0.32	0.91	42.59	120.09	0.10	0.27	0.15	0.41	0.33	0.93	0.22	0.62												
20	A4-641	现浇构件圆钢制安φ6.5	t	0	25.76	1.06																						
21	A4-644	现浇构件φ12 制安	t	0.1	9.90	1.12							0.15	0.02	0.00	0.00												
22	A4-656	现浇构件螺纹钢筋制安Φ14	t	0	9.03	0.16																						
23	A4-711	预应力钢筋制安Φ4	t	0.1	18.62	2.53							0.15	0.00	0.00	0.00												
		小计				34.05		4723.44		7.45		8.63		23.88		22.32		0.00		0.28		0.10		0.15		3.84		0.01

279

续表

工程名称：××单位单层砖混结构小平房工程

第(3)页 共(5)页

序号	定额编号	分项工程名称	单位	单位工程量	人工(工日) 定额量	人工(工日) 合计	32.5水泥(kg) 定额量	32.5水泥(kg) 合计	中粗砂(m³) 定额量	中粗砂(m³) 合计	防水粉(kg) 定额量	防水粉(kg) 合计	水(m³) 定额量	水(m³) 合计	碎石15(m³) 定额量	碎石15(m³) 合计	石灰膏(m³) 定额量	石灰膏(m³) 合计	草袋(m²) 定额量	草袋(m²) 合计	碎石40(m³) 定额量	碎石40(m³) 合计	滚筒式混凝土搅拌机500L(台班) 定额量	滚筒式混凝土搅拌机500L(台班) 合计	混凝土振捣器平板式(台班) 定额量	混凝土振捣器平板式(台班) 合计	灰浆搅拌机200L(台班) 定额量	灰浆搅拌机200L(台班) 合计
四		屋面及防水工程																										
24	A7-152	1:2水泥砂浆墙基防潮层	m²	8.9	0.09	0.82	11.77	104.41	0.02	0.20	0.56	4.98	0.04	0.40													0.00	0.03
25	B1-25+B1-26	C20细石混凝土刚性屋面40mm厚	m²	55	0.11	6.03	16.20	892.49	0.02	1.16			0.02	0.83	0.04	1.96							0.00	0.22	0.00	0.18	0.00	0.00
26	B1-20	1:2水泥砂浆屋面面层	m²	55	0.08	4.41	14.60	804.06	0.03	1.56			0.01	0.80													0.00	0.23
五		楼地面工程																										
27	B1-17	C10混凝土地面垫层	m³	2.5	1.23	3.05	257.55	641.30	0.58	1.43			0.68	1.70							0.88	2.19	0.10	0.25			0.00	0.00
28	B1-20	1:2水泥砂浆地面层	m²	41	0.08	3.31	10.22	423.46	0.03	1.24			0.01	0.54													0.00	0.17
29	B1-29	1:2水泥砂浆抹台阶面	m²	2.8	0.28	0.79	19.51	55.00	0.03	0.09			0.07	0.19					0.33	0.92							0.01	0.01
30	B1-31	1:2水泥砂浆踢脚线	m	47	0.01	0.24	1.42	66.75	0.00	0.16			0.01	0.31													0.00	0.02
六		墙柱面装饰工程																										
31	B2-36	混合砂浆抹内墙	m²	139	0.14	19.08	5.73	796.14	0.03	3.74			0.01	1.87			0.00	0.54									0.00	0.54
32	B2-25	1:2水泥砂浆抹村墙	m²	86	0.14	12.43	10.34	886.71	0.03	2.31			0.01	1.19													0.00	0.33
33	B2-45	混合砂浆抹柱面	m²	0.2	0.19	0.04	5.07	1.06	0.03	0.01			0.00	0.00			0.00	0.00										
34	B2-46	混合砂浆抹混凝土梁面	m²	3.7	0.20	0.73	6.76	24.95	0.03	0.09			0.01	0.05			0.00	0.02									0.00	0.01
七		顶棚装饰工程																										
35	B3-5	预制板底水泥砂浆找平嵌缝	m²	46	0.04	1.65	0.40	18.69	0.00	0.04			0.00	0.10													0.00	0.00
		小计				52.58		4715.02		12.03		4.98		7.99		1.96		0.55		0.92		2.19		0.47		0.37		1.37

项目9 工程量清单计价

训练1 工程量清单的编制

[训练目的与要求] 掌握工程量清单的编制方法、程序和内容，掌握工程量清单文件的编制技巧。

1.1 工程量清单的组成

根据《建设工程工程量清单计价规范》规定：工程量清单是表现拟建工程的分部分项工程项目、措施项目、其他项目名称及其相应工程数量的明细清单，应由分部分项工程量清单、措施项目清单、其他项目清单组成。

1.2 分部分项工程量清单的编制

1.2.1 分部分项工程量清单的分项

分部分项工程量清单是以分部分项工程项目为内容主体，由序号、项目编码、项目名称、计量单位和工程数量等构成。分部分项工程项目是形成建筑产品实体部位的工程分项，因此也可称分部分项工程量清单项目是实体项目。它也是决定措施项目和其他项目清单的重要依据。

按照规范的分项定义，首先按工程类别分附录A(建筑工程)、附录B(装饰工程)、附录C(安装工程)、附录D(市政工程)、附录E(园林绿化)。其中附录A又按专业工程或工种工程分为8个专业类别，即：A.1 土(石)方工程，A.2 桩与地基基础工程，A.3 砌筑工程，A.4 混凝土及钢筋混凝土工程，A.5 厂库房大门、特种门、木结构工程，A.6 金属结构工程，A.7 屋面及防水工程，A.8 防腐、隔热、保温工程等8类专业工程。8个专业类别项中又分47个分部工程项目，47个分部工程项目又分为有明确编码的178个分项工程项目。建筑工程分部工程项目见表9-1所示。

建筑工程工程量清单分部工程项目划分表　　　　表9-1

序号	专业工程名称	专业项目名称与编码		分部项目名称与编码		附注
		项目名称	编码	项目名称	编码	
1	A.1 土(石)方工程	A.1 土(石)方工程	01	表A.1.1 土方工程	010101	
2				表A.1.2 石方工程	010102	
3				表A.1.3 土石方回填	010103	

续表

序号	专业工程名称	专业项目名称与编码		分部项目名称与编码		附注
		项目名称	编码	项目名称	编码	
4	A.2 桩与地基基础工程	A.2 桩与地基基础工程	02	表 A.2.1 混凝土桩	010201	
5				表 A.2.2 其他桩	010202	
6				表 A.2.3 地基与边坡处理	010103	
7	A.3 砌筑工程	A.3 砌筑工程	03	表 A.3.1 砖基础	010301	
8				表 A.3.2 砖砌体	010302	
9				表 A.3.3 砖构筑物	010103	
10				表 A.3.4 砌块砌体	010304	
11				表 A.3.5 石砌体	010305	
12				表 A.3.6 砖散水、地坪、地沟	010306	
13	A.4 混凝土及钢筋混凝土工程	A.4 混凝土及钢筋混凝土工程	04	表 A.4.1 现浇混凝土基础	010401	
14				表 A.4.2 现浇混凝土桩	010402	
15				表 A.4.3 现浇混凝土梁	010403	
16				表 A.4.4 现浇混凝土墙	010404	
17				表 A.4.5 现浇混凝土板	010405	
18				表 A.4.6 现浇混凝土楼梯	010406	
19				表 A.4.7 现浇混凝土其他构件	010407	
20				表 A.4.8 后浇带	010408	
21				表 A.4.9 预制混凝土柱	010409	
22				表 A.4.10 预制混凝土梁	0104010	
23				表 A.4.11 预制混凝土屋架	0104011	
24				表 A.4.12 预制混凝土板	0104012	
25				表 A.4.13 预制混凝土楼梯	0104013	
26				表 A.4.14 其他预制构件	0104014	
27				表 A.4.15 混凝土构筑物	0104015	
28				表 A.4.16 钢筋工程	0104016	
29				表 A.4.17 螺栓、铁件	0104017	
30	A.5 厂库房大门、特种门、木结构工程	A.5 厂库房大门、特种门、木结构工程	05	表 A.5.1 厂库房大门、特种门	010501	
31				表 A.5.2 木屋架	010502	
32				表 A.5.3 木结构	010503	

续表

序号	专业工程名称	专业项目名称与编码		分部项目名称与编码		附注
		项目名称	编码	项目名称	编码	
33	A.6 金属结构工程	A.6 金属结构工程	06	表A.6.1 钢屋架、钢网架	010601	
34				表A.6.2 钢托架、钢桁架	010602	
35				表A.6.3 钢柱	010603	
36				表A.6.4 钢梁	010604	
37				表A.6.5 压型钢板楼板、墙板	010605	
38				表A.6.6 钢构件	010606	
39				表A.6.7 金属网	010607	
40	A.7 屋面及防水工程	A.7 屋面及防水工程	07	表A.7.1 瓦、型材屋面	010701	
41				表A.7.2 屋面防水	010702	
42				表A.7.3 墙、地面防水、防潮	010703	
43				表A.7.4 其他相关问题	010704	1. 小青瓦、水泥平瓦、玻璃瓦等，应按A.7.1中瓦屋面项目编码列项 2. 压型钢板、阳光板、玻璃钢等，应按A.7.1中型材屋面项目编码列项
44	A.8 防腐、保温、隔热工程	A.8 防腐、保温、隔热工程	08	表A.8.1 防腐面层	010801	
45				表A.8.2 其他防腐	010802	
46				表A.8.3 隔热、保温	010803	
47				表A.8.4 其他相关问题	010804	1. 保温隔热墙的装饰面层，应按B.2中相关项目编码列项 2. 柱帽保温隔热应并入顶棚保温隔热工程量内 3. 池槽保温隔热，池壁、池底应分别编码列项，池壁应并入墙面保温隔热工程量内，池底应并入地面保温隔热工程量内

表9-1中每个分部工程或工种工程分项表中，又包含了各分部分项工程分项，如专业工程A.4混凝土及钢筋混凝土工程中包括从A.4.1至A.4.17，即包含有17个混凝土及钢筋混凝土分部分项工程。以其中A.4.1现浇混凝土基础工程为例，如表9-2所示，表中又包括了带形基础、独立基础、满堂基础、设备基础、桩承台基础等5项分部分项清单项目。表中还规定了每个分项的项目名称、项目特征、计量单位、工程量计算规则和工程内容。

现浇混凝土基础（编码：010401）（表 A.4.1）　　　　表 9-2

项目编码	项目名称	项目特征	计量单位	工程量计算规则	工程内容
010401001	带形基础	1. 垫层材料种类、厚度 2. 混凝土强度等级 3. 混凝土拌合料要求 4. 砂浆强度等级	m^3	按设计图示尺寸以体积计算，不扣除构件内钢筋、预埋铁件和伸入承台基础的桩头所占体积	1. 铺设垫层 2. 混凝土制作、运输、浇筑、振捣、养护 3. 地脚螺栓二次灌浆
010401002	独立基础				
010401003	满堂基础				
010401004	设备基础				
010401005	桩承台基础				

1.2.2　分部分项工程量清单的编制依据

(1)《建设工程工程量清单计价规范》（GB 50500—2003），以下简称《计价规范》；
(2) 招标文件；
(3) 设计文件；
(4) 有关的工程施工规范与工程验收规范；
(5) 拟采用的施工组织设计和施工技术方案。

1.2.3　分部分项工程量清单的格式

分部分项工程量清单格式如表 9-3 所示。

分部分项工程量清单　　　　表 9-3

工程名称：　　　　　　　　　　　　　　　　　　　　　　　　第　页、共　页

序号	项目编码	项目名称	计量单位	工程数量
1				
2				
3				
:				
n				

1. 分部分项工程量清单编码

工程量清单的编码，主要是指分部分项工程工程量清单的编码。

分部分项工程量清单的项目编码，一至九位应按附录 A、附录 B、附录 C、附录 D、附录 E 的规定设置；十至十二位应根据拟建工程的工程量清单项目名称由其编制人设置，并应自 001 起顺序编制。这样的 12 位数编码就能区分各种类型的项目。一个项目的编码由五级组成，如图 9-1 所示。

第一级代码为五类工程顺序码，即建筑工程、装饰工程、安装工程、市政工程、园林绿化工程，分别见附录 A、B、C、D、E，用最前两位代码表示其工程类型顺序码，分别用最前两位代码 01、02、03、04、05 区分以上五类工程编码。

第二级即第三、四两位代码为区别不同专业工程的顺序码。

第三级即以第五、六两位代码作为分部工程或工种工程顺序码。

第四级为第七、八、九三位数代码是分项工程项目名称的顺序码，上述四级代码即前九位编码，是规范附录中根据工程分项在附录 A、B、C、D、E 中分别已明确规定的编码，供清单编制时查询，不能作任何调整与变动。

第五级编码为第十、十一、十二位数代码是分项工程清单项目名称的顺序

码，是招标人根据工程量清单编制的需要而自行设置。

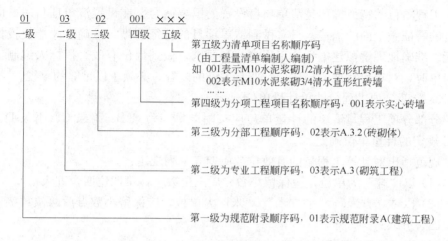

图 9-1 清单项目编码示意图

2．分部分项工程量清单项目名称

(1) 项目名称

项目名称应按附录 A、附录 B、附录 C、附录 D、附录 E 的项目名称与项目特征并结合拟建工程的实际确定。

项目名称原则上以形成工程实体而命名。清单项目名称应按《计价规范》规定，不能变动主体名称。由于清单项目是按实体设置的，而实体是由多个工程子目组合而成。实体项目即《计价规范》中的项目名称，组合子目即《计价规范》中的工程内容。《计价规范》对各清单项目可能发生的组合项目均做了提示，并列在"工程内容"一栏内，供清单编制人根据具体工程有选择地对项目描述时参考。

如果发生了在《计价规范》附录中没有列的工程内容，在清单项目描述中应予以补充，绝不可以《计价规范》附录中没有为理由不予描述。描述不清容易引发投标人报价(综合单价)内容不一致，给评标和工程管理带来麻烦。

(2) 项目特征

在项目名称栏中编者还应对项目特征进行准确描述，通过对项目特征的描述，使清单项目名称清晰化、具体化、细化，能够反映影响工程造价主要因素。项目特征按不同的工程部位、施工工艺或材料品种、规格等分别列项。凡项目特征中未描述到的其他独有特征，由清单编制人视项目具体情况确定，以准确描述清单项目为准。

建筑工程项目的特征主要体现在以下几个方面：

1) 项目的主体特征。属于这些特征的主要是项目的材质、型号、规格甚至品牌等，这些特征对工程造价影响较大，若不加以区分，必然造成计价混乱。

2) 工艺方面的特征。对于项目的工艺要求，在清单编制时有必要进行详细说明。例如石望柱柱身雕刻，柱头雕饰要求，在清单项目设置时，必须详细描述。

3) 对工艺或施工方法有影响的特征。有些特征将直接影响到施工方法，从而影响工程造价。例如钢梁的单根重量、安装高度；挖土方项目的地下水水位高低、淤泥层厚度等有关情况在清单项目设置时，必须详细描述。

工程项目的特征描述是清单项目设置的重要内容。在设置清单项目时，应对项目的特征做全面的描述。只有做到清单项目的特征清晰、准确，才能使投标人全面、准确地理解拟建工程的工程内容和要求，做到计价有效。招标人编制工程量清单时，对项目特征的描述，是非常关键的内容，必须予以足够的重视。

3. 分部分项工程量清单计量单位

分部分项工程量清单的计量单位应按附录 A、附录 B、附录 C、附录 D、附录 E 规定的计量单位确定。

规范指出对计算工程量的有效位数应遵守下列规定：

(1) 以"吨"为单位，应保留小数点后三位数字，第四位四舍五入；

(2) 以"立方米"、"平方米"、"米"为单位，应保留小数点后两位数字，第三位四舍五入；

(3) 以"个"、"项"等为单位，应取整数。

4. 分部分项工程量清单工程数量

工程数量的计算主要通过工程量计算规则计算得到。除另有说明外，所有清单项目的工程量应以实体工程量为准，并以完成后的净值计算；投标人投标报价时，应在单价中考虑施工中的各种损耗和需要增加的工程量。

工程量的计算规则按主要专业划分，包括建筑工程、装饰装修工程、安装工程、市政工程和园林绿化工程五个专业部分。

1.2.4 分部分项工程量清单的编制步骤和方法

(1) 做好编制清单的准备工作；

(2) 确定分部分项工程的分项及名称；

(3) 拟定项目特征的描述；

(4) 确定工程量清单编码；

(5) 确定分部分项清单分项的工程量；

(6) 复核与整理清单文件。

1.3 措施项目清单的编制

措施项目是为完成工程项目施工，发生于该工程施工前和施工过程中的技术、生活、安全等方面的非工程实体项目。

1.3.1 措施项目清单的设置

首先，要参考拟建工程的施工组织设计，以确定环境保护、文明安全施工、材料的二次搬运等项目；其次，参阅施工技术方案，以确定夜间施工、大型机具进出场及安拆、混凝土模板与支架、脚手架、施工排水降水、垂直运输机械、组装平台、大型机具使用等项目。参阅相关的施工规范与工程验收规范，可以确定施工技术方案没有表述的，但是为了实现施工规范与工程验收规范要求而必须发生的技术措施。招标文件中提出的某些必须通过一定的技术措施才能实现的要求。设计文件中一些不足以写进技术方案的，但是要通过一定的技术措施才能实现的内容。措施清单项目及其列项条件示例见表 9-4。

措施项目一览表 表9-4

序号	项目名称
1 通用项目	
1.1	环境保护
1.2	文明施工
1.3	安全施工
1.4	临时设施
1.5	夜间施工
1.6	二次搬运
1.7	大型机械设备进出场及安拆*
1.8	混凝土、钢筋混凝土模板及支架
1.9	脚手架
1.10	已完工程及设备保护
1.11	施工排水、降水
2 建筑工程	
2.1	垂直运输机械
3 装饰装修工程	
3.1	垂直运输机械
3.2	室内空气污染测试
4 安装工程	
4.1	组装平台
4.2	设备、管道施工的安全、防冻和焊接保护措施*
4.3	压力容器和高压管道的检验*
4.4	焦炉施工大棚*
4.5	焦炉烘炉、热态工程*
4.6	管道安装后的充气保护措施*
4.7	隧道内施工的通风、供水、供气、供电、照明及通讯设施
4.8	现场施工围栏
4.9	长输管道临时水工保护设施
4.10	长输管道施工便道
4.11	长输管道跨越或穿越施工措施
4.12	长输管道地下穿越地上建筑物的保护措施
4.13	长输管道工程施工队伍调遣
4.14	格架式抱杆
5 市政工程	
5.1	围堰
5.2	筑岛
5.3	现场施工围栏
5.4	便道
5.5	便桥
5.6	洞内施工的通风、供水、供气、供电、照明及通讯设施
5.7	驳岸块石清理

注：项目名称后加"*"的措施项目为实体措施项目。

措施项目清单应根据拟建工程的具体情况,参照措施项目一览表列项,若出现措施项目一览表未列项目,编制人可作补充。

要编好措施项目工程量清单,编者必须具有相关的施工管理、施工技术、施工工艺和施工方法方面的知识及实践经验,掌握有关政策、法规和相关规章制度。例如对环境保护、文明施工、安全施工等方面的规定和要求,为了改善和美化施工环境,组织文明施工就会发生措施项目及其费用开支,否则就会发生漏项少费的问题。

编制措施项目工程量清单项目应注意以下几点:

第一,既要对规范有深刻的理解,又要有比较丰富的知识和经验,要真正弄懂工程量清单计价方法的内涵,熟悉和掌握规范对措施项目的划分规定和要求,掌握其本质和规律,注重系统思维。

第二,编制措施项目工程量清单项目应与编制分部分项工程量清单综合考虑,与分部分项工程紧密相关的措施项目编制时可同步进行。

第三,编制措施项目应与拟定或编制重点难点分部分项施工方案结合,以保证所拟措施项目划分和描述的可行性。

第四,对上表中未能包含的措施项目,还应给予补充,对补充项目应更要注意描述清楚、准确。

1.3.2 措施项目清单的编制依据

(1)拟建工程的施工组织设计;
(2)拟建工程的施工技术方案;
(3)与拟建工程相关的工程施工规范与工程验收规范;
(4)招标文件;
(5)设计文件。

1.3.3 措施项目清单的基本格式

措施项目清单基本格式如表 9-5 所示。

措 施 项 目 清 单　　　　　　　　　　　表 9-5

工程名称:　　　　　　　　　　　　　　　　　第　页、共　页

序　号	项　目　名　称
1	
2	
⋮	
n	

1.4 其他项目清单的编制

对其他项目规范中没有给出定义,但规定了招标人和投标人允许预留和列入报价的费用,按照实事求是的原则给予补充。

1.4.1 其他项目清单编制规则

(1)其他项目清单应根据工程的具体情况,参照下列内容列项:预留金、材料购置费、总承包服务费、零星工作项目费。

(2) 零星工作项目应根据拟建工程的具体情况，详细列出人工、材料、机械名称、计量单位和相应数量，并随工程量清单发至投标人。

(3) 编制其他项目清单，出现《计价规范》未列项目，编制人可作补充。

1.4.2 其他项目清单的编制

根据规范要求其他项目清单的编制应根据拟建工程的具体情况，参照下列内容列项：

1. 招标人部分

包括预留金、材料购置费等。

(1) 预留金。是指招标人为可能发生的工程量变更而预留的金额。这里的工程量变更主要是指可能发生的工程量清单漏项或有误引起的工程量增加，以及施工中设计变更造成的标准提高或工程量的增加。预留金的计算，应根据设计文件的深度、设计质量的高低、拟建工程的成熟程度来确定其额度。设计深度深、设计质量高、已经成熟的工程设计，一般预留工程总造价的3%～5%即可。在初步设计阶段，工程设计不成熟的，最少要预留工程总造价的10%～15%。

(2) 材料购置费。是指在招标文件中规定的由招标人采购的拟建工程材料费。材料购置费按式(9-1)计算：

$$材料购置费 = \Sigma(业主供材料量 \times 到场价) + 采购保管费 \quad (9-1)$$

这两项费用均应由清单编制人根据业主意图和拟建工程实况计算出金额填制表格。

2. 投标人部分

包括总承包服务费、零星工作项目费两项内容。除规范中规定的这两项内容外，如果招标文件对承包商的工作范围还有其他要求，也应将其列项。例如：设备的场外运输、设备的接保检、为业主代培技术工人等。

(1) 总承包服务费。是指为配合协调招标人进行的工程分包和材料采购所需的费用。

(2) 零星工作项目费。是指完成招标人提出的不能以实物计量的零星工作项目所需的费用。零星工作项目表应根据拟建工程的具体情况，详细列出人工、材料、机械的名称、计量单位和相应数量，并随工程量清单发至投标人。零星工作项目中的工、料、机计算，要根据工程的复杂程度、工程设计质量以及工程项目设计深度等因素来确定其数量。

1.4.3 其他项目清单编制格式

其他项目清单编制格式如表9-6。其他项目中零星工作项目表格式如表9-7。

其他项目清单 表9-6

工程名称： 第 页 共 页

序 号	项 目 名 称	序 号	项 目 名 称
1	招标人部分	2	投标人部分
1.1	预留金	2.1	总承包服务费
1.2	材料购置费	2.2	零星工作费
1.3	其他	2.3	其他

零星工作项目表 表 9-7

工程名称： 第 页 共 页

序 号	名 称	计量单位	数 量
1	人 工		
	小 计		
2	材 料		
	小 计		
3	机 械		
	小 计		
	合 计		

1.5 工程量清单的整理

工程量清单按规范规定的要求编制完成后，应当反复进行校核，最后按规定的统一格式进行归档整理。《计价规范》对工程量清单规定了统一的格式，在招标投标工程中，工程量清单必须严格遵照《计价规范》规定的下述格式执行，其规定格式及填表要求如下：

1.5.1 工程量清单的组成内容

（1）封面；
（2）填表须知；
（3）总说明；
（4）分部分项工程量清单；
（5）措施项目清单；
（6）其他项目清单；
（7）零星工作项目表。

1.5.2 填表须知

（1）工程量清单及其计价格式中所有要求签字、盖章的地方，必须由规定的单位和人员签字、盖章。

（2）工程量清单及其计价格式中的任何内容不得随意删除或涂改。

（3）工程量清单计价格式中列明的所有需要填报的单价和合价，投标人均应填报，未填报的单价和合价，视为此项费用已包含在工程量清单的其他单价和合价中。

1.5.3 工程量清单的填写规定

（1）工程量清单应由招标人填写。
（2）填表须知除规范内容以外，招标人可根据具体情况进行补充。
（3）总说明应按下列内容填写：

1) 工程概况：建设规模、工程特征、计划工期、施工现场实际情况、交通运输情况、自然地理条件、环境保护要求等；
2) 工程招标和分包范围；
3) 工程量清单编制依据；
4) 工程质量、材料、施工等的特殊要求；
5) 招标人自行采购材料的名称、规格型号、数量等；
6) 其他项目清单中招标人部分的（包括预留金、材料购置费等）金额数量；
7) 其他需说明的问题。

1.6 工程量清单的编制实例

下面以一个实际例子讲述工程量清单编制的基本方法。

×大学扩建工程，内容包括学术报告厅、实验大楼、1号教学楼三个单项工程。

学术报告厅：工程规模170m^2，砖混结构，单层，层高4.3m。砖基础及砖墙，外墙抹水泥砂浆刷灰色金属漆，屋顶挑檐为三曲瓦，内墙面抹混合砂浆刷乳胶漆，室内地面贴800mm×800mm地砖，顶棚轻钢龙骨矿棉板。施工图如图9-2、图9-3所示。

实验大楼与1号教学楼略。

工程量清单是由招标人或其委托人编制的，提供给投标人编制投标报价（或招标人编制招标标底）的建设工程的工程量清单。

1.6.1 工程量清单的编制人

(1) 招标人有招标资质的，可以由招标人自己编制。
(2) 若招标人无资质，招标人可委托造价咨询机构或招标代理机构编制。

1.6.2 工程量清单的编制依据

(1) 招标文件。
(2) 施工图纸及图纸答疑。
(3)《建设工程工程量清单计价规范》。
(4) 现场踏勘情况。

1.6.3 工程量清单格式

工程量清单格式由下列内容组成：
(1) 封面（见后）。
(2) 填表须知（见后"填表须知"）。
(3) 总说明（见后"总说明"）。
(4) 分部分项工程量清单（见表9-8、表9-9）。
(5) 措施项目清单（见表9-10、表9-11）。
(6) 其他项目清单（见表9-12）。
(7) 零星工作项目表（见表9-13、表9-14）。

1.6.4 工程量清单的编制

工程量清单编制分两个步骤：计算工程量、编制工程量清单。

1. 计算工程量

根据×大学学术报告厅施工图纸(见图 9-2、图 9-3)计算下列工程量:

建筑面积:$S=15.84\times10.74=170.12m^2$

(1) 先张法预应力空心板:$10.76m^3$。查西南 G221 标准图集,该工程空心板为先张法预应力空心板,C40 混凝土,钢筋为 $\phi5$ 冷拔丝,其混凝土及钢筋指标如下:YWB3909-3,混凝土 $0.249m^3$/块,钢筋 9.43kg/块;YWB3906-3,混凝土 $0.168m^3$/块,钢筋 8.71kg/块。

1) YWB3909-3a:混凝土 $0.249\times3.63/3.88\times20=4.66m^3$
   钢筋 $9.43\times3.63/3.88\times20=176.45kg$

2) YWB3909-3b:混凝土 $0.249\times3.755/3.88\times20=4.82m^3$
   钢筋 $9.43\times3.63/3.88\times20=182.52kg$

3) YWB39096-3a:混凝土 $0.168\times3.63/3.88\times4=0.63m^3$
   钢筋 $8.71\times3.63/3.88\times4=32.60kg$

4) YWB3906-3b:混凝土 $0.168\times3.63/3.88\times4=0.65m^3$
   钢筋 $8.71\times3.755/3.88\times4=33.72kg$

合计:混凝土 $10.76m^3$;钢筋 425.29kg

(2) 先张法预应力构件钢筋:0.425t($\phi b5$ 冷拔丝)

(3) 预制 C20 钢筋混凝土板(B-1):$2.48m^3$

块数:$26\times2+18\times2+4=92$ 块

体积:$0.76\times0.59\times0.06\times92=2.48m^3$

(4) 预制 C20 钢筋混凝土过梁:$1.39m^3$(GL1,GL2)

$0.24\times0.24\times2.90\times7+0.24\times0.24\times3.91\times1=1.39m^3$

(5) 预制构件钢筋:0.279t

1) 预制板(B-1)

每块重量:$\phi8$、$\phi6$ 钢筋:$0.74\times0.395^*\times4+0.57\times0.222^*\times5=1.80kg$/块

(注:带"*"号数据为钢筋的每米重量,后同。)

总重量:$1.80\times92=165.60kg$

2) 预制过梁(GL-1、GL-2)

$2\phi10$ 钢筋:GL-1$(2.9-0.025\times2+12.5\times0.01)\times0.617^*\times2\times7=25.70kg$
GL-2$(3.91-0.025\times2+12.5\times0.01)\times0.617^*\times2\times1=4.92kg$

$2\phi14$ 钢筋:GL-1$(2.9-0.025\times2)\times1.208^*\times2\times7=48.20kg$
GL-2$(3.91-0.025\times2)\times1.208^*\times2\times1=9.33kg$

$\phi6$ 钢筋:GL-1$[(0.24-0.025\times2)\times4+0.10]\times0.222^*\times16\times7=21.38kg$
GL-2$[(0.24-0.025\times2)\times4+0.10]\times0.222^*\times21\times1=4.01kg$

小计:113.54kg

预制构件钢筋合计:$165.60+113.54=279.14kg=0.279t$

(6) 现浇钢筋混凝土梁(XL):$(0.25\times0.8+0.1\times0.1\times2)\times10.5\times3=6.93m^3$

(7) 现浇钢筋混凝土圈梁:$(0.24\times0.3+0.24\times0.24)\times(15.6+10.5)\times2=6.77m^3$

(8) 现浇钢筋混凝土挑檐:$[(15.84+0.6\times2)\times(10.74+0.6\times2)-15.84\times10.74]$

×0.10+0.06×0.06×1/2×[(15.84+0.6×2−0.06)
+(10.74+0.6×2−0.06)]×2=3.44m³

(9) 现浇钢筋混凝土压顶：0.30×0.06×(15.6+10.5)×2=0.94m³

(10) 现浇构件钢筋：1.763t

1) 现浇梁(XL)：

A. 2φ12：(10.5−0.025×2+0.15×2+12.5×0.012)×0.888*×2×3=58.08kg

B. 4φ20：10.45×2.466*×4×3=309.24kg

C. 1φ20：(10.45+0.73×0.4142×2)×2.466*×1×3=81.78kg

D. 8φ12：(10.45+12.5×0.012)×0.888*×8×3=225.91kg

E. φ8：(1.9+0.15)×0.395*×43×3=104.46kg

F. φ8：0.59×0.395*×43×3=30.06kg

G. φ8：0.33×0.395*×43×3=16.81kg

小计：826.34kg

2) 现浇圈梁(地圈梁、顶层圈梁及挑檐)：

4φ14 主筋：(15.95+10.85)×2×4×1.208*×2=517.99kg

φ14 附加筋：1.71×8×1.208*×2=33.05kg

φ6 箍筋：0.86×260×0.222*=49.64kg

φ8 钢筋：1.74×296×0.395*=203.44kg

4φ8 通长钢筋：4×(17.12+12.02)×2×0.395*=92.08kg

小计：896.20kg

3) 现浇压顶：

2φ6 通长钢筋：(15.82+10.72)×2×2×0.222*=23.57kg

φ6 钢筋：0.28×270×0.222*=16.78kg

小计：40.35kg

1)～3)合计：826.34+896.20+40.35=1762.89kg=1.763t

(11) 铝合金地弹门：1樘(面积 3.41×2.5×1=8.53m²)

(12) 铝合金推拉窗：7樘(面积 2.40×1.8×7=30.24m²)

(13) M5.0 水泥砂浆砌砖基础：

(0.24×0.86+0.04725)×[(15.6+10.5)×2+0.25×6]=13.61m³

附 C10 混凝土基础垫层(计算基槽回填土工程量时用)：

0.7×0.1×(15.6+10.5)×2+0.25×0.9×0.1×6=3.79m³

(14) 人工平整场地：15.84×10.74=170.12m²

(15) 人工挖基槽(深 0.9m)：

[0.7×(15.6+10.5)×2+0.25×0.9×6]×0.9=34.10m³

(16) 基槽回填土：

34.10−[3.79+13.61−(15.6+10.5)×2×0.24×0.06]=17.45m³

(17) M5.0 混合砂浆砌砖墙：[(15.6+10.5)×2×(5.0−0.06−0.3)−8.53
−30.24]×0.24−1.39+0.25×0.49×5.00×6
=52.50m³

(18) 内墙面抹混合砂浆(20mm 厚)：
  $[(15.36+10.26)\times2+0.25\times12]\times3.3-8.53-30.24=140.22m^2$

(19) 内墙面刷乳胶漆：$140.22-0.15\times[(15.36+10.26)\times2+0.25\times12]$
  $=132.08m^2$

(20) 外墙抹水泥砂浆：$(15.84+10.74)\times2\times(5.3-0.7)-8.53-30.24$
  $-(4.9+4.3)\times0.15=204.39m^2$

(21) 水泥砂浆零星抹灰：$59.49m^2$

1) 檐口抹灰：$(17.04+11.94)\times2\times0.1=5.80m^2$

2) 压顶抹灰：$(0.3+0.06\times2)(15.6+10.5)\times2=21.92m^2$

3) 女儿墙内侧抹灰：$(15.36+10.26)\times2\times(5.0-4.32-0.06)=31.77m^2$

小计：$59.49m^2$

(22) 外墙面刷金属漆：$203.01+5.80+17.04\times11.94-15.84\times10.74$
  $=243.53m^2$

(23) 强化木地板：$3.78\times10.26-1.0\times1.0\times1/2\times2=37.78m^2$

(24) 800mm×800mm 地砖：$15.36\times10.26-37.78=119.81m^2$

(25) 150mm 高地砖踢脚线：$(15.36\times2+10.26+0.25\times12-2.78\times2$
  $-3.41)\times0.15=5.25m^2$

(26) 砖砌台阶：$4.9\times0.6=2.94m^2$

(27) 花岗石台阶贴面：$2.94m^2$（同上）

(28) C10 混凝土散水：$[(15.84+10.74)\times2-4.9]\times0.6+4\times0.6\times0.6$
  $=30.40m^2$

(29) 砖砌明沟：$(15.84+10.74)\times2-4.9+0.6\times8+0.24\times4=54.02m$

(30) 室内回填土：$15.36\times10.26\times(0.3-0.105)=30.73m^2$

(31) 轻钢龙骨矿棉板顶棚：$15.36\times10.26=157.59m^2$

(32) SBS 屋面防水层：$157.59+(15.36+10.26)\times2\times(5.0-4.32-0.14$
  $-0.02\times2-0.06)=180.14m^2$

1) SBS 屋面防水层：$180.14m^2$

2) 水泥砂浆屋面找平层(20mm 厚，在空心板上)：$157.59m^2$。

3) 1:3 水泥砂浆屋面找平层(20mm 厚，在炉渣层上)：$157.59m^2$。

4) 1:6 水泥炉渣找坡层：

平均厚度：$0.04+10.26\times2\%\times1/2=0.14m$

体积：$157.59\times0.14=22.06m^3$

(33) ϕ110PVC 落水管：$4.32\times2=8.64m$

(34) 三曲瓦檐口：$(17.04\times11.94-15.84\times10.74)\times\sqrt{2}=47.14m^2$

2. 编制工程量清单

首先，根据上述工程量计算结果，按《计价规范》统一的项目编码及项目名称等汇总成"分部分项工程量清单"，见表9-8及表9-9。

序号根据本工程的具体项目的多少编制。项目名称和计量单位根据《计价规范》的规定编制。

项目编码共12位，前9位根据《计价规范》中的编码编制，后3位根据本工程具体项目的多少编制，如表9-9中序6、序7属同一项目中的两个内容，分别编001、002。若项目中仅有一个内容时，要用001占位，如表9-8中的所有项目。

分部分项工程量清单中，最好是将工程内容写在后面，如表9-8中"工程内容"栏，以便计价者明白清单所包括的具体内容。

其次，编写措施项目清单和其他项目清单。

措施项目清单表，根据《计价规范》中"措施项目一览表"所列内容，并结合本工程具体情况编制。其内容包括环境保护、安全文明施工、临时措施、夜间施工、二次搬运、大型机械设备进出场及安拆、混凝土及钢筋混凝土模板及支架、脚手架、已完工程及设备保护、施工排水降水、垂直运输机械等。见表9-10、表9-11。

其他项目清单，包括预留金、材料购置费、总承包服务费、零星工作项目费等内容。见表9-12、表9-13、表9-14。

各种清单填写完毕，还应书写总说明及封面，见封面、总说明。

封面:

学术报告厅 工程

工 程 量 清 单

招标人:_____××大学_____(单位签字盖章)

法定代表人:_____×××_____(签字盖章)

中介机构

法人代表人:_____××造价咨询公司_____(签字盖章)

造价工程师

及注册证号:_____×××_____(签字盖执业专用章)

编制时间:_____2003年8月16日_____

填 表 须 知

1. 工程量清单及其计价格式中所有要求签字盖章的地方，必须由规定的单位和人员签字、盖章。

2. 工程量清单及其计价格式中任何内容不得随意删除或涂改。

3. 工程量清单计价格式中列明的所有需要填报的单价和合价，投标人均应填报，未填报的单价和合价，视为此项费用已包含在工程量清单的其他单价和合价中。

4. 金额（价格）均应以人民币表示。

项目9 工程量清单计价

总 说 明

工程名称：学术报告厅　　　　　　　　　　　　　第　页（共　页）

1. 本工程量清单系按分部分项工程提供的。

2. 本工程量清单是依据《建设工程工程量清单针价规范》（GB 50500—2003）工程量计算规则编制的，为招标文件的组成部分，一经中标签订合同，即成为合同的组成部分。

3. 本工程量清单所列的工程量系本招标人估算的，作为投标报价的基础，付款时以由承包人计量、由招标人或由其委托的监理工程师核准的实际完成工程量为依据。

4. 工程量清单应与投标须知、合同条件、合同协议条款、工程规范和图纸一起使用。

5. 工程概况：

某大学扩建工程，内容包括学术报告厅、实验大楼、1号教学楼三个单项工程。

学术报告厅：工程规模170m^2，砖混结构，单层，层高4.3m。砖基础及砖墙，外墙抹水泥砂浆刷灰色金属漆，屋顶挑檐为仿琉璃三曲瓦，内墙面抹混合砂浆刷乳胶漆，室内地面贴800mm×800mm地砖，顶棚轻钢龙骨矿棉板。

工程工期：按三栋建筑统一考虑共425天。

6. 招标范围：施工图所包括的全部建筑及装饰工程。

7. 编制依据：《建设工程工程量清单计价规范》（GB 50500—2003）、施工设计图纸、施工组织设计文件、图纸答疑。

8. 投标文件应包括《建设工程工程量情单针价规范》（GB 50500—2003）规定的全部内容。

分部分项工程量清单　　　　　　　　　　　　　　　　　　　表 9-8

工程名称：学术报告厅建筑工程　　　　　　　　　　　　　　　第 1 页(共 1 页)

序号	项目编号	项目名称	计量单位	工程数量	工程内容
1	010101001001	人工平整场地	m²	170.12	就地挖、填、找平
2	010101003001	人工挖基槽	m³	34.10	深 0.9m，Ⅰ土类
3	010103001001	人工基槽回填土	m³	17.45	土方就地堆放
4	010103001002	室内回填土方	m³	30.73	含取土
5	010301001001	M5 水泥砂浆砌砖基础	m³	13.61	
6	010302001001	M5 混合砂浆砌砖墙	m³	52.50	
7	010302006001	砖砌台阶	m²	2.94	
8	010306002001	砖砌明沟	m	54.02	
9	010403003001	现浇钢筋混凝土梁	m³	6.93	
10	010403004001	现浇钢筋混凝土圈梁	m³	6.77	
11	010405007001	现浇钢筋混凝土挑檐	m³	3.44	
12	010407001001	现浇钢筋混凝土女儿墙压顶	m³	0.94	
13	010407002001	C10 混凝土散水	m²	30.40	
14	010410003001	预制 C20 钢筋混凝土过梁	m³	1.39	
15	010412002001	先张法预应力空心板	m³	10.76	
16	010414002001	预制 C20 钢筋混凝土板	m³	2.48	
17	010416001001	现浇构件钢筋	t	1.763	
18	010416002001	预制构件钢筋	t	0.279	
19	010416005001	先张法预应力构件钢筋	t	0.425	ϕ^b5 冷拔丝
20	010702001001	SBS 屋面防水层	m²	180.14	防水、找平、找坡
21	010702004001	ϕ110 PVC 落水管	m	8.64	

注：工程内容应包括《计价规范》规定的全部内容。

分部分项工程量清单　　　　表 9-9

工程名称：学术报告厅装饰工程　　　　第 1 页（共 1 页）

序号	项目编号	项目名称	计量单位	工程数量	工程内容
1	020102001001	800mm×800mm 地砖	m²	119.81	含混凝土垫层、找平层
2	020104002001	强化木地板	m²	37.78	含骨架、木工板基层、强化木地板
3	020105003001	150mm 高地砖踢脚线	m²	5.25	
4	020108001001	花岗石台阶贴面	m²	2.94	
5	020109003001	三曲瓦檐口	m²	47.14	
6	020201001001	内墙面抹混合砂浆	m²	140.22	
7	020201001002	外墙抹水泥砂浆	m²	204.39	
8	020203001001	水泥砂浆零星抹灰	m²	59.49	
9	020302001001	轻钢龙骨矿棉板顶棚	m²	157.59	龙骨、面层
10	020402003001	铝合金地弹门	樘	1	面积 8.53m²
11	020406001001	铝合金推拉窗	樘	7	面积 30.24m²
12	020507001001	内墙面刷乳胶漆	m²	132.08	含腻子、乳胶漆
13	020507001002	外墙面刷金属漆	m²	243.53	含腻子、金属漆

注：工程内容应包括《计价规范》规定的全部内容。

措施项目清单 表 9-10

工程名称：学术报告厅建筑工程 第1页(共1页)

序号	项 目 名 称
1	环境保护
2	文明施工
3	安全施工
4	临时设施
5	夜间施工
6	二次搬运
7	大型机械设备进出场及安拆
8	混凝土及钢筋混凝土模板及支架
9	脚手架
10	已完工程及设备保护
11	施工排水、降水
12	垂直运输机械

措 施 项 目 清 单　　　　　　表 9-11

工程名称：学术报告厅装饰工程　　　　　　　　　　　　　第 1 页（共　页）

序　号	项　目　名　称
1	环境保护
2	文明施工
3	安全施工
4	临时设施
5	夜间施工
6	二次搬运
7	大型机械设备进出场及安拆
8	脚手架
9	已完工程及设备保护
10	垂直运输机械
11	室内空气污染测试

其他项目清单　　　　　　　　　　　表 9-12

工程名称：学术报告厅　　　　　　　　　　　　　第 1 页（共　页）

序号	单项工程名称	金额(元)
1	招标人部分	
	小　计	
2	投标人部分	
	小　计	
	小　计	

零星工作项目表 表 9-13

工程名称：学术报告厅建筑工程　　　　　　　　　　　　　　　　第 1 页（共　页）

序 号	名 称	计量单位	数 量
1	技 工	工 日	6
2	普 工	工 日	10
3	推土机	台 班	2

零星工作项目表 表 9-14

工程名称：学术报告厅装饰工程 第 1 页(共　页)

序号	名　　称	计量单位	数　量
1	细木工	工　日	6
2	铝塑板(外墙用)	2m	2.5

项目9 工程量清单计价

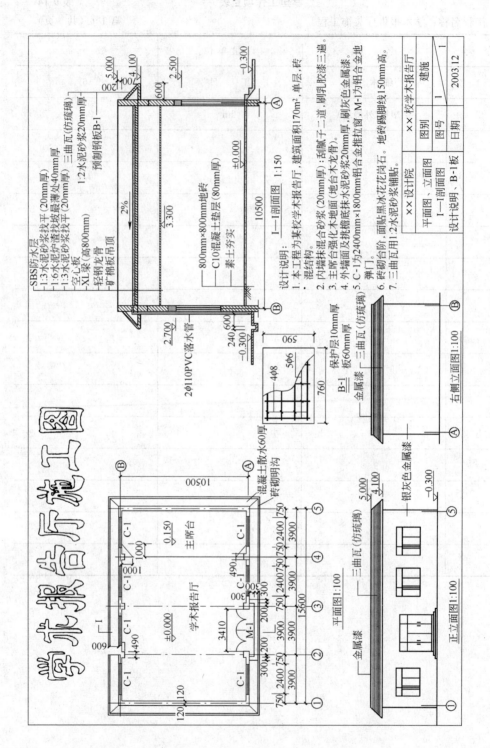

图9-2 建筑施工图

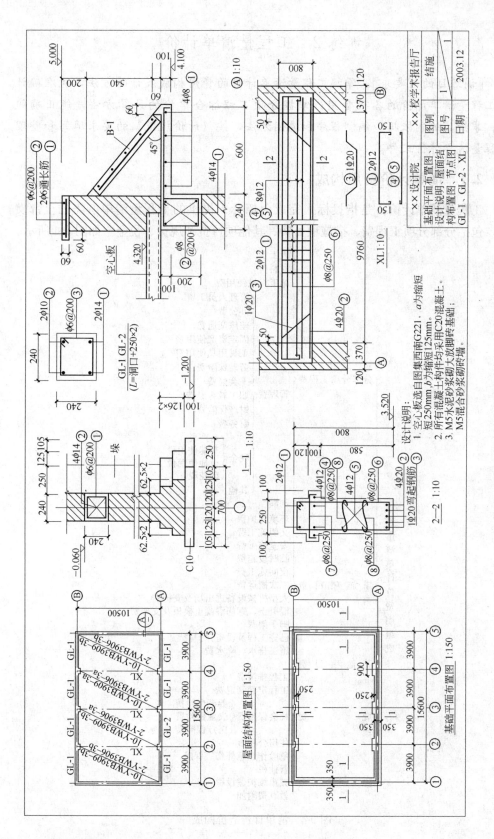

图 9-3 结构施工图

训练 2 工程量清单计价

[训练目的与要求] 掌握工程量清单计价的费用构成及计算方法，能准确计算工程量清单计价的各项费用；掌握分项工程综合单价的计算方法，能正确组价；掌握其编制依据、编制程序和编制方法，按《计价规范》的要求填写和整理工程量清单计价文件。

2.1 清单计价费用构成

工程量清单计价，是指投标人完成由招标人提供的工程量清单所需的全部费用，包括分部分项工程费、措施项目费、其他项目费和规费、税金。如图 9-4 所示。

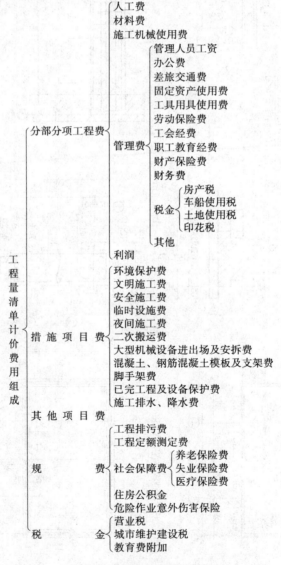

图 9-4　清单计价造价构成

2.1.1 分部分项工程量清单费用

分部分项工程量清单费用采用综合单价计价，它综合了完成工程量清单中一个规定的计量单位项目所需的人工费、材料费、施工机械使用费、管理费和利润，并考虑了风险因素。应按设计文件或参照《计价规范》附录的工程内容确定。

人工费是指直接从事建筑安装工程施工的生产工人开支的各项费用。

材料费是指施工过程中耗费的构成工程实体的原材料、辅助材料、构配件、零件、半成品的费用。

施工机械使用费指使用施工机械作业所发生的费用。

管理费是指建筑安装企业组织施工生产和经营管理所需费用。

利润指按企业经营管理水平和市场的竞争能力，完成工程量清单中各个分项工程应获得并计入清单项目中的利润。

分部分项工程费用中，还应考虑由施工方承担的风险因素，计算风险费用。风险费用是指投标企业在确定综合单价时，客观上可能产生的不可避免误差，以及在施工过程中遇到施工现场条件复杂，恶劣的自然条件，施工中意外事故，物价暴涨以及其他风险因素所发生的费用。

2.1.2 措施项目费用

措施项目费是指施工企业为完成工程项目施工，发生于该工程施工前和施工过程中生产、生活、安全等方面的非工程实体费用。措施项目费用包括施工技术措施项目费用和施工组织措施项目费用。措施项目费用结算需要调整的，必须在招标文件或合同中明确。

2.1.3 其他项目费用

其他项目费包括招标人部分和投标人部分。

(1) 招标人部分包括预留金和材料购置费(仅指招标人购置的材料费)等；

(2) 投标人部分包括总承包服务费和零星工作项目费等。

上述其他项目名称、费用标准、计算方法和说明，仅供工程招投标双方参考，如工程发生其他费用时，由编制人根据工程要求和施工现场实际情况，按实际发生或经批准的施工方案计算。具体应按合同约定执行。

预留金、材料购置费均为估算、预测数，虽在工程投标时计入投标人的报价中，但不为投标人所有。工程结算时，应按承包人实际完成的工作量计算，剩余部分仍归招标人所有。

零星工作项目费由招标人根据拟建工程的具体情况，列出人工、材料、机械的名称、计算单位和相应数量。工程招标时工程量由招标人估算后提出。工程结算时，工程量按承包人实际完成的工作量计算，单价按承包中标时的报价不变。

2.1.4 规费

规费是指政府和有关权力部门规定必须缴纳的费用(简称规费)。内容包括：工程排污费、噪声干扰费、工程定额测定费、社会保障费、住房公积金、危险作业意外伤害保险等。

2.1.5 税金

税金是指国家税法规定的应计入建筑工程造价内的营业税、城市维护建设税及教育费附加等各种税金。

2.2 综合单价的编制

综合单价是指完成工程量清单中一个规定计量单位项目所需的人工费、材料费、机械使用费、管理费和利润，并考虑风险因素。

2.2.1 综合单价的编制方法

分部分项工程费由分项工程量清单乘以综合单价汇总而成。综合单价的组合方法包括以下几种：

(1) 直接套用定额组价；
(2) 重新计算工程量组价；
(3) 复合组价。

不论哪种组价方法，必须弄清以下两个问题：

(1) 拟组价项目的内容。用《计价规范》规定的内容与相应定额项目的内容作比较，看拟组价项目应该用哪几个定额项目来组合单价。如"预制预应力 C20 混凝土空心板"项目《计价规范》规定此项目包括制作、运输、吊装及接头灌浆，而定额分别列有制作、安装、吊装及接头灌浆，所以根据制作、安装、吊装及接头灌浆定额项目组合该综合单价。

(2)《计价规范》与定额的工程量计算是否相同。在组合单价时要弄清具体项目包括的内容，各部分内容是直接套用定额组价，还是需要重新计算工程量组价。能直接组价的内容，用前面讲述的"直接套用定额组价"方法进行组价；若不能直接套用定额组价的项目，用前面讲述的"重新计算工程量组价"方法进行组价。

2.2.2 综合单价的编制案例

【案例】 某土石方工程，基础为 C25 混凝土带形基础，垫层为 C15 混凝土垫层，垫层底宽度为 1400mm，挖土深度为 1800mm，基础总长为 220m。室外设计地坪以下基础的体积为 227m^3，垫层体积为 31m^3。试用清单计价法计算挖基础土方、土方回填等分项工程的综合单价。

【解】 本例的清单项目有两个：

A. 挖基础土方，清单编码为 010101003，工程内容包括挖基槽土方、场内外运输土方，其综合单价组价需用复合组价法计算；

B. 土(石)方回填，清单编码为 010103001，工程内容为回填土夯填，其综合单价组价需用重新计算工程量组价法计算。

1. 清单工程量(业主根据施工图计算)

基础挖土截面面积 $= 1.4 \times 1.8 = 2.52 m^2$

基础土方挖方总量 $= 2.52 \times 220 = 554 m^3$

基础回填土工程量 $= 554 - (227 + 31) = 296 m^3$

2. 投标人报价计算

综合单价中的人工单价、材料单价、机械台班单价可由企业根据自己的价格资料以及市场价格自主确定，也可参考综合定额或企业定额确定。为计算方便，本例的人工、机械消耗量采用某地的建筑工程消耗量定额中相应项目的消耗量，人工单价取30元/工日，8t自卸汽车台班单价取385元/台班。管理费按人工费加机械费的15%计取，利润按人工费的30%计取。

根据地质资料和施工方案，该基础工程土质为三类土，弃土运距为3km，人工挖土、人工装自卸汽车运卸土方。本例挖基础土方项目中，人工挖沟槽土方根据挖土深度和土的类别对应的某地区建筑工程消耗量定额子目计量单位为100m³；人工装自卸汽车运卸土方按运卸方式和运距对应的综合定额子目计量单位为100m³；土(石)方回填项目对应的综合定额子目计量单位为100m³。在进行综合单价计算时，可先按各定额子目计算规则计算相应工程量，取费后，再折算为清单项目计量单位的综合单价。

(1) 计价工程量

根据施工组织设计要求，需在垫层底面增加操作工作面，其宽度每边0.25m；并且需从垫层底面放坡，放坡系数为0.3。

基础挖土截面面积 $=(1.4+2\times0.25+0.3\times1.8)\times1.8=4.392\mathrm{m}^2$

基础土方挖方总量 $=4.392\times220=966\mathrm{m}^3$

采用人工挖土方量为966m³，基础回填708m³，人工夯填，剩余弃土258m³，人工装自卸汽车运卸，运距3km。

(2) 综合单价分析

1) 挖基础土方

工程内容包括人工挖土方、人工装自卸汽车运卸土方，运距3km。

A. 人工挖土方(三类土，挖深2m以内)

人工费：$53.51/100\times30\times966=15507.20$元

材料费：0

机械费：0

合计：15507.20元

B. 人工装自卸汽车运卸弃土3km

人工费：$11.32/100\times30\times258=876.17$元

材料费：0

机械费：$(1.85+0.30\times2)/100\times385\times258=2433.59$元

合计：3309.76元

C. 综合

工料机费合计：$15507.20+3309.76=18816.96$元

管理费：(人工费+机械费)$\times15\%=(15507.20+876.17+2433.59)\times15\%=2822.54$元

利润：人工费$\times30\%=(15507.20+876.17)\times30\%=4915.01$元

总计：$18816.96+2822.54+4915.01=26554.51$元

综合单价：26554.51元/554m³＝47.93元/m³

2) 土(石)方回填

A. 基础回填土人工夯实

人工费：26.46/100×30×708=5620.10 元

材料费：0

机械费：0

合计：5620.10 元

B. 综合

工料机费合计：5620.10+0+0=5620.10 元

管理费：(5620.10+0)×15%=843.02 元

利润：5620.10×30%=1686.03 元

总计：5620.10+843.02+1686.03=8149.15 元

综合单价：8149.15 元/296m³=27.53 元/m³

挖基础土方及土(石)方回填项目的综合单价计算分别见表 9-15 及表 9-16。分部分项工程综合单价计算结果及计算表作为投标人自己的报价资料，并不作为工程量清单报价表中的内容，投标人在工程量清单报价表中仅填列分部分项工程综合单价分析表。

分部分项工程量清单(挖基础土方)综合单价计算表 表 9-15

工程名称：某基础工程　　　　　　　　　　　　　计量单位：m³
项目编码：010101003001　　　　　　　　　　　　工程数量：554
项目名称：挖基础土方　　　　　　　　　　　　　综合单价：47.93 元

序号	定额编码	工程内容	单位	综合单价(元)					
				人工费	材料费	机械费	管理费	利润	小计
1		人工挖基槽土方(三类土，挖深 2m 以内)	m³	27.99	0	0	4.20	8.40	40.59
2		人工装自卸汽车运卸土 3km	m³	1.58	0	4.39	0.90	0.47	7.34
		小计		29.57	0	4.39	5.10	8.87	47.93

分部分项工程量清单[土(石)方回填]综合单价计算表 表 9-16

工程名称：某基础工程　　　　　　　　　　　　　计量单位：m³
项目编码：010103001001　　　　　　　　　　　　工程数量：296
项目名称：土(石)方回填　　　　　　　　　　　　综合单价：27.54 元

序号	定额编码	工程内容	单位	综合单价(元)					
				人工费	材料费	机械费	管理费	利润	小计
1		基础土方回填土人工夯实	m³	18.99	0	0	2.85	5.70	27.54
		合计		18.99	0	0	2.85	5.70	27.54

(3) 填列分部分项工程量清单综合单价分析表(表9-17)

分部分项工程量清单综合单价分析表　　　　表 9-17

工程名称：某基础工程　　　　　　　　　　　　　　　　第　页　共　页

序号	项目编码	项目名称	工程内容	综合单价组成(元)					综合单价(元)
				人工费	材料费	机械费	管理费	利润	
1	010101003001	挖基础土方 土的类别：三类土 基础类型：带形基础 垫层宽度：1400mm 挖土深度：1800mm 弃土运距：3km	人工挖基槽土方(三类土，挖深2m以内) 人工装自卸汽车运卸土3km	29.57	0	4.39	5.10	8.87	47.93
2	010103001001	土(石)方回填土的类别：三类土人工夯填	基础土方回填土 人工夯实	18.99	0	0	2.85	5.70	27.54

(4) 计算分部分项工程量清单项目费(表9-18)

分部分项工程量清单计价表　　　　表 9-18

工程名称：某基础工程　　　　　　　　　　　　　　　　第　页　共　页

序号	项目编码	项　目　名　称	计量单位	工程数量	金额(元)	
					综合单价	合　价
1	010101003001	挖基础土方 土的类别：三类土 基础类型：条形基础 垫层宽度：1400mm 挖土深度：1800mm 弃土运距：3km	m³	554	47.93	26553.22
2	010103001001	土(石)方回填 土的类别：三类土 人工夯填	m³	296	27.54	8151.84
		小计				34705.06

2.3　清单项目费用的确定

工程量清单计价过程可以分为以下两个阶段：

第一阶段：业主在统一的工程量计算规则的基础上，制定工程量清单项目设置规则，根据具体工程的施工图纸统一计算出各个清单项目的工程量。

第二阶段：投标单位根据各种渠道所获得的工程造价信息和经验数据依据工程量清单计算得到工程造价。

进行投标报价时，施工方在业主提供的工程量清单的基础上，根据企业自身所掌握的各种信息、资料，结合企业定额编制得出工程报价。其计算过程如下：

1. 分部分项工程费的确定

按式(9-2)计算：

$$\text{分部分项工程费} = \Sigma \text{分部分项工程量} \times \text{分部分项工程综合单价} \quad (9\text{-}2)$$

具体进行分部分项工程费的计算时，有以下几个步骤：

第一步：根据施工图纸复核工程量清单；

第二步：按当地的消耗量定额工程量计算规则拆分清单工程量；

第三步：根据消耗量定额和信息价计算直接工程费，包括人工费、材料费、机械费；

第四步：计算管理费及利润，按式(9-3)、式(9-4)计算：

$$\begin{aligned}\text{建筑工程管理费} &= \text{直接工程费} \times \text{管理费率} \\ \text{装饰工程管理费} &= \text{人工费} \times \text{管理费率}\end{aligned} \quad (9\text{-}3)$$

$$\begin{aligned}\text{建筑工程利润} &= \text{直接工程费} \times \text{利润率} \\ \text{装饰工程利润} &= \text{人工费} \times \text{利润率}\end{aligned} \quad (9\text{-}4)$$

第五步：汇总形成综合单价，按式(9-5)计算；填写《分部分项工程综合单价分析表》。

$$\text{综合单价} = \text{直接工程费} + \text{管理费} + \text{利润} \quad (9\text{-}5)$$

第六步：计算分部分项工程费，按式(9-6)计算；

$$\text{分部分项工程费} = \Sigma(\text{工程量清单数量} \times \text{综合单价}) \quad (9\text{-}6)$$

2. 措施项目费的确定

措施项目费应根据拟建工程的施工方案或施工组织设计，参照规范规定的费用组成来确定。在计价时首先应详细分析其所包含的全部工程内容，然后确定其综合费用。措施项目费用组成一般包括完成该措施项目的人工费、材料费、机械费、管理费、利润及一定的风险费用。措施项目费的计算有以下几种方法：

(1) 定额计价：此方法计算步骤同分部分项工程费计算，按式(9-7)计算：

$$\text{措施项目费} = \Sigma \text{措施项目工程量} \times \text{措施项目综合单价} \quad (9\text{-}7)$$

此种方法适用于所使用的当地的消耗量定额或单位估价表中编制的措施项目。如：施工措施项目中的钢筋混凝土模板工程、脚手架工程、工程排水降水工程等项目费。

(2) 按费率系数计价：可按费率乘以直接工程费或人工费计算，按式(9-8)计算：

$$\text{措施项目费} = \Sigma(\text{分部分项工程直接费} + \text{施工技术措施项目费}) \times \text{费率} \quad (9\text{-}8)$$

这种方法适用于施工过程中必须发生，但投标时很难具体分析预测，又无法单独列出项目内容的措施项目。如：施工措施项目中的环境保护、临时设施、文明施工、安全施工、夜间施工等组织措施项目费。

(3) 施工经验计价

这种方法是最基本最能反映投标人个别成本的计价方法，是投标人结合工程实际，按其现有的施工经验和管理水平，来预测将来发生的每项费用的合计数，其中需考虑市场的涨浮因素及其他的社会环境影响因素，进而测算出本工程具有市场竞争力的项目措施费。

(4) 分包法计价

是投标人在分包工程价格的基础上考虑增加相应的管理费、利润以及风险因素的计价方法。这种方法适用于可以分包的工程项目。如：大型机械设备进出场及安拆、室内空气污染测试等。

3. 计算其他项目费、规费与税金

(1) 其他项目费是指预留金、材料购置费(仅指由招标人购置的材料费)、总承包服务费、零星工作项目费等估算金额的总和。包括：人工费、材料费、机械使用费、管理费、利润以及风险费。按业主的招标文件的要求计算，并且注意以下几点：

1) 其他项目清单中的预留金、材料购置费和零星工程项目费，均为估算、预测数量，虽在投标时计入投标人的报价中，但不应视为投标人所有。工程竣工结算时，应按投标人实际完成的工作内容结算，剩余部分仍归招标人所有。

2) 预留金主要是考虑可能发生的工程量变更而预留的金额。这里的工程量变更主要是指可能发生的工程量清单漏项或有误引起的工程量增加，以及施工中设计变更造成的标准提高或工程量的增加等。

3) 为了准确计价，招标人用零星工作项目表的形式详细列出人工、材料、机械名称和相应数量。投标人在此表内组价，此表为零星项目费表的附表，不是独立的项目费用表。

4) 总承包服务费包括配合协调招标人工程分包和材料采购所需的费用。这里的工程分包是指国家允许分包的工程，但不包括投标人自行分包的费用；投标人由于分包而发生的管理费，应包括在相应清单项目的报价内。

5) 其他项目费及零星工程项目费的报表格式必须按工程量清单及规定要求格式执行。预留金为投标人非竞争性费用，一般在工程量清单的总说明中有明确说明，按规定的费用计取。零星工作项目费按零星工作项目表的计算结果计取。

(2) 规费与税金一般按国家及地方部门规定的取费文件的要求计算，按式(9-9)、式(9-10)计算：

$$规费 = 计算基数 \times 规费费率(\%) \qquad (9-9)$$

$$税金 = (分部分项工程量清单计价 + 措施项目清单计价$$
$$+ 其他项目清单计价 + 规费) \times 综合税率(\%) \qquad (9-10)$$

4. 计算单位工程报价

按式(9-11)计算：

单位工程报价 = 分部分项工程费 + 措施项目费 + 其他项目费 + 规费 + 税金

$$(9-11)$$

5. 计算单项工程报价

按式(9-12)计算：

$$单项工程报价 = \Sigma 单位工程报价 \qquad (9-12)$$

6. 计算建设项目总报价

按式(9-13)计算：

$$建设项目总报价 = \Sigma 单项工程报价 \qquad (9-13)$$

工程量清单计价的各项费用的计算办法及计价程序见下表9-19。

工程量清单计价的计价程序 表 9-19

序号	名称	计算办法
1	分部分项工程费	Σ(清单工程量×综合单价)
2	措施项目费	按规定计算(包括利润)
3	其他项目费	按招标文件规定计算
4	规费	(1+2+3)×费率
5	不含税工程造价	1+2+3+4
6	税金	5×税率,税率按税务部门的规定计算
7	含税工程造价	5+6

各地方在执行工程量清单计价程序上由于工程量清单计价明细项目略有不同,因此在执行工程量清单计价的具体操作程序上略有所区别。例如某地区执行工程量清单计价的具体操作程序如表 9-20、表 9-21、表 9-22 和表 9-23。

分部分项工程综合单价计算程序表 表 9-20

序号	费用项目	计算方法	
		以直接工程费为计费基础的工程	以人工费为计费基础的工程
1	分部分项工程直接工程费	Σ人工费+材料费+机械费+构件增值税	
2	人工费	Σ(工日耗用量×人工单价)	Σ(工日耗用量×人工单价)
3	材料费	Σ(材料耗用量×材料单价)	Σ(材料耗用量×材料单价)
4	机械使用费	Σ(机械台班耗用量×机械台班单价)	Σ(机械台班耗用量×机械台班单价)
5	构件增值税	构件制作费×税率	—
6	施工管理费	1×费率	2×费率
7	利润	1×费率	2×费率/1×费率
8	风险因素	自行考虑	自行考虑
9	综合单价	1+6+7+8	1+6+7

注:表中"2×费率/1×费率"中的"1×费率"用于建筑工程中的电气、照明、给排水与安防工程等。

施工技术措施项目费计算程序表 表 9-21

序号	费用项目	计算方法	
		以直接工程费为计费基础的工程	以人工费为计费基础的工程
1	施工技术措施项目直接工程费	施工技术措施项目直接工程费	
2	其中:人工费	—	施工技术措施项目直接工程费中的人工费
3	施工管理费	1×费率	2×费率
4	利润	1×费率	2×费率/1×费率
5	施工技术措施项目费	1+3+4	1+3+4

注:表中"2×费率/1×费率"中的"1×费率"用于建筑工程中的电气、照明、给排水与安防工程等。

施工组织措施项目费计算程序表　　　　　　　　表 9-22

序号	费用项目	计算方法	
		以直接工程费为计费基础的工程	以人工费为计费基础的工程
1	分部分项工程量清单计价合计	Σ(综合单价×清单工程量)	Σ(综合单价×清单工程量)
2	其中：人工费	—	Σ(人工单价×工日耗用量)
3	施工技术措施项目清单计价合计	Σ施工技术措施项目费	Σ施工技术措施项目费
4	其中：人工费	—	Σ(人工单价×工日耗用量)
5	施工组织措施项目直接工程费		(2+4)×费率
6	其中：人工费	—	5×费率
7	施工管理费		6×费率
8	利润	—	6×费率/(1+3)×费率
9	施工技术措施项目费	(1+3)×费率	5+7+8

注：表中"6×费率/(1+3)×费率"中的"(1+3)×费率"用于建筑工程中的电气、照明、给排水与安防工程等。

单位工程造价计算程序表　　　　　　　　表 9-23

序号	费用项目	计算方法	
		以直接工程费为计费基础的工程	以人工费为计费基础的工程
1	分部分项工程量清单计价合计	Σ(综合单价×清单工程量)	Σ(综合单价×清单工程量)
2	其中：人工费	—	Σ(人工单价×工日耗用量)
3	施工技术措施项目清单计价合计	Σ施工技术措施项目费	Σ施工技术措施项目费
4	其中：人工费	—	Σ(人工单价×工日耗用量)
5	施工组织措施项目清单计价合计	Σ施工组织措施项目费	Σ施工技术措施项目费
6	其中：人工费		Σ(施工组织措施直接工程费×人工系数)
7	其他项目清单计价合价	Σ其他项目费	Σ其他项目费
8	其中：人工费	—	Σ其他项目费中的人工费
9	规费	(1+3+5+7)×费率	(2+4+6+8)×费率
10	税金	(1+3+5+7+9)×费率	(1+3+5+7+9)×费率
11	单位工程造价	1+3+5+7+9+10	1+3+5+7+9+10

2.4 工程量清单计价的规定格式

2.4.1 工程量清单计价规定格式

《计价规范》规定工程量清单计价应采用统一格式，统一格式由下列内容组成：

（1）封面；

(2) 投标总价；
(3) 工程项目总价表；
(4) 单项工程费汇总表；
(5) 单位工程费汇总表；
(6) 分部分项工程量清单计价表；
(7) 措施项目清单计价表；
(8) 其他项目清单计价表；
(9) 零星工作费表；
(10) 分部分项工程量清单综合单价分析表；
(11) 措施项目费分析表；
(12) 主要材料价格表。

2.4.2 工程量清单计价格式的填写规定

(1) 工程量清单计价格式应由招标人填写。
(2) 封面应按规定内容填写、签字、盖章。
(3) 投标总价应按工程项目总价表合计金额填写。
(4) 工程项目总价表
1) 表中单项工程名称应按单项工程费汇总表的工程名称填写；
2) 表中金额应按单项工程费汇总表金额填写。
(5) 单项工程费汇总表
1) 表中单位工程名称应按单位工程费汇总表的工程名称填写；
2) 表中金额应按单位工程费汇总表的合计金额填写。
(6) 单位工程费汇总表中的金额应分别按照分部分项工程量清单计价表、措施项目清单计价表和其他项目清单计价表的合计金额和按有关规定计算的规费、税金填写。
(7) 分部分项工程量清单计价表中的序号、项目编号、项目名称、计量单位、工程数量必须按分部分项工程量清单中的相应内容填写。
(8) 措施项目清单计价表
1) 表中序号、项目名称必须按措施项目清单中的相应内容填写；
2) 投标人可根据施工组织设计采取的措施增加项目。
(9) 其他项目清单计价表
1) 表中序号、项目名称必须按其他项目清单中的相应内容填写；
2) 招标人部分的金额必须按规范中招标人提出的数额填写。
(10) 零星工作费表
1) 招标人提供的零星工作费表应包括详细的人工、材料、机械名称、计量单位和相应数量；
2) 综合单价应参照本规范规定的综合单价组成，根据零星工作的特点填写；
3) 工程竣工，零星工作费应按实际完成的工程量所需费用结算。
(11) 分部分项工程量清单综合单价分析表和措施项目费分析表应由招标人根据需要提出要求后填写。

(12) 主要材料价格表

1) 招标人提供的主要材料价格表应包括详细的材料编码、材料名称、规格型号和计量单位等；

2) 填写的单价必须与工程量清单计价中采用的相应材料的单价一致。

2.5 工程量清单计价案例

××大学扩建工程，内容包括学术报告厅、实验大楼、1号教学楼三个单项工程。

学术报告厅：工程规模 170m^2，砖混结构，单层，层高 4.3m。砖基础及砖墙，外墙抹水泥砂浆刷灰色金属漆，屋顶挑檐为三曲瓦，内墙面抹混合砂浆刷乳胶漆，室内地面贴 800mm×800mm 地砖，顶棚轻钢龙骨矿棉板。施工图如图 9-2、图 9-3 所示。

实验大楼与1号教学楼略。

2.5.1 工程量清单编制(略)

2.5.2 组合综合单价

综合单价的组合是根据消耗量定额和人工、材料、机械单价组成的分项工程，包括人工费、材料费、机械费、管理费及利润在内的综合单价。

综合单价的组合，可利用"清单项目综合单价分析表"来完成(见表 9-43)。

综合单价组合完毕，汇总到"分部分项工程量清单综合单价分析表"。见表 9-38、表 9-39。

2.5.3 计算分部分项工程费

根据分部分项工程量清单的工程数量和综合单价计算分部分项工程费。

$$分部分项工程费＝\Sigma（工程量×综合单价）$$

利用"分部分项工程量清单计价表"计算。见表 9-30、表 9-31。

2.5.4 计算措施项目费

措施项目费根据招标人提供的措施项目清单(见表 9-10、表 9-11)及现场实际情况计算。

措施项目费计算有两种方法：一种是根据消耗量定额计算，其计算方法用组价的方法计算，见表 9-40、表 9-41 的方法，如模板、脚手架垂直运输费等。另一种是根据直接费或人工费乘系数的方法计算，如临时设施费、安全文明施工费等，见表 9-32、表 9-33。

应当注意的是，不计算的措施项目费，则视为让利或包括在分项工程综合单价中。比如支挡土板，可将其费用计算在分项工程的综合单价中，也可计算在措施项目费中。

2.5.5 计算其他项目费

其他项目费，在招标人提供的其他项目清单中列出的费用必须计算，未列者不能计算。

其他项目清单由招标人部分和投标人部分两部分组成。招标人部分包括预留金，投标人部分包括总承包服务费、材料购置费和零星工作项目费等内容。招标人部分按招标人提供的数据计算,是指可能发生也可能不发生的费用,在办理结算时,发生才计算,未发生则不计算,是在投标时预计计算的费用。

预留金是招标人为可能发生的工程量变更而预留的金额。主要考虑可能发生的工程量清单以外的设计变更、工程量计算错误,导致的工程量变化而增加工程费用。工程量变化按规定在工程结算时是可以调整的,以作预留。

总承包费及材料购置费是配合协调招标人进行工程分包和材料采购所需的费用。为准确计价,零星工作项目表应列出人工、材料、机械的项目和相应的数量。人工应按工种列项,材料应按规格、型号列项。其计算方法见表9-36、表9-37、表9-34、表9-35。

2.5.6 计算单位工程费

单位工程费包括:分部分项工程费、措施项目费、其他项目费、规费及税金。前三项直接用前面计算的结果分别汇入即可,后两项需要按规定计算。见表9-28、表9-29。

1. 规费

规费是指按当地规定收取的各项费用,如定额管理费、城市排污管道有偿使用费、噪声干扰费等。有的费用是按造价计算,有的费用是按工程规模计算。

2. 税金

税金包括营业税、城市维护建设税、教育费附加。其计算是分部分项工程费、措施项目费、其他项目费、规费的总和乘以税率。一般是将三项综合计算,综合税率分别是3.41%(在市区时),3.35%(在城镇),3.22%(不在市区城镇)。

2.5.7 计算单项工程费

计算单项工程费只需将各单位工程费汇总即可。见表9-25、表9-26、表9-27。

2.5.8 计算工程项目总价

计算工程项目总价只需将各单项工程费汇总即可。见表9-24。本项目总价是1695.80万元。

工程项目总价计算完成之后,还要书写封面、签字盖章,最后装订成册。封面、签字盖章,应按《计价规范》规定的格式进行,内容包括建设单位、工程名称、投标总价(或标底总价)、投标人(或招标人)、法人代表、造价工程师、编制日期等。若签字盖章不全,将视为无效,这是应该注意的。

从前面的计算过程知道,建设工程计价是一个综合过程,需要造价人员掌握包括施工技术、建筑材料、施工组织设计、工地现场的实际经验、各种法规等多方面的知识,熟悉施工图纸、招标文件、工程现场实际情况等,才能准确计算工程造价。

封面：

××　大学　　扩建工程
工程量清单报价

投　标　人：____××建筑公司____（单位签字盖章）

法定代表人：_____×××_____（签字盖章）

造价工程师

及注册证号：_____×××_____（签字盖执业专用章）

编制时间：____2006 年 8 月 16 日____

投 标 总 价

建设单位：××大学

工程名称：扩 建 工 程

投标总价（小写）：1695.80万元

（大写）：壹千陆百玖拾伍万捌千元

投标人：××建筑公司（单位签字盖章）

法定代表人：×××（签字盖章）

编制时间：2006年8月16日

工程项目总价表   表 9-24

工程名称：某校扩建工程   第 1 页（共 1 页）

序号	单项工程名称	金额（元）	依据
1	学术报告厅	168014.00	见表 9-25 合计
2	实验大楼	6930000.00	见表 9-26 合计
3	1 号教学楼	9860000.00	见表 9-27 合计
	合　计	16958014.00	

单项工程费汇总表   表 9-25

工程名称：学术报告厅   第 1 页（共 1 页）

序号	单项工程名称	金额（元）	依据
1	建筑工程	61911.00	表 9-28
2	装饰装修工程	100103.00	表 9-29
3	安装工程	6000.00	（略）
	合　计	168014.00	

单项工程费汇总表   表 9-26

工程名称：实验大楼   第 1 页（共 1 页）

序号	单项工程名称	金额（元）	依据
1	建筑工程		
2	装饰装修工程	（略）	（略）
3	安装工程		
	合　计	6930000.00	

单项工程费汇总表   表 9-27

工程名称：1 号教学楼   第 1 页（共 1 页）

序号	单项工程名称	金额（元）	依据
1	建筑工程		
2	装饰装修工程	（略）	（略）
3	安装工程		
	合　计	9860000.00	

单位工程费汇总表   表 9-28

工程名称：学术报告厅建筑工程   第 1 页（共 1 页）

序号	单项工程名称	金额（元）	依据
1	分部分项工程量清单计价合计	51213.59	见表 9-30 合计
2	措施项目清单计价合计	7932.02	见表 9-32 合计
3	其他项目清单计价合计	729.70	见表 9-34 合计
4	规费		根据当地规定计算
5	税金	2035.76	1~4 之和乘以 3.41%
	合　计	61911.07	

单位工程费汇总表 表9-29

工程名称：学术报告厅装饰工程　　　　　　　　　　　　　　　　第1页（共1页）

序号	单项工程名称	金额（元）	依据
1	分部分项工程量清单计价合计	90787.90	见表9-31合计
2	措施项目清单计价合计	5387.31	见表9-33合计
3	其他项目清单计价合计	627.00	见表9-35合计
4	规费		根据当地规定计算
5	税金	3300.96	1～4之和乘以3.41%
	合　计	100103.17	

分部分项工程量清单计价表　　表9-30

工程名称：学术报告厅建筑工程　　　　　　　　　　　　　　　　第1页（共1页）

序号	项目编号	项目名称	工程内容	计量单位	工程数量	金额（元） 综合单价	金额（元） 合价
1	010101001001	人工平整场地		m²	170.12	0.96	163.32
2	010101003001	人工挖基槽		m³	34.10	8.90	303.49
3	010103001001	人工基槽回填土		m³	17.45	6.16	107.49
4	010103001002	室内回填土方	回填运土	m³	30.73	10.27	315.00
5	010301001001	M5水泥砂浆砌砖基础	砖基垫层	m³	13.61	199.84	2719.82
6	010302001001	M5混合砂浆砌砖墙		m³	52.50	164.73	8648.33
7	010302006001	砖砌台阶		m²	2.94	61.18	179.87
8	010306002001	砖砌明沟		m	54.02	43.80	2366.08
9	010403003001	现浇钢筋混凝土梁		m³	6.93	207.00	1434.51
10	010403004001	现浇钢筋混凝土圈梁		m³	6.77	225.86	1529.07
11	010405007001	现浇钢筋混凝土挑檐		m³	3.44	249.14	857.04
12	010407001001	现浇钢筋混凝土压顶		m³	0.94	256.98	241.56
13	010407002001	C10混凝土散水		m²	30.40	15.92	483.97
14	010410003001	预制C20钢筋混凝土过梁		m³	139	555.94	772.76
15	010412002001	先张法预应力空心板		m³	10.76	639.32	6879.08
16	010414002001	预制C20钢筋混凝土板		m³	2.48	514.74	1276.56
17	010416001001	现浇构件钢筋		t	1.763	4931.34	8693.95
18	010416002001	预制构件钢筋		t	0.279	4847.53	1352.46
19	010416005001	先张法预应力构件钢筋		t	0.425	6110.72	2597.06
20	010702001001	SBS屋面防水层	防水找平保温	m²	180.14	55.87	10064.42
21	010702004001	φ110 PVC落水管		m	8.64	26.29	227.15
		合　计					51213.59

注：本表的前6栏根据表9-8"分部分项工程量清单"填写，"综合单价"栏根据表9-38"分部分项工程量清单综合单价分析表"填写，合价＝工程数量×综合单价。

分部分项工程量清单计价表 表 9-31

工程名称：学术报告厅装饰工程　　　　　　　　　　　　第1页(共1页)

序号	项目编号	项目名称	工程内容	计量单位	工程数量	金额(元) 综合单价	合价	附：人工费计算 人工单价	合价
1	020102002001	800mm×800mm 地砖	垫层找平面层	m²	119.81	122.29	14651.56	18.30	2192.52
2	020104002001	强化木地板	龙骨面层	m²	37.78	212.62	8032.78	14.52	548.57
3	020105003001	150mm 高地砖踢脚线	找平面层	m²	5.25	123.04	645.96	23.74	124.64
4	020108001001	花岗石台阶贴面	找平面层	m²	2.94	336.93	990.57	21.64	63.62
5	020109003001	三曲瓦檐口	找平面层	m²	47.14	195.83	9231.43	22.43	1057.35
6	020201001001	内墙面抹混合砂浆		m²	140.22	14.32	2007.95	4.95	694.09
7	020201001002	外墙抹水泥砂浆		m²	204.39	17.00	3474.63	5.57	1138.45
8	020203001001	水泥砂浆零星抹灰		m²	59.49	28.84	1715.69	11.43	679.97
9	020302001001	轻钢龙骨矿棉板顶棚	龙骨面层	m²	157.59	58.95	9289.93	12.43	1958.84
10	020402003001	铝合金地弹门		樘	1	2001.68	2001.68	239.43	239.43
11	020406001001	铝合金推拉窗		樘	7	908.75	636125	106.26	743.82
12	020507001001	内墙面刷乳胶漆		m²	132.08	16.04	2118.56	3.38	446.43
13	020507001002	外墙面刷金属漆		m²	243.53	124.28	30265.91	37.38	9103.15
		合　计					90787.90		18991.0

注：本表的前6栏根据表9-9"分部分项工程量清单"填写，"综合单价"栏根据表9-39"分部分项工程量清单综合单价分析表"填写，合价=工程数量×综合单价。

措施项目清单计价表 表 9-32

工程名称：学术报告厅建筑工程 第 1 页（共 1 页）

序号	项目名称	金额（元）	备注
1	环境保护		
2	文明施工	170.00	42500.90×0.4%
3	安全施工		
4	临时设施	871.27	42500.90×2.05%
5	夜间施工	106.25	42500.90×0.25%
6	二次搬运	127.50	42500.90×0.3%
7	大型机械设备进出场及安拆	—	本工程无大型机械设备
8	混凝土及钢筋混凝土模板及支架	4817.51	见表 9-40 合计
9	脚手架	771.85	见表 9-40 合计
10	已完工程及设备保护		
11	施工排水、降水		本工程不发生
12	垂直运输机械	1067.64	见表 9-40 合计
	合计	7932.02	

注：费用计算基数直接费＝51213.59÷(1＋15.5%＋5%)＝42500.90 元。51213.59 元是分部分项工程费，见表 9-30。

措施项目清单计价表 表 9-33

工程名称：学术报告厅装饰工程 第 1 页（共 1 页）

序号	项目名称	金额（元）	备注
1	环境保护		
2	文明施工	835.60	18991.00×0.4%
3	安全施工		
4	临时设施	1745.27	18991.00×9.19%
5	夜间施工	208.90	18991.00×1.10%
6	二次搬运	284.87	18991.00×1.50%
7	大型机械设备进出场及安拆		本工程无大型机械设备
8	脚手架	2312.67	见表 9-41
9	已完工程及设备保护	—	
10	垂直运输机械	—	本工程不发生
11	室内空气污染测试	—	
	合计	5387.31	

注：费用计算基数人工费 18991.00 元见表 9-31。

其他项目清单计价表 表 9-34

工程名称：学术报告厅建筑工程 第1页(共1页)

序号	单项工程名称	金额(元)	依据
1	招标人部分		
	小　计		
2	投标人部分 零星项目工作费	729.70	见表9-36合计
	小　计		
	合　计	729.70	

其他项目清单计价表 表 9-35

工程名称：学术报告厅装饰工程 第1页(共1页)

序号	单项工程名称	金额(元)	依据
1	招标人部分		
	小　计		
2	投标人部分 零星项目工作费	627.00	见表9-37合计
	小　计	627.00	
	合　计	627.00	

零星工作项目计价表 表 9-36

工程名称：学术报告厅建筑工程　　　　　　　　　　　　　　　　第 1 页(共 1 页)

序号	名称	计量单位	数量	金额(元)	
				综合单价	合计
1	人工： 　(1)技　工 　(2)普　工	 工　日 工　日	 6 10	 23.00 18.40	 138.00 184.00
	小　计				
2	材料：				
	小　计				
3	机械： 推土机(推原土堆)	 台　班	 2	 203.85	 407.70
	小　计				407.70
	合　计				729.70

注：本表根据招标方给出的"零星工作项目表"(见表 9-13)内容计算。

零星工作项目计价表 表 9-37

工程名称：学术报告厅装饰工程　　　　　　　　　　　　　　　　第 1 页(共 1 页)

序号	名称	计量单位	数量	金额(元)	
				综合单价	合计
1	人工： 细木工	 工日	 6	 34.50	 207.00
	小　计				207.00
2	材料： 铝塑板(外墙用)	 m²	 2.5	 168.00	 420.00
	小　计				420.00
3	机械：				
	小　计				
	小　计				627.00

注：本表根据招标方给出的"零星工作项目表"(见表 9-14)内容计算。

分部分项工程量清单综合单价分析表

表 9-38

工程名称：学术报告厅建筑工程　　　　　　　　　　　　　　　　　　　第 1 页（共 1 页）

序号	项目编号	项目名称	工程内容	单位	综合单价组成					综合单价
					人工费	材料费	机械费	管理费	利润	
1	010101001001	人工平整场地		m²	0.80	0.00	0.00	0.12	0.04	0.96
2	010101003001	人工挖基槽		m³	7.39	0.00	0.00	1.14	0.37	8.90
3	010103001001	人工基槽回填土		m³	3.52	0.02	1.57	0.79	0.26	6.16
4	010103001002	室内回填土方	回填运土	m³	4.73	0.39	3.40	1.32	0.43	10.27
5	010301001001	M5 水泥砂浆砌砖基础	砖基垫层	m³	42.00	122.39	1.45	25.71	8.29	199.84
6	010302001001	M5 混合砂浆砌砖墙		m³	42.59	93.55	0.57	21.19	6.83	164.73
7	010302006001	砖砌台阶		m³	14.64	32.42	3.71	7.87	2.54	61.18
8	010306002001	砖砌明沟		m	11.75	24.23	0.37	5.63	1.82	43.80
9	010403003001	现浇钢筋混凝土梁		m³	45.59	121.41	4.78	26.63	8.59	207.00
10	010403004001	现浇钢筋混凝土圈梁		m³	60.62	122.04	4.78	29.05	9.37	225.86
11	010405007001	现浇钢筋混凝土挑檐		m³	66.08	133.07	7.60	32.05	10.34	249.14
12	010407001001	现浇钢筋混凝土压顶		m³	66.14	141.60	5.52	33.06	10.66	256.98
13	010407002001	C10 混凝土散水		m²	4.17	8.69	0.35	2.05	0.66	15.92
14	010410003001	预制 C20 钢筋混凝土过梁		m³	122.22	234.03	105.11	71.51	23.07	555.94
15	010412002001	先张法预应力空心板		m³	129.10	291.69	109.76	82.24	26.53	639.32
16	010414002001	预制 C20 钢筋混凝土板		m³	107.49	222.23	97.45	66.21	2136	514.74
17	010416001001	现浇构件钢筋		t	269.70	3769.65	53.05	634.32	204.62	4931.34
18	010416002001	预制构件钢筋		t	366.81	3584.86	71.18	623.54	201.14	4847.53
19	010416005001	先张法预应力构件钢筋		t	411.15	4587.24	72.74	786.03	253.56	6110.72
20	010702001001	SBS 屋面防水层	防水找平保温	m²	10.46	35.80	0.10	7.19	2.32	55.87
21	010702004001	φ110mm PVC 落水管		m	1.52	20.30	0.00	3.38	1.09	26.29

注：本表根据"清单项目综合单价组成表"（见表 9-43）填写。

分部分项工程量清单综合单价分析表

表 9-39

工程名称：学术报告厅装饰工程　　　　　　　　　　　　　第 1 页（共 1 页）

序号	项目编号	项目名称	工程内容	单位	综合单价组成					综合单价
					人工费	材料费	机械费	管理费	利润	
1	020102002001	800mm×800mm 地砖	垫层找平面层	m²	18.30	80.79	1.23	15.56	6.41	122.29
2	020104002001		龙骨面层	m²	14.52	179.88	0.80	12.34	5.08	212.62
3	020105003001	150mm 高地砖踢脚线	找平面层	m²	23.74	70.02	0.79	20.18	8.31	123.04
4	020108001001	花岗石台阶贴面	找平面层	m²	21.64	287.32	2.01	18.39	7.57	336.93
5	020109003001	三曲瓦檐口	找平面层	m²	22.43	143.79	2.69	19.07	7.85	195.83
6	020201001001	内墙面抹混合砂浆		m²	4.95	3.38	0.05	4.21	1.73	14.32
7	020201001002	外墙抹水泥砂浆		m²	5.57	4.68	0.07	4.73	1.95	17.00
8	020203001001	水泥砂浆零星抹灰		m²	11.43	3.63	0.06	9.72	4.00	28.84
9	020302001001	轻钢龙骨矿棉板顶棚	龙骨面层	m²	12.43	31.60	0.00	10.57	4.35	58.95
10	020402003001	铝合金地弹门		樘	239.43	1443.38	31.55	203.52	83.80	2001.68
11	020406001001	铝合金推拉窗		樘	106.26	658.94	16.04	90.32	37.19	908.75
12	020507001001	内墙面刷乳胶漆		m²	3.38	8.58	0.00	2.88	1.19	16.03
13	020507001002	外墙面刷金属漆		m²	37.38	41.82	0.23	31.77	13.08	124.28

注：本表根据"清单项目综合单价组成表"（见表 9-43）填写。

措施项目费分析表 表 9-40

工程名称：学术报告厅建筑工程　　　　　　　　　　　　　第 1 页（共 1 页）

序号	措施费项目名称	单位	数量	金额（元）					
				人工费	材料费	机械费	管理费	利润	小计
1	混凝土模板及支架	m³	18.08	1858.66	1922.94	216.34	619.68	199.89	4817.51
	其中：(1) 梁	m³	6.93	694.13	787.33	99.14	244.99	79.03	1904.62
	(2) 圈梁	m³	6.77	542.18	519.45	50.63	172.40	55.61	1340.27
	(3) 挑檐	m³	3.44	517.17	387.43	58.99	149.36	−48.18	1161.13
	(4) 压顶	m³	0.94	105.18	228.73	7.58	52.93	17.07	411.49
2	脚手架	m²	170.12	136.87	467.61	36.06	99.28	32.03	771.85
3	竖直运输机械	m²	170.12	328.64	0.00	557.37	137.33	44.30	10677.64

注：本表数量根据表 9-8 填写，其计算方法同表 9-43。

措施项目费分析表 表 9-41

工程名称：学术报告厅装饰工程　　　　　　　　　　　　　第 1 页（共 1 页）

序号	措施费项目名称	单位	数量	金额（元）					
				人工费	材料费	机械费	管理费	利润	小计
1	脚手架	m²	281.75	550.94	980.22	120.38	468.30	192.83	2312.67

注：本表工程量等于 (15.84＋10.74)×2×5.3＝281.75，其计算方法同表 9-43。

主要材料价格表 表 9-42

工程名称：学术报告厅装饰工程 第 1 页（共 1 页）

序号	材料编码	材料名称	规格、型号等特殊要求	数量	单位	单价
1	40010530	水泥	32.5	32860.47	kg	0.26
2	40010540	水泥	42.5	4954.46	kg	0.35
3	40010580	白水泥		23.47	kg	0.50
4	40050020	烧结普通(青)砖	240mm×115mm×53mm	39.061	千匹	135.00
5	40070030	中砂		55.39	m³	30.00
6	40070040	细砂		21.73	m³	32.00
7	40070070	砾石	5～10	11.02	m³	29.00
8	40070080	砾石	5～20	6.70	m³	28.00
9	40070090	砾石	5～40	31.19	m³	28.00
10	40090230	石灰膏		1.79	m³	90.00
11	40090280	炉渣		28.30	m³	16.00
12	47650181	SBS改性沥青卷材		198.11	m²	15.00
13	47730050	SBS改性沥青涂料		27.02	kg	2.00
14	43250150	高强钢丝	φ5	0.47	t	4000.00
15	56000010	圆钢	φ10 以内	0.84	t	3500.00
16	56000030	圆钢	φ10 以上	0.953	t	3450.00
17	56000051	螺纹钢	φ10 以上	0.416	t	3420.00
18	40210600A	花岗石板		4.55	m²	180.00
19	40190061	装配式U形轻钢龙骨		100.75	m²	12.00
20	40220021	矿棉板		165.48	m²	15.00
21	40250011	地砖	800mm×800mm	128.93	m²	62.50
22	402501911	三曲瓦		54.17	m²	120.00
23	40190431	铝合金型材		213.68	kg	19.00
24	40270071	平板玻璃	4mm 厚	38.Z4	m²	18.00
25	42450271	木工板	20mm 厚	39.69	m²	23.00
26	42460165	强化木地板		40.07	m²	118.00
27	47330150	乳胶漆面漆		57.50	kg	15.00
28	ZC0008	环氧封闭底漆		48.70	kg	56.00
29	ZC0009	金属漆		43.83	kg	63.00
30	ZC00010	稀释剂		38.96	kg	17.00
31	ZC00011	罩光面漆		43.83	kg	68.00
1		普工		200.98	工日	18.40
2		土建技工		349.08	工日	23.00
3		一般装饰技工		458.46	工日	28.75
4		细木工		5.70	工日	34.50

注：某品种规格的材料数量＝Σ(工程量×单位材料消耗量)。工程量根据招标人提供的清单得到，单位材料消耗量由"清单项目综合单价组成表"(见表 9-43)计算得到。

清单项目综合单价组成分析表   表 9-43

项目名称：M5 混合砂浆砌砖墙
项目编码：010302001001
项目单位：m²
定额编号：1C0011

项目细目名称		单 位	消耗量	单 价	合 价	备 注
人 工	技 工	工 日	1.543	23.00	35.49	
	普 工	工 日	0.386	18.40	7.10	
	小 计				42.59	
材 料	烧结普通砖	匹	531.00	0.135	71.69	
	32.5 水泥	kg	37.86	0.26	9.84	
	石灰膏	m³	0.034	90.00	3.06	
	细 砂	m³	0.26	32.00	8.32	
	水	kg	0.173	1.80	0.31	
	其他材料费	元	0.33		0.33	
					93.55	
	小 计				96.47	
机 械	灰浆搅拌机	台 班	0.037	15.38	0.57	
	小 计				0.57	
直接费	人工费				42.59	
	材料费				93.55	
	机械费				0.57	
	小 计				136.71	
管理费		直接费×15.5%			21.19	
利 润		直接费×5.00%			6.83	
综合单价		直接费+管理费+利润			164.73	

注：1. 本表根据施工图纸及工程量清单所提供的内容，以及消耗量定额计算而得。
2. 本表"单价"栏根据"主要材料价格表"（见表 9-42）填写。

项目 10　建筑工程投标与合同价格的确定

训练 1　建筑工程投标报价

[训练目的与要求]　掌握工程投标报价的程序；掌握投标报价计算的依据以及劳务单价、施工机械使用价格、材料设备价格、分包工程价格的计算，能利用工程量清单编制投标报价；熟悉建设工程招标投标价格种类、建设工程投标报价的确定方法以及投标报价工作的策略。

1.1　工程投标报价程序

工程投标报价程序如图 10-1 所示。

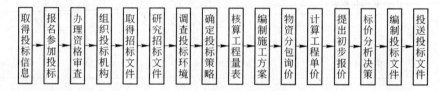

图 10-1　工程投标报价程序

1.1.1　投标报价前期工作

1. 招标信息跟踪

尽管国内许多省市都成立了建设工程交易中心，定期或不定期地发布工程招标信息，但是，如果承包人仅仅依靠从有形建筑市场获取工程招标信息，就会在竞争中处于劣势。所以，承包人日常即建立起严密、广泛的信息网络是非常关键的。有时承包人从工程立项甚至从项目可行性研究阶段就开始跟踪，并根据自身的技术优势和工程经验为发包人提供合理化建议，甚至提供各种免费服务，以达到减少造价、缩短工期、优化功能等目的，从而获得发包人的信任。

2. 报名并参加资格审查

承包人获悉招标公告后应及时报名参加投标，接到投标邀请之后，明确向发包人表明参加投标的意愿，以便得到资格审查的机会。

3. 研究招标文件

（1）研究招标文件对投标书的要求。注意对投标书的语言要求，做好翻译和校核的准备，避免发生翻译错误。掌握投标范围，一般来说招标文件都要求以工程量清单为准，但是也有的招标文件规定在图纸、技术规范和工程量清单任何一项中包括的内容都是投标范围。熟悉投标书的格式和签署方式、密封方法和标志。掌握投标截止日期，避免出现失误。

（2）研究评标办法。我国常用的评标办法有两种：综合评议法和最低报价法，综合评议法又有定性综合评议法和定量综合评议法两种方式。

（3）研究合同协议书、通用条款和专用条款。首先要掌握合同形式是总价合同还是单价合同，而且价格是否可以调整；其次，要分析工期拖延罚款，维修期的长短和维修保证金的额度；第三，研究付款方式、货币种类、违约责任等。根据权利义务之间的对比，分析风险并采取相应对策。

4. 调查投标环境

（1）勘察施工现场；

（2）调查环境；

（3）调查发包人和竞争对手。

5. 参加标前会议并提出疑问

投标人在参加标前会议之前应把招标文件中存在的问题整理为书面文件，传真、邮寄或送到招标文件指定的地址，发包人收到各个投标人的问题后，可能随时予以解答，也可能在标前会上集中解答。有时发包人也允许投标人在标前会现场口头提问。但是，发包人的解答一定以书面内容为准，不能仅凭发包人的口头解答编制报价和方案。

提出疑问时应注意提问的方式和时机，特别要注意不要对业主的失误进行攻击和嘲笑，以免使发包人产生反感。对招标文件中出现的对承包人有利的矛盾或漏洞，不应提请澄清，否则提醒了发包人的注意，反倒失去了中标后索赔的机会。

1.1.2 投标报价工作

1. 编制投标文件

投标文件，也就是投标须知中规定的投标人必须提交的全部文件。一般包括四个部分：投标函、施工组织设计或者施工方案、投标报价、招标文件要求提供的其他材料。

（1）施工组织设计。施工组织设计主要包括以下基本内容：项目组织机构、施工方案、场地平面布置、总进度计划和分部分项工程进度计划、主要施工技术组织措施、主要施工机械配置、劳动力配置、主要材料安排、大宗材料及设备机械的运输方式、施工用水用电的标准、临时建筑物和构筑物的设置等。

（2）物资询价。招标文件或图纸中指明的特殊的和国内市场难以购买到的物资需要做采购方案比较，往往通过外贸公司或自行向生产厂家询价。普通物资的价格则预先就储存在信息库中，不需临时询价。

建筑材料价格波动很大，报价时不能只看眼前的价格，而应调查了解和分析近年建材价格变化的趋势，决定采取几年平均单价或当时单价，考虑物价上涨因素以减少价格波动引起的损失。

（3）分包询价。分包价款的高低会影响承包人的报价，招标文件中往往要求投标人把拟选定的分包人资质和资历等作为投标文件的一部分，因此分包人的信誉好坏也会直接影响到投标人的中标与否。

（4）估算初步报价。报价是投标的核心，它不仅是能否中标的关键，而且也是中标后能否盈利、盈利多少的主要决定因素之一。初步报价是把单价与工程量逐一相乘，再加上与合同义务相对应的开办费。按国内定额报价的工程，其初步报价是把定额单价与工程量相乘，得出定额直接费，再以定额直接费为基础，按规定的费率计取各项间接费用、利润和税金。这项工作多由计算机完成，避免了计算中的失误，提高了工作效率。国际通用的工程计价依据是资源的市场价格和承包商的消耗水平。

2. 投送投标文件

投标文件编制完毕以后，经校对无误，由承包商法定代表人签字密封，派专人在投标截止日期前送到业主指定地点，并取得收据。

1.2 投标价格的计算简介

1.2.1 投标报价计算的依据

工程投标报价的计算依据如下：

（1）招标文件，包括工程量清单、招标图纸、标准与规范等；
（2）施工组织设计及风险管理规划；
（3）发包人的招标倾向及招标会议记录；
（4）物资询价及分包询价结果，已掌握的市场价格信息；
（5）国家、地方政府有关价格计算的规定；
（6）企业定额及竞争态势的预测和盈利期望。

1.2.2 劳务单价计算

国内工程的劳动力单价的确定比较简单，一般来说就是劳务的市场价格，有时承包人要求工人自带工具和小型易损的机械等，所以劳动力价格中还要包括工具等消耗费用，见表10-1所示。

国内劳动力的人工单价内容　　　　　表10-1

内　容	计算方法	备　注
工人预期净收入	预期年净收入÷年有效工作日×工效系数	预期年净收入是指工人除自己必须开销的生活费用外，每年可以净剩的收入。年有效工作日是从365天中减掉合理的节假日、适当的休息日、恶劣天气及窝工天数。工效系数是指工人平均一个工作日内可能完成的工作与定额工作量之比
生活费	月生活费×12÷年有效工作日×工效系数	月生活费包括伙食费、必需的日用品及零星开销等内容，也是以工资的形式直接发给工人
交通费	往返交通费÷往返期间有效工作日×工效系数	不同施工阶段需要不同工种的工人，有的工种往返一次可以工作一年甚至两年的时间，有的工种往返一次可能只工作几个月甚至几天。一般综合计算平均往返期间的有效工作日。往返交通费由劳务分包人支付，并不以工资的形式发放给工人，这笔费用可以摊入人工单价，也可以进入开办费
个人所得税	按当地政府规定的纳税基数和税率交纳	虽然是个人所得税，但是由承包人或者劳务分包人交纳比较便于管理

续表

内　容	计算方法	备　注
保险费	年保险费÷年有效工作日×工效系数	保险由承包人或者劳务分包人办理并支付费用，并不以工资的形式发放给工人，这笔费用可以摊入人工单价，也可以进入开办费
管理人员和辅助人员费用	管理人员和辅助人员开支总金额÷总的生产工日数	除生产工人外，还必须配备一定比例的技术管理人员和后勤生活保障人员。这些人员的开支与工人工资无关，但是这笔费用是必须支出的，可以摊入人工单价，也可以进入开办费。另外，劳务分包人的管理费和利润也可以摊入人工单价
其他费用	根据需要支付	包括当地政府收取的"暂住费"、宿舍租赁费、工地和宿舍之间的交通费等。可以摊入人工单价，也可以进入开办费

1.2.3 施工机械使用价格计算

1. 施工机械费的内容

施工机械使用价格由折旧费、安装拆卸费、燃料动力费、操作人工费、维修保养费、辅助工具和材料消耗等费用组成。在表现形式上，施工机械使用费可以在开办费中单独列项，也可以摊入分部分项工程单价。

（1）折旧费。根据机械设备的种类和新旧程度不同，机械设备的折旧年限和折旧方法也不同，同时还要考虑工程性质和工程所在地的市场前景，承包人在报价中根据具体情况确定机械设备的折旧费。

（2）安装拆卸费。塔式起重机、混凝土搅拌站等大型施工机械每迁移一个位置，都需要运输并重新安装拆卸，甚至还需要混凝土基础、操作间等基础配套设施。承包人可根据实际情况估算费用。

（3）燃料动力费。估算燃料动力费时，首先要调查工程所在地的燃料动力价格，如电、燃油的价格；其次要估计施工机械需要耗费的燃料动力数量，如电的度数和燃油的吨数。估计燃料动力的耗费数量可以参照国内定额的消耗量，即采用定额测算法；也可以根据以往同类工程经验估算，即采用经验测算法。

（4）操作人工费。估算操作人工的消耗量，可以采用方案测算法，即按照实际配备操作人员的人数、工作期限和工资单价估算操作人工费；也可以采用定额估算法，即参照国内机械台班定额中的人工工日消耗量。操作人工费并非一定进入机械费，也可以直接列在开办费中。

（5）维修保养费和辅助材料工具消耗费。这项费用消耗量的估算方法和上述的操作人工费类似，既可以采用方案测算法也可以采用定额测算法。维修保养材料和辅助材料工具的价格则要调查工程所在地的市场价格。

2. 机械费摊入方法

把机械费摊入分部分项工程单价时，根据投标报价具体情况可以采用两种摊入方式：

（1）均匀分摊法。是指把全部施工机械使用费按一个比例均匀地分摊进每个分部分项工程单价。

(2) 对应分摊法。是指把某种施工机械的使用费只分摊进利用其施工的分部分项工程单价中去,而且按照每个分部分项工程对该种施工机械的占用时间比例分摊。

1.2.4 材料设备价格计算

国内工程所需材料设备的价格应该是由供应人运至现场堆放场地或仓库的价格,包括材料设备生产厂商的所有生产成本、包装费、利润、税金和运费以及流通环节的所有费用。

国际工程所需材料设备的采购,常常需要通过国际范围广泛的询价或招标,以寻求最优的品质、最低的价格和最短的供货期。在询价文件或者招标文件中,承包商对报价内容要提出详细要求。根据报价包括的内容不同,有四种报价形式:出厂价、供应人所在国的离岸价(FOB)、到达工程所在国的到岸价(CIP)、送达施工现场的价格。承包人要把供应人的报价统一换算为送达施工现场的价格,根据供应人报价形式的不同分别加上包装费,海上运输费,陆上运输费,运输保险费,港口装卸及提货、海关、商检、进口关税和增值税,临时仓储费等费用,还应该适当考虑采购费、试验费和银行信用证手续费等。

1.2.5 分包工程价格计算

分包工程价格与上述三种价格包含的内容不同,它不是单纯的商品价格,而是由很多种费用复合而成的价格。分包工程价格由分包人估算,包括了分包人完成分包工程需要的人工费、材料设备费、机械费、开办费、管理费、利润和税金等。分包人向总包人报价时,除了分部分项工程单价外,可能还会把完成分包工程需要的开办费和管理费等单独列项。但是,总包人一般都把分包价格的各项组成内容全部体现在分部分项工程单价上,不会把分包人的开办费、管理费等单独列项。

1.2.6 利用工程量清单编制投标报价

1. 综合单价法

(1) 工程量清单应与投标须知、合同条件、合同协议条款、技术规范和图纸一起使用。

(2) 工程量清单所列的工程量系招标人估算的和临时的,作为投标报价的共同基础。

付款以实际完成的工程量为依据,即由承包人计量、监理工程师核准的为实际完成工程量。

(3) 工程量清单中所填入的单价和合价应包括人工费、材料费、机械费、管理费、有关文件规定的调价、利润、税金以及先行取费中的有关费用、材料的价差以及采用固定价格的工程所测算的风险金等全部费用。

(4) 工程量清单中的每一单项均需填写单价和合价,对没有填写单价和合价的项目的费用,应视为已包括在工程量清单的其他单价或合价之中。

(5) 工程量清单不再重复或概括工程及材料的一般说明,在编制和填写工程量清单的每一项的单价和合价时,应参考投标须知和合同文件的有关条款。

(6) 所有报价应以人民币表示。

2. 对投标报价的说明

(1) 投标报价为投标人的投标文件中提出的各项支付金额的总和。

(2) 投标人的投标报价是投标须知所列招标范围及合同条款上所列各项内容中所述的全部，不得以任何理由重复，并以投标人在工程量清单中所提出的单价或总价为依据。

(3) 投标人应按工程量清单中列出的工程项目填报单价和合价。任何有选择的报价将不予接受，每一项目只允许有一个报价。投标人未填单价或合价的工程项目，在实施后招标人将不予以支付，并视作该项费用已包括在其他有价款的单价或合价内。

(4) 技术规范要求的费用应包括在投标报价中。

(5) 合同的施工地点为投标须知中所述，除非合同中另有规定，投标人在报价中具有标价的工程量清单中所报的单价和合价，以及投标报价汇总表中的价格均包括完成该工程项目的直接费、间接费、利润、税金、政策性文件规定费用、技术措施费、大型机械进场费、风险费等所有费用。

(6) 投标人应先到工地踏勘以充分了解工地位置、情况、道路、储存空间、装卸限制及任何其他足以影响承包价的情况，任何因忽视或误解工地情况而导致的索赔或工期延长申请将不获批准。

(7) 除非招标人通过修改招标文件予以更正，否则，投标人应按工程量清单中的项目和数量进行报价。

(8) 投标应以人民币报价。

1.3 投标报价策略与决策

1.3.1 建设工程招标投标价格种类

1. 标底价格

标底价格是招标人对拟招标工程事先确定的预期价格，而非交易价格。招标人以此作为衡量投标人的投标价格的一个尺度，也是招标人控制投资的一种手段。同时，标底价格也是招标工程社会平均水平的建造价格，在工程评标时，招标人可以用此来衡量各个工程投标人的个别价格，即投标报价，用以判断投标人的投标价格是否合理，以此作为衡量投标人投标价格的一个尺度。

2. 投标报价

投标人为了得到工程施工承包的资格，按照招标人在招标文件中的要求进行估价，然后根据投标策略确定投标价格，以争取中标并通过工程实施取得经济效益。因此投标报价是卖方的要价，如果中标，这个价格就是合同谈判和签订合同确定工程价格的基础。

3. 评标定价与中标价

评标委员会应当按照招标文件确定的评标标准和方法，对投标文件进行评审和比较；设有标底的，应当参考标底。

中标者的报价，即为决标价，即签订合同的价格依据。

招标投标定价方式也是一种工程价格的定价方式，在定价的过程中，招标文件及标底价均可认为是发包人的定价意图；投标报价可认为是承包人的定价意图；中标价可认为是两方都可接受的价格。所以可在合同中予以确定，合同价便具有法律效力。

1.3.2 建设工程投标报价的确定

工程的投标报价，是投标人按照招标文件中规定的各种因素和要求，根据本企业的实际水平和能力、各种环境条件等，对承建投标工程所需的成本、拟获利润、相应的风险费用等进行计算后提出的报价。

1. 投标报价的原则

（1）以招标文件中设定的发、承包双方责任划分，作为考虑投标报价费用项目和费用计算的基础；根据工程发、承包模式考虑投标报价的费用内容和计算深度。

（2）以施工方案、技术措施等作为投标报价计算的基本条件。

（3）以反映企业技术和管理水平的企业定额作为计算人工、材料和机械台班消耗量的基本依据。

（4）充分利用现场考察、调研成果、市场价格信息和行情资料，编制基价，确定调价方法。

（5）报价计算方法要科学严谨、简明适用。

2. 投标报价的计算依据

（1）招标单位提供的招标文件。

（2）招标单位提供的设计图纸、工程量清单及有关的技术说明书等。

（3）企业定额、国家及地区颁发的现行建筑、安装工程预算定额及与之相配套执行的各种费用定额规定等。

（4）地方现行材料预算价格、采购地点及供应方式等。

（5）因招标文件及设计图纸等不明确经咨询后由招标单位书面答复的有关资料。

（6）企业内部制定的有关取费、价格等的规定、标准。

（7）其他与报价计算有关的各项政策、规定及调整系数等。

在报价的计算过程中，对于不可预见费用的计算必须慎重考虑，不要遗漏。

3. 投标报价的编制方法

我国工程造价改革的总体目标是形成以市场形成价格为主的价格体系。随着《建设工程工程量清单计价规范》的推广使用，传统报价计价模式将逐步被工程量清单报价计价模式所取代。工程量清单报价由招标人给出工程量清单，投标者填报单价，单价应完全依据企业技术、管理水平等企业实力而定，以满足市场竞争的需要。

工程量清单计价的投标报价由分部分项工程费、措施项目费和其他项目费用、规费、税金构成。分部分项工程费、措施项目费和零星工作项目费用均采用综合单价计价。

（1）分部分项工程费是指完成"分部分项工程量清单"项目所需的费用。投标人负责填写分部分项工程量清单中的金额。

工程量清单下的报价必须严格遵照《建设工程工程量清单计价规范》进行编制，以工程量清单给出的工程数量和综合的工程内容，按市场价格计价。对工程量清单开列的工程数量和综合的工程内容不得随意更改、增减。

(2) 措施项目费是指分部分项工程费以外，为完成该工程项目施工必须采取的措施所需的费用。措施项目清单中的措施项目包括通用项目、建筑工程措施项目、装饰装修工程措施项目、安装工程措施项目和市政工程措施项目等五类。投标报价编制人要对措施项目清单内容逐项计价。如果编制人认为提供的项目不全，亦可列项补充。

措施项目计价按每单位工程计取。措施项目报价的计算依据主要来源于施工组织设计和施工技术方案。措施项目报价的计算，宜采用成本预测法估算。计价规范提供的措施项目费分析表可用于计算此项费用。具体内容详见措施项目一览表10-2。

措施项目一览表　　　　　　　　　　表10-2

序号	项目名称	序号	项目名称
1 通用项目		4.4	焦炉施工大棚
1.1	环境保护	4.5	焦炉烘炉、热态工程
1.2	文明施工	4.6	管道安装后的充气保护措施
1.3	安全施工	4.7	隧道内施工的通风、供水、供气、供电、照明及通讯设施
1.4	临时设施		
1.5	夜间施工	4.8	现场施工围栏
1.6	二次搬运	4.9	长输管道临时水工保护设施
1.7	大型机械设备进出场及安拆	4.10	长输管道施工便道
1.8	混凝土、钢筋混凝土模板及支架	4.11	长输管道跨越或穿越施工措施
1.9	脚手架	4.12	长输管道地下穿越地上建筑物的保护措施
1.10	已完工程及设备保护	4.13	长输管道工程施工队伍调遣
1.11	施工排水、降水	4.14	格架式抱杆
2 建筑工程		5 市政工程	
2.1	垂直运输机械	5.1	围堰
3 装饰装修工程		5.2	筑岛
3.1	垂直运输机械	5.3	现场施工围栏
3.2	室内空气污染测试	5.4	便道
4 安装工程		5.5	便桥
4.1	组装平台	5.6	洞内施工的通风、供水、供气、供电、照明及通信设施
4.2	设备、管道施工的安全、防冻和焊接保护措施		
4.3	压力容器和高压管道的检验	5.7	驳岸块石清理

（3）其他项目费指的是分部分项工程费和措施项目费用以外，该工程项目施工中可能发生的其他费用。其他项目清单包括的项目分为招标人部分和投标人部分。招标人部分的数据由招标人填写，并随同招标文件一同发至投标人。投标人部分由投标编制人填写，其中总承包服务费要根据工程规模、工程的复杂程度、投标人的经营范围、划分拟分包工程来计取，一般是不大于分包工程总造价的5%。

（4）规费亦称地方规费，是税金之外由政府机关或政府有关部门收取的各种费用。各地收取的内容多有不同，在报价编制时应按工程所在地的有关规定计算此项费用，包括工程排污费、工程定额费、养老保险统筹基金、待业保险费等。

（5）税金包括营业税、城市维护建设税、教育费附加等三项内容。因为工作所在地的不同，税率也有所不同。报价编制时应按工程所在地规定的税率计取税金。

1.3.3 投标报价工作的主要内容

1. 复核或计算工程量

工程招标文件中提供了工程量清单，投标价格计算之前，要对工程量进行校核。

2. 确定单价，计算合价

在投标报价中，复核或计算各个分部分项工程的实物工程量以后，就需确定每一个分部分项工程的单价，并按招标文件中工程量表的格式填写报价，一般是按分部分项工程内容和项目名称填写单价与合价。

计算单价时，应将构成分部分项工程的所有费用项目都归入其中。人工、材料、机械费用应是根据分部分项工程的人工、材料、机械消耗量及其相应的市场价格计算而得。一般来说，承包企业应建立自己的标准价格数据库，并据此计算工程的投标价格。在应用单价数据库针对某一具体工程进行投标报价时，需要对选用的单价进行审核评价与调整，使之符合拟投标工程的实际情况，反映市场价格的变化。

在投标价格编制的各个阶段，投标价格一般以表格的形式进行计算；在每一阶段可以制作若干不同的表格以满足不同的需要。标准表格可以提高投标价格编制的效率，保证计算过程的一致性。此外，标准表格也便于企业内各个投标价格计算者及相关管理人员之间的交流与沟通。

3. 确定分包工程费

工程分包费用是投标价格的一个重要组成部分，有时总承包人投标价格中的相当部分来自于分包工程费。因此，在编制投标价格时需有一个合适的价格来衡量分包人的报价，需熟悉分包工程的范围，对分包人的能力进行评估。

4. 确定利润

利润是指承包人的预期利润，确定利润取值的目标是考虑既可以获得最大的可能利润，又要保证投标价格具有一定的竞争性。投标报价时承包人应根据市场竞争情况确定在该工程上的利润率。

5. 确定风险费

风险费对承包人来说是个未定数,如果预计的风险没有全部发生,则可能预计的风险费有剩余;如果风险费估计不足,则只有由利润来贴补,盈余自然就减少,甚至可能成为负值。在投标时,应根据该工程规模及工程所在地的实际情况,由有经验的专业人员对可能的风险因素进行逐项分析后确定一个比较合理的费用比率。

6. 确定投标价格

将所有项目内容的合价累加汇总后就可得出工程的总价,但是这样计算的工程总价还不能作为投标价格,因为计算出来的价格有可能重复计算或漏算,也有可能某些费用的预估有偏差等。因而必须对计算出的工程总价做出某些必要的调整,确定最后的投标报价。

图 10-2 为工程投标报价编制的一般程序。

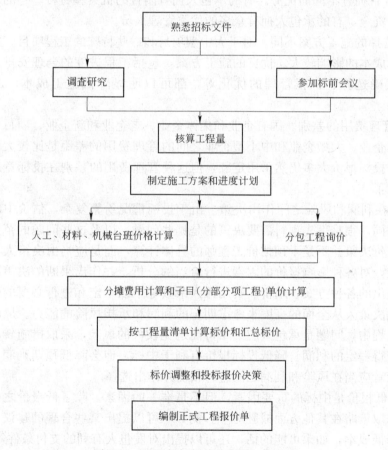

图 10-2 工程投标报价编制的一般程序

1.3.4 投标报价的策略

1. 报价决策

报价决策,是指报价决策人召集估价工程师和有关人员共同研究,就报价计算结果和报价的静态、动态风险分析进行讨论,作出有关调整估算报价的最后决定。

(1) 报价决策的依据。作为决策的主要资料依据应当是估价工程师的估算书和分析指标。至于其他途径获得的所谓发包人的"标底价格"或竞争对手的"报价情报"等等，只能作为一般参考。

(2) 报价差异的原因。一般来说，承包人对投标报价的计算方法是大同小异的，估价工程师获得的基础价格资料也是相似的。因此，从理论上分析，各承包人的投标报价同发包人的标底价格都应当相差不远。出现投标价格差异的基本原因大致是：

1) 追逐利润的高低不一。有的承包人急于中标以维持生存局面，不得不降低利润率，甚至不计取利润；也有的承包人境遇较好，并不急切求标，因而追求较高的利润。

2) 各自拥有不同的优势。有的承包人拥有闲置的机具和材料，有的承包人拥有雄厚的资金，有的承包人拥有众多的优秀管理人员。

3) 选择的施工方案不同。对于大中型项目和一些特殊的工程项目，施工方案的选择对成本的影响较大。优良的施工方案，包括工程进度的合理安排、机械化程度的正确选择、工程管理的优化等，都可以明显降低施工成本，因而降低报价。

4) 管理费用的差别。国有企业和集体企业、老企业和新企业、项目所在地企业和外地企业、大型企业和中小型企业之间的管理费用的差距是比较大的。尽管国内目前投标报价大多仍然采用定额，但这种管理费用的差别在投标竞争中已经显示出来了。

(3) 在利润和风险之间作出决策。由于投标情况纷繁复杂，估价中碰到的情况并不相同，很难事先预料需要决策的是哪些问题，以及这些问题的范围。一般说来，报价决策并不是干预估价工程师的具体计算，而是应当由决策人与估价工程师一起，对各种影响报价的因素进行恰当的分析，并作出果断的决策。为了对估价时提出的各种方案、基价、费用摊入系数等予以审定和进行必要的修正，更重要的是决策人从全面的高度来考虑期望的利润和承担风险的能力。风险和利润并存于工程中，问题是承包人应当尽可能避免较大的风险，采取措施转移、防范风险并获得一定的利润。降低投标报价有利于中标，但会降低预期利润、增大风险。决策者应当在风险和利润之间进行权衡并作出选择。

(4) 低报价是中标的重要因素，但不是惟一的因素。除了低报价之外，决策者可以采取策略在其他方面战胜对手。例如，可以提出某些合理的建议，使发包人能够降低成本，如果可能的话，还可以提出对发包人有利的支付条件等。

2. 投标报价的策略

通常，承包人可能会采用以下几种投标策略：

(1) 不平衡报价

不平衡报价，就是在不影响投标总报价的前提下，将某些分部分项工程的单价定得比正常水平高一些，某些分部分项工程的单价定得比正常水平低一些。不平衡报价是单价合同投标报价中的一种方法。不平衡报价主要分成两个方面的工作,一个是早收钱,另一个是多收钱。

早收钱是通过参照工期时间去合理调整单价后得以实现的,而多收钱是通过参照分项工程数量去合理调整单价后得以实现的。尽早收回验收工程计价款,加速项目资金周转。承包商验收工程计价款回收的快慢对于顺利实施整个项目有着实质性的影响,尤其在市场经济的竞争条件下,资金都是有偿占用,加速资金周转就显得更为重要。一般可以考虑在以下几方面采用不平衡报价:

1) 对能早期得到结算付款的分部分项工程(如土方工程、基础工程等)的单价定得较高,对后期的施工分项(如粉刷、油漆、电气设备安装等)单价适当降低。

2) 估计施工中工程量可能会增加的项目,单价提高;工程量会减少的项目单价降低。

3) 设计图纸不明确或有错误的,估计今后修改后工程量会增加的项目,单价提高;工程内容说明不清的,单价降低。

4) 没有工程量,只填单价的项目(如土方工程中的挖淤泥、岩石等),其单价提高些,这样做既不影响投标总价,以后发生时承包人又可多获利。

5) 对于暂列数额(或工程),预计会做的可能性较大,价格定高些,估计不一定发生的则单价定低些。

6) 零星用工(计日工)的报价高于一般分部分项工程中的工资单价,因它不属于承包总价的范围,发生时实报实销,价高些会多获利。

常见的不平衡报价法见表10-3。

常见的不平衡报价法　　　　　　　　　　　表10-3

序号	信息类型	变动趋势	不平衡结果
1	资金收入的时间	早	单价高
		晚	单价低
2	工程量估算不准确	增加	单价高
		减少	单价低
3	报价图纸不明确	增加工程量	单价高
		减少工程量	单价低
4	暂定工程	自己承包的可能性高	单价高
		自己承包的可能性低	单价低
5	单价和包干混合制的项目	固定包干价格项目	单价高
		单价项目	单价低
6	单价组成分析表	人工费和机械费	单价高
		材料费	单价低
7	谈判时业主要求压低单价	工程量大的项目	单价小幅度降低
		工程量小的项目	单价较大幅度降低
8	报单价的项目	没有工程量	单价高
		有假定的工程量	单价适中

【例 10-1】 某工程有 A、B 两分项工程，工程量清单工程量及初始估算单价如表 10-3 所示，报价时经过分析得知，工程 A 在施工中可能会增加，而工程 B 在施工中可能会减少。则进行不平衡报价，后经施工验收实际工程量的确发生了变化，经验收工程计算工程量见表 10-4。试分析用不平衡报价与常规平衡报价所增加的收益额。

常规平衡报价单　　　　　　　　　　　　　　　　　表 10-4

工程项目名称	清单工程量(m³)	实际工程量(m³)	单价(元/m³)
A	5000	7500	100
B	3000	2000	80

【解】 1. 常规平衡报价

常规平衡报价两分项工程的总报价为 5000×100＋3000×80＝740000 元。

2. 不平衡报价

调整单价：

若 A、B 两个分项工程的单价分别增减 25%，则 A 项工程的单价增至 125 元；B 项工程的单价减至 60 元。

调整后 A、B 两分项工程的总报价为 5000125－93000×60＝805000 元。

即比用常规平衡报价时增加了 65000 元。但是，为了保持合同总价不变，这种形式上的增加应予以消除，即将增值调回到零。

调零的方法是将上面调整的单价之一固定，在总价不变的条件下，再对另一个单价进行修正。

若分项工程的单价维持不变，设调整后 A 项工程的单价为 x，则：

$$5000x + 3000 \times 60 = 740000$$
$$x = 112 \text{ 元}/m^3$$

即 A 项工程的单价调整为 112 元/m³。

此时，A、B 两个分项工程的总报价为 5000×112＋3000×60＝740000 元。

即调整后仍维持总报价不变。同理，若将 A 项工程的单价维持在 125 元/m³ 不变，也可求出调零后 B 项工程的单价。

承包商在综合比较后，通常提高预计实际工程数量发生概率较高的那些分项工程的单价，并对其他分项工程进行调零修正。表 10-5 就是 A、B 两个工程在不平衡报价时填报的报价单。

不平衡报价单　　　　　　　　　　　　　　　　　表 10-5

工程项目名称	清单工程量(m³)	实际工程量(m³)	单价(元/m³)
A	5000	7500	112
D	3000	2000	60

这样，在递交标书时，纸面填报的报价单中，保持了不平衡报价的总报价与常规平衡报价的总报价完全相等。而承包商在执行合同的过程中，A、B两个分项工程验收工程计价的实际结果却是：

当使用常规平衡报价时，总收入为
$$7500 \times 100 + 2000 \times 80 = 910000 \text{ 元}$$

改用不平衡报价后，总收入为
$$7500 \times 112 + 2000 \times 60 = 960000 \text{ 元}$$

不平衡报价比原常规平衡报价实际上多收入
$$960000 - 910000 = 50000 \text{ 元}$$

如果说A分项工程再涉及到早期完工，工程款早回收，则不平衡报价与常规平衡报价还可形成相应的利息差。

总之，承包商应该认真对待不平衡报价的分析和复核工作，绝不能冒险乱下赌注，而必须切实把握工程数量的实际变化趋势，测准效益。否则由于某种原因，实际情况没能像投标时预测的那样发生变化，则承包商就达不到原预期的收益，甚至可能造成亏损。另外不平衡报价过多和过于明显，也会引起业主反对，甚至导致废标。

(2) 多方案报价法

多方案报价法是指承包人如果发现招标文件、工程说明书或合同条款不够明确，或条款不很公正，技术规范要求过于苛刻时，为争取达到修改工程说明书或合同的目的而采用的一种报价方法。当工程说明书或合同条款有不够明确之处时，承包人往往可能会承担较大的风险，为了减少风险就需提高单价，增加不可预见费，但这样做又会因报价过高而增加投标失败的可能性。运用多方案报价法，是要在充分估计投标风险的基础上，按多个投标方案进行报价，即在投标文件中报两个价，按原工程说明书和合同条件报一个价，然后再提出如果工程说明书或合同条件可作某些改变时的另一个较低的报价。这样可使报价降低，吸引招标人。此外，如对工程中部分没有把握的工作，可注明采用成本加酬金方式进行结算的办法。

(3) 分包商报价的采用

由于现代工程的综合性和复杂性，总承包商不可能将全部工程内容完全独家包揽，特别是有些专业性较强的工程内容，需分包给其他专业工程公司施工，还有些招标项目，业主规定某些工程内容必须由他指定的几家分包商承担。因此，总承包商通常应在投标前先取得分包商的报价，并增加总承包商摊入的一定的管理费，而后作为自己投标总价的一个组成部分一并列入报价单中。应当注意，分包商在投标前可能同意接受总承包商压低其报价的要求，但等到总承包商得标后，他们常以种种理由要求提高分包价格，这将使总承包商处于十分被动的地位。解决的办法是，总承包商在投标前找2～3家分包商分别报价，而后选择其中一家信誉较好、实力较强和报价合理的分包商签订协议，同意该分包商作为本分包工程的惟一合作者，并将分包商的姓名列到投标文件中，但要求该分包商相应地提交投标保函。如果该分包商认为这家总承包商确实有可能得标，他也许愿意接受这一条件。这种把分包商的利益同投标人捆在一起的做法，不但可以防止分包商事后反悔和涨价，还可能迫使分包商报出较合理的价格，以便共同争取得标。

(4) 突然降价法

这是一种迷惑对手的竞争手段。投标报价是一项商业秘密性很高的竞争工作，竞争对手之间可能会随时互相探听对方的报价情况。在整个报价过程中，投标人先按一般态度对待招标工程，按一般情况进行报价，甚至可以表现出自己对该工程的兴趣不大，但等快到投标截止时，再突然降价，使竞争对手措手不及。

(5) 无利润算标

缺乏竞争优势的承包商，在不得已的情况下，只好在算标中根本不考虑利润去夺标。这种办法一般是处于以下条件时采用：

1) 有可能在得标后，将大部分工程分包给索价较低的一些分包商；

2) 对于分期建设的项目，先以低价获得首期工程，而后赢得机会创造第二期工程中的竞争优势，并在以后的实施中赚得利润，所谓的先亏后盈；

3) 较长时期内，承包商没有在建的工程项目，如果再不得标，就难以维持生存。因此，虽然本工程无利可图，只要能有一定的管理费维持公司的日常运转，就可设法渡过暂时的困难，以图将来东山再起。

(6) 开口升级法

把报价视为协商过程，把工程中某项造价高的特殊工作内容从报价中减掉，使报价成为竞争对手无法相比的"低价"。利用这种"低价"来吸引发包人，从而取得了与发包人进一步商谈的机会，在商谈过程中逐步提高价格。当发包人明白过来当初的"低价"实际上是个钓饵时，往往已经在时间上处于谈判弱势，丧失了与其他承包人谈判的机会。利用这种方法时，要特别注意在最初的报价中说明某项工作的缺项，否则可能会弄巧成拙，真的以"低价"中标。

(7) 许诺优惠条件

投标报价附带优惠条件是行之有效的一种手段。招标者评标时，除了主要考虑报价和技术方案外，还要分析别的条件，如工期、支付条件等。所以在投标时主动提出提前竣工、低息贷款、赠给施工设备、免费转让新技术或某种技术专利、免费技术协作、代为培训人员等，均是吸引发包人、利于中标的辅助手段。

(8) 争取评标奖励

有时招标文件规定，对某些技术规格指标的评标，投标人提供优于规定指标值时，给予适当的评标奖励，如评标加分或减去一定百分比的评标价格。投标人应该使业主比较注重的指标适当地优于规定标准，可以获得适当的评标奖励，有利于在竞争中取胜。但要注意技术性能优于招标规定，将导致报价相应上涨，如果投标报价过高，即使获得评标奖励，也难以与报价上涨的部分相抵，这样评标奖励也就失去了意义。

(9) 幕后活动

一些大型工程招标，往往政府官员、业主工作人员利用其地位、关系和影响，为某些承包商中标而活动，行贿受贿现象也不鲜见。贿赂丑闻在建筑行业频频曝光,不是中国独有的现象,而是世界性的,这是由于建筑行业的特殊性和复杂性等特点决定的。某些承包商在不良社会风气的错误引导下,不靠自身的实力夺标,而是热心于幕后活动。承包人以非法的手段,通过幕后活动来承揽工程,于社会和企业自身都是有害的。对于社会,承包人贿赂政府官员和业主工作人员,会加剧社会风气的堕落;对于承包商自身,可能依赖幕后活动夺标从而放松对自身实力的提高,并且一旦贿赂的丑闻暴露,对其社会形象的破坏是非常严重的,往往在很长的时期会失去被邀请投标报价的机会。

训练2 建设工程承包合同价

[训练目的与要求] 掌握建设工程施工合同类型,掌握建设工程承包合同价的确定方法,熟悉影响合同计价方式选择的因素。

2.1 建设工程施工合同类型

建设工程施工合同按付款方式可分为以下几种:

2.1.1 总价合同

总价合同是指支付给承包方的工程款项在承包合同中是一个规定的金额,即总价。它是以设计图纸和工程说明书为依据,由承包方与发包方经过协商确定的。

1. 总价合同的主要特征

(1) 根据招标文件的要求由承包方实施全部工程任务,按承包方在投标报价中提出的总价确定;

(2) 拟实施项目的工程性质和工程量应在事先基本确定。

显然,总价合同对承包方具有一定的风险。通常采用这种合同时,必须明确工程承包合同标的物的详细内容及其各种技术经济指标,一方面承包方在投标报价时要仔细分析风险因素,需在报价中考虑一定的风险费;另一方面发包方也应考虑到使承包方承担的风险是可以承受的,以获得合格而又有竞争力的投标人。

2. 总价合同的应用

这种合同类型能够使建设单位在评标时易于确定报价最低的承包商、易于进行支付计算。但这类合同仅适用于工程量不太大且能精确计算、工期较短、技术不太复杂、风险不大的项目。

2.1.2 单价合同

单价合同是指承包方按发包方提供的工程量清单内的分部分项工程内容填报单价,并据此签订承包合同,而实际总价则是按实际完成的工程量与合同单价计算确定。合同履行过程中无特殊情况,一般不得变更单价。

1. 单价合同的主要特征

工程量清单中的分部分项工程量在合同实施过程中允许有上下的浮动变化,但分部分项工程的合同单价不变,结算支付时以实际完成工程量为依据。这类合同能够成立的关键在于双方对单价和工程量计算方法的确认。在合同履行中需要注意的问题则是双方对实际工程量计量的确认。

因此，采用单价合同时按招标文件工程量清单中的预算工程量乘以所报单价计算得到的合同价格，并不一定就是承包方圆满实施合同规定的任务后所获得的全部工程款项，实际工程价格可能大于原合同价格，也可能小于它。单价合同的工程量清单内所列出的分部分项工程的工程量为估计工程量，而非准确工程量。

2. 单价合同的应用

这类合同的适用范围比较宽，其风险可以得到合理的分摊，并且能鼓励承包单位通过提高工效等手段从成本节约中提高利润。

2.1.3 成本加酬金合同

成本加酬金合同，是由业主向承包单位支付工程项目的实际成本，并按事先约定的某一种方式支付酬金的合同类型。

1. 成本加酬金合同的主要特征

在这类合同中，业主需承担项目实际发生的一切费用，因此也就承担了项目的全部风险。而承包单位由于无风险，其报酬往往也较低。这类合同的缺点是业主对工程总造价不易控制，承包商也往往不注意降低项目成本。

2. 单价合同的应用

这类合同主要适用于以下项目：

(1) 需要立即开展工作的项目，如震后的救灾工作；

(2) 新型的工程项目，或对项目工程内容及技术经济指标未确定；

(3) 风险很大的项目。

2.2 建设工程承包合同价

根据《中华人民共和国合同法》、《建设工程施工合同(示范文本)》、《建筑工程施工发包与承包计价管理办法》及建设部的有关规定，依据招标文件、投标文件双方签订施工合同时，合同价的确定可以采用如下三种方式：固定合同价、可调合同价和成本加酬金的合同价。

2.2.1 固定合同价

固定合同价，是指合同总价或者单价，在合同约定的风险范围内不可调整，即在合同的实施期间不因资源价格等因素的变化而调整的价格。

1. 固定合同总价

固定合同总价的计算是以设计图纸、工程量及规范等为依据，发、承包双方就承包工程协商一个固定的总价，即承包方按投标时发包方接受的合同价格实施工程，并一笔包死，无特定情况不作变化。

采用这种合同，合同总价只有在设计和工程范围发生变更的情况下才能随之作相应的变更，除此之外，合同总价一般不能变动。因此，采用固定总价合同，承包方要承担合同履行过程中的主要风险，要承担实物工程量、工程单价等变化而可能造成损失的风险。在合同执行过程中，发、承包双方均不能以工程量、设备和材料价格、工资等变动为理由，提出对合同总价调整的要求。因此，作为合同总价计算依据的设计图纸、说明、规定及规范需对工程做出详尽的描述，承包方要在投标时对一切费用上升的因素做出估计并将其包含在投标报价之中。承包方因为可能要为许多不可预见的因素付出代价，所以往往会加大不可预见费用，致使这种合同的投标价格可能较高。

固定总价合同的适用条件一般为：

（1）招标时的设计深度已达到施工图设计要求，工程设计图纸完整齐全，项目范围及工程量计算依据确切，合同履行过程中不会出现较大的设计变更，承包方依据的报价工程量与实际完成的工程量不会有较大的差异。

（2）规模较小，技术不太复杂的中小型工程，承包方一般在报价时可以合理地预见到实施过程中可能遇到的各种风险。

（3）合同工期较短，一般为工期在一年之内的工程。

2. 固定合同单价

指合同中确定的各项单价在工程实施期间一般不因价格变化而调整，而在每月（或每阶段）工程结算时，根据实际完成的工程量结算，在工程全部完成时以竣工图的工程量最终结算工程总价款。

采用这种合同时，要求实际完成的工程量与报价时的工程量不能有实质性的变更。因为承包方给出的单价是以相应的工程量为基础的，如果工程量大幅度增减可能影响工程成本。有些固定单价合同规定，如果实际工程量与报价表中的工程量相差超过±10%时，允许承包方调整合同单价。此外，也有些固定单价合同在材料价格变动较大时也允许承包方调整单价。

固定单价合同是比较常见的一种合同计价方式。

2.2.2 可调合同价

可调合同价，是指合同总价或者单价，在合同实施期内根据合同约定的办法调整，即在合同的实施过程中可以按照约定，随资源价格等因素的变化而调整的价格。

1. 可调总价

合同中确定的工程合同总价在实施期间可随价格变化而调整。发包人和承包人在商订合同时，以招标文件的要求及当时的物价计算出合同总价。只是在合同条款中增加调价条款，如果出现通货膨胀这一不可预见的费用因素，合同总价就可按约定的调价条款作相应调整。如果在执行合同期间，由于通货膨胀引起成本增加达到某一限度时，合同总价则作相应调整。可调合同价使发包人承担了通货膨胀的风险，承包人则承担合同实施中实物工程量、成本和工期因素等的其他风险。

由于合同中列有调价条款，所以工期在一年以上的工程项目较适于采用这种合同计价方式。

2. 可调单价

合同单价价可调，一般是在工程招标文件中规定。在合同中签订的单价，根据合同约定的条款，如在工程实施过程中物价发生变化等，可作调价。有的工程在招标或签约时，因某些不确定因素而在合同中暂定某些分部分项工程的单价，在工程结算时，再根据实际情况和合同约定对合同单价进行调整，确定实际结算单价。

2.2.3 成本加酬金的合同价

成本加酬金的合同价是将工程项目的实际投资划分成直接成本费和承包方完成工作后应得酬金两部分。工程实施过程中发生的直接成本费由发包方实报实销，再按合同约定的方式另外支付给承包方相应报酬。

以这种计价方式签订的工程承包合同的缺点是：发包方对工程总价不能实施有效的控制，承包方对降低成本也不太感兴趣。因此，采用这种合同计价方式，其条款必须非常严格。

成本加酬金合同广泛地适用于工作范围很难确定的工程和在设计完成之前就开始施工的工程。

按照酬金的计算方式不同，成本加酬金的合同价分为以下几种形式。

1. 成本加固定百分比酬金确定的合同价

采用这种合同计价方式，承包方的实际成本实报实销，同时按照实际成本的固定百分比付给承包方一笔酬金。工程的合同总价表达式为：

$$C = C_d + C_d P \tag{10-1}$$

式中 C——合同价；

C_d——实际发生的成本；

P——双方事先商定的酬金的固定百分比。

由于这种合同价使得建筑安装工程总造价及付给承包人的酬金随工程成本而水涨船高，不利于鼓励承包方降低成本，因此很少被采用。

2. 成本加固定金额酬金确定的合同价

采用这种合同计价方式与成本加固定百分比酬金合同相似。其不同之处仅在于在成本上所增加的费用是一笔固定金额的酬金。计算表达式为：

$$C = C_d + F \tag{10-2}$$

式中 F——双方约定的酬金具体数额。

采用上述两种合同价方式时，为了避免承包人企图获得更多的酬金而对工程成本不加控制，往往在承包合同中规定一些"补充条款"，以鼓励承包方节约资金，降低成本。

3. 成本加奖罚确定的合同价

采用这种合同价，首先要确定一个预期成本或称目标成本，这个目标成本是根据粗略估算的工程量和单价表编制出来的。在此基础上，根据目标成本来确定酬金的数额，以及实际发生的成本与预期成本比较后的奖罚计算办法。在合同实施后，根据工程实际成本的发生情况，确定奖罚的额度，当实际成本低于预期成本时，承包方除可获得实际成本补偿和酬金外，还可根据成本降低额得到一笔奖金；当实际成本大于预期成本时，承包方仅可得到实际成本补偿和酬金，并视实际成本高出预期成本的情况，被处以一笔罚金。成本加奖罚合同的计算表达式为：

$$C = C_d + F \quad (C_d = C_o) \tag{10-3}$$

$$C = C_d + F + \Delta F \quad (C_d < C_o) \tag{10-4}$$

$$C = C_d + F - \Delta F \quad (C_d > C_o) \tag{10-5}$$

式中 C_o——签订合同时双方约定的预期成本；

ΔF——奖罚金额(可以是百分数，也可以是绝对数，而且奖与罚可以是不同计算标准)。

这种合同计价方式可以促使承包方关心和降低成本，缩短工期，而且目标成本可以随着设计的进展而加以调整，所以发承包双方都不会承担太大的风险，故这种合同计价方式应用较多。

4. 最高限额成本加固定最大酬金

在这种计价方式的合同中，首先要确定最高限额成本、报价成本和最低成本，当实际工程成本没有超过最低成本时，承包方花费的成本费用及应得酬金等都可得到发包方的支付，并与发包方分享节约额；如果实际工程成本在最低成本和报价成本之间，承包方只有成本和酬金可以得到发包方支付；如果实际工程成本在报价成本与最高限额成本之间，则只有全部成本可以得到发包方支付；实际工程成本超过最高限额成本，则超过部分，发包方不予支付。

这种合同计价方式有利于控制工程投资，并能鼓励承包方最大限度地降低工程成本。

2.3 影响合同计价方式选择的因素

在工程实践中，采用哪一种合同计价方式，应根据建设工程的特点，业主对筹建工作的设想，对工程费用、工期和质量的要求等，综合考虑后进行确定。

1. 项目的复杂程度

规模大且技术复杂的工程项目，承包风险较大，各项费用不易估算准确，不宜采用固定总价合同。或者有把握的部分采用固定总价合同，估算不准的部分采用单价合同或成本加酬金合同。在同一工程中采用不同的合同形式，是业主和承包商合理分担工程实施中不确定风险因素的有效办法。

2. 工程施工的难易程度

如果施工中有较大部分采用新技术和新工艺，当发包方和承包方在这方面过去都没有经验，且在国家颁布的标准、规范、定额中又没有可作为依据的标准时，为了避免投标人盲目地提高承包价格或由于对施工难度估计不足而导致承包亏损，不宜采用固定总价合同，较为保险的做法是选用成本加酬金合同。

3. 项目的单项工程的明确程度

如果单项工程的类别和工程量都已十分明确，则可选用的合同类型较多，总价合同、单价合同、成本加酬金合同都可以选择。如果单项工程的分类已详细而明确，但实际工程量与预计的工程量可能有较大出入时，则应优先选择单价合同，此时单价合同为最合理的合同类型。如果单项工程的分类和工程量都不甚明确，则无法采用单价合同。

4. 项目规模及工期长短

如果项目的规模较小、工期较短，则合同类型的选择余地较大，总价合同、单价合同及成本加酬金合同都可选择。由于选择总价合同业主可以不承担风险，业主比较愿意选用；对这类项目，承包商同意采用总价合同的可能性较大，因为这类项目风险小，不可预测因素少。

如果项目规模大、工期长，则项目的风险也大，合同履行中的不可预测因素也多。这类项目不宜采用总价合同。

在招标过程中，对工程进度要求紧迫的工程，如灾后恢复工程、要求尽快开工且工期较紧的工程等，可能仅有实施方案，还没有施工图纸，因此不可能让承包商报出合理的价格。此时，采用成本加酬金合同比较合理。

5. 项目的外部环境因素

外部环境因素包括：项目所在地区的政治局势是否稳定，经济局势因素（如通货膨胀、经济发展速度等），劳动力素质（当地），交通、生活条件等。如果项目的外部环境恶劣则意味着项目的成本高、风险大、不可预测的因素多，承包商很难接受总价合同方式，而较适合采用成本加酬金合同。

一般来说承包某一项目承包商拥有的主动权较多时，可以尽量选择承包商愿意采用的合同类型。若是业主有较多的主动权，可按照总价合同、单价合同、成本加酬金合同的顺序进行选择。一般情况下是业主占有主动权。但业主也不能单纯考虑己方利益，应当综合考虑项目的各种因素，考虑承包商的承受能力，确定双方都能认可的合同类型。

项目11　建筑工程项目进度控制

训练1　工程项目进度控制的任务和作用

[训练目的与要求]　了解建设工程项目进度控制的任务,熟悉施工方各类进度计划的作用。

1.1　建设工程项目进度控制的任务

(1)建设工程进度控制的任务是控制整个项目实施阶段的进度,包括控制设计准备阶段的工作进度、设计工作进度、施工进度、物资采购工作进度以及项目动工前准备阶段的工作进度。

(2)施工单位进度控制的任务是依据施工任务委托合同对施工进度的要求控制施工工作进度,这是施工方履行合同的义务。施工单位应视项目的特点和施工进度控制的需要,编制深度不同的控制性和直接指导项目施工的进度计划,以及不同计划周期的计划,如年度、季度、月度和旬计划等。

(3)供货单位进度控制的任务是依据供货合同对供货的要求控制供货工作进度。供货进度计划应包括供货的所有环节,如采购、加工制造、运输等。

1.2　施工进度计划的作用

1.2.1　施工进度计划的分类

(1)施工进度计划包括施工企业的施工生产计划和建设工程项目施工进度计划(图11-1)。

施工企业的施工生产计划,属企业计划的范畴。它以整个施工企业为系统,根据施工任务量、企业经营的需求和资源利用的可能性等,合理安排计划周期内的施工生产活动,如年度生产计划、季度生产计划、月度生产计划和旬生产计划等。

建设工程项目施工进度计划,属工程项目管理的范畴。它以每个建设工程项目的施工为系统,依据企业的施工生产计划的总体安排和履行施工合同的要求,以及施工的条件(包括设计资料提供的条件、施工现场的条件、施工的组织条件、施工的技术条件和资源条件等)和资源利用的可能性,合理安排一个项目的施工的进度,如:

1)整个项目施工总进度方案、施工总进度规划、施工总进度计划;
2)子项目施工进度计划、单体工程施工进度计划;
3)项目施工的年度施工计划、项目施工的季度施工计划、项目施工的月度施

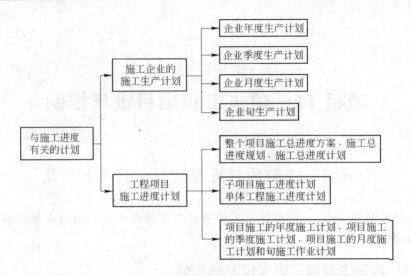

图 11-1　施工进度计划的分类

工计划和旬施工作业计划等。

（2）施工企业的施工生产计划与建设工程项目施工进度计划紧密相关。前者针对整个企业，而后者则针对一个具体工程项目，计划的编制有一个自下而上和自上而下的往复多次的协调过程。

（3）施工进度计划若从计划的功能区分，可分为控制性施工进度计划、指导性施工进度计划和实施性施工进度计划。控制性进度计划和指导性进度计划的界限并不十分清晰，前者更宏观一些。大型和特大型建设工程项目需要编制控制性施工进度计划、指导性施工进度计划和实施性施工进度计划，而小型建设工程项目仅编制两个层次的计划即可。

1.2.2　控制性施工进度计划的作用

（1）通过控制性施工进度计划编制，对施工承包合同所规定的施工进度目标进行再论证，对进度目标进行分解，确定施工的总体部署，并确定为实现进度目标的里程碑事件的进度目标（或称其为控制节点的进度目标），作为进度控制的依据。

（2）控制性施工进度计划是整个项目施工进度控制的纲领性文件，是组织和指挥施工的依据。在编制控制性施工进度计划时，初步设计还刚开始，它不仅是控制施工进度的依据，也是协调设计进度、物质采购计划和制定资金使用计划等的重要参考文件。

（3）控制性施工进度计划是编制实施性进度计划的依据，是编制与该项目相关的其他各种进度计划的依据或参考依据（如子项目施工进度计划、单体工程施工进度计划、项目施工的年度施工计划、项目施工的季度施工计划等）。

（4）控制性施工进度计划是施工进度动态控制的依据。

1.2.3　实施性施工进度计划的作用

实施性施工进度计划是指项目施工的月度施工计划和旬施工作业计划，它是用于直接组织施工作业的计划。旬施工作业计划是月度施工计划在一个旬中的具体安排。实施性施工进度计划的编制应结合工程施工的具体条件,并以控制性施工进度计划所确定的里程碑事件的进度目标为依据。

月度施工计划应反映在这月度中一个项目将进行的主要施工作业的名称、实物工程量、工作持续时间、所需的施工机械名称、施工机械的数量等。月度施工计划还反映各施工作业相应的日历天数的安排,以及各施工作业的施工顺序。

旬施工作业计划应反映在这旬中,一个项目每一个施工作业(或称其为施工工序)的名称、实物工程量、工种、每天的出勤人数、工作班次、工效、工作持续时间、所需的施工机械名称、施工机械的数量、机械的台班产量等。旬施工作业计划还反映各施工作业相应的日历天数的安排,以及各施工作业的施工顺序。

实施性施工进度计划的主要作用为:
(1) 确定施工作业的具体安排;
(2) 确定(或据此可计算)一个月度或旬的人工需求(工种和相应的数量);
(3) 确定(或据此可计算)一个月度或旬的施工机械的需求(机械名称和数量);
(4) 确定(或据此可计算)一个月度或旬的建筑材料(包括成品、半成品和辅助材料等)的需求(建筑材料的名称和数量);
(5) 确定(或据此可计算)一个月度或旬的资金的需求等。

训练 2　施工进度计划的实施

[训练目的与要求]　了解施工进度计划的审核、施工进度计划的贯彻方法,熟悉施工进度计划的实施步骤,掌握施工进度计划的检查及检查结果的处理方法。

2.1　施工进度计划的审核

项目经理应进行施工进度计划的审核,其主要内容包括:
(1) 进度安排是否符合施工合同确定的建设项目总目标和分目标的要求,是否符合其开、竣工日期的规定。
(2) 施工进度计划中的内容是否有遗漏,分期施工是否满足分批交工的需要和配套交工的要求。
(3) 施工顺序安排是否符合施工程序的要求。
(4) 资源供应计划是否能保证施工进度计划的实现,供应是否均衡,分包人供应的资源是否满足进度要求。
(5) 总分包之间的进度计划是否相协调,专业分工与计划的衔接是否明确、合理。
(6) 对实施进度计划的风险是否分析清楚,是否有相应的对策。
(7) 各项保证进度计划实现的措施设计是否周到、可行、有效。

2.2 施工进度计划的贯彻

施工进度计划的贯彻应该做到：

1. 检查各层次的计划，形成严密的计划保证系统

工程项目的所有施工进度计划，包括施工总进度计划、单位工程施工进度计划、分部(项)工程施工进度计划，都是围绕一个总任务而编制的，它们之间关系是高层次计划为低层次计划提供依据，低层次计划是高层次计划的具体化。在其贯彻执行时，应当首先检查是否协调一致，计划目标是否层层分解、互相衔接，组成一个计划实施的保证体系，以施工任务书的方式下达到施工队，保证施工进度计划的实施。

2. 层层明确责任并利用施工任务书

项目经理、作业队和作业班组之间分别签订责任状，按计划目标明确规定工期、承担的经济责任、权限和利益。用施工任务书将作业任务下达到施工班组，明确具体施工任务、技术措施、质量要求等内容，使施工班组必须保证按作业计划时间完成规定的任务。

3. 进行计划的交底，促进进度计划的全面、彻底实施

施工进度计划的实施是全体工作人员的共同行动，要使有关人员都明确各项计划的目标、任务、实施方案和措施，使管理层和作业层协调一致，将计划变成全体员工的自觉行动，在计划实施前可以根据计划的范围进行计划交底工作，以使计划得到全面、彻底的实施。

2.3 施工进度计划的实施

1. 编制月(旬)作业计划

为了实施施工进度计划，将规定的任务结合现场施工条件，如施工场地的情况、劳动力机械等资源条件和施工的实际进度，在施工开始前和过程中不断地编制本月(旬)作业计划，这是使施工计划更具体、更实际和更可行的重要环节。在月(旬)计划中要明确：本月(旬)应完成的任务、所需要的各种资源量、提高劳动生产率和节约措施等。

2. 签发施工任务书

编制好月(旬)作业计划以后，将每项具体任务通过签发施工任务书的方式下达班组进一步落实、实施。施工任务书是向班组下达任务，实行责任承包、全面管理和原始记录的综合性文件。施工班组必须保证指令任务的完成。它是计划和实施的纽带。

施工任务书应由施工员按班组编制并下达。在实施过程中要作好记录，任务完成后回收，作为原始记录和业务核算资料。

施工任务书包括施工任务单、限额领料单和考勤表。施工任务单包括：分项工程施工任务，工程量，劳动量，开工日期，完工日期，工艺、质量和安全要求。限额领料单是根据施工任务单编制的控制班组领用材料的依据，应具体列明材料名称、规格、型号、单位和数量、领用记录、退料记录等。

3. 做好施工进度记录，填好施工进度统计表

在计划任务完成的过程中，各级施工进度计划的执行者都要跟踪做好施工记录，及时记载计划中的每项工作开始日期、每日完成数量和完成日期，记录施工现场发生的各种情况、干扰因素的排除情况；跟踪做好形象进度、工程量、总产值和耗用的人工、材料、机械台班等的数量统计与分析，为施工项目进度检查和控制分析提供反馈信息。因此，要求实事求是记载，并据此填好上报统计报表。

4. 做好施工中的调度工作

施工中的调度是组织施工中各阶段、环节、专业和工种的互相配合、进度协调的指挥核心。调度工作是使施工进度计划实施顺利进行的重要环节，其主要任务是掌握计划实施情况，协调各方面关系，采取措施，排除各种矛盾，加强各薄弱环节，实现动态平衡，保证完成作业计划和实现进度目标。

调度工作内容主要有：监督作业计划的实施、调整协调各方面的进度关系；监督检查施工准备工作；督促资源供应单位按计划供应劳动力、施工机具、运输车辆、材料构配件等，并对临时出现问题采取调配措施；按施工平面图管理施工现场，结合实际情况进行必要的调整，保证文明施工；了解气候、水、电、汽的情况，采取相应的防范和保证措施；及时发现和处理施工中各种事故和意外事件；调节各薄弱环节；定期、及时地召开现场调度会议，贯彻施工项目主管人员的决策，发布调度令。

2.4 施工进度计划的检查

在工程项目的实施过程中，为了进行进度控制，进度控制人员应经常地、定期地跟踪检查施工实际进度情况，主要是收集工程项目进度材料，进行统计整理和对比分析，确定实际进度与计划进度之间的关系，其主要工作包括：

2.4.1 施工进度计划的跟踪

跟踪检查工程实际进度是项目进度控制的关键措施，其目的是收集实际施工进度的有关数据。跟踪检查的时间和收集数据的质量，直接影响控制工作的质量和效果。一般检查的时间间隔与工程项目的类型、规模、施工条件和对进度执行要求程度有关。通常可以确定每月、半月、旬或周进行一次。若在施工中遇到天气、资源供应等不利因素的严重影响，检查的时间间隔可临时缩短，次数应频繁，甚至可以每日进行检查，或派人员驻现场督阵。检查和收集资料的方式一般采用进度报表方式或定期召开进度工作汇报会。根据不同需要，检查的内容包括：

(1) 检查期内实际完成和累计完成工程量；
(2) 实际参加施工的劳动力、机械数量和生产效率；
(3) 窝工人数、窝工机械台班数及其原因分析；
(4) 进度管理情况；
(5) 进度偏差情况；
(6) 影响进度的特殊原因及分析。

2.4.2 施工进度计划的整理统计

收集到的工程项目实际进度数据,要进行必要的整理,按计划控制的工作项目进行统计,形成与计划进度具有可比性的数据,相同的量纲和形象进度。一般可以按实物工程量、工作量和劳动消耗量以及累计百分比整理和统计实际检查的数据,以便与相应的计划完成量相对比。

2.4.3 对比实际进度与计划进度

将收集的资料整理和统计成具有与计划进度可比性的数据后,用工程项目实际进度与计划进度的比较方法进行比较。通常用的比较方法有:横道图比较法、S形曲线比较法、"香蕉"形曲线比较法、前锋线比较法和列表比较法等。通过比较得出实际进度与计划进度一致、超前、拖后三种情况。

1. 横道图比较法

横道图记录比较法,是把在项目施工中检查实际进度收集的信息,经整理后直接用横道线并列标于原计划的横道线一起,进行直观比较的方法。

完成任务量可以用实物工程量、劳动消耗量和工作量三种物理量表示。为了比较方便,一般用它们实际完成量的累计百分比与计划的应完成量的累计百分比进行比较,如图11-2所示。

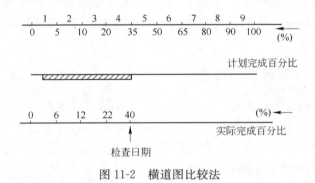

图11-2 横道图比较法

应该指出,由于工作的施工速度是变化的,因此横道图中进度横线,不管计划的还是实际的,都是表示工作的开始时间、持续天数和完成时间,并不表示计划完成量和实际完成量,这两个量分别通过标注在横道线上方及下方的累计百分比数量表示。实际进度的涂黑粗线是从实际工程的开始日期画起,若工作实际施工间断,亦可在图中将涂黑粗线作相应的空白。

2. S形曲线比较法

S形曲线比较法是以横坐标表示进度时间,纵坐标表示累计完成任务量,绘制出一条按计划时间累计完成任务量的曲线,将施工项目的各检查时间实际完成的任务量与S形曲线进行实际进度与计划进度相比较的一种方法。

从整个工程项目的施工全过程而言,一般是开始和结尾阶段,单位时间投入的资源量较少,中间阶段单位时间投入的资源量较多,与其相关,单位时间完成的任务量也是呈同样变化的,如图11-3(a)所示,而随时间进展累计完成的任务量,则应该呈S形变化,如图11-3(b)所示。

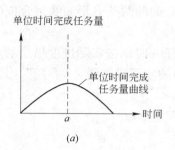
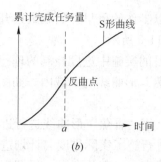

图 11-3 时间与完成任务的关系曲线

S 形曲线比较法同横道图一样,是在图上直观地进行施工项目实际进度与计划进度相比较。一般情况,计划进度控制人员在计划实施前绘制 S 形曲线。在项目施工过程中,按规定时间将检查的实际完成情况,绘制在与计划 S 形曲线同一张图上,可得出实际进度 S 形曲线,如图 11-4 所示。比较两条 S 形曲线可以得到如下信息:

(1) 项目实际进度与计划进度比较。当实际工程进展点落在 S 形曲线左侧,则表示此时实际进度比计划进度超前;若落在其右侧,则表示拖后;若刚好落在其上,则表示二者一致。

(2) 项目实际进度比计划进度超前或拖后的时间。如图 11-4 所示:ΔT_a 表示 T_a 时刻实际进度超前的时间;ΔT_b 表示 T_b 时刻实际进度拖后的时间。

(3) 项目实际进度比计划进度超前或拖后的任务量,如图 11-4 所示,ΔQ_a 表示 T_a 时刻,超前完成的任务量;ΔQ_b 表示在 T_b 时刻,拖后的任务量。

(4) 预测工程进度,如图 11-4 所示,后期工程按原计划速度进行,则工期拖延预测值为 ΔT_c。

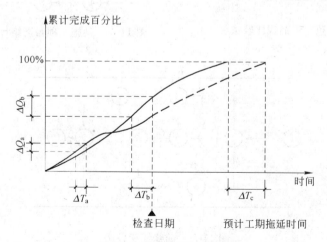

图 11-4 S 形曲线比较法

3. "香蕉"形曲线比较法

"香蕉"曲线的作图方法与 S 形曲线的作图方法基本一致,所不同之处在于它是分别以工作的最早开始和最迟开始时间绘制的两条S形曲线组合成的闭合曲线，如图11-5所示。

在项目的实施中进度控制的理想状况是任一时刻按实际进度描绘的点，应落在该"香蕉"形曲线的区域内。如图11-5中的实际进度线。"香蕉"形曲线比较法的作用：

(1) 利用"香蕉"形曲线进行进度的合理安排；
(2) 进行施工实际进度与计划进度比较；
(3) 确定在检查状态下，后期工程的ES曲线和LS曲线的发展趋势。

4. 前锋线比较法

施工项目的进度计划用时标网络计划表达时（如图11-6），还可以采用实际进度前锋线法进行实际进度与计划进度比较。

前锋线比较法是从计划检查时间的坐标点出发，用点划线依次连接各项工作的实际进度点，最后到计划检查时间的坐标点为止，形成前锋线。根据实际进度前锋线与工作箭线交点的位置判定施工实际进度与计划进度偏差。简言之，实际进度前锋线法是通过施工项目实际进度前锋线，判定施工实际进度与计划进度偏差的方法，如图11-7所示。

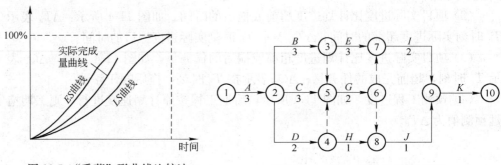

图11-5 "香蕉"形曲线比较法　　图11-6 某施工项目网络计划图

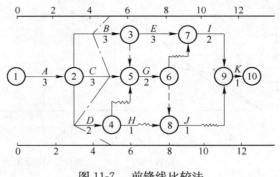

图11-7 前锋线比较法

5. 列表比较法

当采用时标网络计划时也可以采用列表分析法。即记录检查时正在进行的工作名称和已进行的天数，然后列表计算有关时间参数，根据原有总时差和尚有总时差,判断实际进度与计划进度的比较方法。列表比较法如表11-1所示。

列 表 比 较 法　　　　　　　　　表11-1

工作代号	工作名称	检查计划时尚需作业天数	到计划最迟完成时尚有天数	原有总时差	尚有总时差	情况判断
①	②	③	④	⑤	⑥	⑦

【例11-1】 已知某施工项目网络计划图如图11-6所示,第5天检查时,发现A工作已完成,B工作已进行1天,C工作进行了2天,D工作尚未开始。用前锋线法和列表比较法记录和比较进度情况。

【解】
(1)根据第5天检查情况,绘制前锋线,如图11-7所示。
(2)计算有关参数,如表中11-2所示。
(3)根据尚有总时差的计算结果,判断工作实际进度情况见表11-2所示。

网络计划检查结果分析表　　　　　　　表11-2

工作代号	工作名称	检查计划时尚需作业天数	到计划最迟完成时尚有天数	原有总时差	尚有总时差	情况判断
①	②	③	④	⑤	⑥	⑦
2-3	B	2	1	0	-1	影响工期1天
2-5	C	1	2	1	1	正 常
2-4	D	2	2	2	0	正 常

2.5 施工进度计划检查结果的处理

按照检查报告制度的规定,将工程项目进度检查的结果,形成进度控制报告向有关主管人员和部门汇报。

进度控制报告是把检查比较的结果,有关施工进度现状和发展趋势,提供给项目经理及各级业务职能负责人的最简单的书面形式报告。进度控制报告是根据报告的对象不同,确定不同的编制范围和内容而分别编写的。一般分为项目概要级进度控制报告、项目管理级进度控制报告和业务管理级进度控制报告。

项目概要级的进度报告是报给项目经理、企业经理、业务部门以及建设单位或业主的,它是以整个工程项目为对象说明进度计划执行情况的报告。项目管理级的进度报告是报给项目经理及企业业务部门的,它是以单位工程或项目分区为对象说明进度计划执行情况的报告,业务管理级的进度报告是就某个重点部位或重点问题为对象编写的报告,供项目管理者及各业务部门为其采取应急措施而使用的。

进度报告由计划负责人或进度管理人员与其他项目管理人员协作编写。

报告时间一般与进度检查时间相协调，也可按月、旬、周等间隔时间进行编写上报。

通过检查应向企业提供月度进度报告的内容主要包括：

(1) 项目实施概况、管理概况、进度概况的总说明。

(2) 项目施工进度、形象进度及简要说明。

(3) 施工图纸提供进度，材料、物资、构配件供应进度，劳务记录及预测，日历计划。

(4) 对建设单位、业主和施工者的工程变更指令、价格调整、索赔及工程款收支情况。

(5) 进度偏差的状况和导致偏差的原因分析、解决问题的措施、计划调整意见等。

训练3　施工进度计划的调整与控制

[训练目的与要求]　了解施工进度偏差的原因，熟悉进度偏差影响的分析方法，掌握施工进度计划的调整方法及施工进度控制的措施。

3.1　施工进度偏差的原因分析

由于工程项目的工程特点，尤其是较大和复杂的工程项目，工期较长，影响进度因素较多。编制、执行和控制工程进度计划时，必须充分认识和估计这些因素，才能克服其影响，使工程进度尽可能按计划进行，当出现偏差时，应考虑有关影响因素，分析产生的原因。其主要影响因素有：

1. 工期及相关计划的失误

(1) 计划时遗漏了部分必需的功能或工作。

(2) 计划值（例如计划工作量、持续时间）不足，相关的实际工作量增加。

(3) 资源或能力不足，例如计划时没考虑到资源的限制或缺陷，没有考虑如何完成工作。

(4) 出现了计划中未能考虑到的风险或状况，未能使工程实施达到预定的效率。

(5) 在现代工程中，上级（业主、投资者、企业主管）常常在一开始就提出很紧迫的工期要求，使承包商或其他设计人、供应商的工期太紧。而且许多业主为了缩短工期，常常压缩承包商的做标期和前期准备的时间。

2. 工程条件的变化

(1) 工作量的变化。可能是由于设计的修改、设计的错误、业主的新要求、项目目标的修改及系统范围的扩展造成的。

(2) 外界（如政府、上层系统）对项目的新要求或限制，设计标准的提高可能造成项目资源的缺乏，使工程无法及时完成。

(3) 环境条件的变化。工程地质条件和水文地质条件与勘查设计不符，如地质断层、地下障碍物、软弱地基、溶洞，以及恶劣的气候条件等，都对工程进度产生影响、造成临时停工或破坏。

（4）发生不可抗力事件。实施中如果出现意外的事件，如战争、内乱、拒付债务、工人罢工等政治事件，地震、洪水等严重的自然灾害，重大工程事故、试验失败、标准变化等技术事件，通货膨胀、分包单位违约等经济事件，都会影响工程进度计划。

3. 管理过程中的失误

（1）计划部门与实施者之间，总分包商之间，业主与承包商之间缺少沟通。

（2）工程实施者缺乏工期意识，例如管理者拖延了图纸的供应和批准，任务下达时缺少必要的工期说明和责任落实，拖延了工程活动。

（3）项目参加单位对各个活动（各专业工程和供应）之间的逻辑关系（活动链）没有清楚地了解，下达任务时也没有作详细的解释，同时对活动的必要的前提条件准备不足，各单位之间缺少协调和信息沟通，许多工作脱节，资源供应出现问题。

（4）由于其他方面未完成项目计划规定的任务造成拖延。例如设计单位拖延设计、运输不及时、上级机关拖延批准手续、质量检查拖延、业主不果断处理问题等。

（5）承包商没有集中力量施工、材料供应拖延、资金缺乏、工期控制不紧，这可能是由于承包商同期工程太多，力量不足造成的。

（6）业主没有集中资金的供应，拖欠工程款，或业主的材料、设备供应不及时。

4. 其他原因

由于采取其他调整措施造成工期的拖延，如设计的变更、质量问题的返工、实施方案的修改等。

3.2 分析进度偏差的影响

通过进度比较方法，如果判断出现进度偏差时，应当分析偏差对后续工作和对总工期的影响。进度控制人员由此可以确认应该调整产生进度偏差的工作和调整偏差值的大小，以便确定采取调整措施，获得符合实际进度情况和计划目标的新进度计划。

（1）若出现偏差的工作为关键工作，则无论偏差大小，都对后续工作及总工期产生影响，必须采取相应的调整措施，若出现偏差的工作不是关键工作，需要根据偏差值与总时差和自由时差的大小关系，确定对后续工作和总工期的影响程度。

（2）分析进度偏差是否大于总时差。若工作的进度偏差大于该工作的总时差，说明此偏差必将影响后续工作和总工期，必须采取相应的调整措施；若工作的进度偏差小于或等于该工作的总时差，说明此偏差对总工期无影响，但它对后续工作的影响程度，需要根据比较偏差与自由时差的情况来确定。

（3）分析进度偏差是否大于自由时差。若工作的进度偏差大于该工作的自由时差，说明此偏差对后续工作产生影响，应该如何调整，应根据后续工作允许影响的程度而定；若工作的进度偏差小于或等于该工作的自由时差，则说明此偏差对后续工作无影响，因此，原进度计划可以不作调整。

3.3 施工进度计划的调整方法

1. 增加资源投入

通过增加资源投入，缩短某些工作的持续时间，使工程进度加快，并保证实现计划工期。这些被压缩持续时间的工作是位于由于实际进度的拖延而引起总工期增长的关键线路和某些非关键线路上的工作，同时这些工作又是可压缩持续时间的工作。它会带来如下问题：

(1) 造成费用的增加，如增加人员的调遣费用、周转材料一次性费用、设备的进出场费；

(2) 由于增加资源造成资源使用效率的降低；

(3) 加剧资源供应的困难。如有些资源没有增加的可能性，加剧项目之间或工序之间对资源激烈的竞争。

2. 改变某些工作间的逻辑关系

在工作之间的逻辑关系允许改变的条件下，可改变逻辑关系，达到缩短工期的目的。例如可以把依次进行的有关工作改成平行或互相搭接，以及分成几个施工段进行流水施工等，都可以达到缩短工期的目的。这可能产生如下问题：

(1) 工作逻辑上的矛盾性；

(2) 资源的限制，平行施工要增加资源的投入强度；

(3) 工作面限制及由此产生的现场混乱和低效率问题。

3. 资源供应的调整

如果资源供应发生异常，应采用资源优化方法对计划进行调整，或采取应急措施，使其对工期影响最小。例如将服务部门的人员投入到生产中去，投入风险准备资源，采用加班或多班制工作。

4. 增减工作范围

包括增减工作量或增减一些工作包（或分项工程）。增减工作内容应做到不打乱原计划的逻辑关系，只对局部逻辑关系进行调整。在增减工作内容以后，应重新计算时间参数，分析对原网络计划的影响。当对工期有影响时，应采取调整措施，保证计划工期不变。但这可能产生如下影响：

(1) 损害工程的完整性、经济性、安全性、运行效率，或提高项目运行费用；

(2) 必须经过上层管理者如投资者、业主的批准。

5. 提高劳动生产率

改善工具器具以提高劳动效率，通过辅助措施和合理的工作过程提高劳动生产率。要注意如下问题：

(1) 加强培训，且尽可能的提前；

(2) 注意工人级别与工人技能的协调；

(3) 工作中的激励机制，例如奖金、发扬小组精神、个人负责制、明确目标；

(4) 改善工作环境及项目的公用设施；

(5) 项目小组时间和空间上合理的组合和搭接；

(6) 多沟通，避免项目组织中的矛盾。

6. 将部分任务转移

如分包、委托给另外的单位，将原计划由自己生产的结构构件改为外购等。当然这不仅有风险，会产生新的费用，而且需要增加控制和协调工作。

7. 将一些工作包合并

特别是在关键线路上按先后顺序实施的工作包合并，与实施者一道研究，通过局部地调整实施过程和人力、物力的分配，达到缩短工期的目的。

3.4 施工进度的控制措施

施工进度控制采取的主要措施有组织措施、技术措施、管理措施和经济措施等。

1. 组织措施

(1) 落实各层次的进度控制人员、具体任务和工作责任。

(2) 应充分重视健全项目管理的组织体系，建立进度控制的组织系统。

(3) 对工程项目的结构、进展阶段或合同结构等进行项目分解，确定其进度目标，建立控制目标体系。

(4) 应编制施工进度控制的工作流程：

1) 定义施工进度计划系统（由多个相互关联的施工进度计划组成的系统）的组成；

2) 确定各类进度计划的编制程序、审批程序和计划调整程序等。

(5) 确定进度控制工作制度，如检查时间、方法、协调会议时间、参加人员等。

(6) 对影响进度的因素进行分析和预测。

2. 技术措施

技术措施主要是采取加快工程进度的技术方法，主要包括：

(1) 对实现施工进度目标有利的设计技术和施工技术的选用。

(2) 不同的设计理念、设计技术路线、设计方案对工程进度会产生不同的影响，在工程进度受阻时，应分析是否存在设计技术的影响因素，为实现进度目标有无设计变更的必要和是否可能变更。

(3) 施工方案对工程进度有直接的影响，在决策其选用时，不仅应分析技术的先进性和经济合理性，还应考虑其对进度的影响。在工程进度受阻时，应分析是否存在施工技术的影响因素，为实现进度目标有无改变施工技术、施工方法和施工机械的可能性。

3. 管理措施

施工进度控制的管理措施涉及管理的思想、管理的方法、管理的手段、承发包模式、合同管理和风险管理等。在理顺组织的前提下，科学和严谨的管理十分重要。

(1) 施工进度控制在管理观念方面存在的主要问题是：缺乏进度计划系统的观

念,往往分别编制各种独立而互不关联的计划,这样就形成不了计划系统;缺乏动态控制的观念,只重视计划的编制,而不重视及时地进行计划的动态调整;缺乏进度计划多方案比较和选优的观念,合理的进度计划应体现资源的合理使用、工作面的合理安排,有利于提高建设质量、文明施工和合理地缩短建设周期。

(2) 用工程网络计划的方法编制进度计划必须很严谨地分析和考虑工作之间的逻辑关系,通过工程网络的计算可发现关键工作和关键路线,也可知道非关键工作可使用的时差,工程网络计划的方法有利于实现进度控制的科学化。

(3) 发承包模式的选择直接关系到工程实施的组织和协调。为了实现进度目标,应选择合理的合同结构,以避免过多的合同交界面而影响工程的进展。工程物资的采购模式对进度也有直接的影响,对此应作比较分析。

(4) 为实现进度目标,不但应进行进度控制,还应注意分析影响工程进度的风险,并在分析的基础上采取风险管理措施,以减少进度失控的风险量。

(5) 应重视信息技术(包括相应的软件、局域网、互联网以及数据处理设备等)在进度控制中的应用。虽然信息技术对进度控制而言只是一种管理手段,但它的应用有利于提高进度信息处理的效率、有利于提高进度信息的透明度、有利于促进进度信息的交流和项目各参与方的协同工作。

4. 经济措施

施工进度控制的经济措施涉及工程资金需求计划和加快施工进度的经济激励措施。

(1) 为确保进度目标的实现,应编制与进度计划相适应的资源需求计划(资源进度计划),包括资金需求计划和其他资源(人力和物力资源)需求计划,以反映工程施工的各时段所需要的资源。通过资源需求的分析,可发现所编制的进度计划实现的可能性,若资源条件不具备,则应调整进度计划。

(2) 在编制工程成本计划时,应考虑加快工程进度所需要的资金,其中包括为实现施工进度目标将要采取的经济激励措施所需要的费用。

3.5 施工进度控制的总结

项目经理部应在进度计划完成后,及时进行工程进度控制总结,为进度控制提供反馈信息。总结时应依据以下资料:

(1) 施工进度计划;
(2) 施工进度计划执行的实际记录;
(3) 施工进度计划检查结果;
(4) 施工进度计划的调整资料。

施工进度控制总结应包括:

(1) 合同工期目标和计划工期目标完成情况;
(2) 施工进度控制经验;
(3) 施工进度控制中存在的问题;
(4) 科学的工程进度计划方法的应用情况;
(5) 工程项目进度控制的改进意见。

项目12　建筑工程施工造价控制

训练1　施工价款管理

[训练目的与要求]　掌握工程预付款的确立、额度及回扣方法，掌握工程进度款的计算和支付方法，掌握竣工工程结算的原则、程序、方法及审查。

1.1　工程预付款

工程预付款是建设工程施工合同订立后由发包人按照合同的约定，在正式开工前预先支付给承包人的工程款。它是施工准备和所需要的主要材料、构件等流动资金的主要来源，国内习惯上又称为预付备料款。

1.1.1　工程预付款的确立额度

工程预付备料款是我国工程项目建设中一项行之有效的制度，为适应市场经济的发展，建设部明确规定：预付工程款的具体事宜由承发包双方根据建设行政主管部门的规定，结合工程款、建设工期和包工包料情况在合同中约定。国家工商行政管理局和建设部联合制定的《建设工程施工合同(示范文本)》中，有关工程预付款作了如下约定："实行工程预付款的，双方应当在专用条款内约定发包人向承包人预付工程款的时间和数额，开工后按约定的时间和比例逐次扣回。预付时间应不迟于约定的开工日期前7天。发包人不按约定预付，承包人在约定预付时间7天后向发包人发出要求预付的通知，发包人收到通知后仍不能按要求预付，承包人可在发出通知7天后停止施工，发包人应从约定应付之日起向承包人支付应付款的贷款利息，并承担违约责任。"

工程预付款在国际工程承发包活动中亦是一种常用的做法。国际上的工程预付款不仅有材料设备预付款，还有为施工准备和进驻场地的动员预付款。根据国际土木工程建筑施工合同规定，预付款一般为合同总价的10%～15%。世界银行贷款的工程项目，预付款较高，但也不会超过20%。近几年来，国际上减少工程预付款额度的做法有扩展的趋势，一些国家都在压低预付款的数额，但是无论如何，工程预付款仍是支付工程价款的前提。通常的做法是：预付款支付在合同签署后，由承包人从自己的开户银行中出具与预付款额相等的保函，并提交给发包人，以后就可从发包人开户银行里领取该项预付款。

1.1.2　工程备料款额度

工程备料款额度，各地区、各部门的规定不完全相同，主要是保证施工所需材料和构件的正常储备。数额太少，备料不足，可能造成生产停工待料；数额太多，影响投资有效使用。一般是根据施工工期、建设安装工作量、主要材料和构件费用占建设安装工作量的比例以及材料储备周期等因素经测算来确定。下面简要介绍几种确定额度的方法：

1. 数学计算法

根据主要材料（含构件等）占年度承包工程总价的比重、材料储备定额天数和年度施工天数等因素，通过数学公式计算预付备料款额度。其计算公式是：

$$工程备料款数额 = \frac{工程总价 \times 材料比重(\%)}{年度施工天数} \times 材料储备定额天数 \quad (12-1)$$

$$工程备料款额度 = 工程备料款额 / 工程总价 \times 100\% \quad (12-2)$$

式中，年度施工天数按365天日历天计算，材料储备定额天数由当地材料供应的在途天数、加工天数、整理天数、供应间隔天数、保险天数等因素决定。

【例12-1】 某一施工单位承建一项工程，年度承包工程总价为1800万元，其中材料构件数约占65%，材料储备天数70天，年度施工天数按365天计算，则工程备料款数额为：

$$工程备料款数额 = \frac{18000000 \times 65\%}{365} \times 70 = 2243836 \text{ 元}$$

$$工程备料款数额 = \frac{2243836}{18000000} \times 100\% = 12.47\% （百分比法）$$

2. 百分比法

百分比法是按合同额或年度工作量的一定比例确定预付备料款额度的一种方法。各地区和各部门根据各自的条件从实际出发分别制定了地方、部门的预付备料款比例。按合同额确定，一般为5%~15%。按年度工作量确定为：建筑工程一般不得超过当年建筑（包括水、电、暖、卫等）工程工作量的25%，大量采用预制构件以及工期在6个月以内的工程，可以适当增加；安装工程一般不得超过当年安装工作量的10%，安装材料用量较大的工程，可以适当增加；小型工程（一般指50万元以下）可以不预付备料款，直接分阶段拨付工程进度款。

3. 协商议定法

工程实践中，在较多情况下是通过发承包双方自愿协商一致确定的。建设单位作为投资方，通过投资来实现其项目建设的目标，工程备料款是其投资的开始。在商洽时，施工单位应争取获得较多的备料款，从而保证施工有一个良好的开端。但是，因为备料款实际上是发包人向承包人提供的一笔无息贷款，可使承包人减少自己垫付的周转资金，从而影响到作为投资人的建设单位的资金运用，如不能有效控制，会加大筹资成本，因此，发包人和承包人必然要根据工程的特点、工期长短、市场行情、供求规律等因素，最终协商确定备料款，从而保证各自目标的实现，达到共同完成建设任务的目的。

1.1.3 工程备料款的回扣

发包人支付给承包人的工程备料款其性质是预支。随着工程进度的推进，拨付的工程进度款数额不断增加，工程所需主要材料、构件的用量逐渐减少，原已支付的预付款应以抵扣的方式在工程竣工前全部予以陆续扣回。扣款的方法可采取当工程进展到某一阶段如完成合同额的60%~65%时开始扣起，也可从每月的工程付款中扣回。扣款的方法也可以采取计算方法确定，即：

从未施工工程尚需的主要材料及构件的价值相当于预付备料款数额时扣起，从每次中间结算工程价款中，按材料及构件比重扣抵工程价款，至竣工之前全部扣清。因此确定起扣点是工程预付款起扣的关键。

确定工程预付款起扣点的依据是：未完施工工程所需主要材料和构件的费用，等于工程预付款的数额。

工程预付款起扣点可按下式计算：

$$T = P - M/N \tag{12-3}$$

式中 T——起扣点，即预付备料款开始扣回的累计完成工作量金额；

M——预付备料款数额；

N——主要材料，构件所占比重；

P——承包工程价款总额（或建设安装工作量价值）。

【例 12-2】 某项工程合同价 100 万元，预付备料款数额为 24 万元，主要材料、构件所占比重 60%，起扣点为多少万元？

按起扣点计算公式：$T = P - M/N = 100 - 24/60\% = 60$ 万元

则 当工程量完成 60 万元时，本项工程预付款开始起扣。

在实际工作中，由于工程的情况比较复杂，工程形象进度的统计，主、次材料采购和使用不可能很精确，因此，工程备料款的回扣方法，也可由发包人和承包人通过洽商用合同的形式予以确定，还可针对工程实际情况具体处理。如有些工程工期较短、造价较低，就无需分期扣还；有些工期较长，如跨年度工程，其备料款的占用时间很长，根据需要可以少扣或不扣。在国际工程承包中，国际土木建筑施工承包合同也对工程预付款回扣作了规定，其方法比较简单，一般当工程进度款累计金额超过合同价格的 10%～20% 时开始起扣，每月从支付给承包人的工程款内按预付款占合同总价的同一百分比扣回。

1.2 工程进度款

1.2.1 工程进度款的计算

工程进度款的计算，主要涉及两个方面，一是工程量的核实确认，二是单价的计算方法。

（1）工程量的核实确认。应由承包人按协议条款约定的时间，向发包人代表提交已完工程量清单或报告，《建设工程施工合同（示范文本）》约定：发包人代表接到工程量清单或报告后 7 天内按设计图纸核实已完工程数量，经确认的计量结果，作为工程价款的依据。发包人代表收到已完工程量清单或报告后 7 天内未进行计量，从第 8 天起，承包人报告中开列的工程量即视为确认，可作为工程价款支付的依据。

（2）工程进度款单价的计算方法。主要根据发包人和承包人事先约定的工程价格的计价方法决定。目前一般来讲，工程价格的计价方法可以分为工料单价法和综合单价法两种方法。二者在选择时，既可采取可调价格的方式，即工程价格在实施期间可随价格变化而调整，也可采取固定价格的方式，即工程价格在实施期间不因价格变化而调整,在工程价格中已考虑价格风险因素并在合同中明确了固定价格所包括的内容和范围。

1.2.2 工程进度款的支付

工程进度款的支付,是工程施工过程中的经常性工作,其具体的支付时间、方式都应在合同中作出规定。

1. 支付规定

(1) 为了保证工程施工的正常进行,发包人应根据合同的约定和有关规定按工程的形象进度按时支付工程款。

(2) 在确认计量结果后 14 天内,发包人应向承包人支付工程进度款。按约定时间发包人应扣回的预付款,与工程进度款同期结算。

(3) 双方在专用条款中约定的可调价款、工程变更调整的合同价款及其他条款中约定的附加合同价款,应与工程进度款同期调整支付。

(4) 发包人超过约定的支付时间不支付工程进度款,承包人可向发包人提出要求付款的,发包人收到承包人通知后仍不能按要求付款,可与承包人协商签订延期协议,经承人同意后可延期支付。协议应明确延期支付的时间和从计量结果确认后第 15 天起计算付款的贷款利息。

(5) 发包人不按合同约定支付工程进度款,双方又未达成延期付款协议,导致施工无法进行,承包人可停止施工,由发包人承担违约责任。

2. 时间规定和总额控制

建筑安装工程进度款的支付,一般实行月中按当月施工计划工作量的 50% 支付,月末按当月实际完成工作量扣除上个月支付数进行结算,工程竣工后办理竣工结算的办法。在工程竣工前,施工单位收取的备料款和工程进度款的总额,一般不得超过合同金额(包括工程合同签订后经发包人签证认可的增减工程价值)的 95%,其余 5% 尾款,在工程竣工结算时除保修金外一并清算。承包人向发包人出具履约保函或其他保证的,可以不留尾款。

3. 操作程序

承包人月中按月度施工计划工作量的 50% 收取工程款时应填列特制的"工程付款结算账单"送发包人或工程师确认后办理收款手续,每月终了时,承包人应根据当月实际完成的工作量以及单价、费用标准,计算已完工程价值,编制特制的"工程价款结算账单"和"已完工程量月报表"送发包人或工程师审查确认后办理结算。一般情况下,审查确认应在 5 天内完成。

4. 付款方式

承包人收取工程进度款,可以按规定采用汇兑、委托收款、支票、本票等各种手段,但应按开户银行的有关规定办理;工程进度款也可以使用期票结算,发包人在开户银行存款总额内开出一定期限的商业汇票,交承包人,承包人待汇票到期后持票到开户银行办理收款;还可以因地域情况采用同城结算和异地结算的方式,总之,工程进度款的付款方式可从实际情况出发,由发包人和承包人商定和选择。

5. 关于总包和分包付款

通常情况下，发包人只办理总包的付款事项。分包人的工程款由分包人根据总分包合同规定向总包提出分包付款数额，由总包人审查后列入"工程价款结算账单"统一向发包人办理收款手续，然后结转给分包人。由发包人直接指定的分包人，可以由发包人指定总包人代理其付款，也可以由发包人单独办理付款，但须在合同中约定清楚，事先征得总包人的同意。

【例 12-3】 某建筑工程施工合同固定总价 500 万元，合同工期为 140 日历天，从当年 1 月 1 日开工至 5 月 20 日竣工，主要材料和构件金额占工程合同总价款的 60%，根据规定材料储备为 70 天，各月完成的施工产值如表 12-1。

各月施工产值表（万元） 表 12-1

月　份	一　月	二　月	三　月	四　月	五　月
完成施工产值	80.00	120.00	160.00	90.00	50.00

试求：预付备料款、备料款的抵扣、每月的结算工程款。

【解】（1）预付备料款 $=\dfrac{500\times 60\%}{140}\times 70=150$ 万元

（2）备料款的抵扣额：
$$T=M/N=500-150/60\%=250 \text{ 万元}$$

即 当累计结算额为 250 万元时，开始抵扣备料款。

（3）一月份完成施工产值 80 万元，结算为 80 万元。

二月份完成施工产值 120 万元，累计结算 200 万元。

三月份完成施工产值 160 万元，因 200+160=360 万元＞250 万元，已超过起扣点 110 万元，其中 160-110=50 万元全部结算，110 万元要扣除预付备料款，实际三月份应结算工程款为：

$50+110\times(1-60\%)=50+44=94$ 万元，累计结算 294 万元。

四月份完成施工产值 90 万元，结算款为 $90\times(1-60\%)=36$ 万元，累计 330 万元。

五月份计算款为 $50\times(1-60\%)=20$ 万元，累计 350 万元。

加上预付备料款 150 万，共结算 500 万元。

1.3 竣工结算款

在建设工程施工中，由于设计图纸变更或现场签订变更通知单，而造成施工图预算变化和调整，工程竣工时，最后一次的施工图调整预算，便是建设工程的竣工结算。一般来讲，任何一项工程，不管其投资主体、资金来源如何，只要是采取发承包方式营建并实行按工程预算结算的，当工程竣工移交后，承包人与发包人都要办理竣工结算。

1.3.1 竣工结算的原则

（1）竣工结算，必须在工程全部完工、经移交验收并提出竣工验收报告以后方能进行。对于未完工程或质量不合格者，不得办理竣工结算；对于竣工验收过程中提出的问题，未经整改达到设计或合同要求，或已整改而未经重新验收认可者，也不得办理竣工结算。当遇到工程项目规模较大且内容较复杂时，为了给竣工结算创造条件，应尽可能提早做好结算准备，在施工进入最后收尾阶段即将全面竣工之前，结算双方取得一致意见，也可以开始逐项核对结算的基础资料，但办理结算手续，仍应到竣工以后进行。

（2）工程竣工结算的各方，应共同遵守国家有关法律、法规、政策方针和各项规定，要依法办事，防止抵触、规避法律、法规、政策方针和其他规定及弄虚作假的行为发生。

（3）工程竣工结算，会涉及许多具体复杂的问题，要坚持实事求是，具体情况具体分析。处理问题要慎重，做到既合法，又合理，既坚持原则，又灵活对待，不得以任何借口和特殊原因，高估冒算和增加费用，也不得无理压价，以致损害对方的合法利益。

（4）强调合同的严肃性。合同是工程结算最直接、最主要的依据之一，应全面履行工程合同条款，包括双方共同确认的补充条款。同时，应严格执行双方据以确定合同造价的综合单价、工科单价、取费标准和材料设备价格等计价方法，不得随意变更。

（5）办理竣工结算，必须依据充分，基础资料齐全。包括设计图纸、设计修改手续、现场签证单、价格确认书、会议记录、验收报告和验收单、其他施工资料、原施工图预算和报价单、甲供材料、设备清单等。

1.3.2 竣工结算程序

工程竣工结算一般是由施工单位编制，建设单位审核同意后，按合同规定签章认可。最后通过建设银行办理工程价款的竣工结算。

（1）工程竣工验收报告经发包人认可后28天内，承包人向发包人递交竣工结算报告及完整的结算资料，双方按照协议书约定的合同价款及专用条款约定的合同价款调整内容，进行工程竣工结算。

（2）发包人接到承包人递交的竣工结算及结算资料28天内进行核实，给予确认或者提出修改意见。发包人确认竣工结算报告后通知经办银行向承包人支付竣工结算价款。承包人接到竣工结算价款后14天内将竣工工程交付发包人。

（3）发包人收到竣工结算报告及结算资料后28天内无正当理由不支付工程竣工结算价款，从第29天起按承包人同期向银行贷款利率支付拖欠工程价款的利息，并承担违约责任。

（4）发包人收到竣工结算报告及结算资料后28天内不支付工程竣工结算价款，承包人可以催告发包人支付结算价款。发包人在收到竣工结算报告及结算资料后56天内仍不支付的，承包人可以与发包人协议将该工程折价，也可以由承包人申请人民法院将该工程依法拍卖，承包人就该工程折价或者拍卖的价款优先受偿。

（5）工程竣工验收报告经发包人认可后28天内，承包人未能向发包人递交竣工结算报告及完整的结算资料，造成工程结算不能正常进行或者工程竣工结算价款不能及时支付，发包人要求交付工程的，承包人应当交付；发包人不要求交付工程的，承包人承担保管责任。

发包人、承包人对工程竣工结算价款发生争议时,按合同有关条款约定处理。

1.3.3 竣工结算的要求

(1) 对确定作为结算对象的工程项目内容作全面认真的清点,备齐结算依据和资料。

(2) 以单位工程为基础,对施工图预算、报价的内容,包括项目、工程量、单价及计算方面进行检查核对。为了尽可能做到竣工结算不漏项,可在工程即将竣工时,召开单位内部有施工、技术、材料、生产计划、财务和预算人员参加的竣工结算预备会议,必要时也可邀请发包人、监理单位等参加会议,做好核对工作。包括:

1) 核对开工前施工准备与水、电、煤气、路、污水、通讯、供热、场地平整等"七通一平";

2) 核对土方工程挖、运数量,堆土处置的方法和数量;

3) 核对基础处理工作,包括淤泥、流沙、暗洪、河流、塌方等引起的基础加固有无漏算;

4) 核对钢筋混凝土工程中的含钢量是否按规定进行调整,包括为满足施工需要所增加的钢筋数量;

5) 核对加工定货的规格、数量与现场实际施工数量是否相符;

6) 核对特殊工程项目与特殊材料单价有无应调未调的;

7) 核对室外工程设计要求与施工实际是否相符;

8) 核对因设计修改引起工程变更记录与增减账是否相符;

9) 核对分包工程费用支出与预算收入是否有矛盾;

10) 核对施工图要求与施工实际有无不符的项目;

11) 核对单位工程结算书与单项工程结算书有关相同项目、单价和费用是否相符;

12) 核对施工过程中有关索赔的费用是否有遗漏;

13) 核对其他有关的事实、根据、单价和与工程结算相关联的费用。

经检查核对,如发生多算、漏算或计算错误以及定额分部分项或单价错误,应及时进行调整,如有漏项应予以补充,如有重复或多算应删减。

(3) 对发包人要求扩大的施工范围和由于设计修改、工程变更、现场签证引起的增减预算进行检查,核对无误后,分别归入相应的单位工程结算书。

(4) 将各个专业的单位工程结算分别以单项工程为单位进行汇总,并提出单项工程综合结算书。

(5) 将各个单项工程汇总成整个建设项目的竣工结算书。

(6) 编写竣工结算编制说明,内容主要为结算书的工程范围,结算内容,存在的问题以及其他必须加以说明的事宜。

(7) 复写、打印或复印竣工结算书,经相关部门批准后,送发包人审查签认。

1.3.4 竣工结算方法

竣工结算方法,同编制施工图预算或投标报价的方法基本一样,但也有其不同的特点，主要应从以下几个方面着手：

1. 检查原施工图预算、报价单和合同价

在编制竣工结算的工作中，一方面，应当注重检查原预算价、报价和合同价，熟悉所必备的基础资料，尤其是对报价的单价内容，即每个分项内容所包括的范围，哪些项目允许按设计和招标要求予以调整或换算，哪些项目不允许调整和换算都应予以充分的了解。另一方面，要特别注意项目计算调整工程量所示的计量单位，一定要与原项目计量单位相符合；对用定额的，就要熟悉定额子目的工作内容、计量单位、附注说明、分项说明、总说明、定额中规定的工料机的数量，从中得到启发，发现按定额规定可以调整和换算的内容；对合同价，主要是检查合同条款对合同价格是否可以调整的规定。

2. 熟悉竣工图纸，了解施工现场情况

在编制竣工结算前，必须充分熟悉竣工图，了解工程全貌，对竣工图中存在的矛盾和问题应及时提出。同时还要了解现场全过程实际情况，如土方是挖运还是填运，土的类别，运输距离，是场外运输还是场内运输，钢筋混凝土和钢构件采用什么方法运输、吊装，采用哪种脚手架进行施工等等。如已按批准的施工方案实施的则可按施工方案办理，如没有详细明确的施工方案，或施工方案有调整的，则应向有关人员了解清楚。这样才能正确确定有关分部分项的工程量和工程价格，避免竣工结算与现场脱节，影响结算质量和脱离实际的情况发生。

3. 计算和复核工程量

工程量的计算和复核应与原工程量计算口径相一致，对新增子目的，可以直接按照国家和地方的工程量计算规则的规定办理。

4. 汇总竣工工程量

工程量计算复核完毕经仔细核对无误后，一般应根据预算定额或原报价的要求，按分部分项工程的顺序逐项汇总，整理列项，列项可以分为增加栏目和减少栏目，既为套用单价提供方便，也可以使发包人在审核时方便对照。对于不同的设计修改、签证，内容相同的项目，应先进行同类合并，在备注栏内加以说明以免混淆或漏算。

5. 套用原单价或确定新单价

汇总的工程结算工程量经核对无误就可以套用原定额单价和报价单价。选用的单价应与原预算或原报价的单价相同，对于新增的项目必须与竣工结算图纸要求的内容相适应，分项工程的名称、规格、计量单位需与预算定额分部分项工程所列的内容相一致，施工预算或原报价中没有相同的单价时，应按定额或原报价单价相类似项目确定价格，没有相类似项目的价格，应由承包人根据定额编制的基本方法、原则或报价确定或合同确定的基本原则编制一次性补充单价作为结算的依据，以避免重套、漏套或错套单价以及不符合实际的乱定价，影响工程结算。

6. 计算有关费用

单价套完经核对无误后，应计算合价，并按分部分项计算分部工程的价值，再把各分部的价值相加得合计。如果是按预算定额法、可调工料单价估价法、固定综合单价估价法编制结算的，应根据这些计算方法和当地的规定，分别按价差调整办法计算价差，求出管理费、利润、税金等，然后相加得出该单位工程的结算总造价。

7. 竣工结算工料分析

竣工结算工料分析是承包人进行经济核算的重要工作和主要指标，是发包人进行竣工决算总消耗量统计的必要依据，是提高企业管理水平的重要措施，是造价主管机构统计社会平均物耗真实水平的信息来源。作竣工结算工料分析，应按以下方法进行：

（1）首先把竣工结算中的分项工程，逐项从结算中查出各种人工、材料和机械的单位用量并乘以该工程项目的工程量，就可以得出该分项工程各种人工、材料和机械的数量。

（2）然后按分部分项的顺序，将各分部工程所需的人工、材料和机械分别进行汇总，得出该分部工程各人工、材料和机械的数量。

（3）最后将各分部工程进行再汇总，就得出该单位工程各种人工、材料和机械的总数量，并可进而得知万元和平方米的消耗量。在进行工料分析时，要注意把钢筋混凝土、钢结构等成品、半成品单独进行分析，以便进行成本核算和结算"三材"指标。

8. 编写竣工结算说明

编写竣工结算说明，应明确结算范围、依据和甲供材料的基本内容、数量，对尚不明确的事实作出说明。

（1）竣工结算范围既是项目的范围，也包括专业工程范围。工程项目范围可以是全部建设工程或单项工程和单位工程，应视具体情况而定；专业工程范围是指土建工程，安装工程，防水、耐酸等特殊工程。

（2）竣工结算依据主要应写明采用的竣工图纸及编号，采用的计价方法和依据，现行的计价规定，合同约定的条件，招标文件及其他有关资料。

（3）甲供材料的基本内容通常为钢材、木材、水泥、设备和特殊材料，应列明规格数量、供货的方式，以便财务清账，做到一目了然。

（4）其他有关事宜。

1.3.5 竣工结算的审查

竣工结算书编制后，须按照一定的程序，进行审查确认才能生效。发包人在收到承包人提出的工程竣工结算书后，由发包人或其委托的具有相应资质的工程咨询代理单位对其进行审查，并按合同约定的时间提出审查意见，作为办理竣工结算的依据。

1. 审查合同文件

工程量竣工结算审查开始，首先要对招标文件和合同条款进行审查，以指导工程量、单价费用的审查。

2. 审查工程量

（1）审查工程量应先审查是否按计算规则进行计算。建筑物的实体与按计算规则计算出的实物工程量概念不同，结果并不完全相等，前者可以直接用数学计算式进行计算,而后者则需先执行计算规则,在计算规则指导下再用数学计算式进行计算,只有按计算规则计算的实物工程量才符合规范。

(2) 审查工程量计算式。在审查中,应先将专业按建筑、结构和水、暖、电等分类,在各专业的工程量计算式中每一计算式应注明轴线编号、楼层部位;计算式应简练,尽量使用简便计算公式;计算式不要连成一体,以免混淆,难以辨认,要便于查阅,最后列表汇总。遇同一子目套用多种单价的工程量时,可列成分表形式,不要顾此失彼,造成不必要的误差。

3. 审查分部分项子目

审查分部分项子目,可按照施工顺序和定额顺序,如按定额顺序审查,可从土石方工程、桩基础工程、脚手架工程、砌筑工程、钢筋混凝土、混凝土工程……先后顺序一一过目进行对照审查。在审查过程中,每审查一个子目后在工程量计算书上做一记号,待按所有定额顺序过目后,未做记号的剩余项就不会遗漏,可以引起重视,达到审查效果。

4. 审查单价套用是否正确

审查结算单价,应注意以下几个方面:

(1) 结算单价是否与报价单价相符,子目内容没有变化的仍应套用原单价,如单价有变化的,则要查明原因;内容发生变化的要分析具体的内容,审查单价是否符合成立的条件。

(2) 结算单价是否与预算定额的单价相符,其名称、规格、计量单位和所包括的工程内容是否相一致。

(3) 对换算的单价,首先要审查换算的分项工程是否是定额所允许的,其次审查换算的过程是否正确。

(4) 对补充的单价,要审查补充单价是否符合预算定额编制原则或报价时关于工、料、机的约定,单位估价表是否正确。

5. 审查其他有关费用

其他有关费的内容,各专业和各地的情况不同,具体审查计算时,应按专业和当地的规定执行,要符合规定和要求。

(1) 施工管理费的审查,要注意以下几个方面:

1) 是否按工程性质、类别计取费用,有无错套取费标准;

2) 施工管理费的计取基础是否符合规定;

3) 材料价差是否计取了施工管理费;

4) 有无将不需安装的设备或已经安装但不可计费的也计取为安装工程的施工管理费;

5) 有无巧立名目、乱摊费用。

(2) 利润和税金的审查,重点为计取基础和费率是否符合当地有关部门的现行规定,有无多算或重算的现象。

在审核固定综合单价时,其基本的内容和方法与上述方法相同,重点是综合单价组成的所有费用应与报价和合同约定的相一致。

训练2　工程变更价款和施工索赔款

[训练目的与要求]　掌握工程变更的内容和控制、工程变更价款的确定和处理方法；掌握施工索赔的内容，索赔费用的组成、计算方法及索赔程序和时效。

2.1　工程变更价款

工程变更是工程局部作出修改而引起工程量增减等的变化。工程变更价款一般是由设计变更、施工条件变更、进度计划变更以及为完善使用功能提出的新增（减）项目而引起的价款变化，其中以设计变更为主。

2.1.1　工程变更的内容和控制

1. 工程变更的内容

（1）建筑物功能未满足使用上的要求引起工程变更。

（2）设计规范修改引起的工程变更。一般来说，设计规范相对成熟，但在某些特殊情况下，需作某种调整或禁止使用。

（3）采用复用图或标准图的工程变更。某些设计人和发包人（如房地产开发商）为节省时间，复用其他工程的图纸或采用标准图集施工，这些复用图或标准图仅适用原来所建设实施的项目，并不完全适用现时的项目，在施工时不得不进行设计修改，从而引起变更。

（4）技术交底会上的工程变更。在发包人组织的技术交底会上，经承包人或发包人技术人员审研的施工图，发现的图纸互相矛盾等，提出意见而产生的设计变更。

（5）施工中遇到需要处理的问题引起的工程变更。承包人在施工过程中，遇到一些原设计未考虑到的具体情况，需进行处理，因而发生的工程变更。

（6）发包人提出的工程变更。工程开工后，发包人由于某种需要，提出要求改变某种施工方法等。

（7）承包人提出的工程变更。这是指施工中由于进度或施工方面的原因，承包人认为需要改用其他材料代替，或者需要改变某些工程项目的具体设计等，因而引起的设计变更。

（8）其他原因的工程变更。可引起工程变更的原因很多，如合理化建议，工程施工过程中发包人与承包人的各种洽商都可能是工程变更的内容或会引起工程的变更。

2. 工程变更的控制

由于工程变更会增加或减少某些工程项目或工程量，引起工程价格的变化，影响工期，甚至影响质量，造成不必要的损失。因而设计人、发包人、承包人都有责任严格控制，尽量减少变更，从多方面进行控制：

（1）建设标准。主要是指不改变主要设备和建筑结构，不扩大建筑面积，不提高建筑标准，不增加某些不必要的工程内容，更应该防止"钓鱼"工程现象和利用工程建设之便，追求豪华奢侈，满足少数人之需要，避免结算超预算，预算超概算，概算超估算三超现象发生。如确属必要，应严格按照审查程序，经原批准机关同意，方可办理。

（2）建设工期。有些工程变更，由于提出的时间较晚，又缺乏必要的施工准备，可能影响工期，忙中添乱，应该加以避免。承包人在施工过程中所遇到的困难，提出工程变更，一般也不应影响工程的交工日期。

（3）工程范围。工程设计变更应该有一个控制范围，不属于工程设计变更的内容，不应列入设计变更。例如：设计时在满足设计规范和施工验收规范的条件下，在施工图中说明钢筋搭接的方法、搭接倍数、钢筋规定尺寸长度，这样，可以避免因设计不明确而可能提出采用钢筋锥螺纹、冷压套管、电渣压力焊等方法，引起设计变更，增加费用。即便由于材料供应上的原因，不能满足钢筋的规定尺寸长度，也可由承包人在技术交底会上提出建议，由发包人或设计人作为一般性的签证，适当微调，而不必作为设计变更，从而引起大的价格变化。

（4）建立工程变更的相关制度。工程发生变化，除了某些不可预测无法事先考虑到的客观因素之外，其主要原因是规划欠妥、勘察不明、设计不周、工作疏忽等主观原因引起，从而发生扩大面积，或提高标准，或增加不必要的工程内容等不良后果。要避免因客观原因造成的工程变更，就要提高工程的科学预测，保证预测的准确性；要避免因主观原因造成的工程变更，就要建立工程变更的相关制度。首先要建立项目经理责任制度，其次规划要完善，尽可能树立超前意识；还要强化勘察、设计制度，落实勘察、设计责任制，要有专人负责把关，认真进行审核，谁出事，谁负责，建立勘察、设计内部赔偿制度；更要加强工作人员的责任心，增强职业道德观念。在措施方面，既要有经济措施，又要有行政措施，还要有法律措施。只有建立完善的工程变更相关制度，才能有效地把工程变更控制在合理的范围之内。

（5）要有严格的程序。工程设计变更，特别是超过原设计标准和规模时，须经原设计审查部门批准取得相应追加投资和有关材料指标。对于其他工程变更，要有规范的文件形式和流转程序。设计变更的文件形式，可以是设计单位作出的设计变更单，其他工程变更应是根据洽商结果写成的洽商记录。变更后的施工图、设计变更通知单和洽商记录同时应经过三方或双方签证认可方可生效。

（6）合同责任。合同责任主要是民事经济责任，责任方应向相对方承担民事经济责任，因工程勘察、设计、监理、施工等原因造成的工程变更从而导致非正常的经济支出和损失时，按其所应承担的责任进行经济赔偿或补偿。

2.1.2 工程变更价款的确定

工程变更价款的确定，同工程价格的编制和审核基本相同。所不同的是，由于在施工过程中情况发生了某些新的变化，针对工程变化的特点采取相应的办法来处理工程变更价款。

工程变更价款的确定仍应根据原报价方法和合同的约定以及有关规定来办理，但应强调以下几个方面：

(1) 手续应齐全。凡工程变更，都应该有发包人和承包人的盖章及代表人的签字，涉及到设计上的变更还应该由设计单位盖章和有关人员的签字后才能生效。

(2) 内容应该清楚。工程变更、资料应该齐全，内容应该清楚，要能够满足编制工程变更价款的要求。对于资料过于简单、不能反映工程变更全部的情况，应与有关人员联系，重新填写有关记录，同时可以防止事后扯皮。

(3) 应符合编制工程变更价款的有关规定。不是所有的工程变更通知书都可以计算工程变更价款，应考虑工程变更内容是否符合规定：采用预算定额编制价格的应符合相应的规定，如已包含在定额子目工作内容中的，则不可重复计算；如原编预算已有的项目，则不可重复列项；采用综合单价报价的，重点应放在原报价所含的工作内容，不然容易混淆，此外更应结合合同的有关规定。如存在疑问，先与原签证人员联系，再熟悉合同和定额，在所签的工程变更通知书符合规定后，再编制价格。

(4) 办理应及时。工程变更是一个动态的过程，工程变更价款的确认应在工程变更发生时办理，有些工程项目在完工之后或隐蔽在工程内部，或已经不复存在，如道路大石块基层因加固所增加的工程量、脚手架等，不及时办理变更手续便无法计量与计算。《建设工程施工合同(示范文本)》约定："承包人在双方确定变更后 14 天内不向工程师提出变更工程价款报告时，视为该项变更不涉及合同价款的变更"。

2.1.3 工程变更价款的处理

工程变更发生后，应及时做好工程变更对工程造价增减的调整工作，在合同规定的时间里，先由承包人根据设计变更单、洽商记录等有关资料提出变更价格，再报发包人代表批准后调整合同价款。工程变更价款的处理应遵循下列原则：

(1) 适用原价格。中标价、审定的施工图预算或合同中已有适用于变更工程的价格，按中标价、审定的施工图预算价或合同已有的价格计算，变更合同价款。通常有很多的工程变更项目能在原价格中找到，编制人员应认真检查原价格，一一对应，避免不必要的争议。

(2) 参照原价格。中标价、审定的施工图预算或合同中没有与变更工程相同的价格，只有类似于变更工程情况的价格，应按中标价、定额价或合同中相类似项目，以此作为基础确定变更价格，变更合同价款。此种方法可以从两个方面考虑，其一是寻找相类似的项目，如现浇钢筋混凝土异形构件，可以参照其他异形构件，折合成以立方体为单位，根据难易程度、人工、模板、钢筋含量的变化，增加或减少系数退还成以件、只为单位的价格；其二是按计算规则、定额编制的一般规定，合同商定的人工、材料、机械价格，参照消耗量定额确定合同价款。

(3) 协商价格。中标价、审定的施工图预算定额分项、合同价中既没有可采用的，也没有类似的单价时，应由承包人编制一次性适当的变更价格，送发包人代表批准执行。承包人应以客观、公平、公正的态度，实事求是地制定一次性价格，尽可能取得发包人的理解并使之接受。

(4) 临时性处理。发包人代表不能同意承包人提出的变更价格，在承包人提出的变更价格后规定的时间内通知承包人，提请工程师暂定，事后可请工程造价管理机构或以其他方式解释处理。

(5) 争议的解决方式。对解释等其他方式有异议，可采用以下方式解决：

1) 向协议条款约定的单位或人员要求调解；

2) 向有管辖权的经济合同仲裁机关申请仲裁；

3) 向有管辖权的人民法院起诉。

在争议处理过程中，涉及工程价格签订的，由工程造价管理机构、仲裁委员会或法院指定具有相应资质的咨询代理单位负责。

2.2 施工索赔款

2.2.1 施工索赔的内容

施工索赔是指在合同履行过程中，对于非承包人的过错，应由对方承担责任的情况造成的实际损失，向对方提出经济补偿和(或)工期顺延的要求，其内容包括：

(1) 不利的自然条件和不可预见事件。不利的自然条件是指有经验的承包人在招投标时无法预见的施工条件，如地下暗河、溶洞、地质断层、沉陷等。不可预见的条件，包括自然灾害、地下文物以及诸如发生战争、暴乱、动乱等特殊风险带来的经济损失或费用增加。

(2) 人为障碍。人为障碍来自于诸多方面：发包人拖延提供施工场地和必要的施工条件、提前占用部分永久性工程、要求赶工和终止合同等造成的损失；工程师下达不正确的指令(包括暂停施工令)、延误发放施工图或延时审批图纸、干预承包人的正常施工组织造成的损失；其他承包人的干扰、材料设备供应人的干扰以及设计图纸的错误、勘察资料的失实等造成的损失。

(3) 工程款支付。工程款支付涉及价格、币种、支付方式三个方面的问题，由于物价变化、外币汇率变化以及拖延支付等方面的问题，都会导致承包人经济损失，而提出索赔要求。

(4) 合同文件。合同文件方面引起的索赔主要有两个方面，一是合同文件本身的缺陷，包括合同文件中的遗漏、错误、用词歧义、条款缺陷等引起的；二是由合同文件组成问题引起，合同文件除了合同本身之外，招标文件、投标标书、中标通知书、技术规范说明、图纸、工程量清单等均是合同文件的组成部分，由于组成部分中解释、说明不一致，优先顺序不清(或混乱)，都可能造成索赔的内容。

施工索赔的对象不仅仅是发包人，还包括保险人、其他有合约关系的承包(供应)人等。施工索赔的内容，包括费用和工期。

国际土木工程施工经过长期的实践，在施工索赔方面，摸索了一些可遵循的规律，以 FIDIC 合同条件为例，合同条件中承包商可利用索赔条款见表 12-2。

FIDIC 合同条件中承包商可利用索赔条款　　　　　表 12-2

No.	合同条款号	条款主题内容	可调整的事项
1	5.2	合同论述含糊	工期调整 T ＋成本调整 C
2	6.3&6.4	施工图纸拖期交付	$T+C$
3	12.2	不利的自然条件	$T+C$
4	17.1	因工程师数据差错，放线错误	C ＋利润调整 P
5	18.1	工程师指令钻孔勘探	$C+P$
6	20.0	业主的风险及修复	$C+P$
7	27.1	发现化石、古迹等建筑物	$T+C$
8	31.2	为其他承包商提供服务	$C+P$
9	36.5	进行试验	$T+C$
10	38.2	指示剥露或凿开	C
11	40.2	中途暂停施工	$T+C$
12	42.2	业主未能提供现场	$T+C$
13	49.3	要求进行修理	$C+P$
14	50.1	要求检查缺陷	C
15	51.1	工程变更	$C+P$
16	52.1&52.2	变更指令付款	$C+P$
17	52.3	合同额增减超过15%	$\pm C$
18	65.3	特殊风险引起的工程破坏	$C+P$
19	65.5	特殊风险引起的其他开支	C
20	6.8	终止合同	$C+P$
21	69	业主违约	$T+C$
22	70.1	成本的增减	按调价公式
23	70.2	法规变化	$\pm C$
24	71	货币及汇率变化	$C+P$

2.2.2　索赔费用的组成

索赔费用的计算，主要由索赔的内容决定。其具体内容因工程性质、地质情况、地域位置、发包人管理状况等情况千变万化，但归纳起来，索赔费用的要素与工程造价构成基本类似，一般可归结为人工费、材料费、施工机械使用费、分包费、施工管理费、利息、利润、保险费等。

（1）人工费。人工费的索赔是索赔中出现频率高、数额较多者之一，在工程费用中占相当的比重。人工费包括生产工人基本工资和工资性质的津贴、辅助工资、职工福利费、劳动保护费等，对索赔而言，这部分人工费是指完成合同之外由于非承包人的责任，法定的人工费等所花费的人工费用。

（2）材料费。由于工程变更，引起工程量的增加和工期的延长，使得工程材料、设备数量增加以及材料价格上涨，材料费在索赔费用中，往往占了很大的比例。

（3）施工机械使用费。施工机械使用费的索赔包括额外工作增加引起的机械使用费、非承包人责任引起的工效降低的机械使用费和由于发包人或工程师错误指令导致机械的停工、窝工费。

(4) 分包费。由于发包人的原因而使分包工程费用增加时，分包人可以提出索赔，但分包工程费用的增加，除了发包人的原因之外，往往与总包的协调和配合也有关系，因此分包人在考虑索赔时，应先向总包人提出索赔方案，总包人对分包人的索赔方案有检查和修改的权利，经检查修改后由分包人与总包人共同联合向发包人提出索赔。分包人的索赔费，一般也由人工费、材料费、机械使用费等组成。

(5) 施工管理费。工程量的增加和工期的延长都会引起管理费用的增加，管理费用包括两个方面，即现场管理费和公司管理费，管理费的具体内容由人工费、办公费、法律顾问咨询费等组成。

(6) 利息。在合同履行过程中，承包人可向发包人提出利息索赔的有发包人推迟按合同规定时间支付工程款额、发包人推迟退还工程保留金、承包人借款帮助发包人完成工程项目和承包人动用自己的资金参与工程项目的。

(7) 利润。施工索赔包括费用索赔和工期索赔。通常，由于工程量的增加引起的索赔，承包人可以记取利润，而因工期引起的索赔，一般不予记取。

(8) 保险费。当发包人要求增加工程内容致使工期延长，承包人必须重新购买或增加工程的人身安全等各项保险，同时办理延期手续，对于这部分增加的费用，承包人提出索赔后，将会得到补偿。

2.2.3 索赔费用的计算方法

1. 索赔费用的计算原则

(1) 坚持实事求是的态度。使发包人或其他有关审核部门的第一印象感觉合情合理，不会立即予以拒绝。

(2) 准确无误。基本资料和计算方法应准确，必须反复核对，不能有任何差错，数字计算上的粗枝大叶，往往会导致索赔的失败。

(3) 做到文字简练，组织严密，资料充足，条理清楚。

(4) 应以赔偿实际损失为原则，包括直接损失和间接损失。

2. 索赔费用的计算方法

索赔费用的计算方法通常有两种，即总费用法和分项法。总费用法，就是当发生多次索赔事件后，重新计算工程的实际总费用，实际总费用减去投标报价时的估算总费用，即为索赔金额；分项法即按每个或每类引起损失的索赔事件及其所引起损失的费用项目分别计算索赔值。实际工作中的索赔采用分项法计算，下面主要介绍用分项法计算索赔费用的方法。

(1) 分项法计算步骤

1) 分析每个或每类索赔事件所影响的费用项目，这些项目引起哪些费用损失，如人工费、材料费等；

2) 分类计算各费用项目的损失值，每类费用的计算方式有所不同，应按规定的惯例进行计算；

3) 将各费用的计算值列表汇总，得到总的费用索赔值。

(2) 分项法的计算方法

1) 人工费的计算。先算工日数，对有些未直接反映工日变更、签证的可以参照定额或原报价的组价原则分析测算,然后按约定的综合工日单价或当地造价管理机构公布的工日单价进行计算。

2) 材料费的计算。计算材料的数量,即把原来的材料数量与实际使用的材料进行对比或另行单独计算,再把材料的订货单、发货单或其他有关材料的单据加以比较、摘录,就可求出材料增加的数量和价格,确定材料费。

3) 施工机械使用费。首先计算所增加的设备工作时间,包括几种情况:第一种情况为原有设备比预定计划所增加的工作时间;第二种为设备数量增加时所增加的工作时间;第三种为以上两种情况交叉发生时所增加的工作时间。其次是确定施工机械的台班价格,既可以是按照市场租赁价计算,也可以按照定额规定另增加系数,应视合同规定和有关规定而定。关于机械设备停置台班价格,如果是租赁设备,一般按实际价格计算,如果承包人自有设备,一般按台班折旧费、维修费的50%计算,再加上机上人工费和养路费。

4) 分包费。分包费一般包括人工费、材料费、机械使用费等。其计算方法与上述介绍的计算方法相同。

5) 施工管理费的计算。现场施工管理费的计算方法为:

$$现场管理费索赔额=现场管理费比率\times 直接费用的索赔款$$

其中现场管理费比率可以按原先确定的,也可以参照预算定额费用的标准。
公司施工管理费的计算方法为:

$$公司施工管理费索赔额=公司施工管理费比率\times(直接费用的索赔额+现场管理费的索赔额) \quad (12-4)$$

公司施工管理费比率可参照现场管理费比率的方法。

6) 利息的计算。利息的索赔额通常是根据利息的本金、种类和利率以及发生利息的时间予以确定。利息的计算不应包括索赔款额本身的利息。

7) 利润的计算。索赔利润的款项计算通常是与原报价单中的利润百分比率保持一致,即在直接费的基础上,增加原报价单中的利润率,作为该项索赔款的利润。

8) 保险费的计算。保险费的计算是保险人根据不同的保险对象,对建设工程不同项目的危险程度、地理位置、工地环境、工期长短和免赔额的起点等因素来考查确定的。不同的保险对象其费用是不同的,如建筑工程一切险约为总价的1.8%~5%,第三者责任险的费率约为2.5%~3.5%,凭所办理的保单即可得出保险费的索赔款。

2.2.4 施工索赔程序和时效

《建设工程施工合同(示范文本)》通用条款约定:承包人可按下列程序以书面形式向发包人索赔:

(1) 索赔事件发生后28天内,向工程师发出索赔意向通知;

(2) 发出索赔意向通知后28天内,向工程师提出延长工期和(或)补偿经济损失的索赔报告及有关资料;

(3) 工程师在收到承包人送交的索赔报告和有关资料后,于28天内给予答复,或要求承包人进一步补充索赔理由和证据;

(4) 工程师在收到承包人送交的索赔报告和有关资料后 28 天内未予答复或未对承包人作进一步要求，视为该项索赔已经认可；

(5) 当该索赔事件持续进行时，承包人应当阶段性向工程师发出索赔意向，在索赔事件终了后 28 天内，向工程师送交索赔的有关资料和最终索赔报告。索赔答复程序与上述(3)、(4)规定相同。

项目 13　施 工 合 同 管 理

训练 1　不可抗力、保险和担保的管理

［训练目的与要求］　掌握不可抗力、保险和担保的相关知识，培养综合运用理论知识解决施工合同管理过程中相关问题的能力。

1.1　不可抗力的管理

当事人之间因不可抗力事件的发生，造成合同不能履行时，依法可以免除责任。关于免责的规定，主要涉及：不可抗力，责任免除和不可抗力发生时间，造成合同不能履行的一方当事人的义务。

《合同法》规定，"因不可抗力不能履行合同的，根据不可抗力的影响，部分或者全部免除责任，但法律另有规定的除外。当事人迟延履行后发生不可抗力的，不能免除责任。"

1. 不可抗力及其构成

不可抗力，是指当事人在订立合同时不能预见、对其发生和后果不能避免并不能克服的客观情况。

不可抗力的构成要件包括以下四个方面：首先，不可抗力事件是发生在合同订立生效之后；其次，该事件是当事人双方订立合同时均不能预见的。而依据人们的常识或经验，在订立合同时应当预见到的事件，则不构成不可抗力事件；再次，不可抗力事件的发生是不可避免，不能克服的，如果当事人能够避免事件对合同履行的影响，则当事人就不能以此事件为由要求以不可抗力而免责；最后，不可抗力事件是非由任何一方的过失行为引起的客观事件。

不可抗力的事件范围一般包括以下两大类：一类是自然事件，如水灾、火灾、地震、瘟疫等；另一类是社会事件，如战争、动乱、暴乱、武装冲突、罢工等，以及政府法律、行政行为等。

2. 不可抗力与免责

对于因不可抗力导致的合同不能履行，应当根据不可抗力的影响程度，部分或者全部免除责任。也就是说，要根据不可抗力对合同履行造成影响的程度确定免责的范围。对于造成部分义务不能履行的，免除部分责任。对于造成全部不能履行的，免除全部责任。

但是，对于不可抗力发生在迟延履行期间造成的合同不能履行，则不能免除责任。因为当事人应当在合同约定的期限内履行完合同义务，如果不是迟延履行，就不会受到不可抗力的影响。

3. 因不可抗力不能履行合同一方当事人的义务

根据《合同法》规定，不可抗力发生后，当事人一方应当及时通知对方，以减轻可能给对方造成的损失，并且应当在合理的期限内提供证明，这是当事人的首要义务，目的在于避免给对方造成更大的损失，如果由于当事人通知不及时，而给对方造成损失的扩大，则对扩大的损失不应当免除责任。

1.2 保险和担保的管理

1.2.1 保险法与工程建设相关的主要内容

1. 建筑工程一切险：

建筑工程一切险承保各类民用、工业和公用事业建筑工程项目，包括道路、水坝、桥梁、港埠等，在建造过程中因自然灾害或意外事故而引起的一切损失。

(1) 建筑工程一切险的投保人与被保险人

1) 建筑工程一切险的投保人

投保人是指与保险人订立保险合同，并按照保险合同负有支付保险费义务的人。

2) 建筑工程一切险的被保险人

被保险人，是指其财产或者人身受保险合同保障，享有保险金请求权的人，投保人可以为被保险人。

建筑工程一切险的被保险人可以包括：

A. 业主；

B. 总承包商；

C. 分包商；

D. 业主聘用的监理工程师；

E. 与工程有密切关系的单位或个人，如贷款银行或投资人等。

(2) 建筑工程一切险的承保范围

1) 建筑工程一切险适用范围

建筑工程一切险适用于所有房屋工程和公共工程，尤其是：

A. 住宅、商业用房、医院、学校、剧院；

B. 工业厂房、电站；

C. 公路、铁路、飞机场；

D. 桥梁、船闸、大坝、隧道、排灌工程、水渠及港埠等。

2) 建筑工程一切险承保的内容

A. 工程本身。指由总承包商和分包商为履行合同而实施的全部工程。包括：预备工程，如土方、水准测量；临时工程，如引水、保护堤；全部存放于工地，为施工所必需的材料。

B. 施工用设施和设备。包括活动房、存料库、配料棚、搅拌站、脚手架、水电供应及其他类似设施。

C. 施工机具。包括大型陆上运输和施工机械、吊车及不能在公路上行驶的工地用车辆，不管这些机具属承包商所有还是其租赁物资。

D. 场地清理费。指在发生灾害事故后场地上产生了大量的残砾，为清理工地现场而必须支付的一笔费用。

E. 第三者责任。指在保险期内，对因工程意外事故造成的、依法应由被保险人负责的工地上及邻近地区的第三者人身伤亡、疾病或财产损失，以及被保险人因此而支付的诉讼费用和事先经保险公司书面同意支付的其他费用等赔偿责任。但是，被保险人的职工的人身伤亡和财产损失应予除外(属于意外伤害保险)。

F. 工地内现有的建筑物。是指不在承保的工程范围内的、所有人或承包人所有的工地内已有的建筑物或财产。

G. 由被保险人看管或监护的停放于工地的财产。

3) 建筑工程一切险承保危险与损害

建筑工程一切险承保的危险与损害涉及面很广，凡保险单中列举的除外情况之外的一切事故损失全在保险范围内，尤其是下述原因造成的损失：

A. 火灾、爆炸、雷击、飞机坠毁及灭火或其他救助所造成的损失；

B. 海啸、洪水、潮水、水灾、地震、暴雨、风暴、雪崩、地崩、山崩、冻灾、冰雹及其他自然灾害；

C. 一般性盗窃和抢劫；

D. 由于工人、技术人员缺乏经验、疏忽、过失、恶意行为或无能力等导致的施工拙劣而造成的损失；

E. 其他意外事件。

建筑材料在工地范围内的运输过程中遭受的损失和破坏，以及施工设备和机具在装卸时发生的损失等亦可纳入工程险的承保范围。

(3) 建筑工程一切险的除外责任

按照国际惯例，属于除外的情况通常有以下几种：

1) 由于军事行动、战争或其他类似事件，以及罢工、骚动、民众运动或当局命令停工等情况造成的损失(有些国家规定投保罢工骚乱险)；

2) 因被保险人的严重失职或蓄意破坏而造成的损失；

3) 因原子核裂变而造成的损失；

4) 由于合同罚款及其他非实质性损失；

5) 因施工机具本身原因即无外界原因情况下造成的损失(但因这些损失而导致的建筑事故则不属除外情况)；

6) 因设计错误(结构缺陷)而造成的损失；

7) 因纠正或修复工程差错(例如因使用有缺陷或非标准材料而导致的差错)而增加的支出。

(4) 建筑工程一切险的保险期和保险金额

1) 建筑工程一切险的保险期

建筑工程一切险自工程开工之日或在开工之前工程用料卸放于工地之日开始生效，两者以先发生者为准，开工日包括打地基在内(如果地基亦在保险范围内)。施工机具保险自其卸放于工地之日起生效。

保险终止日应为工程竣工验收之日或者保险单上列出的终止日。

2) 建筑工程一切险的保险金额

保险金额是指保险人承担赔偿或者给付保险金责任的最高限额。保险金额不得超过保险标的的保险价值，超过保险价值的，超过的部分无效。

建筑工程一切险的保险金额按照不同的保险标的确定。

(5) 建筑工程一切险的免赔额

保险公司要求投保人根据其不同的损失，自负一定的责任，即由被保险人承担的损失额称为免赔额。工程本身的免赔额为保险金额的 0.5%～2%；施工机具设备等的免赔额为保险金额的 5%；第三者责任险中财产损失的免赔额为每次事故赔偿限额的 1%～2%，但人身伤害没有免赔额。

保险人向被保险人支付为修复保险标的遭受损失所需的费用时，必须扣除免赔额。支付的赔偿额极限相当于保险总额，但不超过保险合同中规定的每次事故的保险极限之和或整个保险期内发生的全部事故的总保险极限。

(6) 建筑工程一切险的保险费率

建筑工程一切险的保险费率通常要根据风险的大小确定。它由五个分项费率组成。

1) 建筑工程一切险的保险费率的组成

A. 业主提供的物料及项目、安装工程项目、场地清理费、工地内现存的建筑物、业主或承包人在工地的其他财产等为一个总的费率，规定整个工期一次性费率。

B. 施工用机器、装置及设备为单独的年度费率，因为它们流动性大，一般为短期使用，旧机器多，损耗大，小事故多。因此，此项费率高于上一项费率。如保期不足一年，按短期费率计收保费。

C. 第三者责任险费率，按整个工期一次性费率计取。

D. 保证性费率，按整个工期一次性费率计取。

E. 各种附加保障增收费率或保费，也按整个工期一次性费率计取。

2) 建筑工程一切险的保险费率的制定依据

建筑工程一切险没有固定的费率表，其具体费率系根据以下因素结合参考费率表制定：

A. 风险性质(气候影响和地质构造数据，如地震、洪水或水灾等)；

B. 工程本身的危险程度，工程的性质及建筑高度，工程的技术特征及所用的材料，工程的建造方法等；

C. 工地及邻近地区的自然地理条件，有无特别危险源存在；

D. 巨灾的可能性，最大可能损失程度及工地现场管理和安全条件；

E. 工期(包括试车期)的长短及施工季节，保证期长短及其责任的大小；

F. 承包人及其他与工程有直接关系的各方的资信、技术水平及经验；

G. 同类工程及以往的损失记录；

H. 免赔额的高低及特种危险的赔偿限额。

工程保险往往有免赔额和赔偿限额的规定。这是对被保险人自己应负责任的规定。如果免赔额高、赔偿限额低，则意味着被保险人承担的责任大，则保险费率就应相应降低；如果免赔额低、赔偿限额高，则保险费率应相应提高。

3）保险费的交纳

建筑工程一切险因保险期较长，保费数额大，可分期交纳保费，但出单后必须立即交纳第一期保费，而最后一笔保费必须在工程完工前半年交清。

如果在保险期内工程不能完工，保险可以延期，不过投保人须交纳补充保险费。延期的补充保险费只能在原始保险单规定的逾期日前几天确定，以便保险人能及时准确地了解各种情况。

1.2.2 建设工程担保的类型

1. 投标担保

（1）投标担保的概念

投标担保，或投标保证金，是指投标人保证其投标被接受后对其投标书中规定的责任不得撤销或者反悔。否则，招标人将对投标保证金予以没收，投标保证金的数额一般为投标价的2%左右，但最高不得超过80万元人民币。投标保证金有效期应当超出投标有效期30天。投标人不按招标文件要求提交投标保证金的，该投标文件将被拒绝，作废标处理。

（2）投标保证金的形式

投标保证金的形式有很多种，通常的做法有如下几种：

1）交付现金；

2）支票；

3）银行汇票；

4）不可撤销信用证；

5）银行保函；

6）由保险公司或者担保公司出具投标保证书。

（3）投标保证金的作用

它主要用于筛选投标人。投标保证担保要确保合格者投标以及中标者将签约和提供发包人所要求的履约、预付款担保。

2. 履约担保

（1）履约担保的概念

所谓履约担保，是指发包人在招标文件中规定的要求承包人提交的保证履行合同义务的担保。

（2）履约担保的形式

履行担保一般有三种形式：银行保函、履约担保书和保留金。

1）银行履约保函

A. 银行履约保函是由商业银行开具的担保证明，通常为合同金额的10%左右。银行保函分为有条件的银行保函和无条件的银行保函。

B. 有条件的保函是指下述情形：在承包人没有实施合同或者未履行合同义务时，由发包人或监理工程师出具证明说明情况，并由担保人对已执行合同部分和未执行部分加以鉴定，确认后才能收兑银行保函，由招标人得到保函中的款项。建筑行业通常倾向于采用这种形式的保函。

C. 无条件的保函是指下述情形：在承包人没有实施合同或者未履行合同义务时，发包人不需要出具任何证明和理由。只要看到承包人违约，就可对银行保函进行收兑。

2) 履约担保书

A. 履约担保书的担保方式是：当承包人在履行合同中违约时，开出担保书的担保公司或者保险公司用该项担保金去完成施工任务或者向发包人支付该项保证金。工程采购项目保证金提供担保形式的，其金额一般为合同价的30%~50%。

B. 承包人违约时，由工程担保人代为完成工程建设的担保方式，有利于工程建设的顺利进行，因此是我国工程担保制度探索和实践的重点内容。

3) 保留金

A. 保留金是指在发包人根据合同的约定，每次支付工程进度款时扣除一定数目的款项，作为承包人完成其修补缺陷义务的保证。保留金一般为每次工程进度款的10%，但总额一般应限制在合同总价款的5%（通常最高不得超过10%）。一般在工程移交时，发包人将保留金的一半支付给承包人；质量保修期满后14天内，将剩下的一半支付给承包人。

B. 履约保证金额的大小取决于招标项目的类型与规模，但必须保证承包人违约时，发包人不受损失。在投标须知中，发包人要规定使用哪一种形式的履约担保。承包人应当按照招标文件中的规定提交履约担保。没有按照上述要求提交履约担保的发包人将把合同授予次低标者，并没收投标保证金。

3. 预付款担保

（1）预付款担保的概念

预付款担保是指承包人与发包人签订合同后，承包人正确、合理使用发包人支付的预付款的担保。建设工程合同签订以后，发包人给承包人一定比例的预付款，一般为合同金额的10%，但需由承包人的开户银行向发包人出具预付款担保。

（2）预付款担保的形式

1) 银行保函

预付款担保的主要形式即银行保函。预付款担保的担保金额通常与发包人的预付款额是等值的。预付款一般逐月从工程预付款中扣除，预付款担保的担保金额也相应逐月减少。承包人在施工期间，应当定期从发包人处取得同意此保函减值的文件，并送交银行确认。承包人还清全部预付款后，发包人应退还预付款担保，承包人将其退回银行注销，解除担保责任。

2) 发包人与承包人约定的其他形式

预付款担保也可由担保公司担保，或采取抵押等担保形式。

（3）预付款担保的作用

预付款担保的主要作用在于保证承包人能够按合同规定进行施工，偿还发包人已支付的全部预付金额。如果承包人中途毁约，中止工程，使发包人不能在规定期限内从应付工程款中扣除全部预付款，则发包人作为保函的受益人有权凭预付款担保向银行索赔该保函的担保金额作为补偿。

4. 支付担保

(1) 支付担保的概念

支付担保是指应承包人的要求，发包人提交的保证履行合同中约定的工程款支付义务的担保。

(2) 支付担保的形式

支付担保有如下形式：

1) 银行保函；

2) 履约保证金；

3) 担保公司担保；

4) 抵押或者质押。

发包人支付担保应是金额担保，实行履约金分段滚动担保，担保额度为工程总额的 20%～25%。本段清算后进入下段。已完成担保额度，发包人未能按时支付，承包人可依据担保合同暂停施工，并要求担保人承担支付责任和相应的经济损失。

(3) 支付担保的作用

支付担保的主要作用是通过对发包人资信状况进行严格审查并落实各项反担保措施，确保工程费用及时支付到位；一旦发包人违约，付款担保人将代为履约。上述对工程款支付担保的规定，对解决我国建筑市场上工程款拖欠现象具有特殊重要的意义。

(4) 支付担保有关规定

1) 发包人承包人为了全面履行合同，应互相提供以下担保：发包人向承包人提供履约担保，按合同约定支付工程价款及履行合同约定的其他义务；承包人向发包人提供履约担保，按合同约定履行自己的各项义务。

2) 一方违约后，另一方可要求提供担保的第三人承担相应责任。

3) 提供担保的内容、方式和相关责任，发包人承包人除在专用条款中约定外，被担保方与担保方还应签订担保合同，作为本合同附件。

4) 招标文件要求中标人提交履约担保的，中标人应当提交。招标人应当同时向中标人提供工程款支付担保。

训练 2　转包与分包管理

[训练目的与要求]　掌握转包与分包管理的相关知识，培养综合运用理论知识正确处理施工合同管理过程中相关问题的能力。

2.1　转包管理

施工企业的施工力量、技术力量、人员素质、信誉等好坏，对工程质量、投资控制、进度控制等有直接影响。发包人是在经过了一系列考察以及资格预审、投标和评标等活动之后选中承包人的，签订合同不仅意味着对方对报价、工期等可定量化因素的认可，也意味着发包人对承包人的信任。因此在一般情况下，承包人应当以自己的力量来完成任何或者主要施工任务。

工程转包，是指不行使承包人的管理职能，不承担技术经济责任，将所承包的工程倒手转给他人承包的行为。承包人不得将其承包的全部工程转包给他人，也不得将其承包的全部工程肢解以后以分包的名义分别转包给他人。工程转包，不仅违反合同，也违反我国有关法律和法规的规定。

下列行为均属转包：

(1) 承包人将承包的工程全部包给其他施工单位，从中提取回扣。

(2) 承包人将工程的主要部分或群体工程(指结构技术要求相同的)中半数以上的单位工程包给其他施工单位者。

(3) 分包单位将承包的工程再次分包给其他施工单位者。

2.2 分包管理

工程分包，是指经合同约定和发包单位认可，从工程承包人承担的工程中承包部分工程的行为。承包人按照有关规定对承包的工程进行分包是允许的。

1. 分包合同的签订

承包人必须自行完成建设项目(或单项、单位工程)的主要部分，其非主要部分或专业性较强的工程可分包给条件符合该工程技术要求的建筑安装单位。结构和技术要求相同的群体工程，承包人应自行完成半数以上的单位工程。

承包人按专用条款的约定分包所承包的部分工程，并与分包单位签订分包合同。除非发包人同意，承包人不得将承包工程的任何部分分包。

分包合同签订后，发包人与分包单位之间不存在直接的合同关系。分包单位应对承包人负责，承包人对发包人负责。

2. 分包合同的履行

工程分包不能解除承包人任何责任与义务。承包人应在分包场地派驻相应监督管理人员，保证本合同的履行。分包单位的任何违约行为、安全事故或疏忽导致工程损害或给发包人造成其他损失，承包人承担连带责任。

分包工程价款由承包人与分包单位结算。发包人未经承包人同意不得以任何名义向分包单位支付各种工程款项。

训练 3　合同解除与违约责任

[训练目的与要求]　掌握合同解除与违约责任的相关知识，培养综合运用理论知识正确处理施工合同管理过程中相关问题的能力。

3.1 合同解除

3.1.1 合同解除的概念

合同解除，是指合同当事人依法行使解除权或者双方协商决定，提前解除合同效力的行为，合同解除包括约定解除、法定解除。

3.1.2 合同解除的法律规定

1. 解除合同的法律规定

（1）当事人协商一致，可以解除合同。合同当事人双方都同意解除合同，而不是单方行使解除权。

（2）约定一方解除合同条件的解除。当事人在合同中约定解除合同的条件，当合同成立之后，全部履行之前，由当事人一方在某种情形出现后享有解除权，从而终止合同关系。

2. 法定解除合同的情形

《合同法》规定：有下列情形之一的，当事人可以解除合同：

（1）因不可抗力致使不能实现合同目的；

（2）在履行期限届满之前，当事人一方明确表示或者以自己的行为表明不履行主要债务；

（3）当事人一方迟延履行主要债务，经催告后在合理期限内仍未履行；

（4）当事人一方迟延履行债务或者有其他违约行为致使不能实现合同目的；

（5）法律规定的其他情形。

3. 解除权行使的期限和解除权行使的方式

（1）解除权行使的期限

《合同法》规定："法律规定或者当事人约定解除权行使期限，期限届满当事人不行使的，该权利消灭。法律没有规定或者当事人没有约定解除权行使期限，经对方催告后在合理期限内不行使的，该权利消灭。"解除权的行使期限一般只存在于约定解除期限的解除和法定解除中，而协商解除是当事人双方协商解除合同，一般不会发生解除期限问题。

（2）解除权行使的方式

《合同法》规定："当事人一方依照《合同法》第93条第2款、第94条的规定主张解除合同的，应当通知对方。合同自通知到达对方时解除。对方有异议的，可以请求人民法院或者仲裁机构确认解除合同的效力。法律、行政法规规定解除合同应当办理批准、登记等手续的，依照其规定。"

依据上述法律规定，当事人未办理有关手续时，合同的解除则不一定发生解除效力。如果法律、行政法规规定以批准、登记等作为解除合同生效要件时，不经批准、登记的解除是不生效的，则当事人要承担不生效的民事责任；如果法律、行政法规规定登记只作为备案之用时，那么即使没有经批准或者登记，合同的解除仍然生效，但当事人可能要承担某些行政上的责任，如行政处罚。

4. 合同解除的法律后果

《合同法》规定："合同解除后，尚未履行的，终止履行；已经履行的，根据履行情况和合同性质，当事人可以要求恢复原状、采取其他补救措施，并有权要求赔偿损失。"

3.2 违约责任

3.2.1 违约责任的概念

违约责任，就是合同当事人违反合同的责任，是指合同当事人因违反合同约定所应承担的责任。也就是合同当事人对其违约行为所应承担的责任。违约行为，是指合同当事人不履行合同义务或者履行合同义务不符合约定条件的行为。

依据《合同法》的规定，违约责任，除另有规定者外，总体上实行严格责任原则。是指作为合同当事人，在履行合同中不论其主观上是否有过错，即主观上有无故意或过失，只要造成违约的事实，均应承担违约法律责任。

《合同法》还规定，当事人一方因第三人的原因造成违约的，应向对方承担责任。当事人一方和第三人之间的纠纷，应当依照法律的规定或者按照约定解决。

依据《合同法》的规定违约责任采取严格责任原则，即无过错责任原则，只有不可抗力方可免责。至于缔约过失、无效合同或者可撤销合同，则采取过错责任原则。由有过错一方向受损害方承担赔偿损失责任。

此外，《合同法》还有关于先期违约责任制度的规定，当事人一方明确表示或者以自己的行为表明不履行合同义务的，对方可以在履行期限届满之前，请求其承担违约责任。

3.2.2 违约责任的形式

1. 当事人违约及违约责任的法律规定

《合同法》规定："当事人一方不履行合同义务或者履行合同义务不符合约定的，应当承担继续履行、采取补救措施或者赔偿损失等违约责任。"

依照《合同法》的上述规定，当事人不履行合同义务或履行合同义务不符合约定时，就要承担违约责任。此项规定确立了对违约责任实行"严格责任原则"，只有不可抗力的原因方可免责。

2. 当事人违约行为形态的表现形式

当事人违约行为形态，是指当事人不履行和不适当履行义务的违约形态。不履行合同义务，是指合同当事人不能履行或者拒绝履行合同义务。履行合同义务不符合约定，即不适当履行，是指包括不履行以外的一切违反合同义务的情形。

3. 当事人承担违约责任的形式

（1）继续实际履行

继续实际履行，是指违约当事人不论是否已经承担赔偿损失或者违约金的责任，都必须根据对方的要求，并在自己能够履行的条件下，对原合同未履行部分继续按照要求履行。

A. 价款或者报酬的实际履行。当事人一方未支付价款或者报酬的，对方可以要求其支付价款或者报酬。

B. 非金钱债务的实际履行。当事人一方不履行非金钱债务或者履行非金钱债务不符合约定的，对方可以要求履行，但有下列情形之一的除外：法律上或者事实上不能履行的；债务的标的不适于强制履行或者履行费用过高的；债权人在合理期限内未要求履行的。

（2）采取补救措施

是指当事人违反合同的事实发生后，为防止损失发生或者扩大，而由违反合同行为人依法律规定或者约定采取的修理、更换、重新制作、退货、减少价款或者报酬、补充数量、特资处置等措施，以给权利人弥补或者挽回损失的责任形式。

（3）赔偿损失

是指当事人一方因违反合同造成对方损失时，应以其相应价值的财产予以补偿的法律责任。

4. 关于违约责任的相关规定

（1）当事人以明示或行为表明不履行合同义务的法律责任

《合同法》规定：当事人一方明确表示或者以自己的行为表明不履行合同义务的，对方可以在履行期限届满之前要求其承担违约责任。

当事人明确表示不履行合同的义务，也即当事人拒绝履行的意思表示；当事人以自己的行为表明不履行合同义务的，是指当事人一方通过自己的行为使对方有确切的证据预见到其在履行期限届满时将不履行或者不能履行合同的主要义务。

上述两种违约行为是发生于履行期限届满之前，因此，另一方当事人可以在履行期限届满之前要求违约方承担违约责任。

（2）当事人未支付价款或者报酬承担违约责任

支付价款或报酬是以给付货币形式履行的债务，民法上称之为金钱债务。对于金钱债务的违约责任，一是债权人有权请求债务人履行债务，即继续履行；二是债权人可以要求债务人支付违约金或逾期利息。例如，工程承包合同中，拖欠工程款支付和结算的违约责任。

（3）当事人违反质量约定的违约责任

《合同法》规定：质量不符合约定的，应当按照当事人的约定承担违约责任。

对违约责任没有约定或者约定不明确，依照规定仍不能确定的，受损害方根据标的的性质以及损失的大小，可以合理选择要求对方承担修理、更换、重新制作、退货、减少价格或者报酬违约责任。

（4）当事人一方违约给对方造成其他损失的法律责任

当事人一方不履行合同义务或者履行合同不符合约定的，在履行义务或者采取补救措施后，对方还有其他损失的，应当赔偿损失。

法律规定，债务人不履行或不适当履行合同，在继续履行或者采取补救措施后，仍给债权人造成损失时，债务人仍应承担赔偿责任。

（5）当事人违约承担责任的赔偿额

当事人一方不履行合同义务或者履行合同义务不符合约定，给对方造成损失的，损失赔偿额应当相当于因违约所造成的损失，包括合同履行后可以获得的利益，但不得超过违反合同一方订立合同时预见到或者应当预见到的因违反合同可能造成的损失。

经营者对消费者提供商品或者服务有欺诈行为的，依照《中华人民共和国消费者权益保护法》的规定承担损害赔偿责任。

（6）违约金及损失赔偿的法律规定

《合同法》规定：当事人可以约定一方违约时应根据违约情况向对方支付一定数额的违约金，也可以约定因违约产生的损失赔偿额的计算方法。

约定的违约金低于造成的损失的，当事人可以请求人民法院或者仲裁机构予以增加，约定的违约金过分高于造成的损失的，当事人请求人民法院或者仲裁机构予以适当减少。当事人就迟延履行约定的，违约方支付违约金后，还应当履行债务。

（7）定金担保的法律规定

《合同法》规定：当事人可以依照《中华人民共和国担保法》约定一方向对方给付定金作为债权的担保。债务人履行债务后，定金应当抵作价款或者收回。给付定金的一方不履行约定的债务的，无权要求返还定金；收受定金的一方不履行约定的债务的，应当双倍返还定金。

定金，是合同当事人一方预先支付给对方的款项，其目的在于担保合同债权的实现。定金是债权担保的一种形式，定金之债是从债务，因此，合同当事人对定金的约定是一种从属于被担保债权所依附的合同的从合同。

《合同法》规定：当事人既约定违约金，又约定定金的，一方违约时，对方可以选择适用违约金或者定金条款。

法律规定合同中违约金与定金条款的选用问题。如果合同中既有约定违约金，又有约定定金的情形下，当事人只能在违约金与定金条款中选择一种方式，保护其合法权益。

（8）合同当事人一方违约后相对人的减损义务

《合同法》规定：当事人一方违约后，对方应采取适当措施防止损失的扩大；没有采取适当措施致使损失扩大的，不得就扩大的损失要求赔偿。

当事人因防止损失扩大而支出的合理费用，由违约方承担。

非违约方减损义务，是指当事人一方违约后，另一方应当及时采取措施防止损失的扩大，否则就不享有就扩大的损失要求赔偿的权利。

法律还规定，非违约方因防止损失扩大而支出的合理费用，由违约方承担。此项规定是符合《合同法》规定的遵循公平合理原则的。

（9）当事人双方相互违约的责任承担

《合同法》规定：当事人双方都违反合同的，应当各自承担相应的责任。

（10）当事人因第三人原因而违约的责任承担

《合同法》规定：当事人一方因第三人的原因造成违约的，应当向对方承担违约责任。当事人一方和第三人之间的纠纷，依照法律规定或者按照约定解决。

债务人与第三人之间的纠纷按照法律规定或者依据约定解决。债务人与第三人之间的关系属于另一独立的法律关系，应当依照有关法律规定另行解决。

（11）违约损害赔偿责任中受损害方的权益保护选择权

《合同法》规定：因当事人一方的违约行为，侵害对方人身、财产权益的，受损害方有权选择依照《合同法》要求其承担违约责任或者依照其他法律要求其承担侵权责任。

侵权责任与违约责任都是民事责任，但二者在许多方面都有不同，其中最大的区别在于违约责任是基于合同而产生的违反合同的责任；而侵权责任是基于行为人没有履行法律上的规定或者认可的应尽的注意义务而产生的责任。

主要参考文献

1. 危道军主编. 建筑施工组织. 北京：中国建筑工业出版社，2004
2. 祖青山主编. 建筑施工技术. 北京：中国环境科学出版社，2002
3. 钱昆润主编. 建筑施工组织设计. 南京：东南大学出版社，2003
4. 危道军主编. 招投标与合同管理实务. 北京：高等教育出版社，2005
5. 危道军主编. 工程项目管理. 武汉：武汉大学出版社，2004
6. 丁士昭主编. 建筑工程经济. 北京：中国建筑工业出版社，2004
7. 袁建新，迟晓明编著. 建筑工程预算. 北京：中国建筑工业出版社，2005